우주와 인간

이수대 지음

우주와 인간

지은이 • 이수대
펴낸이 • 조승식
펴낸곳 • (주)도서출판 북스힐
등록 • 제22-457호
주소 • 142-877 서울시 강북구 수유2동 240-225
www.bookshill.com
E-mail • bookswin@unitel.co.kr
전화 • 02-994-0071(代)
팩스 • 02-994-0073

2011년 9월 15일 1판 1쇄 인쇄
2011년 9월 20일 1판 1쇄 발행

값 23,000원
ISBN 978-89-5526-796-9

우주와 인간

이수대 지음

북스힐

하늘이 생겨나고, 땅이 생기고, 그리고 그 가운데 지성체(智性體)가 생겨나니, 온 우주가 우리 앞에 전개되었다. 따라서 지성(智性)을 가진 인간은 하늘과 땅을, 즉 자연을 인식하지 않을 수 없었다. 인간의 지혜가 아직 덜 발달된 고대 그리스 시대로 거슬러 올라가보면, 인간의 인지 대상은 자연이고, 이 자연은 형상으로 그 존재성을 드러내므로, 존재자는 자연의 모사물이었다. 그것을 대표하는 학문이 기하학이다. 기하학은 자연에 존재하는 형상화된 모든 것을 도형화하여, 그 속에서 공간에 대한 법칙을 얻고자 하였다. 이후 중세가 되면서, 사람들의 존재성은 현실성이 되어 나타나므로, 존재자는 절대자에 의한 피조물로 생각되었다. 이와 같은 생각은 절대자를 찬양하는 신학을 발전시켰다. 고대의 모방에서 중세의 창조로 자연을 보는 관점이 전환되면서 사람의 인지에 관한 지식의 확장이 초래되었다. 근대에 이르러, 신학만으로는 우주 · 자연의 변화와 인간사를 논증하기가 부족하였다. 특히 사람의 지성이 자연을 인식하는 방법과 관점의 차이에 따라 대상의 표상성이 달라진다는 사실을 깨달으면서 인식론이 등장하였다. 인식론의 확산이 인간의 감성에까지 영향을 미치면서 경제 활동을 폭발적으로 증대시켰다. 그 결과, 경제 활동의 소단위에서 이루어진 구성요소를 집합시켜 조합하는 순서와 방법이 나타났으며, 그것이 현대 사회의 존재성이다. 각각의 독립된 미소 영역에서 창발되는 문화나 문명이 현대의 존재자이고, 이것을 조합하여 움직여가는 시스템이 존재성으로 나타나며, 이것을 가능케 하는 학문이 과학기술이다. 특히 지금은 통신 혁명이 일어나면서 필요한 지식을 몰아쳐서, 줄 세우기에 많은 사람들이 몰입하고 있다.

현재 우리 사회에 살고 있는 인간 군상은 두 가지 부류로 나눌 수 있다. 첫째는 각각의 소단위에서 만들어진 구성요소 혹은 부품을 집합시켜 조합하는 순서와 방법을 종합적으로 통찰할 수 있는 부류이고, 둘째는 전체를 통찰할 수 있는 능력도 없고 기회도 없이, 더욱더 세분화된 부품으로 몰입되어가는 인간 군상이다. 현재 우리의 모습은 두 번째 인간 군상에 속하며, 이 군상에 속하는 인간은 더욱더 전체에서 분리되고 고립화됨과 동시에 더 좁은 견해를 갖도록 떠밀려가고 있는 실정이다. 이 좁은 통로로 힘차게 달려가는 현재의 모습을 안타깝게 생각한 나머지 필자는 "우주와 인간"이라는 주제로 책을 집필하게 되었다.

이 책에서는 천체에 관한 지식의 발달사와 천체의 탐사 과정을 간략하게 다루고, 이를 토대로 우주의 탄생에 관한 시나리오를 소개하였다. 그리고 은하의 세계, 별의 세계, 태양 및 행성들의 특성을 소개하고, 마지막으로 지성체가 우주·자연을 인식할 때 생기는 경험적 요소의 집적된 형태, 즉 업(業)과 현재 받아들이는 정보와의 관계 및 정보 전달에 따른 오류적 요소 등을 비교적 체계적으로 서술하였다.

이 책을 통해 독자들이 자연과의 상보성을 이해하고 본성의 빛을 찾아, 보다 나은 인생을 누렸으면 한다.

2011년 9월 李 秀 大

차 례

제1부 우주

"우주는 무엇인가?"라는 영원한 의문을 인간은 가지고 있다.

그러나 인간은 끊임없는 탐구와 생각을 통하여

"우주는 유물(有物)과 무물(無物)을 포함하고 있는 집이다."라는 결론에 도달하였다.

1장 우주론

1.1 우주론의 역사

하늘에서 일어나는 변화는 땅에 살아가는 생명체에게 가장 큰 영향을 준다. 그래서 지성(智性)을 가진 인간은 하늘에서 일어나는 현상을 관찰하여 보다 나은 생활을 예비하기 위해 노력해왔다. 약 3만 년 전에 이미 크로마뇽인들은 달의 위상 변화를 뼈에 새겨놓은 흔적을 남겼으며, 이후 인류는 하늘에 대한 변화를 통해 역법을 만들어, 계절의 변화에 따른 기후의 변화와 농작물의 파종 시기, 홍수와 한파의 도래 시기를 예측할 수 있는 지식을 갖게 되었다. 우리 인류가 우주를 이해해

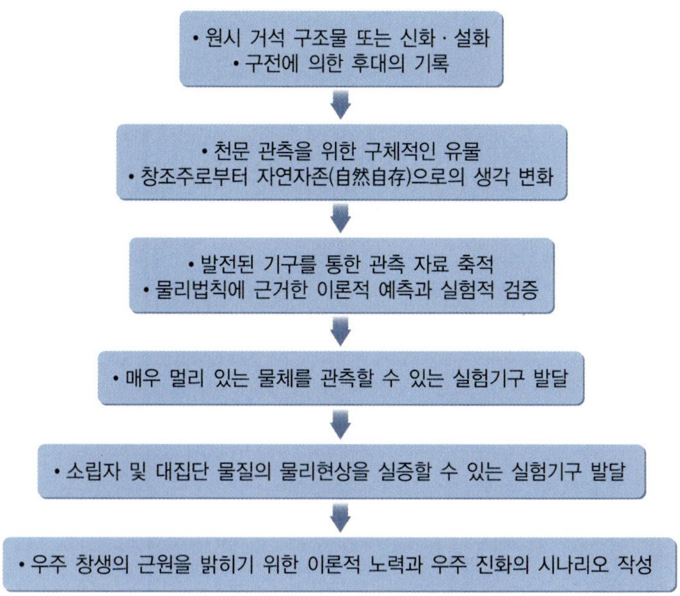

그림 1.1 우주에 대한 이해의 변천 과정.

가는 변천 과정을 개괄적으로 정리해보면 그림 1.1과 같다.

이 흐름도에 나타낸 발달 과정 중에서 주요한 역사적 사실을 표 1.1에 간략하게 열거하였다.

표 1.1 주요한 역사적 사실

역사적 사실	연대	개요
(서1)• 거석 천문대	BC ?~?	원시 거석 구조물
(동1) 《삼일신고(三一神誥)》에 표현된 우주	BC ?~?	공간과 세계에 대한 가르침.
(동2) 일식에 관한 가장 오래된 기록	BC 2128	중국의 《서경(書經)》에 기록.
(서2) 메소포타미아 인의 전설	BC 12세기경	고대 티그리스 강과 유프라테스 강 사이 지방에서 전래.
(서3) 기독교인의 창세기	BC ?~?	제1부 태고사(1~11장)에 만물의 기원을 기록.
(서4) 탈레스 (그리스)	BC 6~7세기	자연의 힘에 의해 만들어진 우주를 주장.
(동3) 천자문 속에 표현된 천문	502~549	일월성신(日月星辰)의 운행 원리.
(동4) 첨성대	632~647	천문 관측대
(동5) 천상열차분야지도 (天象列次分野之圖)	1395	유실된 고려의 것을 토대로 조선 태조 때 만든 천문도. 1,467개의 별들이 그려진 성좌.
(동6) 세종시대의 천문기구	1418~1450	혼천의, 앙부일구 등
(서5) 니콜라우스 코페르니쿠스 (폴란드의 천문학자)	1473~1543	지동설을 제창.
(서6) 토머스 디기스 (영국의 천문학자)	1546~1595	무한한 우주를 주장.

• (서1), (서2) …는 서양의 역사적 사실을 나열한 번호이고, (동1), (동2) …는 동양의 역사적 사실을 나열한 번호다.

표 1.1 주요한 역사적 사실(계속)

역사적 사실	연대	개요
(서7) 갈릴레오 갈릴레이 (이탈리아의 천문학자, 물리학자, 수학자)	1564~1642	천문 관측을 통해 우주에 대한 근대적인 이해의 길을 엶.
(서8) 요하네스 케플러 (독일의 천문학자)	1571~1630	케플러의 제1법칙, 제2법칙, 제3법칙을 발견.
(서9) 아이작 뉴턴(영국의 물리학자, 천문학자, 수학자)	1642~1727	뉴턴식 반사 망원경 제작. 만유인력의 법칙 발견.
(서10) 윌리엄 허셜 (독일 태생의 영국 천문학자)	1738~1822	별들이 은하라는 집단을 이루고 있음을 발표.
(서11) 요세프 폰 프라운호퍼 (독일의 물리학자)	1787~1826	분광계의 발명으로 천문학자들이 멀리 떨어진 천체의 구성성분을 알게 함.
(서12) 샤를 메시에 (프랑스의 천문학자)	1730~1817	성운, 성단 및 은하 들의 목록을 최초로 만듦.
(서13) 할로 샤플리 (미국의 천문학자)	1885~1972	우리 은하의 크기를 추정하고, 또 식쌍성에서 별의 크기를 측정하는 방법을 발견.
(서14) 에드윈 파월 허블 (미국의 천문학자)	1889~1953	허블의 법칙(우주가 팽창하고 있다는 사실)을 발견.
(서15) 베스토 슬라이퍼 (미국의 천문학자)	1875~1969	각 성운의 스펙트럼에서 적색이동을 발견.
(서16) 알베르트 아인슈타인 (독일 태생의 미국 물리학자)	1879~1955	일반 상대성 이론으로 빅뱅 이론의 수학적 토대를 제공함.
(서17) 조르주 르메트르 (벨기에의 물리학자, 천문학자)	1894~1966	아인슈타인 방정식의 해를 구하여 팽창하는 우주를 설명함.
(서18) 조지 가모브 (러시아 태생의 미국 핵물리학자)	1904~1968	우주는 현재의 팽창기 이전에 수축기를 거쳤을 것이라는 맥동우주론을 주장.
(서19) 스티븐 호킹 (영국의 물리학자)	1942~	무(無)에서 창생하는 우주를 더욱 상세히 연구.

표 1.1에 수록된 내용을 좀더 상세히 기술하면 다음과 같다.

그림 1.2 스톤헨지.

(서1) **거석 천문대**

이것은 원시건축 거석 구조물로서, 선돌(Menhir), 지석묘(Dolmen), 환상 열석(단환군 석주, 복환군 석주; Stone Circle), 열석군비(Stone Alignment) 등으로 분류할 수 있다. 예를 들어, 영국의 월트셔 주 솔즈베리 평원에 있는 스톤헨지는 그림 1.2와 같이 복환군의 석주를 이루고 있다. 이 구조물에 대해서는 많은 연구가 이루어졌는데, 그중에서 페이리크스 카얄(1897, 프랑스)은 일종의 천체 계산기라고 주장하였고, 제럴드 호킨스(1963, 미국의 천문학자)는 태음력과 태양력을 겸용한 달력이라고 주장했다.

(동1) **《삼일신고》에 표현된 우주**

환국(桓國)과 배달국(倍達國)으로 이어지는 역사 속에서 형성된 우리 민족의 3대 경전 중 하나인 《삼일신고(三一神誥)》의 내용에는 공간에 대한 정의와 천체 세계에 대한 표현이 있다. 우리 민족의 3대 경전은 《천부경(天符經)》, 《삼일신고》, 《참전계경(參佺戒經)》이며, 《삼일신고》는 단군이 한울, 한얼, 한울집, 누리, 참자아의 다섯 가지를 삼천단부(三千團部)에게 가르친 내용으로 되어 있다. 그 내용은 5개장으로 되어 있는데, 각 장의 제목은 '제1장 허공(虛空) — 공간에 대한 가르침', '제2장 일신(一神) — 하느님에 대한 가르침', '제3장 천궁(天宮) — 하늘나라에 대한 가르침', '제4장 세계(世界) — 세상에 대한 가르침', '제5장 인물(人物) — 사람에 대한 가르침'이다. 그중에서 1장과 4장은 우주 공간 및 별에 관한 것으로, 특히 1장에 기술된 공간의 정의는 현대의 어떤 수학적 정의보다 나은 것으로 생각된다. 그 내용들은 다음과 같다.

제1장 허공(虛空) 공간에 대한 가르침

主若曰(주약왈) 咨爾衆(자이중)아 蒼蒼(창창)이 非天(비천)이며 玄玄(현현)이 非天(비천)이라.

저 파란 창공이 하늘이 아니며 저 까마득한 허공이 하늘이 아니다.

天(천)은 無形質(무형질)하며 無端倪(무단예)하고 無上下四方(무상하사방)하여 虛虛空空(허허공공)하나 無不在(무부재)하며 無不容(무불용)이니라.

하늘은 형질도 없으며 끝도 없고, 위아래와 사방도 없고, 비어 있는 듯하나 두루 꽉 차 있어서 있지 않은 곳이 없으며, 무엇이나 둘러싸지 않은 것이 없다.

제4장 세계(世界) 세상에 대한 가르침

爾觀森列星辰(이관삼열성진)하라 數無盡(수무진)하고 大小明暗苦樂(대소명암고락)이 不同(부동)하다.

끝없이 널린 저 별들을 보라. 이루 셀 수가 없으며, 크기와 밝기와 삶이 각기 다르다.

一神(일신)이 造群世界(조군세계)하시고, 神(신)이 勅日世界使者(칙일세계사자)하사 轄七百世界(할칠백세계)하시니 爾地自大(이지자대)나 一丸世界(일환세계)니라.

하느님께서 온 누리를 창조하시고, 우주 전체를 칠백 세계로 나누어 거느리고 있으니, (너희 눈에는) 이 땅이 제일 큰 듯하나 한 알의 구슬에 지나지 않는다.

中火震湯(중화진탕)하고 海幻陸遷(해환육천)하야 乃成見象(내성견상)하니라.

(하느님께서 온 누리를 창조하실 때) 중심의 거대한 기운 덩어리가 폭발하여 (무수한 별들이 생겨나고) 바다와 육지가 이루어져, 마침내 지금과 같은 모습을 갖추었다.

神(신)이 呵氣包底(가기포저)하시고 煦日色熱(후일색열)하시니 行著化遊裁物(행저화유재물)이 繁植(번식)하니라.

하느님께서 기운을 불어넣어 땅속 깊이까지 감싸고, 햇볕과 열로 따뜻하게 하니, 걷고 날고 허물 벗고 헤엄치고 흙에서 자라는 온갖 것들이 번성하게 되었다.

(동2) 일식에 관한 가장 오래된 기록

일식에 관한 기록 중에서 현재까지 알려진 가장 오래된 기록은 중국의 《서경(書經)》에 있다. 《서경》의 기록에 따르면, 기원전 2128년에 일식이 있었다고 한다. 한반도에서 일어난 일식의 기록은 삼국시대 이전부터 있으며, 《삼국사기》, 《고려사》, 《조선실록》 등에 다수의 일식 기록이 나타나 있다. 참고로 메소포타미아 지역에서 출토된, 설형문자로 새겨진 점토문자판에는 기원전 1063년에 일식이 있었다는 기록이 남아 있다.

(서2) 메소포타미아 인의 전설

고 바빌로니아 왕국(바빌로니아 제1왕조)은 기원전 1830년경에 셈 족 계통의 아모리 인들이 바빌론 시를 중심으로 일으킨 나라다. 이 왕조는 기원전 1600년경에 이르러 메소포타미아 전역을 장악했으며, 티그리스 강과 유프라테스 강 사이에 있는 바빌론이 정치 및 경제의 중심지가 되었다. 고 바빌로니아는 제6대 함무라비 왕(Hammurabi, 기원전 1792~기원전 1750) 때, 메소포타미아 세계를 통일하여 대제국을 건설하였다. 함무라비 왕은 과학과 학문을 발전시켰으며, 아카드 어를 국어로 삼

그림 1.3 마르두크와 용.

아 역법(曆法)을 통일시키는 한편, 282조로 된 '함무라비 법전'을 정비하여 바빌론을 오리엔트의 중심도시로 발전시켰다. 그는 또 한 수도 바빌론에 성을 축조하였으며, 바빌론의 수호신이던 마르두크(Marduk) 신을 주신(主神)으로 하고 이슈타르(Ishtar) 여신과 탐무즈(Tammus) 신을 섬기는 종교를 확립했다. 이때부터 마르두크는 수메르 신들 중에서 주신의 자리를 획득하였다.

마르두크는 에아(Ea)와 엔릴(Enlil)의 후계자인 악한 용 티아마트(Tiamat)를 죽여 그 몸을 둘로 갈랐는데, 그 하나는 땅이 되고 다른 하나는 하늘이 되어, 혼돈의 우주로부터 세계가 창조되었다고 한다. 전통적으로 바빌로니아의 왕은 마르두크의 현신으로, 마르두크 신앙의 수호자다. 글쓰기와 지혜의 신인 나부(Nabu)는 이 마르두크의 아들이다.

(서3) 기독교인의 창세기

기독교인의 구약성서는 제1부 만물의 기원을 기록한 태고사(太古史: 1~11장)와 제2부 이스라엘 민족의 역사가 인류 구제사(救濟史)의 근간임을 강조한 족장사(族長史: 12~50장) 그리고 시가서(詩歌書)와 예언서(豫言書)로 되어 있다.

1부의 내용은 ① 세계와 인류의 창조(1~2장), ② 죄의 기원과 낙원 추방(3장), ③ 문명의 기원과 사람의 증가(4~5장), ④ 노아의 홍수 이야기(6~9장), ⑤ 여러 민족과 헤브라이 인의 기원 및 바벨탑(10~11장)으로 구성되어 있으며, 창세기(創世記)도 태고사에 수록된 내용이다. 창세기의 내용 중 일부를 수록하면 다음과 같다.

> 太初(태초)에 하나님이 天地(천지)를 創造(창조)하시니라. 땅이 混沌(혼돈)하고 空虛(공허)하며 黑暗(흑암)이 깊음 위에 있고 하나님의 神(신)은

水面(수면)에 運行(운행)하시니라. 하나님이 가라사대 빛이 있으라 하시매 빛이 있었고, 그 빛은 하나님이 보시기에 좋았더라. 하나님이 빛과 어두움을 나누어서 빛을 낮이라 稱(칭)하시고 어두움을 밤이라 稱(칭)하시니라. 저녁이 되고 아침이 되니, 이는 첫째 날이니라.

하나님이 가라사대 물 가운데 穹蒼(궁창)*이 있어 물과 물**로 나뉘게 하리라 하시고, 穹蒼(궁창)을 만들어서, 穹蒼(궁창) 아래의 물과 穹蒼(궁창) 위의 물로 나뉘게 하시매 그대로 되니라. 하나님이 穹蒼(궁창)을 하늘이라 稱(칭)하시니라. 저녁이 되고 아침이 되니, 이는 둘째 날이니라.

하나님이 가라사대 天下(천하)의 물이 한곳으로 모이고, 뭍이 드러나라 하시매 그대로 되니라. 하나님이 뭍을 땅이라 稱(칭)하시고, 모인 물을 바다라 稱(칭)하시니, 하나님이 보시기에 좋았더라. 하나님이 가라사대 땅은 풀과 씨 맺는 菜蔬(채소)와 여러 種類(종류)대로 씨를 가진 열매 맺는 果木(과목)을 내라 하시매 그대로 되어, 땅이 풀과 여러 種類(종류)의 씨 맺는 菜蔬(채소)와 씨를 가진 열매 맺는 나무를 내니, 하나님이 보시기에 좋았더라. 저녁이 되고 아침이 되니, 이는 셋째 날이니라.

하나님이 가라사대 하늘의 穹蒼(궁창)에 光明(광명)이 있어 晝夜(주야)를 나뉘게 하라, 또 그 光明(광명)으로 하여 徵兆(징조)와 四時(사시)와 日字(일자)와 年限(연한)을 이루라, 또 그 光明(광명)이 하늘의 穹蒼(궁창)에 있어 땅에 비취라 하시니 그대로 되니라. 하나님이 두 큰 光明(광명)을 만들어서, 큰 光明[태양]으로 낮을 主管(주관)하게 하시고, 작은 光明[달]으로 밤을 主管(주관)하게 하시며, 또 별들을 만드시고, 그리고 하나님

---

* 穹蒼: 하늘 궁, 푸를 창.
** 궁창 위의 물로, 지금의 오존층 위치에 있던 물이 노아의 홍수 때 모두 지상으로 쏟아져 내렸다는 설이 있다.

이 그것들을 하늘의 穹蒼(궁창)에 두어 땅을 비추게 하시며, 晝夜(주야)를 主管(주관)하게 하시며, 빛과 어두움을 나뉘게 하시니, 하나님이 보시기에 좋았더라. 저녁이 되고 아침이 되니, 이는 넷째 날이니라.

하나님이 가라사대 물들은 生物(생물)로 蕃盛(번성)케 하라 하고, 땅 위 하늘의 穹蒼(궁창)에는 새가 나르게 하시고, 하나님이 큰 물고기와 물에서 蕃盛(번성)하여 움직이는 모든 生物(생물)을 그 種類(종류)대로 創造(창조)하시고, 날개 있는 모든 새를 그 種類(종류)대로 創造(창조)하시니, 하나님이 보시기에 좋았더라. 하나님이 그들에게 福(복)을 주어 가라사대 生育(생육)하고 蕃盛(번성)하여 여러 바다의 물에 充滿(충만)하라 하고, 새들도 땅에서 蕃盛(번성)하라 하시니라. 저녁이 되고 아침이 되니, 이는 다섯째 날이니라.

하나님이 가라사대 땅은 生物(생물)을 그 種類(종류)대로 내되, 六畜(육축)과 기는 것과 땅의 짐승을 種類(종류)대로 내라 하시니 그대로 되니라. 하나님이 땅의 짐승을 그 種類(종류)대로, 六畜(육축)을 그 種類(종류)대로, 땅에 기는 모든 것을 그 種類(종류)대로 만드시니 하나님이 보시기에 좋았더라. 하나님이 가라사대 우리의 形像(형상)을 따라 우리의 貌樣(모양)대로 우리가 사람을 만들고, 그로 하여금 바다의 고기와 空中(공중)의 새와 六畜(육축)과 온 땅과 땅에 기는 모든 것을 다스리게 하자 하시고, 하나님이 自己形像(자기형상), 즉 하나님의 形像(형상)대로 사람을 創造(창조)하시되 男子(남자)와 女子(여자)를 創造(창조)하시고, 그리고 하나님이 그들에게 福(복)을 주시며 그들에게 이르시되, 生育(생육)하고 蕃盛(번성)하여 땅에 充滿(충만)하라, 땅을 征服(정복)하라, 바다의 고기와 空中(공중)의 새와 땅에 움직이는 모든 生物(생물)을 다스리라 하시니라. 하나님이 가라사대 내가 모든 땅의 씨 맺는 온갖 菜蔬(채소)와 씨를 가진 열매 맺는 모든 나무를 너희에게 주노니, 이것들이 너희가 먹는 食物(식물: 음식물)이 되리라. 또 땅의 모든 짐승과 空中(공중)의 모든 새와 땅에 기는 生命(생명) 있는 모든 것들에게는, 내가 모든 푸른 풀을 食物(식물)로 주노라 하시니 그대로 되니라. 하나님이 그 지으신 모든 것을 보시니 보시기에 甚(심)히 좋았더라. 저녁이 되고 아침이 되니, 이는 여섯째 날이니라.

天地(천지)와 萬物(만물)을 다 이루고, 하나님이 일곱째 날이 되었을 때에 그 일을 마치시니, 그 지으시던 일이 다하므로 일곱째 날에 安息(안식)하시니라.

(서4) 탈레스 (그리스)

탈레스(Thales)는 신비로운 신이 하늘과 땅을 만들었다는 생각을 부정하고, 우주는 자연의 힘에 의해 저절로 만들어졌으며 인간의 지적 능력으로 숨겨진 자연의 비밀을 알아낼 수 있다고 믿었다. 바다로 둘러싸인 그리스에서 성장한 탈레스는 그림 1.4와 같이 '우주는 거대한 바다이며, 그 위에 평평한 지구가 떠 있고, 그 주위를 공기와 불이 에워싸고 있다.' 고 생각했다.

그림 1.4 탈레스가 생각한 우주.

(동3) 천자문 속에 표현된 천문

천자문(千字文)은 중국 남조(南朝) 때 양 무제(502~549)의 명을 받아 주흥사(周興嗣)가 글을 짓고, 동진(東晉)의 왕희지(王羲之)가 쓴 필적 중에서 주흥사가 지은 글에 해당되는 글자로 만든 작품이다. 중복된 글자 없이 1,000자로 구성되었으며 형식은 1구 4자의 사언고시 250구로 되어 있다. 천자문의 서두는 우주의 모습과 천문의 변화를 기술하고 있는데, 그 내용은 다음과 같다.

天(하늘 천)地(땅 지)玄(검을 현)黃(누를 황)

하늘은 가물가물하고 땅은 누르며

宇(집 우)宙(집 주)洪(넓을 홍)荒(거칠 황)

우주는 넓고 거칠다.

日(날 일)月(달 월)盈(찰 영)仄(기울 측)

해와 달은 차면 점차 이지러지며

辰(별 진)宿(잘 숙)列(벌일 열)張(베풀 장)

성좌는 하늘에 넓게 벌여져 있다.

寒(찰 한)來(올 래)暑(더울 서)往(갈 왕)

찬 계절이 오면 더운 계절이 물러간다.

秋(가을 추)收(거둘 수)冬(겨울 동)藏(감출 장)

가을에 곡식을 거두고 겨울이 오면 그것을 저장한다.

閏(윤달 윤)餘(남을 여)成(이룰 성)歲(해 세)

1년 중에서 잉여 시간을 모아 윤달로 삽입하여 1년을 만든다.

律(가락 률)呂(음률 려)調(고를 조)陽(별 양)

양인 율과 음인 여는 천지의 양기를 고르게 한다.

雲(구름 운)登(오를 등)致(이를 치)雨(비 우)

구름이 상승하여 냉기를 만나면 비가 된다.

露(이슬 로)結(맺을 결)爲(할 위)霜(서리 상)

이슬이 맺어 얼면 서리가 된다.

(동4) **첨성대**

그림 1.5의 첨성대는 신라 선덕여왕(632~647) 때 축조되었으며, 천문 관측대로 사용된 것으로 짐작된다. 화강석 28단의 석단을 원통형 곡선으로 쌓아올리고, 그 위에 방형 장대석을 우물정자 모양으로 두 겹 얹어 만들었다.

첨성대의 바닥 지름은 5.17 m이고 높이는 9.4 m다. 천체 관측을 할 때에는 그림 1.5(b)와 같이 사다리를 이용하여 꼭대기에 올라가 관측을 했을 것으로 생각된다. 첨성대의 중앙에 있는 사각 구멍 아래쪽 문턱에 사다리를 걸친 흔적으로 보이는 홈이 깊게 파여 있다[그림 1.5(a)의 화살표 참조].

(a) (b)

그림 1.5 첨성대. (a) 사다리를 걸친 흔적과 (b) 사다리를 놓았을 때의 모습.

(동5) 천상열차분야지도

천상열차분야지도(天象列次分野之圖)와 같은 천문도가 고려 때 소실되었는데, 다행이 탁본(拓本)이 남아 있어 그 탁본을 근거로 조선 태조 이성계가 왕조를 개국한 직후인 1395년에 류방택(柳方澤, 1320~1402)이 몇 세기 동안 변화된 별들의 위치를 바로잡아 그림 1.6과 같은 석각(石刻) 천상열차분야지도를 완성하였다.

고려시대의 천문학자들은 원(元)에서 천문학 지식을 배워왔다. 당시 고려에서는 중국의 당(唐)나라 때 발달한 선명력(宣明曆)을 원을 통해 수입한 후 고려에 맞도록 수정하여 사용하였다. 822년경에 시작된 선명력의 천문 계산법은 매우 훌륭한 것이었으나 위도와 경도가 다른 고려에서 사용하는 데에는 무리가 따를 수밖에 없었다. 따라서 당연히 고려의 천문학자들이 필요한 부분에 독자적 천문 계산을 하여 사용하였으므로, 그 당시 원나라(중국)의 날짜와 고려의 날짜가 서로 맞지 않은 경우가 있었다. 이후 원나라에서는 새로운 역법인 '수시력(授時曆)'을 개발했는데, 1281년(충렬왕 때)에 그 새 역법을 사신 왕통(王通)을 통해 고려에 전해주었다. 《고려사》의 기록에 의하면, "사신 왕통은 고려에 와서 낮에는 해시계로 시간을 재고, 밤에는 천문 관측을 하면서 고려의 지도를 보았다."라고 되어 있다. 당시 고려의 천문학자들은 아직 수시력을 고려에 맞게 변용할 만한 능력이 없었다. 지금 남아 있는 수시력의 계산표인 '수시력첩법입성(授時曆捷法立成)'은 1346년에 서운정(書雲正)과 강보(姜保)가 만든 것인데, 그의 스승 최성지(崔誠之, 1265~

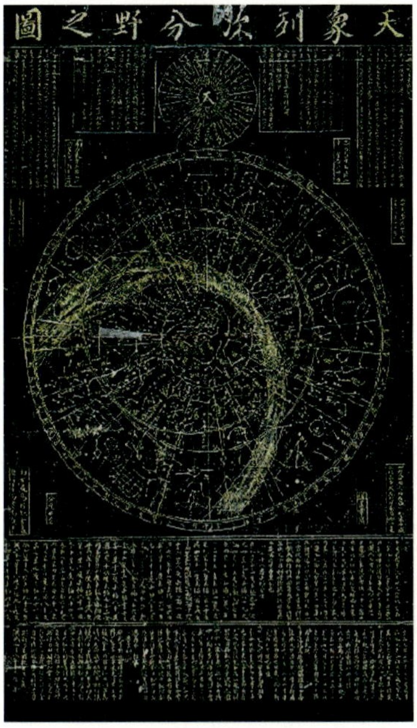

그림 1.6 석각 천문도인 천상열차분야지도.

1330)가 원나라까지 가서 배워온 것을 바탕으로 완성했으리라 짐작된다. 또 같은 시기에 오윤부(伍允孚, ?~1304)가 천문도를 만들 때 최성지가 배워온 지식이 표준이 될 정도로 훌륭했다는 기록도 《고려사》는 전하고 있다.

조선 태조 때 류방택이 천상열차분야지도에 맞는 천문 계산을 하면서 고려의 역법을 참고했을 것은 분명하다. 하지만 류방택은 천상열차분야지도에 새겨진 1,467개의 별들에 대한 위치를 다시 계산하여 확인하는 작업의 책임자였고, 서운관* 관계자 8명 가운데 몇 명이 그를 도운 것 같다. 그렇게 시작된 조선 초의 천문학이 세종 24년(1442)의 위대한 성과 중 하나인 칠정산(七政算)으로 역사에 남게 되었다. 칠정(七政)이란 칠요(七曜)와 같은 뜻으로, 해와 달 그리고 다섯 행성을 뜻한다. 서울을 기준으로 이들 천체 운동을 계산할 수 있게 되면서, 세종 때에는 처음으로 우리나라에 맞는 역법(천문 계산법)을 완성했다. 즉, 이것은 처음으로 일식, 월식 등을 완벽하게 예보할 수 있게 되었음을 의미한다.

석각 천상열차분야지도는 1,467개의 별이 가로 1m, 세로 2m가량의 돌에 새겨진 천문도다. 중국에 이보다 약간 더 오래된 전천 석각 천문도가 하나 있기 때문에 우리 천상열차분야지도는 세계에서 두 번째로 오래된, 돌에 새겨진 천문도다.

이 천문도의 하단에는 그림 1.7의 하단과 같이 12명의 이름이 기록되어 있는데, 그 가운데 세 사람의 이름이 두드러진다. 이들은 각각 임금의 뜻을 받들어[奉敎], 권근(權近, 1352~1409)은 글을 짓고[記], 류방택은 천문 계산을 했으며[推算], 설경수(薛慶壽, ?~?)는 글씨를 썼다[書]고 되어 있다.

그리고 그림 1.7의 상단 왼쪽에는 28수거극분도(二十八宿去極分度)가 기록되어 있다. 즉, 4방위에 7개의 별자리가 배치되어 있다. 천상열차분야지도는 적도에 따라 12분야(十二分野)로 나누고, 북극성(北極星)을 중심으로 중심원 안에는 1,467개

---

* 고려와 조선 초기에 천문을 맡아보던 관청. 조선 태조 때까지는 서운관(書雲觀)이라 하다가 세조 재위 7년에 관상감(觀象監)으로 개칭하였다.

論天
晉志前儒舊說天地之體狀如鳥卵
天包地外猶殼之裹黃也周旋無端
其形渾渾然故曰渾天也又晉葛洪
云周天三百六十五度四分度之一
半覆地上半繞地下故二十八宿半
見半隱天轉如車轂之轉也又宋何
承天云渾觀渾儀研求天意乃悟天
形正圓而水居其半地中高外卑水
周其下又梁祖暅云渾天地形內圓
如彈丸凡論天者有六家一曰渾天
張衡所述二曰蓋天周碑以爲法三
曰宣夜無師法四曰安天虞喜作五
曰昕天姚信作六曰穹天虞聳作自
蓋天已下竝好奇徇異之說非之說
也先儒亦不重其術也
二十八宿去極分度
角二星十二度去極九十一度
亢四星九度去極八十九度
氐四星十五度去極九十七度
房四星五度去極一百八度
心三星五度去極一百八度
尾九星十八度去極一百二十度
箕四星十一度去極一百十八度
斗六星二十六度四分度之一去極一百十六度
牛六星八度去極一百六度
須女四星十二度去極一百六度
虛二星十度去極一百四度
危三星十七度去極九十九度
營室二星十六度去極八十五度
東壁二星九度去極八十六度
奎十六星十六度去極七十七度
婁三星十二度去極八十度
胃三星十四度去極七十二度
昴七星十一度去極七十四度
畢八星十六度去極七十八度
觜三星二度去極八十四度
參十星九度去極九十四度
東井八星三十三度去極六十九度
輿鬼五星四度去極六十八度
柳八星十五度去極八十度
星七星七度去極九十一度
張六星十八度去極九十七度
翼二十二星十八度去極九十九度
軫四星十七度去極九十八度

右天文圖石本舊在平壤城因
兵亂沉于江而失之歲月旣久
其印本之存者亦絶無矣惟我
殿下受命之初有以一本投進者
殿下寶重之命書雲觀重刻于
石本觀上言此圖歲久星圖已
差宜更推步以定今四仲昏曉
之中勒成新圖以示于後
上以爲然越乙亥夏六月新修中
星記一編以進舊圖立春昴中
於昏而今則爲胃二十四氣以
次以差於是因舊圖改中星鐫
石甫訖迺
命臣近誌其後臣近竊惟自古帝
王奉天之政莫不以曆象授時
爲先務堯命羲和而秩四時舜
在璣衡而齊七政誠以敬天勤
民爲不可緩也恭惟
殿下聖武仁明以禪讓而有國中
外晏然躋于太平卽堯舜之德
也首察天文以正中星卽堯舜
之政也然求堯舜所以觀象制
器之心基本只在乎欽而已惟
殿下亦以欽存諸心上以奉天時
下以勤民事則神功茂烈亦當
與二帝竝隆矣況此圖勒貞珉
永爲子孫萬世之寶也信矣哉
嘉靖大夫藝文春秋館學士都
評議使司使寶文閣學士兼禮
曹典書成均大司成臣權近奉
敎記嘉靖大夫檢校中樞院副
使兼判書雲觀事臣柳方澤奉
敎推算中直大夫校書監臣偰
慶壽奉 敎書
書雲觀
領觀事特進輔國崇祿大夫判
門下府事都評議使司事集賢
殿大學士臣權仲和兼判事嘉
靖大夫商議中樞院事都評議
使司使臣崔融兼判事嘉靖大
夫檢校中樞院副使臣盧乙俊
兼正嘉善大夫檢校戶曹典書
臣尹仁龍判事通訓大夫臣池
臣源丞通德郎臣金堆掌漏啓
功郎臣田潤權知掌漏進勇副
尉虎勇巡衛司右領別將臣金
自綏權知視日修義副尉虎勇
巡衛司後領散員臣金候
洪武二十八年十二月 日

그림 1.7 논천(論天), 28수거극분도와 관련자의 직위와 이름이 새겨져 있다.

의 별이 새겨져 있다. 적위 50도 이상의 원 안에 나타낸 별(북극성 주변)은 14세기 때 보이는 밤하늘의 별자리이고, 적위 50도 이하의(바깥쪽에 있는) 별들은 1세기 무렵의 별자리임이 밝혀졌다.

(동6) 세종시대의 천문기구

조선 세종대왕(재위 1418~1450)은 천문을 주관하는 서운관(이후 '관상감'으로 개칭)을 통해 해와 달 그리고 다섯 행성 및 천체의 운동을 계산할 수 있는 칠정산(七政算)을 완성하여 우리나라에 맞는 천문역법(天文曆法)을 완성했을 뿐만 아니라 다음과 같은 천문기구들을 발명하였다.

그림 1.8 혼천의.

① **간의대**(簡儀臺): 간의를 설치했던 곳으로, 세종 15년에 축조된, 높이 9.4 m, 가로 14.2 m, 세로 9.7 m의 석조 건물. 대간의대에는 혼천의, 혼상, 규표 및 정방안 등이 설치되어 있었다.

② **혼천의**(渾天儀): 일종의 천문시계.

③ **혼상**(渾象): 하늘의 별들을 보이는 위치 그대로 둥근 구면에 표시한 천문기기.

④ **규표**(圭表): 1년의 날짜 수와 24절기를 알기 위한 기구.

⑤ **정방안**(正方案): 동서남북을 표시하는 수평판.

⑥ **앙부일구**(仰釜日晷): 해시계.

⑦ **자격루**(自擊漏): 자명종 시계.

⑧ **옥루**(玉漏): 자동 물시계.

⑨ **측우기**(測雨器): 강우량을 측정하는 계측기.

특히 천문 관측기구로서 혼천의는 선기옥형(璇璣玉衡) 혹은 혼의(渾儀)라고도 하며, 기록상으로 1433년(세종 15)에 정초(鄭招), 정인지(鄭麟趾) 등이 고전을 조사하고, 이천(李蕆), 장영실(蔣英實) 등이 그 제작을 감독하였다고 한다. 혼천의는 천문학의 기본적인 기구로 조선시대 천문역법의 표준시계와 같은 구실을 하게 되어, 1657년(효종 8)에 최유지(崔攸之)가, 1669년(현종 10)에는 이민철(李敏哲)과 송이영(宋以穎)이 더욱더 개량된 혼천의를 만들었다. 이 중에서 그림 1.9에 나타낸 송이영의 것은 서양식 자명종의 원리와 특징을 잘 살펴 추(錘)를 시계장치의 동력으로 이용한 것이 특징이다.

송이영의 혼천의는 두 무게추의 운동에 의해 움직이는 시계장치와 연결되어 있는데, 육합의(六合儀), 삼진의(三辰儀), 지구의(地球儀)의 세 부분으로 되어 있다. 육합의는 24향(向)의 글자가 새겨진 지평환(地平環)과 수직으로 주천도(周天度)가 새겨진 천경흑쌍환(天經黑雙環), 위로 36° 기울어진 북극과 아래로 36° 기울어진 남극에 걸쳐 주천도가 새겨진 천위적단환(天緯赤單環)으로 구성되어 있기 때문에, 동서남북과 천정(天頂) 및 천저(天底)를 정하게 되어 있다. 삼

그림 1.9 송이영이 제작한 혼천의.

그림 1.10 혼상.

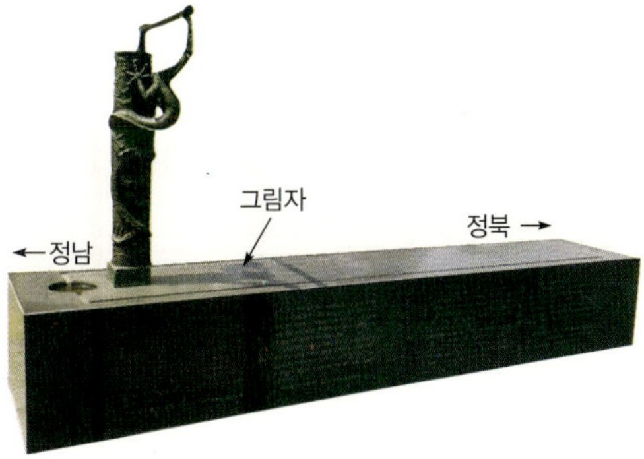

그림 1.11 규표.

진의는 삼진의 흑쌍환(黑雙環), 적도단환(赤道單環), 황도단환(黃道單環) 그리고 그 안에 백도단환(白道單環), 또 제일 안에 양극의 축에 걸쳐 있는 흑도단환(黑道單環) 등으로 이루어져 있다. 흑도단환에는 12궁(宮), 24기(氣)와 28수(宿)가 양면에 각각 새겨져서 360분금으로 분할되어 있으며, 백도단환은 27개의 못으로 분할되어 28수를 나타내고 있다. 지구의(地球儀)는 남북극을 축으로 시계장치에 연결하여 1일 1회전 하게 되어 있다.

혼상은 그림 1.10에서 볼 수 있는 것과 같이 하늘의 별들을 보이는 위치 그대로 둥근 구면에 표시한 천문기기로서, 1일 1회전 하도록 만들어져 있다.

규표는 1년의 날짜 수와 24절기를 정확하게 측정하기 위한 천문도구다. 그림 1.11과 같이 규표는 수직으로 세운 막대의 그림자를 수평으로 눕힌, 눈금이 새겨진 규(圭: 자)로 재어서, 그림자가 가장 길 때를 동지, 가장 짧을 때를 하지로 한다. 눈금은 15일 간격으로 매겨져 있다. 규를 설치한 방향은 정확히 남북으로 되어 있어, 측정은 하루 중 정오에 이루어진다.

앙부일구는 세종 16년(1434)에 장영실과 이천, 김조(金銚) 등이 만든 해시계로, 가마솥 같이 오목하고 또 하늘을 우러러보고 있다고 해서 이런 이름이 붙었다. 그림 1.12와 같이 오목한 시계 판에 세로선 7줄과 가로선 13줄이 그어져 있는데, 세로선은 시각선(時刻線)이고 가로선은 계절선(季節線)이다. 해가 동쪽에서 떠서 서쪽으로 지면서 시각선에 생기는 그림자로 시간을 알고, 또 절기마다 태양의 고도가 달라지기 때문에 계절선에 나타나는 그림자 길이로 24절기를 알 수 있다.

그림 1.12 앙부일구.

자격루는 1434년(세종 16)에 왕명으로 장영실과 김조, 이천 등이 제작하였다. 시(時), 경(更), 점(點)에 맞추어 종과 북, 징을 쳐서 시각을 알리도록 되어 있다(그림 1.13).

옥루는 1438년(세종 20)에 장영실이 만든 자동 물시계로, 물이 떨어지는 힘으로 인형이 북, 종, 징을 쳐서 시각과 경을 알렸다.

측우기는 강우량을 측정하는 기구로, 1441년(세종 23) 8월에 호조가 측우기를 설치할 것을 건의하여, 다음 해 5월에 측우에 관한 제도를 새로 제정하고 측우기를 만들어 한양과 각 도의 군현에 설치하였다. 측우기는 깊이 41 cm, 지름 16 cm의 철제 원통과 돌로 된 측우대로 구성된다(그림 1.14). 비가 와서 통 속에 물이 고

그림 1.13 자격루.(왼쪽)
그림 1.14 측우기.(오른쪽)

이면, 이 물의 높이를 주척으로 계측하여 우량을 알았다.

(서5) **니콜라우스 코페르니쿠스**(1473. 2. 19.~1543. 5. 24. 폴란드의 천문학자)

니콜라우스 코페르니쿠스(Nicolaus Copernicus)는 1543년에 출간된 《천구의 회전에 관하여》에서 프톨레마이오스(Klaudios Ptolemaeos, 85?~165?)의 지구 중심설을 완전히 부정하고, 그림 1.15의 그림을 통해 태양을 중심으로 주위의 행성들이 원 궤도를 그리며 돈다고 설명하여 전통적인 견해(천동설)에 반기를 들었다. 그러나 그가 생각한 태양계의 모습은 현재 밝혀진 태양계와는 매우 다르며[행성의 궤도를 원으로 보고, 운동의 불규칙성을 설명하기 위해 주전원(周轉圓)을 사용했다.], 지구의 공전과 자전의 증거를 하나도 밝혀내지 못했다. 주전원 기법은 140년경에 그리스의 천문학자 프톨레마이오스가 천구상에서 행성들의 역행과 순행을 설명하기 위해 창안한 행성의 운동궤도로, 코페르니쿠스가 지동설을 제창할 때까지 계속 신봉되었다.

(서6) **토머스 디기스**(1546. ?. ?.~1595. 8. 24. 영국의 천문학자)

토머스 디기스(Thomas Digges)는, 우주는 무한하며 태양과 같은 별들이 우주 공

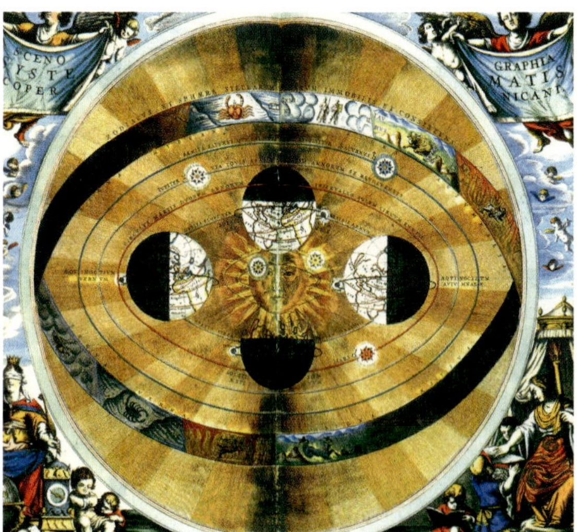

그림 1.15 행성들과 황도대가 태양 주위를 돌고 있는 코페르니쿠스의 그림.

간에 골고루 분포되어 있다고 주장하였다. 특히 디기스는 코페르니쿠스의 지동설을 발전시켰다.

(서7) 갈릴레오 갈릴레이

(1564. 2. 15.~1642. 1. 8. 이탈리아의 천문학자, 물리학자, 수학자)

1608년 네덜란드의 안경 제조업자 한스 리퍼세이(Hans Lipershey)의 아들들이 두 개의 렌즈를 적당한 간격으로 두었을 때 멀리 있는 물체를 확대해 볼 수 있다는 사실을 알게 되어, 망원경이 발명되었다. 갈릴레오 갈릴레이(Galileo Galilei)는 1609년 네덜란드에서 망원경이 발명되었다는 소식을 듣고 손수 망원경을 만들어 여러 천체에 대한 관측을 실시하여, 획기적인 결과를 얻었다. 그중에는 목성(木星)도 위성을 가지고 있다는 사실을 알아낸 것도 포함된다. 갈릴레이는 자신의 천문 관측 결과에 의거하여 코페르니쿠스의 지동설에 대한 믿음을 굳혔는데, 이것이 로마 교황청의 반발을 사 이후 지동설은 일체 말하지 말라는 경고를 받기도 한다(제1차 재판).

1618년에 3개의 혜성이 나타나 그 특성과 본성을 둘러싸고 심한 논쟁들이 벌어졌는데, 갈릴레이는 그 경과를 정리해 1623년에 《황금계량자》라는 책으로 발표하였다. 그는 이 책에서 직접적으로 지동설과 천동설의 문제를 언급하지는 않았지만 천동설을 주장하는 측의 방법적인 오류를 예리하게 지적하였다.

갈릴레이는 "우주는 수학 문자로 되어 있다."라는 유명한 말을 함으로써 자신의 수량적(數量的) 자연과학관을 표출하였다.

그림 1.16 갈릴레오 갈릴레이는 천문 관측을 통해 우주에 대한 근대적인 이해의 길을 열었다. 밤하늘에 있는 별들이 일정한 거리에 있다는 과거의 수정구 이론을 타파하고 별들의 거리가 다양함을 망원경을 통해 확인하였다.

그림 1.17 요하네스 케플러는 케플러의 세 가지 법칙을 발견하였다.(왼쪽)
그림 1.18 아이작 뉴턴은 영국의 물리학자 겸 천문학자, 수학자로, 만유인력의 법칙을 발견하였다.(가운데)
그림 1.19 윌리엄 허셜은 은하가 별들의 집단임을 주장하였다.(오른쪽)

(서8) **요하네스 케플러**(1571. 12. 27.~1630. 11. 15. 독일의 천문학자)

요하네스 케플러(Johannes Kepler)는 《신(新)천문학》에서 행성의 운동에 관한 제 1법칙(타원궤도의 법칙)•과 제2법칙(면적속도 일정의 법칙)••을 발표하고, 그 뒤 《우주의 조화》에서 제3법칙(조화의 법칙)••• 을 발표하였다.

케플러의 스승인 덴마크의 천문학자 티코 브라헤(Tycho Brahe, 1546~1601)는 육분의와 컴퍼스를 이용하여 행성과 777개의 별에 대한 자료를 남겼는데, 케플러는 특히 화성의 운행을 관측한 자료를 브라헤의 임종 시 인계받았으며, 이러한 자료를 이용하여 행성들의 움직임에 관한 수학적 모형을 연구해 케플러의 법칙을 얻었다. 이 법칙이 천문학의 발전에 획기적인 전기를 만들었다.

(서9) **아이작 뉴턴**(1642. 12. 25.~1727. 3. 31. 영국의 물리학자, 천문학자, 수학자)

아이작 뉴턴(Isaac Newton)은, 굴절광은 파장에 따른 굴절률의 차이로 빛의 스펙

• 타원궤도의 법칙: 모든 행성은 태양을 하나의 초점으로 하여 타원궤도를 따라 움직인다.
•• 면적속도 일정의 법칙: 한 초점에 있는 태양에서 행성까지 잇는 반지름 벡터는 같은 시간 간격 동안에 같은 넓이를 휩쓸고 지나간다.
••• 조화의 법칙: 모든 행성의 공전 주기의 제곱은 그 행성 궤도의 긴반지름의 세제곱에 비례한다.

트럼이 나타나지만 반사광은 그렇지 않다는 사실을 알고, 굴절 망원경보다 성능이 우수한 뉴턴식 반사 망원경을 제작하여 천체 관측에 크게 공헌하였다. 물론 뉴턴의 최대 업적은 역학(力學)에 공헌한 것이다. 또한 그는 중력(重力) 문제에 큰 관심을 가지고 있었으며, 지구의 중력이 달의 궤도에까지 미친다고 생각하여, 이것과 행성(行星)의 운동을 관련시켜 행성에 미치는 힘이 행성까지의 거리의 제곱에 반비례한다는 '만유인력의 법칙'을 확립하였다. 뉴턴은 천체운동의 운동법칙을 확립함으로써 현대 천문학의 초석을 마련했다.

(서10) **윌리엄 허셜**(1738. 11. 15.~1822. 8. 25. 독일 태생의 영국 천문학자)

윌리엄 허셜(Friedrich William Herschel)은 자신이 직접 만든 망원경으로 1781년 3월 13일에 천왕성을 발견하였으며, 그 외에도 800개의 이중성과 2,500개의 성운 및 성단을 발견한 업적을 남긴 천문학자로, 은하계의 모양에 관한 선구적인 연구자다. 특히 그는 별들이 은하라고 하는 집단을 이루고 있다고 하였다.

(서11) **요세프 폰 프라운호퍼**(1787. 3. 6.~1826. 6. 7. 독일의 물리학자)

그림 1.20 최초의 분광계를 보여주며 설명하고 있는 요세프 폰 프라운호퍼.

요세프 폰 프라운호퍼(Joseph von Fraunhofer)는 분광계를 발명하여 천문학자들이 멀리 떨어진 천체의 구성성분을 알게 하였다. 그는 피에트로 세키(Pietro Angelo Secchi)와 더불어 항성 분광학의 분야를 열었다. 이들은 태양과 시리우스로부터 오는 빛의 스펙트럼을 비교한 결과, 스펙트럼에 나타난 흡수선(별의 내부에서 발생한

그림 1.21 샤를 메시에는 성운, 성단, 은하의 목록을 작성하였다.(왼쪽)
그림 1.22 나선은하 M83. 샤를 메시에가 분류한 103개의 목록에 실린 것으로, 약 2,000만 광년의 거리에 있으며, 우리 은하와 비슷하다.(오른쪽)

빛이 별의 대기층을 통과하면서 흡수당한 파장 영역은 스펙트럼에 검은 선으로 나타난다.)의 개수 및 세기가 서로 다름을 알아냈다. 이는 태양과 시리우스의 대기 조성이 다르다는 것을 의미한다. 특히 피에트로 세키는 항성들을 분광형에 따라 분류했다. 그러나 근대적인 항성 분류의 틀은 1900년대 미국의 천문학자 애니 점프 캐넌(Annie Jump Cannon)이 확립하였다.

(서12) **샤를 메시에**(1730. 6. 26.~1817. 4. 12. 프랑스의 천문학자)

샤를 메시에(Charles Messier)는 1759년 핼리 혜성을 프랑스에서 처음 관측한 후, 15개의 새로운 혜성을 포함하여 21개의 혜성을 검출하였다. 혜성 관측 때 혼동하기 쉬운 천체인 성운과 성단을 구분하기 위해 1760년에 "메시에 목록"을 작성하기 시작한 결과, 1771년에는 45개, 1781년에는 103개의 목록을 수록하였다. 성운과 성단을 표시할 때의 등록번호 'M'이 현재에도 사용되고 있으며, 메시에의 친구 피에르 메생(Pieere Mechain)이 7개를 더 추가하여 현재는 110개가 수록되어 있다. 그림 1.22에는 우리 은하와 모양이 유사한 나선은하 M83이 나타나 있다.

(서13) **할로 섀플리**(1885. 11. 2.~1972. 10. 20. 미국의 천문학자)

할로 섀플리(Harlow Shapley)는 1913년에 식쌍성에서 별의 크기를 측정하는 방법을 발견했으며, 그다음 해에 구상성단 속에 있는 세페이드 변광성의 맥동설(脈動說)을 제기하였다. 또 세페이드 변광성의 주기와 광도 관계를 이용하여 성단의 거리를 측정하였으며, 이 결과로부터 은하계의 모습과 규모를 추정하였다. 그리고 1932년에 외부 은하들이 무리를 이루고 있음을 발견하고 우리 은하계도 그중에 포함되어 있음을 확인하였다. 또 우리 은하 원반의 지름을 10만 광년으로 추정하였을 뿐만 아니라 이 사실로부터 안드로메다은하가 우리 은하 밖에 존재한다는 사실을 암시하였다.

(서14) **에드윈 파월 허블**(1889. 11. 20.~1953. 9. 8. 미국의 천문학자)

에드윈 파월 허블(Edwin Powell Hubble)은 1920년대 초에 나선성운에서 세페이드 변광성을 발견하고 주기-광도 관계를 기초로 하여 그 거리를 측정한 결과, 모두 우리 은하계 밖에 있다는 사실을 확인하고 나선성운이 외부 은하임을 입증하였다. 또 우리 은하계 밖의 은하에 대한 모양과 거리에 따른 분류를 총괄적으로 시도하여 외부 은하들의 스펙트럼선에 나타나는 적색이동(赤色移動)을 관측한 결과, 먼 거리에 있는 은하일수록 적색이동이 많다는 것을 알게 되었다. 이 결과를 근거로 1929년에 은하의 후퇴속도(後退速度)가 은하의 거리에 비례한다는 '허블의 법칙'을 발견하여 우주팽창설에 대한 초석

그림 1.23 에드윈 파월 허블은 우주가 팽창하고 있다는 사실을 발견하였다.

을 마련했다. 이 발견은 우주가 뜨겁고 밀도가 높은 상태에서 시작되었다는 이론을 낳게 되어, 훗날 '빅뱅'이라고 불렸다. 여기서 허블의 위대한 두 가지 업적은 '외부 은하'와 '우주의 팽창'을 발견한 것이다.

(서15) 베스토 슬라이퍼

(1875. 11. 11.~1969. 11. 8. 미국의 천문학자)

베스토 슬라이퍼(Vesto Slipher)는 1912년부터 1925년까지 나선성운을 관측하였는데, 특히 각 성운의 스펙트럼을 관측하여 45개의 성운 중 43개의 스펙트럼이 적색이동을 나타내는 것을 확인하였다. 즉, 43개의 성운이 우리로부터 멀어지고 있는 것을 확인한 것이다. 그는 우주 팽창설에 대한 실험적 증거를 제시하여 우주 진화에 대한 연구를 촉진시켰다.

그림 1.24 베스토 슬라이퍼.

허블의 법칙

허블은 조수 밀턴 휴메이슨(Milton Humason)과 함께 세페이드 변광성을 이용하여 외부 은하까지의 거리를 측정했다. 1929년에 두 사람은 각 은하로부터 오는 빛의 스펙트럼을 조사한 결과, 적색이동 정도는 은하의 거리에 '허블상수'를 곱한 것과 같다는 사실을 발견하였다. 즉, 거리와 적색이동과의 관계를 '허블법칙'이라 한다. 허블이 발견한 관계는 거리와 속도의 관계로, 더 멀리 있는 은하일수록 더 빠른 속도로 멀어져간다는 것이다. 이것은 우주가 팽창한다는 사실을 의미한다.

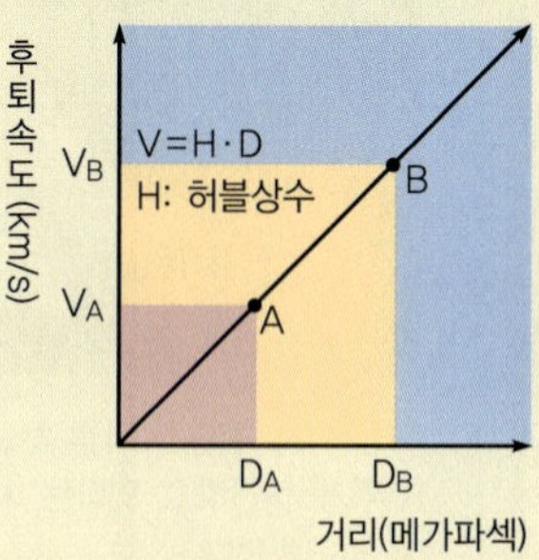

그림 1.25 허블의 법칙에 따르면, 우주 팽창 때문에 더 멀리 있는 은하일수록 더 빠른 속도로 멀어져가고 있으며, 그래서 적색이동이 더 크게 일어난다. (1파섹 = 3.26광년)

적색이동과 광원의 후퇴속도

빛도 파동이기 때문에 관측자(지구)와 광원(은하) 사이에 상대적 거리의 변화가 나타나고 이로 인해 도플러 효과에 의한 진동수(혹은 파장)의 변화가 생긴다. 즉, 상대적 거리가 멀어지면 빛의 진동수가 낮아지는 대신에 파장은 길어지고, 반대로 거리가 가까워지면 빛의 진동수가 높아지는 대신에 파장은 짧아진다. 그림 1.26에 나타나 있는 빛의 스펙트럼에서 붉은색의 빛은 진동수가 낮고(파장이 길고), 보라색의 빛은 진동수가 높다(파장이 짧다). 만약 어떤 별에서 생긴 빛이 그 별의 대기를 통과할 때 대기가 노란색과 초록색 사이의 진동수를 가진 빛을 흡수하였다면(특정 물질은 특정 진동수의 빛만을 흡수한다.), 그 별의 표면에서 관측한 스펙트럼상에는 그림 1.26의 중간 그림에 나타나 있는 것과 같이 노란색과 초록색 사이의 진동수에 해당하는 영역에 검은 흡수선이 나타날 것이다. 이 별이 지구로부터 멀어진다면, 빛의 도플러 효과에 의하여 이 검은 흡수선을 포함한 스펙트럼 전체가 진동수가 낮은 쪽으로 치우쳐 나타나게 된다. 그래서 후퇴하는 별에서 오는 빛의 스펙트럼에 나타나는 흡수선은 그림 1.26의 위쪽 그림에 나타나 있는 것과 같이 더욱더 노란색 가운데에 나타난다. 즉, 멀어지는 별에서 오는 스펙트럼을 정지해 있는 경우의 것과 비교해보면, 멀어지는 별에서 오는 스펙트럼에 있는 흡수선이 정지해 있는 스펙트럼의 붉은색 쪽으로 치우쳐 있다. 이렇게 치우치는 현상을 '적색편의' 혹은 '적색이동'이라 하며, 적색이동의 거리는 별의 후퇴속도에 비례한다. 반대로 가까워지는 경우의 스펙트럼은 그림 1.26의 아래쪽 그림과 같으며, 이와 같은 현상을 '청색이동'이라 한다.

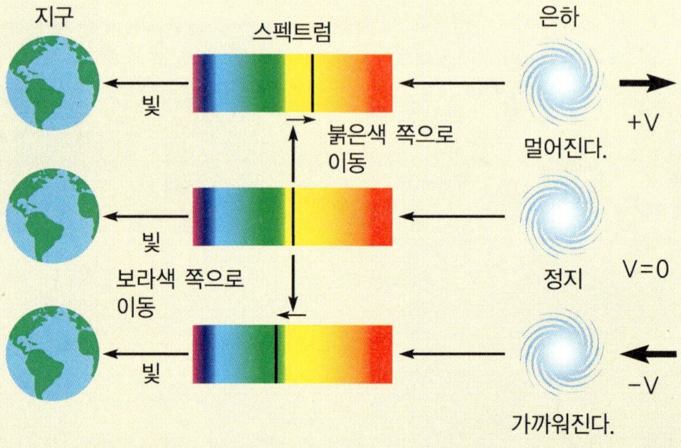

그림 1.26 천체의 상대적 운동에 기인한 스펙트럼의 색과 흡수선의 이동.

(서16) **알베르트 아인슈타인**(1879. 3. 14.~1955. 4. 18. 독일 태생의 미국 물리학자)

현대 물리학을 태동시킨 알베르트 아인슈타인(Albert Einstein)의 업적을 모두 열거하기는 어렵다. 하지만 그중 하나를 꼽자면, 일반 상대성 이론으로 빅뱅 이론의 수학적 토대를 제공했다는 점을 들 수 있다. 특히 중력장 속에서 움직이는 물체나 빛은 곡선 궤도를 따라 움직이는데, 그와 같은 현상은 시간과 공간이 중력원(거대한 별)에 의해 휘어져 있기 때문이라고 설명하였다. 이와 같은 개념은 뉴턴역학에서 생각하는 힘의 작용 개념을 바꾸었다. 중력원 밖에 있는 관찰자는 중력원에 의해 그림 1.28과 같이 물체나 빛이 휘어진 공간을 지나갈 때 곡선 궤도를 그리면서 지나가는 것으로 인식한다. 그러나 중력원에 의해 휘어진 공간에 있는 관찰자는 휘어진 공간을 따라 움직이는 물체나 빛은 그 공간에서 직선 궤도를 그리면서 이동하는 것으로 인식한다. 이와 같은 인식을 토대로 아인슈타인은 팽창이나 수축을 하지 않는 정적인 우주를 생각하였다. 그러나 여러 천문학자와 물리학자 들이 우주에 상대성 이론을 적용한 결과, 우주는 반드시 팽창 혹은 수축을 한다는 결론이 나왔다. 그러나 이러한 사실을 안 아인슈타인은 '정적 우주'에 대한 신념이 매우 강했기 때문에 과학자들이 유도한 식에 '우주상수'라 것을 넣어 수식을 수정하

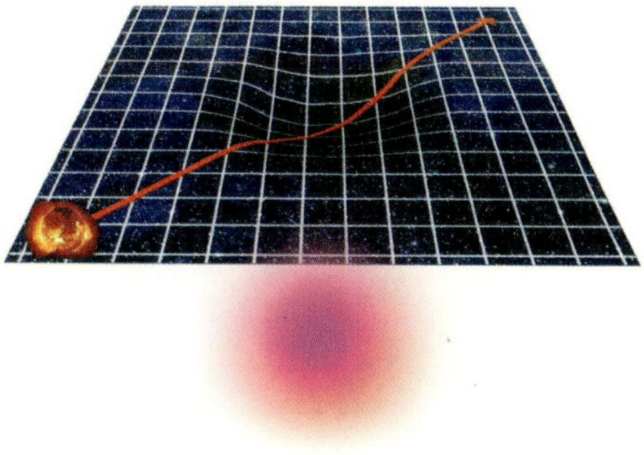

그림 1.27 알베르트 아인슈타인.(왼쪽)
그림 1.28 질량이 큰 물체는 주변에 있는 시간과 공간을 휘게 한다.(오른쪽)

여, 팽창도 수축도 하지 않는 우주방정식을 만들었다. 그러나 허블과 여러 천문학자들이 우주가 팽창한다는 것을 확인시켰고, 아인슈타인은 우주상수를 도입하여 정적 우주를 고집한 것에 대해 후회를 했다고 한다.

(서17) **조르주 르메트르**(1894. 7. 17.~1966. 6. 20. 벨기에의 물리학자, 천문학자)

조르주 르메트르(Georges Lemaitre)는 허블의 팽창 우주에 근거하여 대폭발 이론을 제안하였다. 이 이론은 두 가지 가정을 바탕으로 하고 있는데, 하나는 아인슈타인의 일반 상대성 이론으로 중력 작용이 모든 물질에 통용되는 것이고, 나머지 하나는 우주 속에 있는 관측자가 관측하는 것은 관측 방향과 위치에 무관하다는 것이다. 이 원리의 중요한 의미는, 대폭발의 시초는 공간의 한 특정한 점에서 일어난 것이 아니라 공간 전체에서 동시에 일어났다는 것이다. 이상의 두 가지 가정으로 과학자들은 플랑크 시간 이후의 우주 역사는 계산할 수 있으나, 플랑크 시간 이전의 상태에 대해서는 아직 알 수가 없다. 대폭발 이후 우주는 고밀도의 매우 압축된 원시 상태에서 급속히 팽창하고 있기 때문에 은하들은 서로 멀어진다. 이와 같

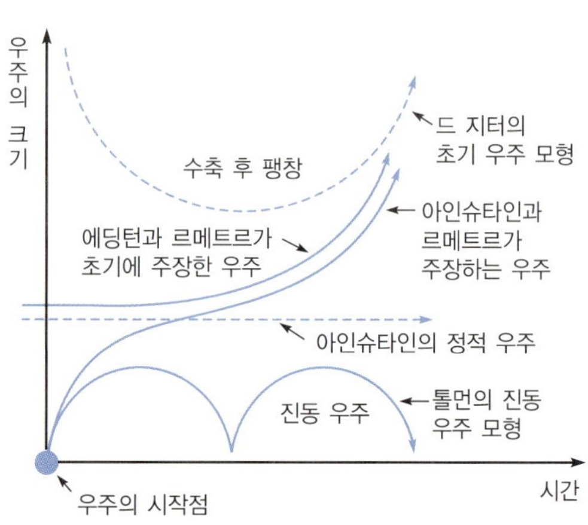

그림 1.29 조르주 르메트르.(왼쪽)
그림 1.30 조르주 르메트르가 1927년에 발표한 논문에 실린 도표. 수축 후 다시 팽창하는 우주, 영원히 팽창하는 우주, 진동하는 우주 등의 모형이 있다.(오른쪽)

은 우주 진화의 모습을 설명하기 위한 여러 가지 이론이 있었다.

르메트르가 1927년에 발표한 논문에 실린 도표인 그림 1.30을 보면, 수축했다가 다시 팽창하는 드 지터의 우주 모형과 아인슈타인의 정적 우주 모형, 팽창과 수축을 반복하는 톨먼의 우주 모형 등이 표시되어 있다. 그중에는 르메트르의 정적이면서 팽창하는 우주 모형도 표시되어 있다. 팽창우주론은 그림 1.30에 나타나 있는 것처럼 네덜란드의 천문학자 빌럼 드 지터(Willem de Sitter)가 과거에도 논의한 적이 있지만, 조지 가모브가 개선한 르메트르의 이론이 우주론을 주도하게 되었다.

(서18) **조지 가모브**(1904. 3. 4.~1968. 8. 19. 러시아 태생의 미국 핵물리학자)

조지 가모브(George Gamow)는 르메트르의 우주 팽창 이론을 발전시켜, 우주가 백수십억 년 전에 한 점에서 폭발하여 팽창하기 시작했다고 하는 대폭발설(빅뱅; Big Bang)을 제안하였다. 가모브와 랠프 앨퍼(Ralph Asher Alpher)가 공동으로 발표한 대폭발설은 1948년에 〈화학 원소의 기원(*The Origin of Chemical Elements*)〉이라는 제목으로 발표되었다. 이 논문에서 그들은 우주가 시작되던 시점에 있었던 대폭발과 그 결과로 만들어진 원소들의 분포에 대해 설명하려고 시도하였다. 그가 주장한

그림 1.31 조지 가모브. (왼쪽)
그림 1.32 스티븐 호킹. (오른쪽)

우주 대폭발설은 후에 아노 펜지어스(Arno Allan Penzias)와 리처드 윌슨(Richard Wilson)이 우주 배경복사를 발견하면서 많은 과학자들이 받아들이는 20세기의 대표적인 우주론이 되었다.

(서19) **스티븐 호킹**(1942. 1. 8.~ , 영국의 물리학자)

스티븐 호킹(Stephen William Hawking)은 무(無)에서부터 탄생하는 우주 창생을 더욱 상세히 연구하였다. 그는 '특이점 정리', '블랙홀 증발', '양자우주론' 등 세 개의 혁명적 이론을 제시하였다. 세계 물리학계에서는 물리학의 계보를 갈릴레이, 뉴턴, 아인슈타인 다음으로 호킹을 포함시키려는 움직임도 있었다. 그는 계속 미시 세계를 지배하는 양자역학과 거시 세계를 지배하는 상대성 이론을 하나로 통일하는 통합이론인 '양자중력론' 연구에 몰두하고 있다.

1.2 우주의 관측과 탐사

우주의 심원을 알기 위한 수단으로 관측과 탐사를 생각할 수 있다. 관측은 눈이나 그에 상응하는 기구 및 기계를 통하여 관측 대상을 인식하는 행위로 정의할 수 있으며, 탐사는 알려지지 않은 사물이나 사실 따위를 샅샅이 더듬어 조사하는 행위로 이를 위해서는 사람이나 로봇이 접근되어야 한다.

1.2.1 관측

천체 관측에는 눈을 통한 인식이 주가 된다. 역사적 발달 과정을 살펴보면, 맨눈과 간단한 보조기구를 사용하는 시대와 천체를 확대하여 볼 수 있는 망원경이 사용되는 시기로 나누어 생각할 수 있다.

(1) 눈을 통한 직접적 관측

고대의 천체 관측은 천체의 방향이나 각도를 재는 간단한 도구를 이용하거나 육안으로 직접 보면서 이루어졌다. 비록 고대의 천체 관측이 현대에 비해 원시적이기는 하나 그 정확

그림 1.33 신관의 천체 관측 장면.

도는 감탄을 금할 수 없다. 특히 중앙 아시아의 유목민이나 중국, 이집트 등지에서 농·어업을 했던 민족 들은 일찍부터 태양, 달 및 행성의 움직임이나 별자리 및 별 들에 관한 정확한 지식을 상당히 지니고 있었다. 고대 이집트 나일 강 유역의 도시와 메소포타미아 지역에서는 고대 천문학자인 신관(神官)들이 신전(神殿)에서 천체 관측을 하였다(그림 1.33). 고대에는 천체의 움직임에서 신의 뜻을 읽어 통치에 사용하고 농경이나 수렵에 필요한 계절적 변화를 알 필요가 있었기 때문에 신관들이 천체를 관측하였다. 천체를 관측했던 천문대로 바벨탑이나 신라의 첨성대와 같은 것들이 인류 문화가 활발히 일어났던 곳에 많이 산재해 있다.

그림 1.34 천체를 관측하는 히파르코스.

고대 바빌로니아 및 중앙아시아에서 일어난 천문학과 이집트의 천문학은 그리스로 전파되어 발전하였다. 고대 그리스의 천문학자 중에서 가장 유명한 사람은 **히파르코스**(Hipparchos, 기원전 ?~기원전 125)다. 히파르코스는 에게 해의 로도스 섬에 천문대를 세우고 천체 관측을 하였다. 특히 그는 항성의 위치를 관측하여 항성의 목록을 작성하고, 또 지구 자전축의 요동으로 인하여 생기는 항성 위치의 세차운동(歲差運動)을 발견하여 태양년과 항성년을 더욱더 정확하게 구할 수 있게 하였다. 기원전 134년에는 전갈자리에 나타난 신성(新星)을 관측하였다고 프톨레마이오스의 저서 《알마게스트》에 기록되어 전해지고 있다.

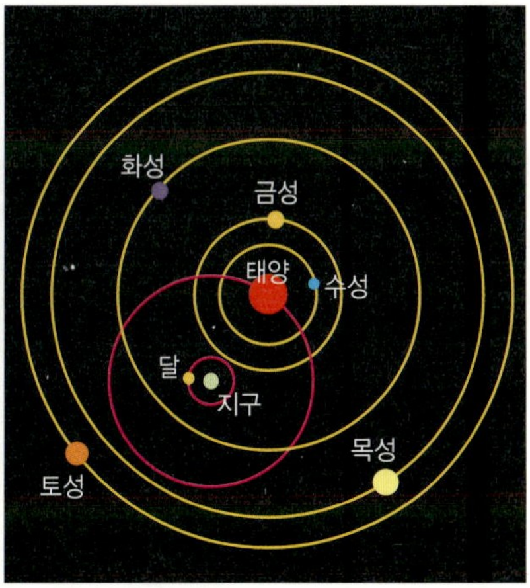

그림 1.35 티코 브라헤.(왼쪽)
그림 1.36 티코 브라헤가 주장한 신우주. 지구를 중심으로 달과 행성(수성, 금성, 화성, 목성, 토성)을 거느린 태양이 공전하고 있다.(오른쪽)

이후 중세 유럽의 천문학은 실증적(實證的) 방법에서 벗어나 종교사상과 점성술과 같은 사도(邪道)에 빠져 1,000년 이상 정체되면서, 천동설(天動說)과 같은 지구 중심적 우주관에 빠져 있었다. 그 이후 르네상스를 맞이하면서 과학기술의 발전과 사회의 정치 · 문화의 환경 변화에 힘입어 코페르니쿠스의 지동설(地動說)과 같은 새로운 사조가 나타났다. 이와 같은 두 사조의 진위를 밝히기 위하여 실행에 옮긴 이가 덴마크령인 스웨덴 남부 헬싱보리의 크누스트루프에서 태어난 **티코 브라헤**(Tycho Brahe, 1546~1601)다. 티코 브라헤는 천체의 방향이나 각도를, 망원경이 아닌 천체를 재는 간단한 도구를 이용하거나 육안으로 직접 보면서 관측한 마지막 천문학자로서, 천문학에 관한 그의 업적은 코페르니쿠스에 뒤지지 않는다. 그는 1576년에 덴마크와 스웨덴 사이의 해협에 있는 벤 섬에 천문대를 만들어, 달, 행성, 항성 등을 정밀하게 관측하였다. 특히 티코 브라헤는 목제(木製)로 된 관측기를 금속으로 바꾸었고, 천구의(天球儀), 육분의(六分儀), 벽면사분의 등을 고안하여 천체 관측을 하였다. 그의 관측설비는 천체 망원경과 정밀 천문시계가 발명되기 이전의 천체 관측기구 중에서 가장 정밀한 것이었다. 티코 브라헤가 자신이 만든 기구로 관측한 방대한 자료는 제자인 케플러에게 전해져, 행성운동에 대한 케플러의 세 가지 법칙을 발견하는 기초가 되었다. 티코 브라헤는 앞서 열거한 많은 연구 성과에도 불구하고 코페르니쿠스의 지동설을 부정하고, 지구가 우주의 중심이라고 믿었다. 그림 1.36과 같이 그가 생각한 신우주설(新宇宙說)은 지구 주위에 달과 행성을 거느린 태양이 공전한다는 것이었다. 태양이 거느린 행성은 수성, 금성, 화성, 목성, 토성이다. 그 당시, 이와 같은 신우주설을 믿는 사람은 별로 없었던 것 같다.

이후 망원경이 발명되면서 천문학의 발달사도 전환기를 맞이한다.

(2) 망원경을 이용한 관측

망원경으로 천체를 관측할 경우, 장점은 첫째 '희미한 천체로부터 나오는 빛을 집적(集積)하여 밝은 상을 얻을 수 있다.' 는 점과, 둘째 '천체의 시각 지름을 높여 주어 분해능을 증가시킨다.' 는 점이다.

1) 망원경의 발전

렌즈를 사용한 기록은 2,000년 전 그리스의 클라우디오스 프톨레마이오스 시대에 이미 나타난다. 그리고 실제로 안경이나 확대용 렌즈는 중세 이탈리아에서 많이 만들었으며, 그 후 렌즈 가공 기술은 벨기에의 플랑드르 및 네덜란드의 미델뷔르흐에서 발달하였다.

망원경은 1608년에 네덜란드 미델뷔르흐의 안경장(眼鏡匠) **한스 리퍼세이**(Hans Lipershey)가 만들었다. 그는 안경용 렌즈 2개를 적당한 거리로 유지했을 때 교회 탑이 크게 보이는 현상에 착안하여 망원경을 만들었다고 전한

그림 1.37 갈릴레이가 제작한 망원경.

다. 그는, 제작한 망원경에 대한 주정부의 전매권(專賣權)을 1608년 10월에 얻은 후 이를 벨기에에서 판매하였다. 이 판매 소식을 이탈리아 베네치아에 살던 갈릴레이가 듣고 자신도 직접 망원경을 만들어 천체 관측에 사용하였다. 1609년에 갈릴레이가 최초로 만든 망원경은, 경통은 납이고 대물렌즈는 평볼록렌즈, 접안렌즈는 평오목렌즈였으며, 배율은 3배였다고 한다. 렌즈 배열의 형태가 이러한 망원경을 오늘날 갈릴레이식 망원경이라 한다(그림 1.37). 그 후 갈릴레이는 망원경을 개량하여, 20배의 배율을 가진 망원경으로 목성이 편편 타원체임을 발견했을 뿐만 아니라 달의 표면이 요철로 되어 있다는 사실도 알아내었다. 또한 1610년 1월에 더욱 개량한 네 번째 자작 망원경으로 목성이 4개의 위성을 거느리고 있다는 사실과 태양 표면에 흑점이 있다는 사실 등, 천체에 관한 많은 사실들을 발견하였다.

갈릴레이식 망원경은 정립상을 형성하지만 시야가 좁은 것이 약점이다[그림 1.38(a)]. 케플러는 이 결점을 보완한 케플러식 망원경을 1611년에 발간된 자신의 저서에 소개하였다[그림 1.38(b)]. 이 저서에 소개된 케플러식 망원경은 대물렌즈와 접안렌즈가 모두 볼록렌즈다. 이 망원경은 상이 도립되어 나타나지만, 시야가 넓고 높은 배율을 만들기가 용이하다는 장점이 있다. 이것이 오늘날 일반적으로 케플러식이라고 하는 망원경이다. 그러나 케플러는 망원경을 직접 제작하지는 않았고, 그의 이론에

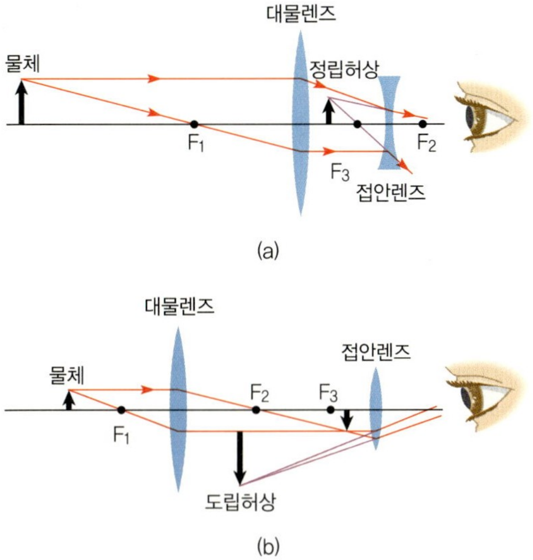

그림 1.38 망원경의 원리. (a) 갈릴레이식, (b) 케플러식.

따라 1615년에 독일의 크리스토프 샤이너(Christoph Scheiner)가 최초로 케플러식 망원경을 만들었다.

케플러식 망원경의 배율은 대물렌즈의 초점거리를 접안렌즈의 초점거리로 나눈 값이므로, 배율을 높이려면 짧은 초점거리의 접안렌즈와 긴 초점거리의 대물렌즈를 사용해야 한다. 배율을 높이기 위해서 접안렌즈의 초점거리를 짧게 하면 빛의 꺾이는 각도가 크기 때문에 색수차가 심하게 나타나 상을 흐리게 한다. 따라서 배율을 높이기 위해서 대물렌즈의 초점거리를 길게 해야 하기 때문에 망원경의 길이가 길어질 수밖에 없다. 경통이 긴 이와 같은 망원경이 17세기 후반에 유행하였다. 예를 들면, 1655년에 크리스티안 하위헌스(Christiaan Huygens, 1629~1695)가 만든 초점거리 3 m의 망원경(구경 57 mm), 1671년에 장 카시니(Jean Dominique Cassini, 1625~1712)가 만든 초점거리 11 m의 망원경(구경 137 mm) 및 독일의 요하네스 헤벨리우스(Johannes Hevelius, 1611~1687)가 만든 초점거리 49 m의 망원경까지 있었다고 한다(그림 1.39).

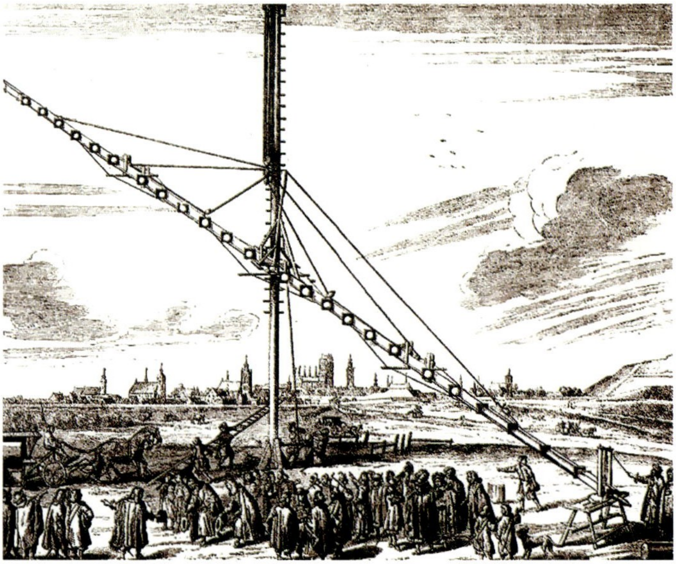

그림 1.39 헤벨리우스의 망원경은 너무 길어서 바람에 의한 흔들림 때문에 선명한 상을 얻을 수 없었다고 전해진다.

렌즈를 사용한 굴절식 망원경의 결점은 빛이 렌즈를 통과하여 굴절할 때 생기는 색수차(빛의 색깔에 따라 굴절률이 달라서 생기는 현상) 때문에 선명한 상을 얻는 데 한계가 있다는 것이다. 이 결점을 보완하기 위하여 등장한 것이 반사 망원경이다.

1616년에 니콜로 추키(Niccolò Zucchi, 1586~1670)가 빛을 오목거울로 반사시킨 후 다시 볼록렌즈로 상을 맺게 하는 실험을 처음으로 하였다. 그 후 1663년에 제임스 그레고리(James Gregory, 1638~1675)가 반사 망원경의 원리에 따라 안경장 J. 콕스로 하여금 만들게 하였으나 당시 반사경의 포물면이나 타원면을 가공하는 기술이 부족하였기 때문에 실패하였다. 반사 망원경을 실용화시킨 사람은 아이작 뉴턴이다. 물론 뉴턴은 그레고리식에서 착안하여 1668년에 반사 망원경을 만들었다고 전해지지만, 기록에 남아 있지 않다. 1671년에 두 번째로 만든 반사 망원경은 주경(오목거울)의 지름이 15.2 cm이고, 금속으로 된 부경(평면경)과 평볼록렌즈로 된 접안렌즈로 구성되어 있다. 그림 1.40(a)와 같은 반사 망원경을 **뉴턴식 반사 망원경**이라 한다. 뉴턴식 반사 망원경은 천체가 있는 방향과 접안렌즈를 통해서 보는 방향이 서로 직각으로 되어 있기 때문에 천체 관측기구로는 심리적으로 불편하다. 따라서 이와 같은 문제를 해결하기 위하여 1672년에 로랑 카세그레인(Laurent Cassegrain, 1629~1693)이 다른 형태의 반사 망원경을 만들었다. 카세그레인은 그림 1.40(b)에 나타낸 바와 같이 빛을 모으는 주경의 중앙에 작은 구멍을 뚫어 주

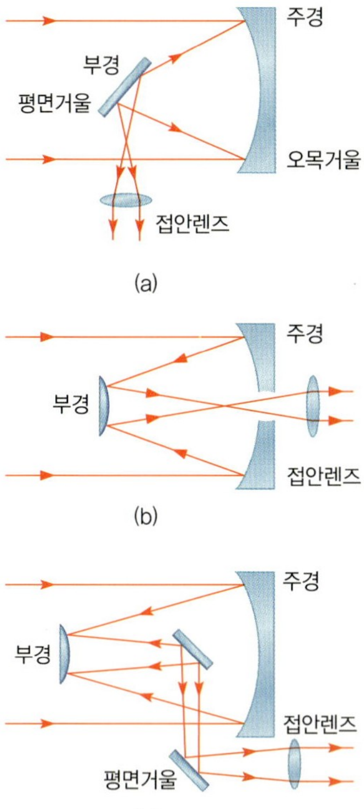

그림 1.40 반사 망원경의 원리. (a) 뉴턴식, (b) 카세그레인식, (c) 쿠데식.

경으로 모은 빛을 초점의 조금 앞쪽에서 부경으로 주경 방향으로 반사시켜, 중앙 구멍으로 통과한 빛을 접안렌즈로 들여다보는 방식이다. 이것은 경통 방향을 향해 들여다볼 수 있는 이점과 몇 가지 수차를 줄여 망원경의 분해능을 높일 수 있는 이점이 있다. 그러나 **카세그레인식**도 천체와 같은 방향으로 경통이 놓여 있으나 경통의 지름이 크기 때문에 시야를 가리는 단점이 있다. 이러한 단점을 보완하기 위하여 제임스 홀 네이즈미스(James Hall Nasmyth, 1808~1890)가 만든 **나스미스식** 망원경에 경통과 나란한 방향으로 빛을 반사시키는 평면거울을 단 **쿠데식**이 만들어졌다[그림 1.40(c)]. '쿠데(coudé)'란 의미는 경통 옆으로 나오는 빛을 팔꿈치 모양으로 꺾는다는 뜻이다. 이 쿠데식은 천체를 향해 관측이 가능하다는 장점도 있지만, 천체에서 온 빛을 항온실 속으로 끌어들여 분광기로 분석할 수 있다는 것이 가장 큰 장점이다.

이 외에도 뉴턴식, 카세그레인식, 쿠데식으로 발전하는 과정에서 나타난 카세-뉴턴식, 리치-크레티앙식, 슈미트-카세그레인식 등이 있다. 현대로 진입하면서 과학기술의 발달과 함께 굴절 망원경이나 반사 망원경은 분해능이 증가하는 방향으로 진화하였다.

지금까지 소개한 망원경들에서 천체의 정보를 나르는 매개자는 빛이다. 그러나 인간은 가시광선 영역이 아닌 다른 전자파의 영역을 가시권으로 전환하는 각종 기술을 발전시키면서 전자파의 각 파장별 망원경을 개발하였다. 이제부터 이 망원경들에 대해 살펴보자.

2) 망원경의 종류

망원경은 측정기구의 한 종류다. '측정'이란 헤아려서 정하는 행위를 이르는 말이나, 과학적으로 표현하면 측정 대상물에서 나온 정보전달자가

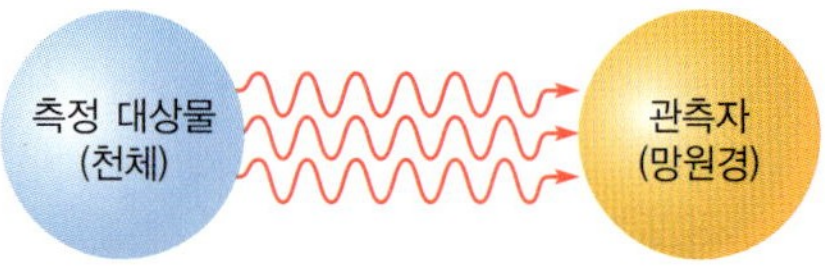

그림 1.41 천체와 관측자를 이어주는 정보전달자.

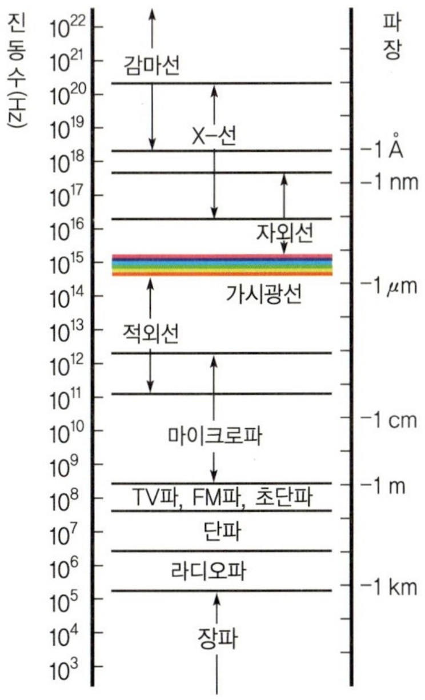

그림 1.42 전자파의 파장과 진동수. 전자파는 파장별 영역에 따라 장파, 단파, 초단파, 적외선, 가시광선, 자외선, X–선, 감마선 등으로 나뉜다.

인식기와 상호작용한 결과에 관심을 가지는 행위를 말한다. 측정이라는 행위가 성립하기 위해서는 그림 1.41에 나타낸 바와 같이 천체와 같은 측정 대상물과 측정 행위를 하는 관측자가 있어야 하며, 이 둘 사이를 이어주는 정보전달자가 있어야 한다. 이 정보전달자는 전자파 형태인 경우가 대부분이다. 전자파는 그림 1.42에 나타낸 것과 같이, 파장의 길이(진동수의 차이)에 따라 여러 가지 이름을 가지고 있다. 인간의 눈이 감지할 수 있는 전자파의 영역을 '가시광선'이라 하고, 그 파장 영역은 380～770 nm다(1 nm = 10^{-9}m). 770 nm보다 약간 긴 파장의 전자파는 붉은색(적색) 바깥쪽에 있기 때문에 '적외선'이라 한다. 마찬가지로 380 nm보다 약간 짧은 파장의 전자파는 보라색(자색) 바깥쪽에 있기 때문에 '자외선'이라 한다.

현재는 전자기술의 발달로, 인간의 눈으로 직접 볼 수 없는 영역도 그 전자파를 인식할 수 있는 센서(감지장치)를 통해 감지하고, 감지된 신호를 전자회로를 통해 컴퓨터 모니터에 나타나도록 하여 인간이 인식하도록 하고 있다. 이와 같은 기술을 이용하여 전자파의 파장에 따라 전파 망원경, 적외선 망원경, 광학 망원경, 자외선 망원경, X–선 망원경, 감마선 망원경 등과 같은 다양한 망원경이 개발되었다.

① 전파 망원경

인류는 우주 관측을 시작한 이래로 20세기 중반까지 가시광선 영역으로 우주를

그림 1.43 VLA. 미국 뉴멕시코 주 사막에 건설된 전파 망원경들로, 지름 25 m짜리 접시 안테나 27개로 구성되어 있고, 각 망원경의 접시는 선로를 따라 움직이도록 되어 있어 간섭 길이와 분해능이 조정된다.(왼쪽)
그림 1.44 VLA는 Y자 형태로 배열되어 있으며, 한쪽 팔의 최대 길이는 21 km다.(오른쪽)

관측하였다. 그러나 20세기 후반부터는 전파 영역까지 관측 범위를 넓혀 전파 천문학을 발전시켰다.

전파는 그림 1.42에 나타나 있는 바와 같이 파장의 길이가 빛의 파장보다 길기 때문에 빛보다는 지향성과 분해능이 나쁘다. 이 약점을 보완하기 위하여 두 개 이상의 전파 망원경을 먼 거리에 놓고, 이것을 컴퓨터로 연동시켜 시각차를 크게 하여, 공간 감지능력을 증대시키는 방법을 쓴다. 이와 같이 먼 거리에 있는 전파 망원경들을 연동시켜 사용하는 방식을 **초장기선 간섭계**(VLBI; very large baseline interferometer)라 한다. VLA(Very large array)는 그림 1.43과 1.44에서 볼 수 있는 것처럼 미국의 뉴멕시코 주 사막에 건설된 지름 25 m짜리 접시 27개로 구성되어 있다. 그림 1.44와 같이 전파 망원경의 각 접시는 선로를 따라 움직이면서 간섭 길이와 분해능을 조정하게 되어 있다. VLA는 전체적으로 Y자형으로 배열되어 있으며, 한쪽 팔의 최대 길이는 21 km다. 이 장치의 분해능은 지름 36 km인 단일접시 망원경에 해당되며, 최대 분해능은 0.1″다. 즉, 접시의 지름이 25 m인 전파 망원경 1개에 비해 10~100배의 큰 해상도를 갖는다.

전파 망원경은 광학 망원경으로는 포착되지 않는 많은 정보를 얻을 수 있는 장

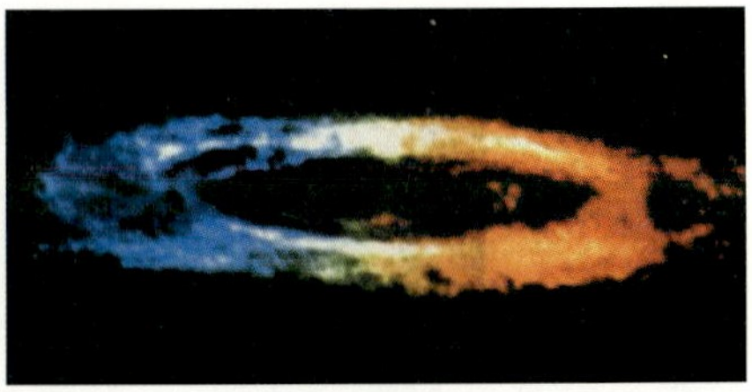

그림 1.45 안드로메다은하의 광학 망원경 화상.(왼쪽)
그림 1.46 안드로메다은하에서 중성 수소 원자가 내는 전파를 인식하여 찍은 전파 망원경 화상.(오른쪽)

치로, 특히 광학 망원경으로 얻을 수 없는 우주 공간에 있는 분자를 발견하기도 하고, 우주배경복사 및 우주 진화 연구에 많이 활용되고 있다. 한 가지 예로, 그림 1.45는 우리 은하에서 가장 가까운 안드로메다은하를 광학 망원경으로 관측한 화상이다. 그리고 그림 1.46은 중성 수소 원자가 내는 전파(파장 21 cm)를 인식하는 전파 망원경으로 찍은 안드로메다은하의 모습이다. 두 사진을 비교해보면, 안드로메다은하의 중심부는 높은 온도를 유지하면서 가시광선이 많이 나오기 때문에 광학 망원경의 화상인 그림 1.45에서는 중심부가 밝게 보인다. 그러나 그림 1.46의 전파 망원경의 화상에서는 오히려 중심부가 어둡게 나타나 있다. 이와 같은 현상은, 별의 생성에 의해 이 은하의 중심부에서 수소 가스가 이미 소진되었기 때문에 나타나는 것으로, 전파 망원경에 의해 밝게 보이는 곳은 아직까지 수소 원자가 풍부하게 있다는 것을 의미한다.

그림 1.46의 전파 망원경 화상에서 왼쪽의 푸른색은 도플러 효과에 의해 접근하고 있는 부분이고, 오른쪽의 붉은색은 멀어지고 있는 부분으로, 안드로메다은하의 나선 원반이 시계 반대 방향으로 회전하고 있음을 말해준다.

② 적외선 망원경

적외선을 검출할 수 있는 센서를 이용하여 만든 망원경으로, 광학 망원경이 갖지 못하는 또 다른 장점을 가지고 있다. 우주 공간에 산재해 있는 성간 물질은 천체에서 방출되는 빛을 흡수 및 산란시키기 때문에 멀리 있는 천체를 연구하는 데 가시광선보다 장점이 많다. 즉, 가시광선에 비해 파장이 길기 때문에 빛의 흡수와 산란의 정도가 적다. 적외선 망원경은 적외선을 투과시키는 렌즈를 만들기가 어렵기 때문에 굴절식 망원경보다는 금 증착을 한 반사 망원경을 주로 쓴다.

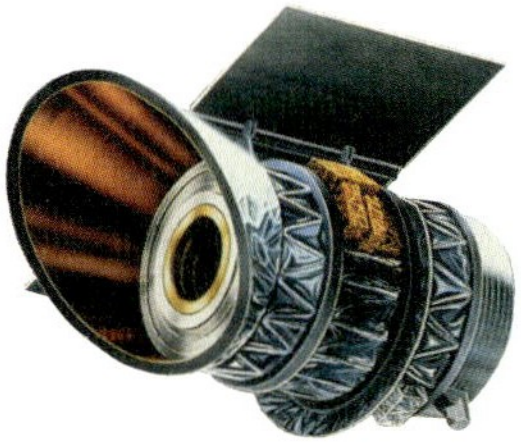

그림 1.47 적외선 천문위성 IRAS. 대기권 밖인 지상 900 km의 선회 궤도 중 지구의 낮 부분과 밤 부분의 경계에서 대상을 관측하는데, 이는 지구와 태양으로부터 나오는 열복사(적외선)의 영향을 최소화하기 위해서다.

그림 1.47은 적외선 망원경을 탑재한 천문위성 IRAS이다. 이 위성은 지름 61 cm의 적외선 망원경을 탑재하고 있으며, 몸통 전체를 액체 헬륨으로 냉각시켜 망원경 자체와 지구의 대기로부터 오는 열을 차단함으로써 관측의 정밀도를 높였다. 이것은 지구상에 설치된 구경 6 m의 망원경과 맞먹는 분해능을 가진다. 이 정도의 분해능이면 1 km 거리에 있는 먼지가 내는 적외선을 감지할 정도다. IRAS는 탄생 중인 별, 죽어가는 별, 멀리 있어서 지금까지 발견하지 못했던 성운 중에서 별 20만 개와 성운 2만 개를 새로 발견하였다.

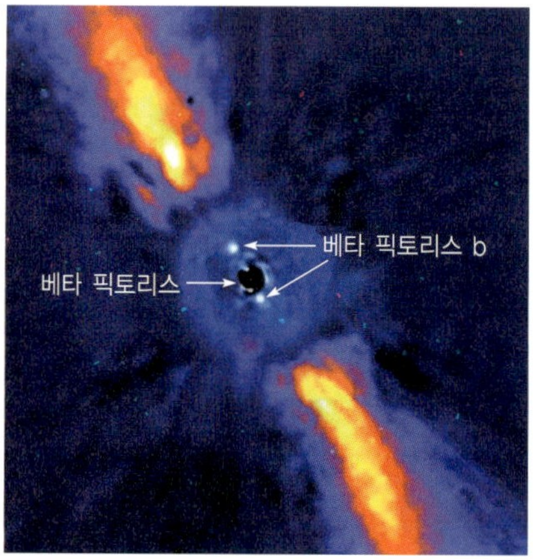

그림 1.48 적외선 망원경으로 촬영한 베타 픽토리스와 거대행성 베타 픽토리스 b.

그림 1.48은 지구로부터 50광년 정도의 거리에 있는 젊은 별 베타 픽토리스(Beta Pictoris)의 적외선 영상이다. 베타 픽토리스 주위에 거대행성 베타 픽토리스 b가 모 천체 베타 픽토리스 주위를 공전하고 있고, 또 거대하게 제트 분출되는 물질로부터 강한 적외선이 나오는 장면도 나타나 있다. 베타 픽토리스 b의 연령은 800만 년에서 2,000만

년 정도로 추정되며, 공전 주기는 17년에서 44년 사이로 추정된다. 이 천체를 광학 망원경으로 촬영해보면 모 천체 베타 픽토리스의 강한 가시광선 때문에 거대 위성 베타 픽토리스 b는 보이지 않는다. 이와 같은 특성이 적외선 망원경의 장점이다.

③ 광학 망원경

광학 망원경은 가시광선을 정보전달자로 사용하기 때문에 일찍이 발명되었다. 이미 '망원경의 발전'에서 언급했듯이 광학 망원경은 빛을 굴절시켜 사용하는 방법과 반사시켜 사용하는 방법으로 대별할 수 있다. 그리고 굴절식 망원경은 갈릴레이식과 케플러식으로 나눌 수 있고, 반사 망원경은 발전 단계에 따른 형식 변화의 관점에서 뉴턴식과 카세그레인식, 쿠데식으로 나눌 수 있다(그림 1.49).

- **갈릴레이식 망원경**[그림 1.38(a) 참조]: 대물렌즈로 볼록렌즈를, 접안렌즈로 오목렌즈를 사용하여 정립허상을 볼 수 있게 만든 것이다. 1609년 네덜란드에서 망원경이 발명되었다는 소식을 들은 갈릴레이가 이듬해에 개량형을 만들어, 목성의 위성, 토성의 고리 등을 처음으로 발견했으며, 또한 은하수가 많은 별들로 이루어져 있다는 사실을 확인하였다.
- **케플러식 망원경**[그림 1.38(b) 참조]: 갈릴레이식 망원경은 접안렌즈에 오목렌즈를

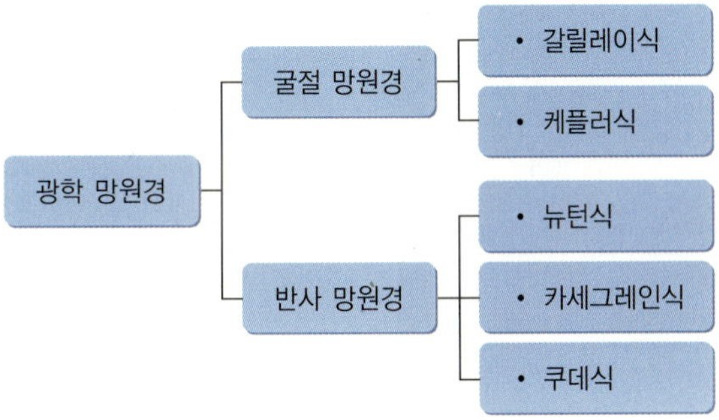

그림 1.49 광학 망원경의 분류.

사용하여 정립허상을 얻도록 되어 있지만, 케플러식은 대물렌즈와 접안렌즈에 모두 볼록렌즈를 사용하여 도립허상이기는 하나 배율을 크게 높일 수 있다. 이러한 장점 덕분에 천체 관측용 굴절 망원경은 대부분 이 형식이다.

- **뉴턴식 망원경**[그림 1.40(a) 참조]: 반사 망원경은 굴절 망원경의 대물렌즈(볼록렌즈) 대신에 오목거울을 쓰고, 접안렌즈는 볼록렌즈를 주로 쓴다. 뉴턴식 반사 망원경은 경통 옆에서 관측할 수 있도록 한 가장 간단한 초점방식이다.
- **카세그레인식 망원경**[그림 1.40(b) 참조]: 1672년에 뉴턴식을 변형하여 주경의 중심에 구멍을 뚫고 망원경과 나란히 관측할 수 있도록 한 초점방식이다.
- **쿠데식 망원경**[그림 1.40(c) 참조]: 경통 옆으로 반사시킨 후 다시 경통과 나란한 방향에서 관측할 수 있도록 한 초점방식이다.

④ 자외선 망원경

우주에서 오는 자외선은 지구의 대기에서 흡수되어 지상에 많이 도달하지 않는다. 특히 300 nm 이하의 파장은 완전히 차단된다. 따라서 인공위성에 관측장비를 실어 대기권 밖에서 관측해야 한다. 미국항공우주국(NASA)의 자외선천문위성 OAO-2와 OAO-3 그리고 국제자외선탐사위성(IUE: International Ultraviolet Explorer) 등이 고온 천체들을 많이 발견하였다. 적외선이나 가시광선보다 자외선이 많이 나오는 천체는 온도가 비교적 높다. 왜냐하면 파장이 짧은 전자파가 많이 나올수록 천체의 온도가 높기 때문이다. 특히

그림 1.50 오리온자리에 위치한 발광성운. 안시등급 4등급이고, 지구로부터 약 1,500광년 떨어져 있다. 약 100개 정도의 신생 별들이 포함되어 있다.

오리온성운과 같은 산광성운을 빛나게 하는 별은 50,000 K에 이르는 고온이므로 자외선 화상으로 촬영한다.

⑤ X-선 망원경

X-선의 파장 영역은 0.1~10 Å으로, 천체로부터 X-선이 방출되어 나오는 메커니즘은 다음 세 가지로 요약할 수 있다.

- 고속으로 운동하는 전자(혹은 전하)가 갑자기 정지할 때 생기는 제동 복사
- 싱크로트론 복사
- 역 콤프턴 효과에 의한 복사

이와 같은 효과는 전기를 띤 입자들의 운동 변화가 극심할 때 나타나는 현상으로, 많은 천체들이 X-선을 방출하고 있다. 예를 들면, 게성운이나 카시오페이아자리의 초신성, 뱀주인자리에 있는 초신성의 잔해 등으로부터 강한 전파와 더불어 X-선이 방사되고 있다. 특히 그림 1.51은 목성의 극지방에서 생기는 오로라 사진으로, 허블 망원경으로 찍은 광학 사진과 찬드라 X-선 망원경으로 찍은 X-선 오로라 사진을 합성한 것이다.

그림 1.51 목성의 오로라 사진. 허블 망원경으로 찍은 광학 사진과 찬드라 X-선 망원경으로 찍은 사진을 합성한 것이다.(왼쪽)
그림 1.52 X-선 다중경 관측위성.(오른쪽)

최초로 발사된 X-선 관측위성은 1970년 12월에 발사된 우후루(Uhuru)이고, 그림 1.52에 보이는 것은 X-선 다중경(XMM; X-ray Multi-Mirror) 관측위성으로, 유럽우주기구(ESA)에서 1999년 12월에 발사하였다. X-선 다중경 관측위성은 3개의 거대한 X-선 망원경을 탑재하였고, 경통에는 금도금한 58개의 반사경이 달려 있다. X-선 다중경은 블랙홀 주변의 뜨거운 기체와 은하핵 주위의 뜨거운 기체층, 우주의 모든 방향에서 오는 X-선 배경복사 등을 조사하고 있다.

⑥ 감마선 망원경

감마선은 가시광선보다 100만 배 이상 강한 에너지를 가지고 있는 전자파다. 천체가 감마선을 안정적으로 방출하려면 온도가 수억 도가 되어야 한다. 1991년에 발사된 콤프턴 관측위성은 400개가 넘는 감마선원을 발견하였으며, 현재는 그 수명을 다한 상태다.

3) 망원경의 가대

① 적도의식

한 축(극축)은 하늘의 북극을 향하게 하고, 다른 축(적위축)은 극축에 수직하도록 설치하는 방식이다. 망원경은 극축을 중심으로 시간에 따라 회전하면서 하늘의 회전을 상쇄시켜 한 천체를 따라가면서 관측이 가능하다는 장점이 있는 반면에, 지구의 북극 축에 한 축을 일치시키기가 상당히 까다롭다는 단점 또한 있다.

② 경위대식

한 축은 지평면에 수직으로 놓고, 다른 한 축은 수평으로 놓는 방식이다. 이 방식은 망원경의 설치가 용이하다는 장점이 있지만, 두 축의 제어를 컴퓨터로 해야 한다. 컴퓨터가 발달한 지금은 이 방법을 많이 사용하고 있다.

1.2.2 탐사

탐사란 알려지지 않은 사물이나 사실 따위를 샅샅이 더듬어 조사하는 행위로, 천체를 탐사하기 위해서는 인간이 직접 가서 조사를 하거나 아니면 인간을 대신할 수 있는 기계(로봇)가 가서 조사를 해야 한다. 탐사의 장점은 근접 관찰에 있다. 근접 관찰을 이용하면 전자파를 매개자로 한 원거리 관측보다는 더욱 정확하고 명확한 정보를 얻을 수 있다.

(1) 탐사의 대략적인 연표

- 1957년 10월 4일: 소련, 최초의 인공위성 스푸트니크(Sputnik) 1호 발사 — 단순히 전파 신호만 보내옴.
- 1957년 11월 3일: 소련, 첫 우주 비행 — 생명체인 개(라이카)를 태운 스푸트니크 2호 발사.
- 1958년 1월 31일: 미국, 첫 인공위성 익스플로러 1호 발사 — 지구 자기장에 의해 형성된 대전 입자들의 거대한 띠인 밴앨런대 발견.
- 1958년 10월 1일: 미국, 미국항공우주국(NASA; National Aeronautics and Space Administration) 설립.

그림 1.53 스푸트니크 1호. 4개의 안테나가 달린 공 모양의 인공위성으로, 무게는 83.46 kg이다.(왼쪽)
그림 1.54 태양계 밖으로 항진하고 있는 파이어니어 10호.(오른쪽)

파이어니어 계획

미국은 이 행성 탐사 계획으로 모두 13개의 탐사선을 발사하였다. 그중 4호까지는 달 탐사 로켓이었으며, 5호는 지구 궤도와 금성 궤도 사이에 존재하는 태양 대기의 특성을 탐사하였고, 1965년에 발진된 6호는 현재 작동 중인 인공위성 중 가장 오래된 위성으로 태양풍의 속도를 측정하였다. 1972년에 발사된 10호는 목성과 화성 사이에 있는 소행성대를 관측하였고, 1973년 4월에 발사된 11호는 목성 주위의 방사능대를 뚫고 지구로 사진을 전송하였다. 또 토성의 위성이 10개가 아니고 11개라는 자료를 보내왔다. 특히 파이어니어 10호는 인간이 만든 기구로는 최초로 태양계 밖으로 나간 기계이며, 이 탐사선에는 다른 우주의 생명체에게 보내는 메시지가 그려져 있다(그림 1.55). 그림의 아래쪽에는 인간이 세 번째 위성에 살고 있다는 표시가 있다.

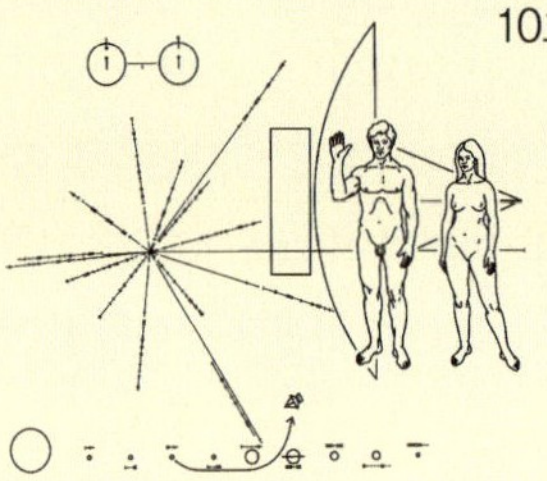

그림 1.55 인간이 우주의 다른 생명체에게 보내는 메시지(파이어니어 10호에 새겨진 그림).

- 1958년 10월 11일: 미국, 달 탐사선 파이어니어 1호 발사 — 발사 실패.
- 1959년 1월 2일: 소련, 처음으로 태양 궤도를 공전하는 인공위성 루나 1호 발사.
- 1959년 10월 4일: 소련, 루나 3호 발사 — 달 뒷면의 70% 촬영.
- 1960년 4월 1일: 미국, 첫 기상위성인 타이로스(Tiros) 1호 발사.
- 1961년 4월 12일: 소련, 첫 유인 우주선 보스토크(Vostok) 1호 발사 — 최초의 우주인 **유리 가가린**(Yurii Alekseevich Gagarin, 1934~1968)이 보스토크 1호를 타고 1시간 29분 동안 지구의 상공을 일주.
- 1961년 1월 31일: 미국, **침팬지 햄**이 탑승한 머큐리-레드스톤 2호 발사 — 성공.
- 1961년 5월 5일: 미국, 유인 우주선 머큐리-레드스톤 3호(프리덤 7호라 명명) 발사 — 비행시간 15분 22초, 최고 고도 187.42 km의 탄도 비행을 성공하고, 대서양에 착수하였으며, 비행사 **앨런 셰퍼드** 및 우주선은 헬리콥터로 구조되어 항공모함 USS 레이크 챔플레인호로 회수.

머큐리 계획

머큐리 계획으로 발사된 유인 우주선 및 우주인

프리덤 7호 (승무원: 앨런 셰퍼드)	리버티벨 7호 (승무원: V. 그리솜)
프렌드십 7호 (승무원: J. H. 글렌)	오로라 7호 (승무원: M. S. 카펜터)
시그마 7호 (승무원: W. M. 시라)	페이스 7호 (승무원: G. 쿠퍼)

마리너 계획

미국항공우주국이 실행한 무인 행성 탐사 계획으로, 수성, 금성, 화성을 탐사하였다. 최초로 스윙바이(중력을 이용하여 궤도를 바꾸는 방법)를 성공시킨 계획이다. 마리너 계획은 10호까지 발사하였으며, 이후 보이저 계획으로 연결되었다. 마리너 1호는 1962년 7월 22일에 발사하였으나, 발사 후 293초 만에 폭발하였다. 그리고 마리너 10호는 1973년 11월 3일에 아틀라스 로켓에 의해 발사되어, 최초로 스윙바이를 이용하여 금성과 수성을 탐사하는 데 성공하였다.

- 1962년 2월 20일: 미국, 미국 최초의 우주인 **존 글렌**이 탑승한 프렌드십 7호(머큐리 계획의 일부) 발사 — 글렌은 미국인으로는 처음으로 지구 궤도 비행에 성공하고 지구를 3회 공전.
- 1963년 6월 16일: 소련, 첫 여성 우주비행사 **발렌티나 테레시코바**(Valentina Tereshkova)를 태운 보스토크 6호 발사 — 지구를 48회 공전.
- 1965년 3월 16일: 소련, **알렉세이 레오노프**(Alexei A. Leonov)를 태운 보스호트(Voskhod) 2호 발사 — 우주비행사 알렉세이 레오노프는 인류 역사상 처음으로 약 10분 동안 우주 유영(space walk)에 성공.
- 1965년 11월 26일: 프랑스, 자체 개발한 디아망(Diamant) 3단 로켓으로 인공위성 A1을 발사.
- 1966년 2월 3일: 소련, 루나(Luna) 9호가 최초로 달에 연착륙 성공.
- 1967년 4월 23일: 소련, 소유즈(Soyuz) 1호 발사 — 대기권 돌입 후 지상에 충돌

그림 1.56 아폴로 11호를 실은 새턴 V 로켓의 발사 장면.(위 왼쪽)
그림 1.57 아폴로 11호 승무원. 왼쪽부터 선장 닐 암스트롱, 사령선 조종사 마이클 콜린스, 달착륙선 조종사 버즈 올드린.(위 오른쪽)
그림 1.58 달에서 암스트롱이 촬영한 올드린.(아래)

하여 우주 비행사 1명 사망. 최초의 우주 비행 사고.

- 1969년 7월 16일: 미국, 아폴로(Apollo) 11호 발사 — 처음으로 달에 착륙한 유인 우주선. 아폴로 계획의 다섯 번째 유인 우주비행인 동시에 세 번째 유인 달 탐사선으로, 선장 **닐 암스트롱**, 사령선 조종사 **마이클 콜린스**, 달착륙선 조종사 **버즈 올드린**이 탑승. 7월 20일, 암스트롱과 올드린은 달에 발을 디딘 최초의 인류가 됨.
- 1970년 4월 24일: 중국, 인공위성 동방홍 1호 발사.

달 비행 아폴로 계획

아폴로 8호, 아폴로 10호, 아폴로 11호, 아폴로 12호, 아폴로 13호, 아폴로 14호, 아폴로 15호, 아폴로 16호, 아폴로 17호(아폴로 계획의 열한 번째 유인 우주선. 2009년에 마지막으로 달에 착륙한 유인 우주선).

그림 1.59 스카이랩 4호에서 바라본 스카이랩 1호.(위 왼쪽)
그림 1.60 챌린저호의 비행 장면.(위 오른쪽)
그림 1.61 챌린저호의 폭발 장면.(아래)

- 1971년 4월 19일: 소련, 우주정거장 살류트(Salyut) 1호 발사.
- 1971년 10월 28일: 영국, 자력으로 인공위성 블랙나이트 1호 발사 — 세계 여섯 번째 우주 국가가 됨.
- 1973년 5월 14일: 미국, 우주정거장 **스카이랩**(Skylab) 1호 발사.
- 1976년 7월 20일: 미국, 바이킹 1호 발사 — 화성에 착륙하여 지구로 사진 전송.
- 1977년 8월 20일: 미국, 보이저(Voyager) 2호 발사 — 태양계 탐사선.
- 1980년 7월 18일: 인도, 인공위성 로히니(Rohini) 발사 — 세계 일곱 번째 우주 국가가 됨.

스카이랩 계획

1973년 5월 14일 스카이랩 1호가 발진된 이후, 1973년 11월 16일 스카이랩 4호까지 발진되었다.

그림 1.62 우주 공간에 떠 있는 허블 망원경.

- 1981년 4월 12일: 미국, 최초의 유인 우주왕복선 컬럼비아(Columbia)호 발사.
- 1984년 11월 8일: 미국, 우주왕복선 디스커버리(Discovery)호 발사 — 승무원들이 우주에서 처음으로 위성 수거 및 수리 작업 진행.
- 1986년 1월 28일: 미국, 우주왕복선 챌린저(Challenger)호 발사 — 발사 직후 폭발하여 승무원 7명 전원 사망. 사고 원인은 오른쪽 보조추진로켓의 O링이 추운 날씨로 인해 제 기능을 하지 못했기 때문. 기술자들이 발사를 연기해달라고 요청하였으나 관리자들은 O링이 여러 번 사용했음에도 불구하고 30% 이상 부식되지 않았기 때문에 앞으로도 세 번 이상의 여유가 있다고 판단하여 발사.
- 1986년 2월 20일: 소련, 우주정거장 미르(Mir) 발사.
- 1990년 4월 24일: 미국 · 유럽, 허블 우주망원경을 실은 디스커버리호 발사 — 미국항공우주국(NASA)과 유럽우주기구(ESA)가 협력한 계획.
- 1992년 8월 11일: 한국, 우리별 1호 발사 — 한국 최초의 인공위성인 우리별 1호를 기아나 쿠루기지에서 발사.
- 1996년 11월 7일: 미국, 화성 탐사선 마스글로벌서베이어(Mars Global Surveyor)호 발사 — 1997년 9월 12일 화성에 도착.
- 1996년 12월 4일: 미국, 화성 탐사선 마스패스파인더(Mars Pathfinder)호 발사 — 1997년 7월 4일 화성에 도달. 우주 탐사 역사상 최초로 착륙에 에어백 사용. 또한 바퀴가 6개 달린 탐사로봇 소저너(Sojourner)가 활동.

그림 1.63 화성 탐사로봇 소저너.(왼쪽)
그림 1.64 화성 탐사로봇 피닉스.(오른쪽)

- 1998년 1월 29일: 국제 우주정거장(ISS) 건설 계획에 따라 16개 나라가 서명.
- 1998년 11월 20일: 러시아, 최초의 국제 우주정거장 시설인 자랴 발사 — 러시아의 다목적 모듈.
- 2001년 4월 28일: 최초의 우주 관광객으로 미국인 데니스 티토가 러시아 우주선 '소유즈 · TM32' 에 탑승.
- 2003년 2월 1일: 미국의 우주왕복선 컬럼비아호, 28번째 우주 비행을 마치고 지구로 귀환하다 공중 폭발.
- 2003년 10월 15일: 중국, 최초의 유인 우주선 선저우(神舟) 5호 발사 — 소련과 미국에 이어 세계 세 번째 유인 우주선 보유국이 됨.
- 2008년 7월 31일: 미국, 화성 탐사로봇 피닉스 발사 — 물의 흔적을 찾는 90일간의 임무 수행.
- 이후 NASA는 우주왕복선 3대(아틀란티스, 디스커버리, 엔데버)를 운용하였으나 2011년을 기점으로 우주왕복선 시대를 마감하고, 새로운 개념의 우주 계획을 추진하고 있다. 즉, 로봇을 이용한 탐사, 가까운 행성의 개발, 먼 행성으로의 유인 탐사 등이다.

(2) 행성 탐사

인간은 행성 탐사를 위하여 마리너, 파이어니어, 바이킹, 보이저, 마젤란, 소호 등의 우주선을 수성, 금성, 화성, 목성, 토성, 태양계 공간 및 태양 등에 보내어 여러 가지 새로운 사실을 알아내었다.

1) 태양 탐사

태양을 탐사하기 위하여 다음과 같은 탐사선들이 발진되었다.

파이어니어 5호(미국, 1959. 3. 11.), 파이어니어 6호(미국, 1965. 12. 16.), 파이어니어 7호(미국, 1966. 8. 17.), 파이어니어 9호(미국, 1968. 11. 8.), 헬리오스 1호(미국 · 독일, 1974. 12. 10.), 솔라맥시멈 미션호(미국, 1980. 2. 14.), 율리시스호(미국 · 유럽, 1990. 10. 6.), 요코호(일본, 1991. 8. 31.), 소호호(유럽, 1995. 12. 12.) 등.

2) 금성 탐사

금성을 탐사하기 위하여 다음과 같은 탐사선들이 발진되었다.

베네라 1호(소련, 1961. 2. 12.), 마리너 2호(미국, 1962. 8. 27.), 베네라 2호(소련, 1965. 11. 12. — 임무 도중 통신 두절), 베네라 3호(소련, 1965. 11. 16. — 금성 궤도에 도달), 베네라 4호(소련, 1967. 6. 12. — 금성 대기 탐사), 마리너 5호(미국, 1967. 6. 14. — 금성 자기장 탐사), 베

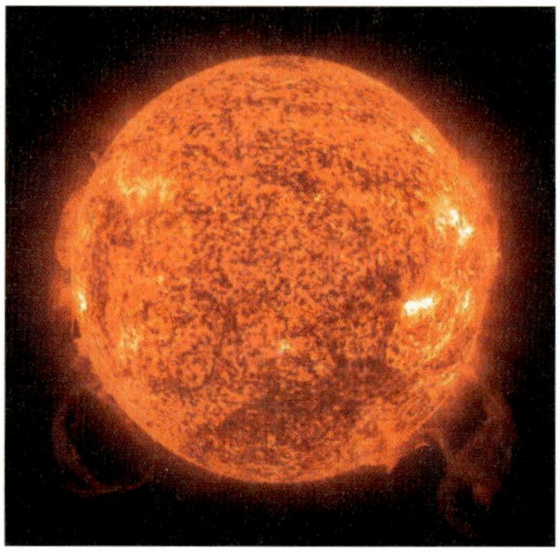

그림 1.65 태양 탐사선 소호호.(왼쪽)
그림 1.66 소호호가 자외선 망원경으로 찍은 태양 사진.(오른쪽)

네라 5호(소련, 1969. 1. 5. — 금성 대기 탐사), 베네라 6호(소련, 1969. 1. 10. — 금성 표면 11 km까지 접근), 베네라 7호(소련, 1970. 8. 17. — 금성 표면에 최초로 착륙), 베네라 8호(소련, 1972. 3. 27. — 금성 착륙 후 50일간 자료 전송), 마리너 10호(미국, 1973. 11. 3. — 금성 및 수성 탐사선), 베네라 10호(소련, 1975. 6. 14. — 금성의 표면 사진 전송), 파이어니어비너스 1호(미국, 1978. 5. 20. — 레이더를 이용하여 금성 지도 작성), 베네라 12호(소련, 1978. 9. 14. — 금성 표면에 착륙 후 자료 전송), 베네라 14호(소련, 1981. 11. 4. — X-선을 이용하여 금성 토양의 성분 분석), 베네라 16호(소련, 1983. 6. 7. — 금성의 북반구 지도 작성), 베가 2호(소련, 1984. 12. 21. — 핼리 혜성과 금성 탐사), 금성레이더탐사기(Venus Radar Mapper; VRM. 미국, 1989. 5. 4. — 지구 궤도에 있는 오비터-104 아틀란티스호에서 금성을 향해 발진. 탑재한 레이더로 4개월 동안 금성 표면을 탐사하여, 금성 표면의 모든 영역에 대한 지형도를 작성).

3) 화성 탐사

화성을 탐사하기 위하여 다음과 같은 탐사선들이 발진되었다.

마리너 4호(미국, 1964. 11. 28. — 화성 표면 사진 전송), 마리너 7호(미국, 1969. 3. 27. — 화성 표면 사진 전송), 마리너 9호(미국, 1971. 5. 30. — 화성 궤도에서 화성 탐사), 마스 5호(소련, 1973. 7. 25. — 화성 궤도에서 화성 자료 수집), 바이킹 1호(미국, 1975. 8. 20. — 착륙선을 화성 표면에 안착한 후 유기물 탐사), 바이킹 2호(미국, 1978. 9. 9. — 유기물 및 대기 탐사), 포보스 2호(소련, 1988. 7. 12. — 화성의 위성 포보스에 접근), 마스글로벌서베이어호(미국, 1996. 11. 7. — 화성 궤도에서 자료 수집), 마스패스파인더호(미국, 1996. 12. 4. — 화성 표면에 소저너 로봇을 안착시킴).

특히 마스패스파인더는 착륙 후 표면 탐사로봇인 소저너를 발진시켜 정밀 탐사 활동을 벌였다. 소저너는 화성 표면의 기온 변화를 관측하고, 토양을 분석하였다. 과거에 대기와 지표의 상호작용이 심했던 것으로 파악되었고, 강한 폭풍과 수증기 같은 휘발성 물질에 의해 지표 모양이 바뀌었다는 증거도 곳곳에서 포착되었다. 또 오래전 화성에도 물이 있었음을 보여주는 흥미로운 단서도 포착되었다. 그

그림 1.67 갈릴레오호, 목성과 그 위성인 이오의 상상도.(왼쪽)
그림 1.68 1994년, 목성에 슈메이커-레비 혜성이 충돌하는 장면.(오른쪽)

러나 가장 기대를 모았던 생명체의 존재 증거는 찾아내지 못하였다.

4) 목성 탐사

목성 탐사는 1972년 3월 2일에 파이어니어 10호의 발사로 시작된 이후, 다음과 같은 많은 탐사선들이 목성 탐사를 위해 발진되었다.

보이저 1호(미국, 1977. 9. 5. — 1979년 3월 5일에 목성 통과), 보이저 2호(미국, 1977. 8. 20. — 1979년 7월에 목성 통과), 갈릴레오호(미국 · 유럽, 1989. 10. 18. — 목성 탐사 도중 금성도 탐사). 특히 갈릴레오호는 정밀한 센서로 목성의 대기와 위성을 자세히 조사하였고, 1994년 슈메이커-레비 혜성의 목성 충돌 시 가장 가까이에서 관측한 위성이다.

그림 1.69 토성 궤도에 있는 카시니호(왼쪽)와 하위헌스호(오른쪽)의 분리 장면.

5) 토성 탐사

1973년 4월 6일에 발사된 목성과 토성 탐사선 파이어니어 11호가 1979년 9월에 토성을 통과하면서 탐사한 이후, 다음과 같은 많은 탐사선들이 토성 탐사를 위해 발진

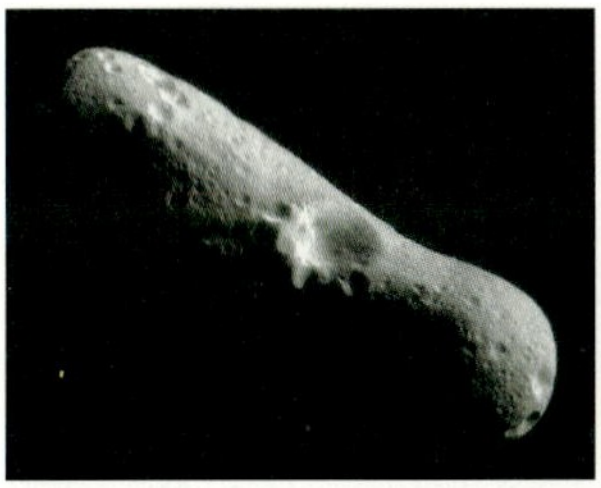

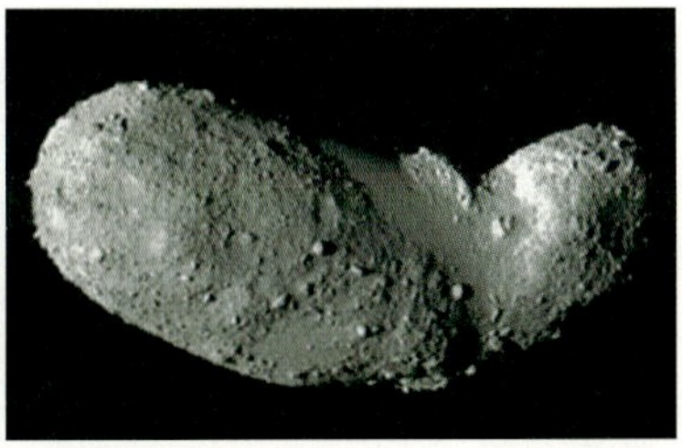

그림 1.70 소행성 에로스는 길이가 34 km 정도 된다.(왼쪽)

그림 1.71 소행성 이토카와.(오른쪽)

되었다.

보이저 1호(미국, 1977. 9. 5. — 1980년 11월 12일에 토성 통과), 보이저 2호(미국, 1977. 8. 20. — 1981년 8월에 토성 통과, 1986년 1월에 천왕성 통과, 1989년 2월에 해왕성 통과), 카시니-하위헌스호(미국 · 유럽, 1997. 10. 15. — 하위헌스 토성 착륙선 탑재. 토성 최대의 위성인 타이탄에서 4년 동안 생명체 기원 연구 등의 탐사 임무를 수행).

특히 카시니-하위헌스호는 서로 분리되는 탐사선으로, 2004년 12월 25일에 분리되어 하위헌스호는 2005년 1월 14일에 토성의 위성 타이탄에 착륙하였다.

6) 혜성, 소행성 탐사

혜성과 소행성을 탐사하기 위하여 다음과 같은 탐사선들이 발진되었다.

베가 2호(소련, 1984. 12. 21. — 핼리 혜성과 금성 탐사), 사키가케호(일본, 1985. 1. 7. — 핼리 혜성 탐사), 지오토호(유럽, 1985. 7. 2. — 1986년 핼리 혜성 탐사, 1992년 그리그 스켈럽 혜성 탐사), 니어호(미국, 1996. 2. 17. — 소행성 에로스 궤도에서 많은 소행성 탐사, 1996년 하쿠타케 혜성 및 1997년 마틸다 소행성 근접 탐사), 하야부사호(일본, 2003. 5. 9. — 2005년 7월 29일 소행성 이토카와 탐사).

2장 우주의 진화 시나리오

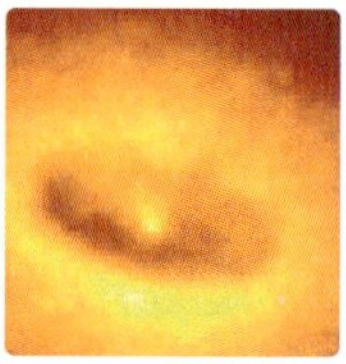

2.1 진화의 개관

2.1.1 힘들의 출현과 분화

미국의 물리학자 알렉산더 빌렌킨(Alexander Vilenkin)은 '우주는 무(無)의 상태에서 200억 년 전에 탄생했다.' 라는 가설을 1982년에 발표하였다. 이후 우주의 탄생과 진화에 관한 연구가 활발히 진행되었다. 일반적으로 '무' 라 함은 아무것도 없는 상태를 말한다. 이런 논리에서 본다면, 없는 상태에서 있는 상태로 되었다는 논리적 모순에 빠지나, 동양의 노자[老子: 초(楚)나라 고현(苦縣) 출생]를 비롯한 여러 사상가들은, **무**를 무한히 받아들일 수 있으며, 또 무한히 내어놓을 수 있는 무엇이라고 정의하였다. 이와 같은 정의는 우주의 시원(始原)을 연구하는 현대의 학자들에

《주역(周易)》에 의하면, 자연은 다음의 여섯 가지 기본 원리에 따라 변한다.

1. 상호대립(相互對立) : 2. 상호의존(相互依存)
3. 상호소장(相互消長) : 4. 상호전화(相互轉化)
5. 분화법칙(分化法則) : 6. 체용법칙(體用法則)

이 여섯 가지는 변화의 원리이고, 이 변화의 결과로 나타나는 모양은 태극에서 음(陰)과 양(陽)으로, 또 음양은 4상(四像)으로 분화된다.

무의 상태로 있는 태극이 음과 양으로 분화되듯이, 자연 변화의 원동력은 수렴기운과 발산기운의 작용이다. 수렴기운은 수렴력으로 나타나고, 발산기운은 발산력으로 작용하되 위의 여섯 가지 법칙을 따른다. 이 여섯 가지 법칙은 오늘날 물리학에 나타나는 모든 법칙을 포괄하고 있다.

게 매우 큰 선물이었다.

태초에 '무'가 있었고, 이 '무'는 그림 2.1과 같이 발산기운(發散氣運)과 수렴기운(收斂氣運)이 내재(內在)되어 있던 가운데 극단적인 수렴력의 작용으로 생긴 최종 결과물이다. 극단적인 수렴력을 발휘하기 위해서는 수렴기운을 소진(消盡)할 수밖에 없다. 소진된 수렴기운은 상호의존의 원리와 상호전화의 원리 및 상호소장의 원리에 의하여 발산기운의 증가로 이어지고, 발산기운의 증가는 발산력의 발호(跋扈)를 낳는다. 발산력의 발호는 '무'에서 물질로 된 우주를 창생시킨다. 창생된 우주는 분화의 법칙(엔트로피 증가의 법칙)과 체용의 법칙(주체와 객체의 법칙)에 따라 진화한다. 발산력의 크기에 따라 창생된 우주의 모양은 다를 것이다. 물론 이 발산력도 발산력 이전의 수렴력의 크기에 인연(因緣)되어 있으며, 극단적인 발산력이 발호될 때에는 이미 발산기운은 쇠진하고, 그 대신에 수렴기운이 증가하여 수렴력이 강하게 나타난다.

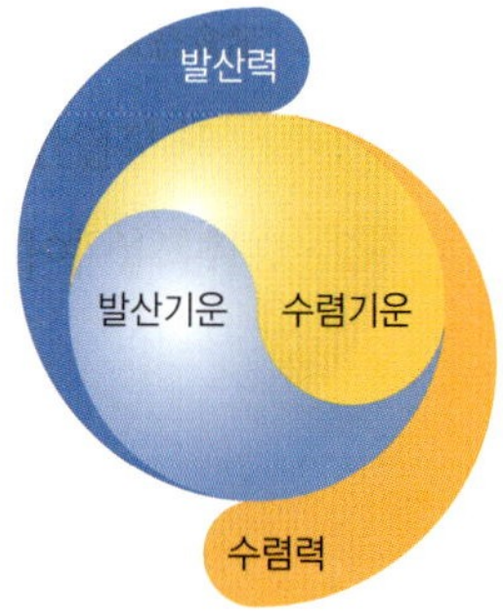

그림 2.1 발산과 수렴하는 기운 및 힘.

앞에서 설명한 현상을 현대 과학적 측면에서 살펴보자. 무의 상태가 되기 위해서는 완벽한 초대칭 상태가 되어야 한다. 초대칭 상태는 무극(無極) 상태로, 밖으로 나타나는 그 무엇도 없는 상태다. 완벽한 초대칭 상태는 수렴력이 극대화된 상태로서 수렴기운은 쇠진하여 없어지고 발산기운이 극대화된 상태다. 이 상태에서 발산기운의 힘을 입어 발산력이 초대칭 상태를 붕괴시킨다. 초대칭 상태가 붕괴되는 과정에서도 대칭성을 높이려는 수렴력과 대칭 상태를 붕괴시키려는 발산력이 상호대립하면서 공존할 뿐만 아니라 상호전화의 원리에 의해 한쪽이 감소하고 다른 한쪽이 증가한다. 대칭성이 높을 경우에는 시간과 공간의 분리된 의미는 약해지고, 역으로 대칭성이 낮아지면 시간과 공간의 분리된 의미는 증가한다. 물론 시간과 공간의 분리된 의미를 증가시키는 매개자는 물질 알갱이로, 분화의 법칙과 체용의 법칙에 따라서 시간과 공간의 분리된 의미의 경중이 달라진다.

무로부터 초미니 우주가 태어나는 것은 발산력에 의하여 무 상태가 갖고 있던 초대칭 상태가 붕괴되면서 생긴 결과물이다. 이 초미니 우주 속에도 발산력과 수렴력이 무 상태로부터 유전되어 서로 공존하고 있다. 그러나 태어난 초미니 우주 속에는 발산력이 강하게 작동 중인 관계로 비대칭성이 계속 증가되고 있다. 비대칭성이 증가하는 곳에는 대칭을 유지하려는 관성(慣性)이 있기 때문에, 비대칭성 증가에 따른 복원력이 작용하여 진동하게 되고, 이 진동이 생기는 영역은 **진동마당**[振動場]을 형성하고, 특히 이 마당(場; field) 속에서 진동의 에너지가 집중된 부분이 물질 입자로 나타난다. 즉, 진동은 어떤 특정 형태와 에너지를 가지는데, 이 특정 형태와 양자화(量子化)된 에너지에 따라서 다양한 입자로 나타난다. 이러한 관점에서 보면, 물질과 마당 에너지를 구별하는 것은 본질적으로 무의미하며, 마당은 물질에 비해 에너지의 집중화가 적은 것으로, 마당과 물질은 에너지 집중화의 상대적 양의 차이라고 생각된다.

초대칭성을 이루고 있는 무는 물질로 분화되지 않은 상태이므로 물질 간의 인식자(認識子: 주체)와 피인식자(被認識子: 객체)의 구별이 생겨나지 않았기 때문에 공간 · 시간의 개념이 생길 수가 없다. 그러나 지나친 초대칭성은 수렴력의 존재 의미를 떨어뜨려 발산력을 충동시키므로, 초대칭성의 유지와 붕괴 사이에 요동을 일으킨다. 요동이 있는 곳에는 항상 **터널 효과**에 의한 탈출이 있기 마련이다. 예를 들어 파도치는 바닷가에 가면, 파도의 높이가 도저히 도달할 수 없는 곳이라도 가끔 물방울이 튀어 온다. 즉, 파도가 넘을 수 없는 퍼텐셜 에너지를 물방울이 넘어오기 때문에, 이것이 마치 터널을 통과한 것처럼 인식된다 하여 이러한 현상을 터널 효과라 하며, 이는 양자역학의 세계에서는 일반화된 현상이다.

초미니 우주는 무한히 받아들일 수 있고 또 무한히 내어놓을 수 있는 무에서 터널 효과에 의하여 탄생한 이후, 그림 2.2에 나타낸 퍼텐셜 기울기를 따라 낮은 퍼

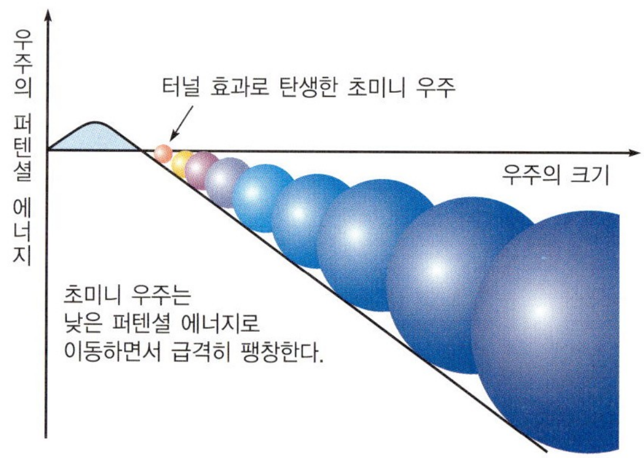

그림 2.2 우주의 크기 변화와 퍼텐셜 에너지의 관계.

텐셜 에너지 쪽으로 진행하면서 급격히 팽창한다.

무의 표면으로부터 터널 효과에 의하여 돌출한 초미니 우주 방울은 대칭성 붕괴 과정을 겪으면서 현재 우주의 배아에 해당하는 우주 기포가 형성되는데, 이 기포의 지름을 **플랑크 길이**(10^{-33}cm)라 한다. 플랑크 길이 정도의 크기를 갖는 기포가 수많은 기포로 급격히 팽창하는데, 이 인플레이션이 일어나는 힘은 역시 발산력이다. 이러한 발산 과정을 통하여 우주의 대칭성이 붕괴되어감은 물론이고, 우주의 온도도 내려간다. 우주 대칭성의 붕괴 정도에 따라서 제일 먼저 중력이 분리되고, 붕괴가 더 진행됨에 따라 강력, 전자기력, 약력으로 분화되어간다.

중력(重力)은 초미니 우주를 탄생시킨 아주 강력한 발산 작용의 반작용으로 생긴

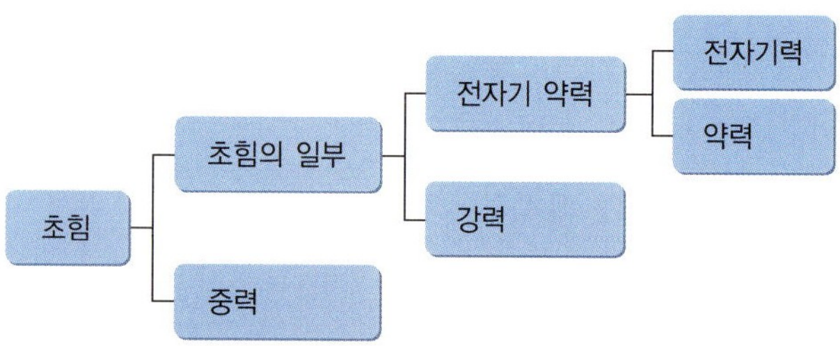

그림 2.3 힘의 분화.

힘으로, 극한적인 수렴력을 가진 일방적인 인력만이 존재하는 힘이다. 즉, 아주 강력한 발산 작용의 파동장(波動場)에 대한 그 반작용으로, 아주 강력한 수렴작용의 파동장을 불러일으킨 결과다. 강한 발산 작용의 파동장은 탄생 초기 우주의 대칭성을 아주 빠르게 붕괴시키는데, 초기 우주는 그 자신의 대칭성을 유지하려는 관성 때문에 대칭성의 아주 빠른 붕괴를 방해하는 강한 수렴 파동장이 형성된다. 이때 생기는 수렴 파동장은 발산 작용의 가속에 관련될 뿐이다. 그 결과, 강한 발산 파동장으로 인하여 생긴 강한 수렴 파동장이 형성된 곳에서, 공간의 대칭성이 빠르게 낮아지면서 **중력자**(重力子)가 형성된다.

발산 작용이 계속되어 우주의 온도가 더 내려가면, 쿼크와 같은 입자가 형성된다. 그리고 우주의 온도가 더욱더 내려가면, 이 쿼크들은 더 이상 자유로운 상태로 존재할 수 없고 3개의 쿼크가 모여서 바리온(양성자 혹은 중성자) 형태로 존재하는데, 이것 또한 발산 작용의 반작용으로 생겨난 것이다. 이렇게 쿼크를 더 이상 자유로운 상태로 두지 않고 서로 구속시키는 힘이 바로 **강력**(强力)이다. 강력 또한 중력과 마찬가지로, 발산 작용의 파동장에 대한 반작용으로 생긴 수렴 작용의 파동장이 형성되어 만들어진 힘이다. 물론 중력을 만들어내는 발산 작용의 발산 가속도와 강력을 만들어내는 발산 가속도의 차이는 크다. 즉, 강력을 만들 때의 가속도가 중력을 만들 때의 가속도보다 매우 작다. 강력을 만드는 수렴 파동장의 양자화된 형태가 **글루온**이라는 입자다.

중력이나 강력이 형성되는 시기는 강한 발산 작용의 흐름 속에 있기 때문에 중력자나 글루온을 만들기는 하나, 강한 발산 에너지에 의하여 계속해서 우주의 대칭성은 낮아지고 우주 공간은 넓어진다.

초미니 우주로부터 온도와 대칭성이 낮아지면서 중력과 강력이 만들어진 후에는, 온도와 대칭성이 낮아지는 가속도가 더욱더 늦어진다. 즉, 초미니 우주의 대칭성 붕괴 속도가 기하급수적으로 늦어진 이 시점에서 **전자기력**(電磁氣力)과 **약력**

(弱力)의 현상이 분리되어 나타나기 시작한다. 따라서 이러한 환경 속에서 약한 발산 작용은 그 반작용으로 약한 수렴 작용을 불러일으키고, 또 이렇게 생긴 약한 수렴 작용은 국부적인 약한 발산 작용을 불러일으키는 출렁임 현상을 일으킨다. 즉, 두 가지 현상이 존재할 수 있다. 첫 번째는 발산 파동장이 그 반작용으로 수렴 파동장을 야기시키는 경우이고, 두 번째는 수렴 파동장이 그 반작용으로 발산 파동장을 야기시키는 경우다. 전자의 경우에는 전자기적 인력을 만들어내고, 후자의 경우에는 반발력을 만들어낸다. 따라서 전자기력에는 인력과 반발력이 존재하며, 그 매개자는 **광자**(光子)다.

우주의 비대칭성이 증가하는 곳에는 대칭을 유지하려는 관성 때문에 복원력이 작용하여 진동이 일어나 진동마당이 생긴다. 이 마당 속에서 진동의 에너지가 집중된 부분이 물질 입자로 나타난다. 그러나 약력은 기본 입자로 나타나는 진동마당의 위상을 변화시키는 것으로 생각되며, 그 매개자는 **위크 보오존**(weak boson)이다. 즉, 약력의 작용을 받는 기본 입자는 다른 기본 입자로 변한다. 예를 들어 양성자 속에는 업(up) 쿼크 2개와 다운(down) 쿼크 1개가 있는데, 약력의 작용에 의하여 업 쿼크 1개가 다운 쿼크로 변하게 되어, 결국 업 쿼크 1개와 다운 쿼크 2개가 되어 중성자로 변한다. 이러한 과정에서 약간의 질량 결손, 즉 에너지가 발생하는데, 이것이 핵에너지의 근간이다.

2.1.2 우주 진화의 모형과 그 인식

(1) 우주 진화의 모형

현재 우주를 관측한 결과, 우주는 팽창하고 있다. 그러면 우주는 계속 팽창할 것인지 아니면 어느 시점에서 수축할 것인지 또는 정적 우주로 변할 것인지에 대해 관심이 많을 수밖에 없다.

우주의 대폭발 이론에 관한 주창자는 아인슈타인과 드 지터다. 이들은 1917년에 아인슈타인의 일반 상대성 이론을 바탕으로, 리만 공간에 물질이 존재할 경우 시간에 따라서 공간의 진화를 알 수 있는 우주 방정식을 만들어 이로부터 우주 진화 과정의 해를 구하였다. 이 해의 결과는 우주가 정적으로 있지 않고, 조건에 따라 그림 2.4에 나타낸 것처럼 팽창하거나 수축하는 결론에 도달하였다. 팽창 혹은 수축하는 우주의 속성을 아인슈타인과 드 지터는 용인할 수 없었다. 그들의 믿음은 '우주는 항상 그대로 있다'는 것이었다. 그래서 우주의 팽창이나 수축을 없애는 소위 **'우주 상수항'** 이라는 항을 첨가하여, 자신들이 만족하는 우주 방정식으로 수정하였다. 수정된 논문이 나온 지 3년 후, 서방 학계에서는 잘 알려지지 않은 젊은 과학자 알렉산더 프리드만(Alexander Friedmann)이 한 통의 편지를 보내왔는데, 편지에서 그는 우주 상수항의 추가가 잘못되었다는 점을 지적하고, 우주 방정식 자체는 여러 가지 해를 가질 수 있다는 점과 우주는 팽창할 수 있다는 점을 주장함과 동시에, 팽창하는 이유를 정확하게 예를 들어 설명하였다. 프리드만은 서신을 보낸 지 2년 만에 아인슈타인으로부터 회신을 받았는데, 그 내용에는 "곰곰히 생각해보니 당신이 맞는 것 같다."라는 글이 있었다고 한다. 1922년에 프리드만은 저명한 학술지에 현재 인정되고 있는 우주 대폭발 이론의 기본 내용을 발표하였다. 그러나 이 논문은 학자들의 주목을 받지 못했고, 7년 후 벨기에의 조르주 르메트르가 저명하지 않은 학술지에 거의 같은 내용의 논문을 발표했는데, 이 논문이 주목을 받기 시작하였다.

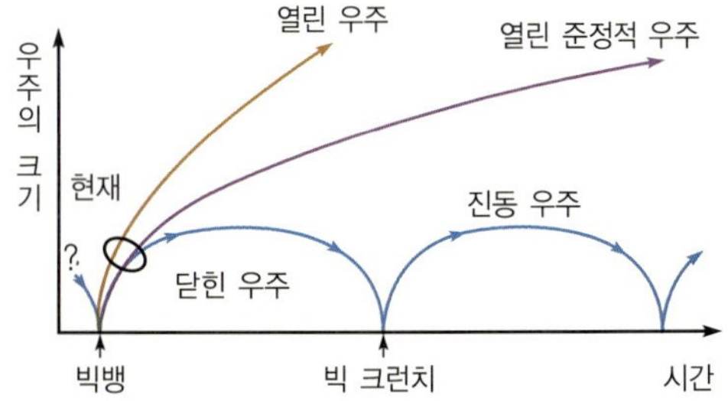

그림 2.4 우주 방정식의 해.

우주가 팽창하고 있다는 사실을 아인슈타인 방정식으로부터 구해보자. 아인슈타인 방정식은 다음과 같다.

$$R_{ij}-\frac{1}{2}g_{ij}R+\Lambda g_{ij}=-8\pi\frac{G}{c^4}T_{ij} \tag{2.1}$$

여기서 R_{ij}는 리치 곡률(Ricci curvature), R는 리치 곡률의 스칼라(Ricci curvature scalar) 값, g_{ij}는 가상 리만 다양체(pseudo-Riemannian manifold) 텐서, Λ는 우주상수, G는 중력상수, c는 광속, T_{ij}는 변형력 텐서(stress tensor)다.

우주의 팽창이나 수축을 설명할 수 있는 프리드만 방정식은 프리드만-로버트슨-워커 계량(Friedmann-Robertson-Walker metric)을 아인슈타인 방정식에 넣고 풀면 얻을 수 있다. 이 경우, 광속 c와 플랑크 상수 h를 자연단위계(natural unit)로 두고, 즉 $c=1$, $h=1$로 두면 프리드만 방정식은 다음과 같다.

$$3\left(\frac{\dot{a}}{a}\right)^2+3\frac{K}{a^2}=8\pi G\rho+\Lambda \tag{2.2}$$

여기서 ρ는 우주에 있는 모든 물질을 더한 밀도 값이고, Λ는 우주상수(cosmological constant), K는 우주의 공간곡률(spatial curvature), a는 우주의 상대적인 크기를 결정해주는 크기 인자(scale factor)다. (2.2)식으로 나타난 방정식에서 우주의 밀도와 공간곡률이 정해졌을 때, 우주의 공간적 크기가 어떻게 변하는가를 나타내는 식이 된다.

프리드만 방정식을 이용하여 우주가 팽창함을 증명해보자. 우주가 균일하게 팽창하거나 수축한다고 가정하고, 임의의 한 은하의 위치를 $\vec{x}_1$, 또 다른 은하의 위치를 $\vec{x}_2$라 하면, 시간 t 일 때 두 은하 사이의 거리는

$$\vec{r}(t)=a(t)(\vec{x}_1-\vec{x}_2) \tag{2.3}$$

로 주어진다. 중력에 의한 곡률이 형성된 공간이 아니라면, 즉 평평한 공간이라면, 크기 인자 $a(t)=1$이 되어, (2.3)식은 보통 우리가 계산하는 거리 속성을 나타낸다. (2.3)식에서 두 은하가 멀어지거나 가까워지는 속도는 이 식을 미분하면 구

할 수 있다. 즉,

$$\vec{v}(t)=\dot{a}(t)(\vec{x}_1-\vec{x}_2)+a(t)(\dot{\vec{x}}_1-\dot{\vec{x}}_2) \tag{2.4}$$

이 된다. (2.3)식에서 $(\vec{x}_1-\vec{x}_2)=\vec{r}(t)/a(t)$가 되므로, 이 식을 (2.4)식에 대입하면

$$\vec{v}(t)=\frac{\dot{\vec{a}}(t)}{a(t)}\vec{r}(t)+a(t)(\dot{\vec{x}}_1-\dot{\vec{x}}_2) \tag{2.5}$$

이 된다. 특히 (2.5)식에서 $\frac{\dot{\vec{a}}(t)}{a(t)}$를 허블상수 $H(t)$라 하면, 다음과 같은 식이 된다.

$$\vec{v}(t)=H(t)\vec{r}(t)+a(t)(\dot{\vec{x}}_1-\dot{\vec{x}}_2) \tag{2.6}$$

(2.6)식의 첫 번째 항에서는 은하가 멀어지는 속도와 거리 사이의 비례상수 $H(t)$가 바로 허블상수다. 우주에서 측정된 허블상수 $H(t)$의 값이 양(+)의 값을 가지기 때문에, 그림 2.5에 나타낸 바와 같이 두 은하 사이의 거리가 멀리 떨어질수록 두 은하 사이의 후퇴속도는 더 빨라진다. 만약 $H(t)$의 값이 음(−)의 값을 가진다면, 두 은하 사이의 거리가 멀리 떨어질수록 두 은하 사이의 근접속도는 더 빨라진다. 또 (2.5)식의 우변 둘째 항은, 그림 2.5의 그림에서 후퇴속도의 절편으로, 두 은하가 갖는 상대속도의 차이다.

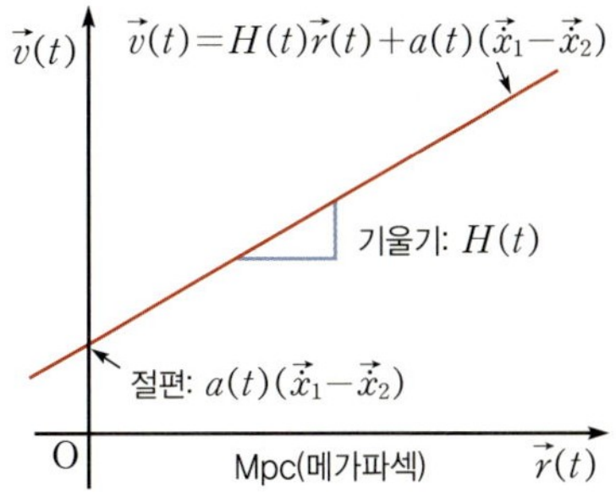

그림 2.5 (2.6)식의 그래프.

거리 $\vec{r}(t)$를 미분하면 속도 $\vec{v}(t)$가 된다.

$$\vec{v}(t)=\frac{d}{dt}\vec{r}(t)=\frac{d}{dt}\left(a(t)(\vec{x}_1-\vec{x}_2)\right)=\dot{a}(t)(\vec{x}_1-\vec{x}_2)+a(t)(\dot{\vec{x}}_1-\dot{\vec{x}}_2)$$

$$\dot{a}(t)=\frac{d}{dt}\vec{a}(t),\ \dot{x}_1=\frac{d\vec{x}_1}{dt},\ \dot{x}_2=\frac{d\vec{x}_2}{dt}$$

우주 진화 과정의 모습은 세 가지로 대별하여 생각할 수 있다. 첫 번째는 우주가 팽창을 하다가 다시 수축하는 경우이고, 두 번째는 팽창을 하다가 서서히 팽창을 멈추어, 팽창도 수축도 하지 않는 정적인 우주가 되는 경우이며, 세 번째는 무한히 팽창을 계속하는 경우다. 팽창하다가 수축하는 우주를 **닫힌 우주**라 하고, 무한히 팽창하는 우주를 **열린 우주**라 한다. 이렇게 닫힌 우주가 되거나 혹은 열린 우주가 되는 기준은 중력을 낳는 우주의 질량밀도다. 우주의 질량밀도가 충분히 크면 중력의 큰 힘 때문에 현재 팽창하는 우주도 결국 수축하게 되어 닫힌 우주가 되고, 우주의 질량밀도가 적으면 우주의 발산력이 중력보다 크기 때문에 계속 팽창하므로 열린 우주가 된다. 그리고 **임계질량밀도**가 되면 현재 팽창하던 우주도 결국 멈추어버리기 때문에 정적 우주가 된다.

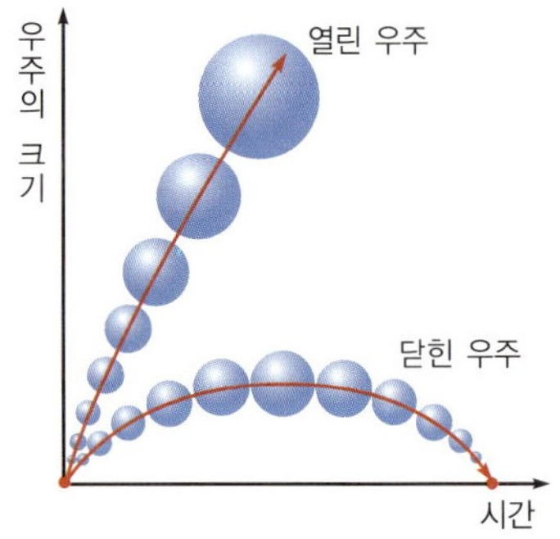

그림 2.6 열린 우주와 닫힌 우주.

프리드만 방정식인 (2.2)식에서 임계질량밀도 ρ_c는 다음과 같이 나타낼 수 있다.

$$\rho_c = \frac{3H^2}{8\pi G} \tag{2.7}$$

광년(ly), 천문단위(au), 파섹(pc)

1. 광년(ly; light year) — 빛이 1년 동안 이동한 거리: 1광년$=9.468\times10^{12}$ km
2. 천문단위(au; astronomical unit)
   — 태양과 지구 사이의 평균 거리: 1 au$=1.496\times10^{8}$ km
3. 파섹(pc; parsec) — 1 pc은 부채꼴에서 사잇각이 1초(=1/3600도)이고, 원호의 길이가 1 au가 되는 반지름의 길이:
   1 pc$=3.085696816\times10^{13}$ km$=3.26$ ly$=206,263$ au

(2.7)식에, 현재 우주의 허블상수 $H=50$ (km/s)/Mpc을 대입하면, 대략 임계 질량밀도 ρ_c의 값은 $\rho_c=10^{-29}$g/cm^{3}이다. 현재 우주의 가시 영역에서 산출한 우주의 질량밀도는 $\rho=10^{-30}$g/cm^{3}로, 임계질량밀도의 1/10 정도다. 이러한 기준에서 보면, 우리 우주는 열린 우주에 속한다. 그러나 가시 영역에서 산출한 현 우주의 질량에는 블랙홀, 뉴트리노, 암흑물질 등의 질량은 제외되었기 때문에 어떤 결론을 내리기는 시기상조다.

(2) 팽창 우주와 수축 우주의 인식

우주가 현재 팽창하고 있다는 사실은 허블의 법칙을 통해 증명되었다. 그러나 팽창하는 우주 속에 사는 우리는 그 우주를 어떻게 인식할 것이냐가 의문이다. 즉, 인식의 주체가 인식의 객체를 보는 시각의 문제다. 팽창하는 우주 속에서의 인식자는 팽창하는 우주를 정(正)의 방향으로 인식할 것이고, 또 수축하는 우주 속에서의 인식자는 수축하는 우주를 정의 방향으로 인식할 것이다. 이와는 반대로 팽창하는 우주 속에서의 인식자는 수축하는 우주를 부(否)의 방향으로 인식할 것이고, 또 수축하는 우주 속에서의 인식자는 팽창하는 우주를 부의 방향으로 인식할 것이다. 이러한 인식 문제는 《주역》의 여섯 가지 법칙에서 언급하였던 바와 같이, 항상 분화의 법칙(엔트로피 증가의 법칙)과 체용의 법칙(인식자와 피인식자에 관한 법칙)으로 설명된다. 팽창하는 우주에 있는 인식자는 엔트로피가 증가하는 방향을 정의 방향으로 생각하며, 그 반대는 절대로 불가능하다고 생각한다. 예를 들어, 맑은 물에 잉크 원액 한 방울을 떨어뜨리면, 잘 희석된 잉크물이 된다. 이렇게 되는 과정을 우리는 당연한 과정으로 인정한다. 그러나 희석된 잉크 물이 저절로 물과 잉크 원액으로 분리되는 과정을 보았다면, 이

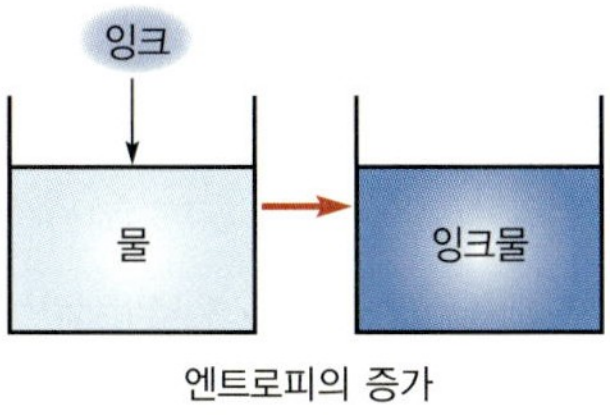

그림 2.7 엔트로피 증가의 예.

장면을 정상적으로 생각하는 사람은 아무도 없을 것이다. 잉크 원액 속에 있는 임의의 잉크 분자 하나에 특별히 붉은색을 칠하여 그 행적을 주목한다고 가정하자. 그림 2.8에서와 같이 붉은 잉크 분자는 푸른색의 물 분자와 차례로 충돌하는 운동을 하면서 시간을 보낼 것이다. 잉크 분자가 첫 번째 물 분자와 충돌하는 사이의 시간 간격을 t_1, 첫 번째 물 분자와 두 번째 물 분자 사이에 있는 시간을 t_2, 두 번째 물 분자와 세 번째 물 분자 사이에 있는 시간을 t_3, …라 하면, 엔트로피가 증가하고 팽창하는 우주에서는 $t_1 < t_2 < t_3 <$ …인 관계가 성립할 것이고, 반대로 엔트로피가 감소하고 수축하는 우주에서는 $t_1 > t_2 > t_3 >$ …인 관계가 성립할 것이다. 즉, 팽창하는 우주에서 인식자인 잉크 분자가 피인식자인 물 분자들을 만날 때 만남과 만남 사이의 시간 간격이 점차로 늘어나는 것이 정상으로 인식될 것이다. 그리고 수축 우주에서 인식자인 잉크 분자가 피인식자인 물 분자들을 만날 때 만남과 만남 사이의 시간 간격

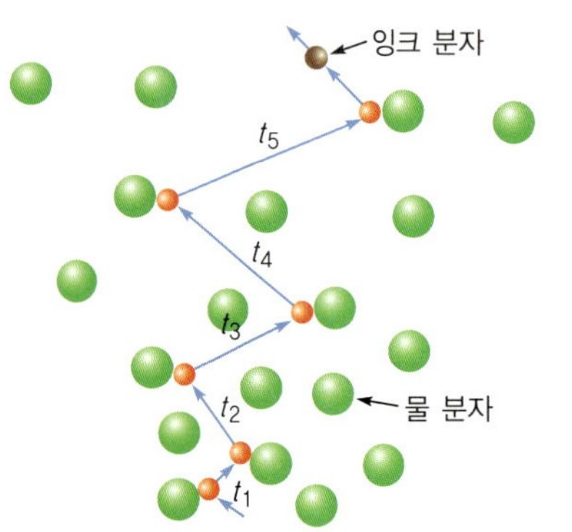

그림 2.8 일련의 충돌 사이의 시간 간격. $t_1 < t_2 < t_3 <$ …이면 팽창 중이고, $t_1 > t_2 > t_3 >$ …이면 수축 중이다.(왼쪽)
그림 2.9 불가능한 과정.(오른쪽)

이 점차로 짧아지는 것이 정상으로 인식될 것이다.

그림 2.9는 통나무가 있는 곳에 폭탄을 던지니 통나무집이 된 과정을 그린 것이다. 이런 과정은 엔트로피가 감소하는 과정이다. 팽창 우주 속에 있는 인식자는 이 과정을 보고 불가능한 과정이라고 생각하거나 아니면 불가사이한 일이 발생하였다고 생각할 것이다. 그러면 수축하는 우주 속에 있는 인식자는 어떻게 생각할까?

현재의 자연계는 항상 전체적인 엔트로피가 증가한다. 이것은 팽창 우주에 속해 있기 때문이며, 부분적으로, 특히 생명 현상에서 엔트로피가 감소하는 경우도 많이 있다.

2.2 우주 진화의 단계별 특성

우주의 탄생은 초대칭적인 무의 상태가 발산기운과 수렴기운의 요동에 의하여 초대칭성 붕괴로 이어지면서 시작되었다. 초대칭성 붕괴로 우주 퍼텐셜 에너지 장벽을 탈출한 초미니 우주는 우주 퍼텐셜 에너지의 경사면을 따라 내려가면서 급격히 팽창한다. 팽창하고 있는 우주는 그 상태에 알맞은 형상(形狀)을 가지면서 진화한다. 비물질 세계에서 물질세계로 태어난 우주는 그 우주 온도에 알맞은 상(狀)과 그 상을 지배하는 힘이 어우러져 여러 가지 형태로 변하면서 진화한다. 팽창하

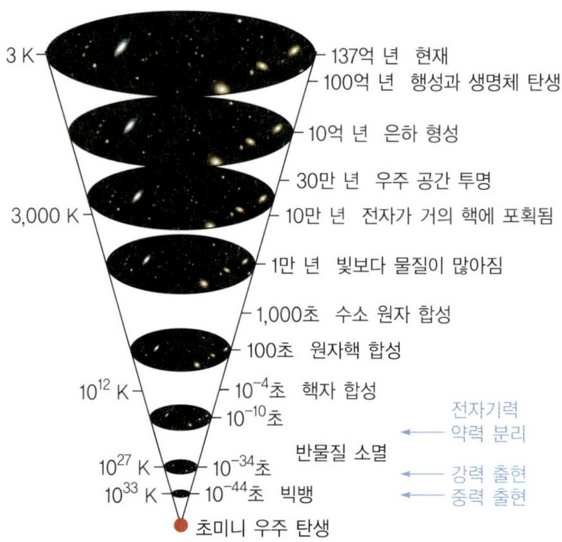

그림 2.10 우주 진화 단계의 개략도.

는 우주에서, 우주의 온도가 식어감에 따라 생기는 우주의 모양을 주요 단계별로 나타내면, 그림 2.10과 같이 된다. 그림에서 왼쪽은 우주의 팽창과 더불어 냉각되는 온도(켈빈 온도)를 나타내고, 오른쪽은 우주 탄생으로부터 시작한 시간의 흐름이 주요 사건과 함께 나타나 있다. 이제부터 이 주요 사건들에 대해 살펴보도록 하자.

2.2.1 시공의 탄생과 중력의 출현

'무' 로부터 터널 효과에 의하여 생겨난 초미니 우주는 그림 2.2에 나타낸 퍼텐셜 에너지의 경사면을 따라 내려오면서 급격히 팽창한다. 무로부터 탄생한 초미니 우주 방울의 크기는 양성자나 중성자보다도 훨씬 작다. 무로부터 초미니 우주가 탄생되어 10^{-43}초가 되는 시간 동안에 일어나는 현상은 거의 알려지지 않았는데, 이 시대를 **플랑크 시대**라 한다. 플랑크 시대에 중력이 나타났으며, 이 중력은 초힘의 일부인 양자적 힘들과 거의 같은 세기로 작용한다. 플랑크 시대에 중력이 분리되어 나오는 것도 초대칭성에서 중력이 분리되어 나올 정도의 대칭성이 붕괴되었기 때문이다. 이러한 정도의 대칭성 붕괴 과정을 겪으면서 현재 우주의 배아에 해당하는 우주 기포가 형성되었는데, 그 기포의 지름이 10^{-33}cm 정도였다. 이 지름을 **플랑크 길이**라 한다.

중력(重力)은 초미니 우주를 탄생시킨 아주 강력한 발산 작용에 대한 반작용으로 생긴 힘으로, 강력한 수렴력을 가진 일방적인 인력만이 있는 힘이다. 즉, 강한 발산 작용의 파동장이 초미니 우주의 대칭성을 아주 빠르게 붕괴시키는데, 초미니 우주에서는 그 자신의 대칭성을 유지하려는 관성 때문에 대칭성의 아주 빠른 붕괴를 막는 강한 수렴 파동장이 형성된다. 이때 생기는 수렴 파동장의 양자화가 **중력자**이다. 중력자는 질량 사이의 인력을 매개하는 **게이지 입자**(gauge particle)의 한 종류로서 한 가지뿐이다. 게이지 입자의 속성은 다른 입자들과 잘 화합하는 것이다. 따라서 게이지 입자는 힘을 매개하는 중매쟁이 역할을 잘한다. 특히 중력은 강한 발산력이 작용되는 시기에 그 반작용으로 생긴 강한 수렴력의 결과이기 때문에, 모든 질량은 다른 질량이 생산하는 중력자를 탈취하여 당겨오는 성질을 가지며, 따라서 그림 2.11과 같이 인력이 생긴다. 그림에서와 같이 지구가 달의 중력자를 당기면, 그 반작용으로 지구는 달 쪽으로 끌려가고, 달이 지구의 중력자를 당기면, 달은 지구 쪽으로 끌려간다. 중력자를 생산하는 속성은 발산 작용에 대한 반작용이고, 중력자를 당기는 행위는 수렴력 때문이다. 현재 중력은 다른 힘에 비해 상대적으로 매우 약하게 생각되나, 결코 약한 힘은 아니다. 이러한 생각은 중력이 출현할 때의 우주의 에너지(혹은 질량) 밀도와 현재의 에너지 밀도를 비교해보면 쉽게 이해가 갈 것이다.

그림 2.11 인력은 힘을 매개하는 게이지 입자를 서로 당기기 때문에 생기며, 행위는 수렴력 때문에 나타난다.

2.2.2 빅뱅과 강력의 출현

플랑크 길이 정도의 크기를 갖는 우주 기포가 수많은 우주 기포로 급격히 팽창하는데, 이 인플레이션이 일어나는 힘은 역시 발산력이며, 발산 과정을 통해 우주의 대칭성이 붕괴되어감은 물론이고 우주의 온도도 내려간다. 인플레이션이 생기는 과정에서 중력만 분리되어 있고, 나머지 힘들(강력, 약력, 전자기력)은 여전히 통합된 대칭 속에 융합되어 있다. 인플레이션 과정에서 우주는 아주 빠른 속도로 팽창하는데, 약 10^{50}배 이상 폭발적으로 팽창한다. 이때 우주의 온도는 10^{32}K이다. 인

플레이션 팽창이 초미니 우주를 매크로(macro) 우주로 진화시킨다. 이것이 우주가 탄생한 이후 첫 번째로 일어나는 **상전이**(相轉移)다.

인플레이션이 일어나는 순간에는 우주의 배아에 해당하는 우주 기포의 표면에 수없이 많은 새로운 딸 기포들이 만들어진다. 또 딸 기포에서 손녀 기포가 만들어지는 반복을 거듭하면서 우주는 급격한 인플레이션이 일어난다. 이러한 순환적 과정에서, 그림 2.12에서와 같이 딸 기포 방울이나 손녀 기포 방울로 성장시키는 기둥이 나타나는데, 이를 **웜홀**이라 한다. 이 웜홀을 통하여 딸 우주나 손녀 우주가 되면 팽창하는 우주로 발전하지만, 딸 우주나 손녀 우주가 되기에 충분한 에너지를 갖지 못한다면 다시 쪼그라들어 **블랙홀**이 된다.

인플레이션 도중 딸 우주나 손녀 우주로 진화하는 과정에서 나온 에너지가 나머지 우주 기포에 축적되는데, 그 양이 증가하여 임계점을 넘어서면서 나머지 기포의 에너지가 모두 열에너지로 바뀌는 두 번째 상전이가 일어나고 이때 순간적인 폭발이 발생한다. 이 폭발하는 장면을 **빅뱅**(Big Bang)이라 한다. 이때가 우주가 탄생한 지 10^{-36}초가 지난 시점이 되며, 우주는 높은 에너지의 빛으로 가득 찬다. 두 번째 상전이 과정에서 중력이 분리된 초힘의 일부에서 **강력**이 분리되어 나오고, **전자기 약력**만이 남는다. 즉, 물질 사이에는 중력이 작용하고, 입자 사이에는 강력이 작용한다. 이때의 우주 온도는 약 10^{28}~10^{20}K 정도다.

상전이(相轉移)

상전이는 상태가 바뀌는 현상을 말한다. 즉, 구조를 갖고 있는 사회 조직이나 물질은 갖고 있는 퍼텐셜 에너지에 해당되는 구조를 취하고 있다. 만약 퍼텐셜 에너지가 변한다면, 변화된 퍼텐셜 에너지를 수용할 수 있는 다른 구조로 변하는데, 이 변화되는 모습을 상전이라 한다. 이와 같은 상전이는 인간 사회에서는 전쟁, 질병, 경제적 변화 혹은 사상의 변화에 의하여 주로 생기며, 물질의 상전이는 주로 온도, 압력 및 기타 물리적 변화에 의하여 생긴다.

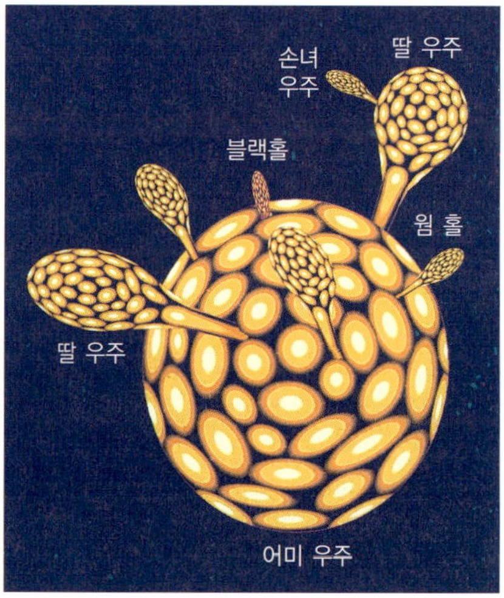

그림 2.12 어미 우주에서 무수한 딸 우주가 생긴다. 그리고 또 딸 우주에서 손녀 우주가 생긴다.(왼쪽)
그림 2.13 빅뱅하고 있는 우주의 상상도.(오른쪽)

강력은 우주의 온도가 쿼크와 같은 입자가 형성되는 온도 이하로 내려가면 작용되는 힘이다. 즉, 쿼크를 결합하는 힘이 강력이다. 강력을 매개하는 **글루온**이라는 게이지 입자를 만들어내는 것도 발산 작용의 파동장에 대한 그 반작용으로 생긴 수렴 파동장의 양자화(量子化)된 형태다. 강력을 만들 때의 발산 환경과 중력을 만들 때의 환경이 매우 다르기 때문에, 중력은 원거리 작용력의 특징을 가지나 강력은 단거리 작용력을 가질 뿐만 아니라 그림 2.14에서와 같이 업 쿼크나 다운 쿼크는 글루온을 탈취하여 당기는 속성 때문에 인력만을 가진다. 그리고 글루온은 만들어지는 조건에 따라서 8가지의 글루온이 있다.

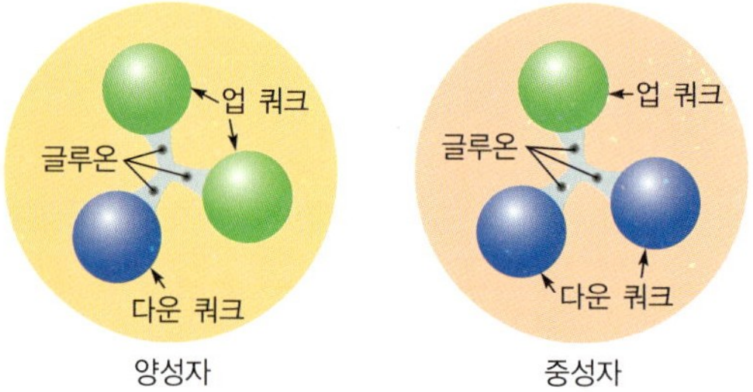

그림 2.14 글루온을 매개로 한 쿼크들의 결합.

2.2.3 물질과 반물질의 생성과 소멸

두 번째 상전이가 끝난 이후, 초팽창을 일으킨 에너지가 우주에 이미 퍼져 있는 **힉스 입자**를 가열하여 붕괴시킨다. 힉스 입자가 붕괴되면서 복사 에너지를 방출하고, 이 복사 에너지가 우주를 다시 가열하는 과정에서 **물질**(X-입자)과 **반물질**(반X-입자)이 만들어진다. 우주의 시간이 흘러 약 10^{-32}초가 되었을 때, 우주의 온도가 상당히 내려가 10^{27}K이 되면서 물질과 반물질이 응결하여 빛 에너지를 생성하고, 그 물질들은 소멸한다. 다행히도 물질과 반물질이 생성될 당시에 우주의 요동에 의하여 물질이 반물질보다 약 10억분의 1 정도 많이 만들어졌다. 이러한 이유 때문에 물질과 반물질이 서로 짝으로 결합하여 소멸하면, 결국 물질만 조금 남는다. 이렇게 남은 물질이 오늘의 우주를 형성한 질량이다. 그리고 X-입자(물질)는 쿼크의 모체가 되어 양성자 중성자로 합성되며, 반X-입자(반물질)는 반쿼크의 모체가 되었을 것이나 지금 발견되지는 않고 있다.

2.2.4 약력과 전자기력의 출현

우주 시간이 약 10^{-10}초가 되었을 때, 우주의 온도는 더욱더 내려가 물질은 입

초힘(통일장 이론)에 관한 이론을 만들기 위해서는 모든 입자들에 질량을 부여해주는 어떤 그 무엇(힉스 입자)이 필요하다. 그래서 물리학자들은 힉스 입자를 정의하되, 그 기능이 다른 입자들에 질량을 부여해주는 역할을 하는 것으로 가정하였다. 그리고 우주가 탄생한 직후에 힉스 입자로 된 바다에 새로 생긴 여러 물질들이 힉스 입자와 상호작용하여, 각각의 상호작용 방법에 따라 중성미자, 전자, 쿼크와 같은 기본 입자들이 된다고 생각하였다. 즉, 이런 여러 물질들이 힉스 입자와 상호작용하여 어떻게 질량을 얻는지를 알 수 있다면, 우주 생성에 대한 이해를 더욱더 넓힐 수 있을 것이다. 현재 물리학자들은 '힉스 입자의 검출 실험'을 하고 있다.

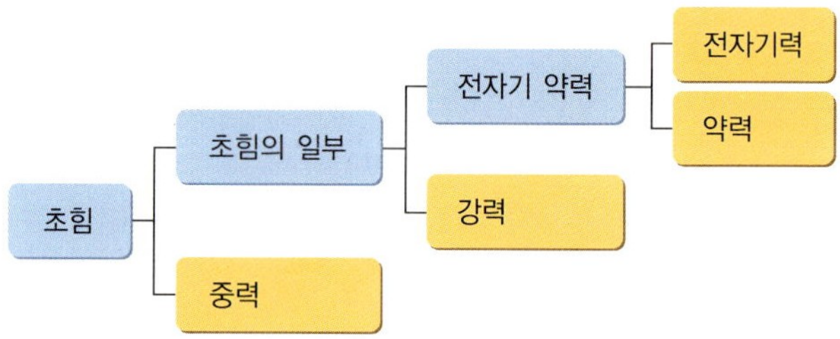

그림 2.15 기본적인 네 가지 힘.

자성이 강하게 드러나면서 전자기적 특성도 생겨난다. 즉, 전자기 약력 상전이가 일어나면서, 전자기 약력이 **약력**과 **전자기력**으로 분리되어 나타난다. 이 이후부터 현재 존재하는 네 가지 기본적인 힘(중력, 강력, 약력, 전자기력)이 각각 별개의 힘으로 존재하게 된다.

전자기 약력에서 분리된 약력은 약력의 작용을 받는 기본 입자를 다른 기본 입자로 변하게 하는 특성이 있다. 약력은 강력이 만들어지는 과정에서 발산력에 대한 반작용으로 생긴 수렴 에너지가 강력을 만들고 난 후, 잉여 부분이 계속 남아 있다가 전자기 약력 상전이가 있을 때 밖으로 표출된 모습으로 생각되는데, 약력을 매개하는 게이지 입자를 **위크 보오존**이라 하고, 그 종류는 세 가지다. 이와 같은 예에서는 고체의 온도 변화에 따른 상변화가 있을 때 상변화 에너지가 소모되는데, 모두 소모되는 것은 아니고 잠열 형태로 남아 있거나 혹은 부족한 상태로 존재한다. 이와 같은 원리로, 약력 역시 발산력에 대한 반작용으로 생긴 수렴 에너지가 강력을 만들고 난 후 숨은 에너지(남는 에너지 혹은 부족한 에너지)로 남아 있다가 전자기 약력 상전이가 있을 때 나타난 것으로, 약력은 강력의 주체인 쿼크와 같은 입자에 작용하여 업 쿼크를 다운 쿼크로 바꾸어 양성자를 중성자로 만들든지 다운 쿼크를 업 쿼크로 변환하여 중성자를 양성자로 바꾸는 성질을 가지고 있다. 약력을 매개하는 위크 보오존들은 기본 입자의 속성을 바꾸는 특성을 가진 보정력이다. 물론 기본 입자의 속성을 바꾸는 특성도 발산력과 수렴력의 작용으로

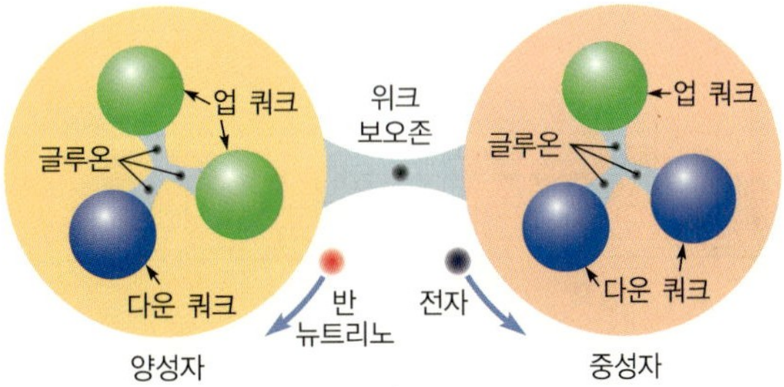

그림 2.16 위크 보오존의 매개에 의한 쿼크의 변환.

생각된다. 예를 들어 양성자 속에는 업 쿼크 2개와 다운 쿼크 1개가 있는데, 약력의 작용, 즉 위크 보오존의 중개에 의하여 업 쿼크 1개를 다운 쿼크로 변하게 하여 중성자로 변환시킨다. 이러한 과정에서 약간의 질량 결손, 즉 에너지가 발생한다.

앞에서 이미 언급했던 바와 같이 중력은 강력한 발산 작용의 반작용으로 생긴 결과이므로 일방적인 인력만이 존재하는 힘이다. 그리고 강력은 중력보다는 강력한 발산 작용은 아니지만, 그래도 상당히 강한 발산 작용에 대한 반작용으로 생겼기 때문에 인력만 존재한다. 그러나 전자기 약력 상전이가 일어날 무렵의 발산 작

네 가지 힘에 대한 요약

	힘을 매개하는 게이지 입자	힘의 종류	현시점에서 힘의 세기 (강력 기준)/작용 범위	특징
중력	중력자: 1개	인력	가장 약함(10^{-38}) 장거리 작용력(∞)	질량 사이에 작용
강력	글루온: 8개	인력	가장 강함(1) 단거리($\leq 10^{-13}$ cm)	쿼크와 같은 색전하를 띤 입자에 작용
약력	위크 보오존: 3개(W^+, W^-, Z)	변환력 또는 보정력	세 번째로 강함(10^{-13}) 단거리($\leq 10^{-16}$ cm)	기본 입자를 다른 종류로 전환
전자기력	광자: 1개	인력 반발력	두 번째로 강함(10^{-2}) 장거리 작용력(~∞)	전하를 띤 입자 사이에 작용

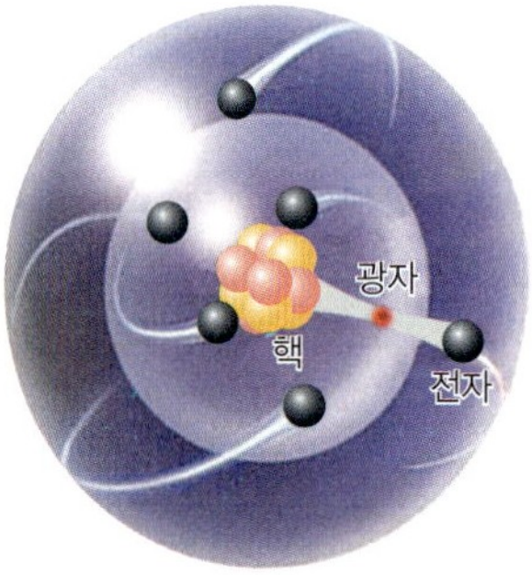

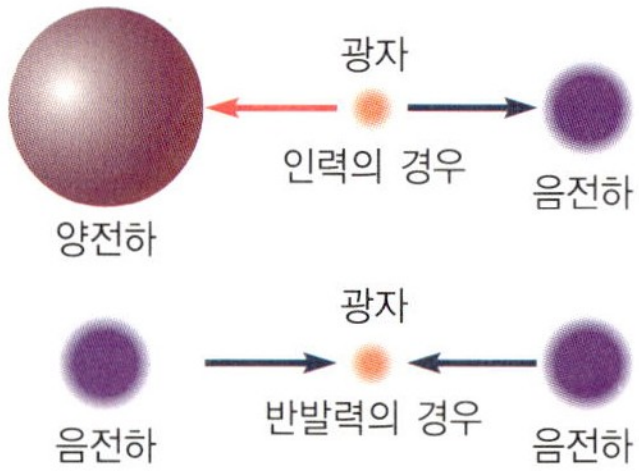

그림 2.17 광자의 매개에 의한 전자기력.(왼쪽)
그림 2.18 전자기력의 인력과 반발력.(오른쪽)

용은 약하기 때문에, 마치 바닷가에서 파도가 밀려왔다가 밀려나가는 것처럼, 발산 작용이 크게 나타나는 경우와 수렴 작용이 크게 나타나는 경우가 있게 마련이다. 따라서 전자기력은 발산 에너지에 기반을 둘 수도 있고 수렴 에너지에 기반을 둘 수도 있어, 반발력과 인력이 존재한다. 그래서 같은 전기를 띤 입자는 서로 전기적 반발력이 작용하고, 서로 다른 전기를 띤 입자는 인력이 작용한다. 전자기적인 힘에는 척력과 인력이 있지만, 그 힘을 매개하는 게이지 입자인 광자는 한 가지뿐이다.

그림 2.18에 나타낸 것처럼 인력의 경우, 양(+)전하가 음(−)전하의 광자를 당기면 그 반작용으로 음전하 쪽으로 끌려가고, 음전하가 양전하의 광자를 당기면 양전하 쪽으로 끌려간다. 그리고 반발력의 경우에는, 전자기력을 매개하는 광자를 서로 밀기 때문에 그 반작용으로 반발력이 생긴다.

우주가 전자기 약력 상전이를 거치면서 현존하는 자연계의 힘 네 가지가 모두 출현되었으며, 이후 우주의 온도는 점점 더 내려가면서 플라스마 시대를 맞이한다.

2.2.5 플라스마 시대(우주 시간: 10^{-4}초~10만 년, 우주 온도: 10^{12}~3,000 K)

플라스마 시대는 우주 시간 10^{-4}초 정도 지났을 때부터 시작되는데, 이때의 우주 온도는 약 10^{12}K 정도다. 아원자 입자가 형성되기 시작한 이 시기부터 우주의 온도 하강에 따라 수소 원자가 형성되기까지의 과정을 요약하면 그림 2.19와 같다.

(1) 아원자 입자의 생성(우주 시간: 10^{-4}초~)

우주가 탄생한 후 물질과 반물질이 생겨났다가 우주의 온도가 내려감에 따라 서로 응결하여 소멸되고 남은 물질은 쿼크라는 입자로 변하였다. 플라스마 시대의 초기에, 즉 우주가 탄생된 지 10^{-4}초경에, 쿼크라는 입자들이 서로 결합하여 양성자와 중성자를 만들었다. 업 쿼크 2개와 다운 쿼크 1개가 뭉쳐서 하나의 양성자가 되고, 업 쿼크 1개와 다운 쿼크 2개가 뭉쳐서 중성자가 되었다. 양성자와 중성자 등은 원자핵을 만드는 입자이기 때문에 아원자(亞原子)에 속한다.

우주 시간으로 0.1초가 지나기 전까지는 우주 온도가 어느 정도 높아서 양성자

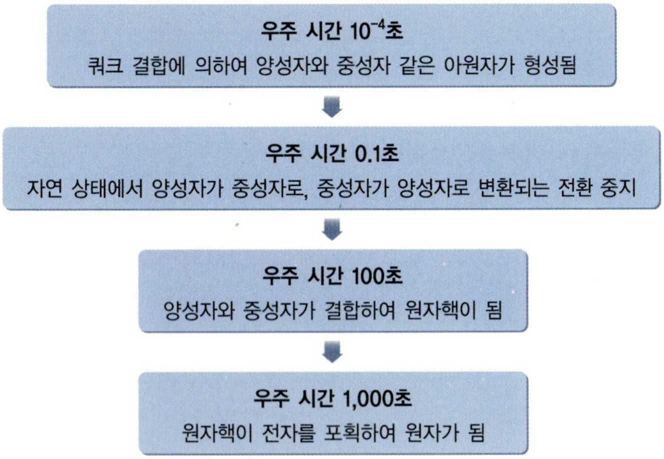

그림 2.19 아원자 입자에서부터 수소 원자가 형성되기까지의 우주 진화 과정.

를 형성하고 있는 2개의 업 쿼크 중 1개가 다운 쿼크로 전환되어 중성자로 변하기도 하고, 중성자를 형성하고 있는 2개의 다운 쿼크 중 1개가 업 쿼크로 변하여 양성자로 변하기도 한다. 우주 시간이 0.1초경이 되면, 우주의 온도가 낮아져 업 쿼크와 다운 쿼크의 변환이 자유롭지 못하여, 양성자가 중성자로, 중성자가 양성자로 변환되는 상호 전환이 중지된다. 현재 우주의 온도에서는 상호 전환될 확률이 거의 0이다.

(2) 원자핵의 생성(우주 시간: 100초~)

우주 시간이 100초 정도 지났을 경우에는, 우주의 온도가 양성자와 중성자를 결합하는 강력을 이겨낼 만한 온도가 되지 못하기 때문에 양성자와 중성자가 결합하여 핵을 형성한다.

우주의 시간이 1,000초 정도 지날 무렵에는 우주의 온도가 더욱더 낮아져, 핵 속에 있는 양성자의 전자기력에 의하여 우주 공간에 날아다니는 전자가 포획되어 수소 원자를 형성하기도 하고, 확률적으로 낮지만 헬륨 원자를 형성하기도 한다. 이후 상당히 오랫동안 만들어진 핵이 전자를 포획하는 사건이 우주 시간으로 약 50만 년까지 일어난다. 핵과 전자가 분리되어 있는 상태가 플라스마 상태이며, 플라스마 상태에 있는 핵과 전자는, 특히 전자가 우주 공간에 날아다니는 복사선을 산란(散亂)시킨다. 우주 공간을 자유롭게 떠다니던 전자가 핵에 포획됨으로써, 복사선이 전자에 의하여 산란되는 일이 줄어들었고 복사선 입장에서 보면, 우주 시간으로 50만 년 이후부터 우주 공간은 거의 투명해졌다. 바로 이 시대의 복사선이 현재 지구에 도달하는데 이것을 **우주 배경복사**라고 한다. 우주 배경복사는 우주 나이 50만 년일 때의 복사선이 오늘까지 보존되어 있는 상태로, 우주 진화의 화석이라 할 수 있다.

2.2.6 초은하단의 형성과 퀘이사의 탄생

(우주 시간: 10만~137억 년, 우주 온도: 3,000~3 K)

빅뱅 이후 50만 년에서 10억 년 사이에는 자유롭게 공간을 떠다니던 전자가 우주 온도의 감소로 인해 원자핵에 포획된 결과, 우주에 존재하던 복사 에너지의 세기가 현저히 줄어들게 되고 이 결과로 우주의 온도는 더욱더 내려가면서, 전자를 포획한 원자들은 중력에 의해 응축되기 시작한다. 원자를 포함한 우주 물질들이 별이나 은하로 응축되기 전의 이 시기를 **우주의 암흑시대**라 한다. 즉, 우주의 암흑시대는 약 50만 년에서 10억 년 사이이다.

우주가 탄생한 이후 10억 년이 지날 무렵, 중력의 작용으로 질량 덩어리들이 생기기 시작하여, 시간의 흐름에 따라 빠르게 많은 별들과 은하들이 생성된다. 이때 만들어지는 별과 은하 들을 제1세대의 별 혹은 은하라 한다. 제1세대의 별이나 은하 들은 우주의 끝자락에 많이 존재하는데, 현재의 시점에서 보면 늙은 별이거나 늙은 은하여서, 별이나 은하로서 수명을 다한 것들이 대부분이다. 이들 중 일부는 퀘이사나 블랙홀로 변하였다.

그림 2.20 NGC4565 은하. 머리털자리에 있는 나선 은하로, 우리 은하의 옆모습과 비슷하다. 5,500만 광년 떨어져 있으며, 1785년에 윌리엄 허셜이 발견하였다.(왼쪽)

그림 2.21 퀘이사 3C273이 방출하는 전파. 퀘이사의 크기는 보통 은하보다 훨씬 작지만 에너지 방출은 대단히 많고, 후퇴속도가 크기 때문에 멀리 있는 천체다. 중심에 블랙홀이 있는 것으로 추측된다.(오른쪽)

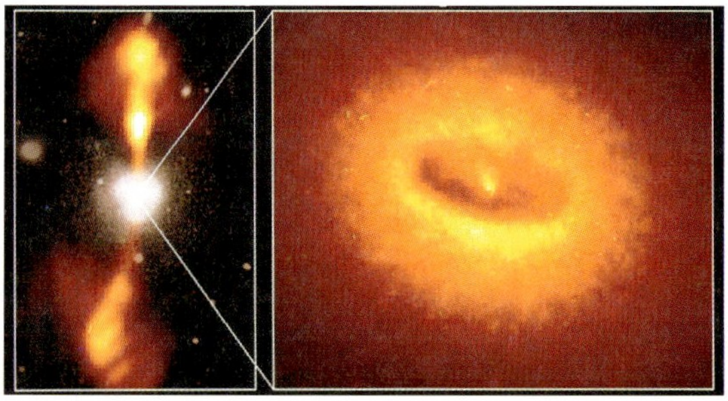

그림 2.22 처녀별자리에 있는 NGC4261 은하. 블랙홀로 물질이 빨려 들어갈 때 생긴 강착원반이다. 강착원반 안에 블랙홀이 있으며, 확대 사진의 가운데 밝은 부분에는 또 다른 작은 강착원반이 있다. 그 안에 블랙홀이 있는 것으로 보인다.

플라스마 시대가 끝나고 초은하단이 형성되는 초기부터 현재까지의 변화를 나타내면 그림 2.23과 같다.

2.2.7 별에서 행성, 생명으로

우주가 탄생한 지 30억 년이 지난 시점부터 은하가 탄생하기 시작하여 별이 생

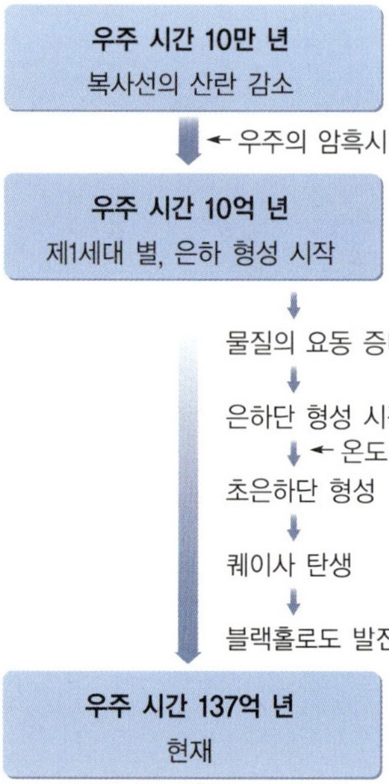

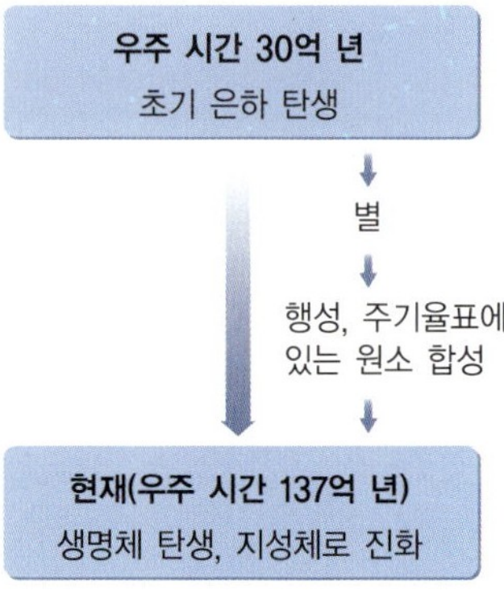

그림 2.23 초은하단의 형성 초기부터 현재까지의 우주 진화 과정.(왼쪽)
그림 2.24 생명으로의 우주 진화 과정.(오른쪽)

기고, 이 별의 주성분인 수소가 핵융합을 거쳐 원자번호가 큰 원자를 합성해내면서, 별에서 행성으로, 행성에서 생명으로 진화하였다.

현재는 우주가 탄생한 지 137억 년이 흘렀으며, 현재의 우주 온도는 3K(−270.15℃)이다. 그리고 지금의 우주는 별들의 시대이며, 이 시대는 앞으로 10조 년 정도 계속될 것이다.

3장 우주의 근원을 향한 인간의 노력

3.1 물질의 분해

인간이 자연에 대해 갖는 두 가지 큰 의문 중 하나는 "물질을 무한히 모으면 어떻게 될까?" 하는 것이고, 다른 하나는 "물질을 계속해서 쪼개면 궁극적으로 무엇이 남을까?" 하는 질문일 것이다. 첫 번째 의문에 대한 답은 "블랙홀이 될 것이다."이고, 두 번째 답에 대해서는 지금부터 여정을 시작할 예정이다.

우주의 진화 시나리오에서, 물질 입자가 생겨나서 행성의 응집물질이 되는 과정을 살펴보았다. 여기서 물질 입자의 형성 과정을 역으로 나타내면 그림 3.1과

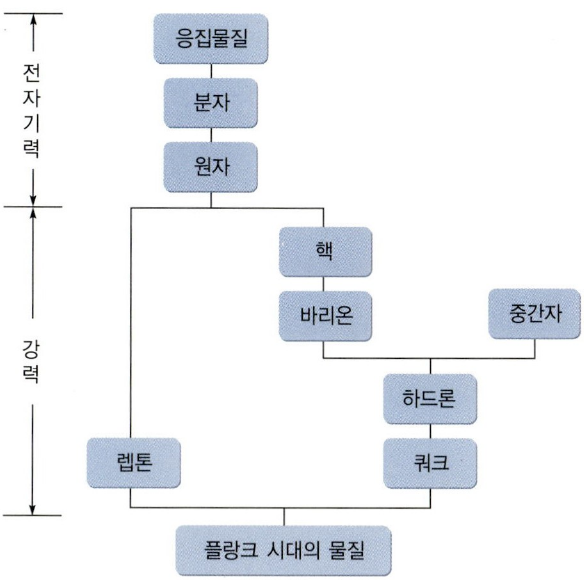

그림 3.1 물질 분해의 계보도.

같다. 그림에 나타낸 바와 같이, 입자 혹은 물질 들이 전자기적인 힘에 의하여 결합한 영역과 강력에 의하여 결합한 영역으로 나누어 생각할 수 있다.

3.1.1 전자기력으로 결합한 물질의 분해

(1) 응집물질에서 분자, 원자로 분해

현재 우주의 온도는 3 K(= −270.15℃)이다. 이런 온도에서 대부분의 물질은 **고체** 상태로 있다. 고체 상태는, 그 고체를 이루고 있는 분자나 원자가 그 자리에서 약간의 진동만을 하고 있기 때문에, 분자의 진폭이 분자들 사이에 미치는 전자기적 힘의 범위를 벗어나지 못하므로 고체 상태로 결합되어 있다. 그러나 가열하여 온도를 올리면, 고체를 형성하고 있는 분자들의 열운동이 격렬해지면서 각 분자의 운동 영역이 넓어진다. 분자의 운동 영역이 분자 간에 작용하는 전자기력의 범위를 벗어나면, 각각의 분자는 독립된 분자로서의 자유 운동을 하게 된다. 자유 운동을 하는 분자들의 집단을 **기체**라 부른다. 그리고 기체와 고체 사이의 성질을 갖는 상태를 **액체**라 한다. 특히 고체와 같은 응집물질을 가열하면 응집물질을 이루고 있는 분자의 열운동이 격렬해지면서 그 운동 영역이 분자 간에 작용하는 힘의

물질의 세 가지 형태

- 고체: 원자나 분자가 그 자리에서만 진동한다.
- 액체: 원자나 분자가 이웃 원자나 분자 주위로 회전 운동을 할 수 있다. 고체보다는 분자 간의 거리가 멀다.
- 기체: 원자나 분자 간의 거리가 상당히 멀어, 분자 간에 힘이 거의 미치지 않는다.

고체 물질을 이루고 있는 원자나 분자의 거리를 멀어지게 하면 액체를 거쳐 기체가 된다. 그러나 기체 상태가 된 원자나 분자의 물질 속성은 그대로 유지된다.

범위를 벗어나는데, 그 분자는 응집물질로부터 떨어져 나와 기체가 된다.

이와 같은 방법 혹은 다른 방법으로 응집물질을 분해할 때 나타나는 물질의 상태는 분자가 될 수 있다. 분자는 원자들의 비대칭적인 전기 분포에 의해 결합된 형태다. 원자는 핵 속에 있는 양성자의 양(+)전기와 전자의 음(−)전기가 결합하여 생기는데, 플러스 전기를 띤 핵이나 마이너스 전기를 띤 전자는 일정한 공간을 차지하기 때문에 전체적인 전기 분포는 비대칭적 공간 구조를 가진다. 즉, 비대칭적인 구조 때문에 생길 수 있는 결합 방법은 네 가지로 요약할 수 있다. 첫 번째는 원자핵 주위에 구속되어 있는 전자의 공유에 의하여 생기는 **공유결합**, 두 번째는 원자핵 주위에 구속되어 있는 최외각 전자의 주고받음에 의한 **이온결합**, 세 번째는 전기적 비대칭 때문에 생기는 전기쌍극자 모멘트에 의한 **반데르발스**(van der Waals) **결합**, 네 번째는 원자핵들이 전자들을 공동으로 공유하면서 생기는 **금속결합**이 그것이다. 이와 같은 결합들은 어느 정도의 가열에 의한 열운동으로 전기적 결합력의 범위를 벗어나게 하여 개개의 원자들로 분리될 수 있다.

(2) 원자에서 핵과 전자로 분해

원자는 그림 3.2와 같이 핵과 전자로 구성되어 있는데, 핵 속에는 양의 전기를 띤 양성자와 전기적으로 중성인 중성자가 있으며, 이 핵 주위를 음의 전기를 띤 전자가 궤도 운동 하고 있다.

핵과 전자는 전기적으로 매우 강하게 결합되어 있다. 특히 내각 전자가 매우 강

원자

물질의 궁극적 입자를 가리키는 말로서, 'atom'이라는 말도 그리스 어의 비분할(非分割)을 의미하는 'atomos'에서 유래하였다. 그래서 원자는 화학 원소로서의 특성을 잃지 않는 범위에서 도달할 수 있는 물질의 기본적인 최소 입자다.

하게 결합되어 있으며, 외각 전자는 내각 전자에 비해 약하게 결합되어 있다. 이것도 열운동이나 다른 입자로 충격을 주어서 튕겨 내거나, 아니면 다른 여러 가지 방법으로 분리시킬 수 있다. 분리된 전자는 그림 3.1에 나타낸 렙톤에 속한다. 이 렙톤에는 '전자', '전자 뉴트리노', '뮤온', '뮤온 뉴트리노', '타우', '타우 뉴트리노' 이렇게 6가지가 있는데, 이 6가지도 음과 양으로 나뉘어 있기 때문에 12가지가 된다. 예를 들면, e^-(전자)에는 대응되는 반입자인 양전기를 띤 e^+(양전자)가 있다.

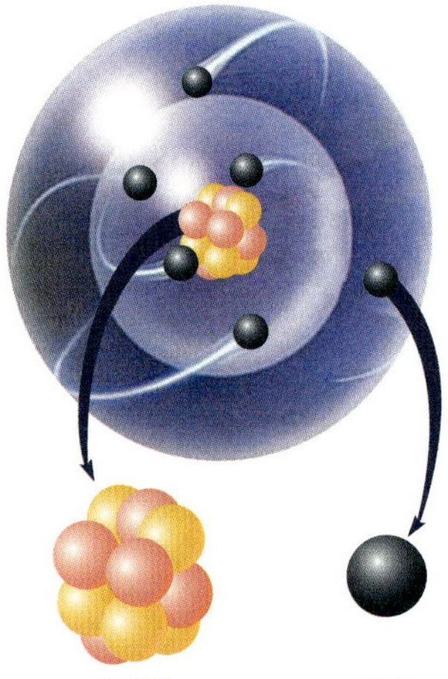

그림 3.2 원자를 핵과 전자로 분리.

3.1.2 강력으로 결합한 입자의 분해

(1) 원자핵의 분해

원자핵의 지름은 약 10^{-15}m 정도로, 원자 전체의 10만분의 1에 불과하지만, 원자 질량의 대부분이 원자핵에 집중되어 있다. 이 원자핵은 핵자(양성자, 중성자)들로 뭉쳐져 있는데, 핵자들을 결합시키는 힘이 강력이고, 이 힘을 매개하는 게이지 입자가 글루온으로 8종류가 있다. 글루온으로 뭉쳐진 핵을 분해하면 양성자와 중성

표 3.1 전자, 양성자, 중성자의 질량과 전하량

	질량 (kg)	전하량 (C)	소속
전자	9.107×10^{-31}	-1.6021×10^{-19}	렙톤
양성자	1.67×10^{-27}	$+1.6021\times10^{-19}$	바리온
중성자	1.68×10^{-27}	0	

자로 분해된다. 양성자와 중성자는 그림 3.1에 나타낸 바리온에 속한다.

글루온으로 뭉쳐진 핵의 전체 질량은 양성자의 질량과 중성자의 질량을 더한 값이 아니라, 이 두 핵자들의 질량과 글루온이 갖는 결합 에너지를 질량으로 환산하여 합친 값이다.

(2) 양성자와 중성자의 분해

양성자와 중성자는 바리온(baryon: 중입자)에 속하는 쿼크 3개로 된 입자다. 따라서 양성자를 분해하면, 업 쿼크 2개와 다운 쿼크 1개로 분리된다. 그리고 중성자를 분해하면, 업 쿼크 1개와 다운 쿼크 2개로 분리된다. 업 쿼크 2개가 들어 있는 양성자는 양의 전기를 띠며, 전기적인 구조는 마치 양파 껍질처럼 다층 구조로 되어 있어서 바깥쪽 껍질에 많은 양의 전하가 분포되어 있다.

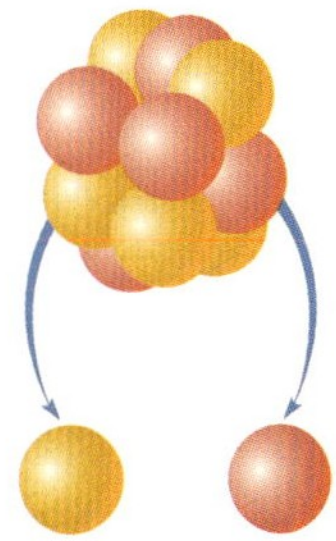

그림 3.3 원자핵을 양성자와 중성자로 분리.

쿼크나 전자를 포함한 렙톤 무리를 분해하면 어떻게 될 것인가 하는 질문의 답은 앞으로의 연구에 달려 있다.

3군(群)의 질량으로 분류한 소립자

- 렙톤(경입자): 질량이 가장 가벼운 군 — 전자, 전자 뉴트리노, …
- 메존(중간자): 질량이 중간 정도인 군 — 파이 중간자, 카온, …
- 바리온(중입자): 질량이 큰 군 — 양성자, 중성자, …

바리온(중입자)은 3개의 쿼크로 이루어진 하드론(강입자)이고, 메존(중간자)은 2개의 쿼크로 이루어진 하드론이다.

입자에 대응되는 반입자가 있다. 예) 쿼크 ↔ 반쿼크

(3) 쿼크 무리와 렙톤 무리

표 3.2에 나타낸 바와 같이 쿼크 무리는 6가지가 있고, 렙톤 무리도 역시 6가지가 있다. 그리고 쿼크 무리와 렙톤 무리에 대응되는 반쿼크 무리와 반렙톤 무리도 각각 6개가 있다. 쿼크 무리와 렙톤 무리는 우주의 발산기운의 양자화된 덩어리이며, 반쿼크 무리와 반렙톤 무리는 우주의 수렴기운의 양자화된 덩어리다.

쿼크 · 반쿼크 무리와 렙톤 · 반렙톤 무리를 우주의 기본 물질이라 가정한다면, 우주의 구성 물질은 물질과 반물질을 합하여 24가지로 되어 있으며, 여기에 우주를 지배하는 4가지 힘(중력, 강력, 약력, 전자기력)을 표출하는 4가지 에너지를 질량으로 환산하여 더하면 우주의 총 구성 물질이 된다.

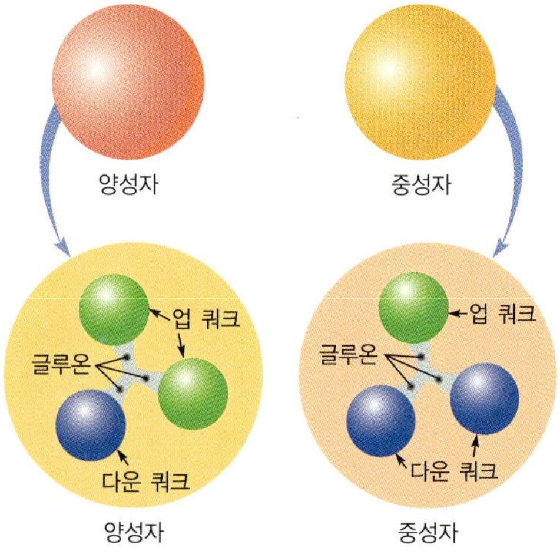

그림 3.4 양성자와 중성자를 업 쿼크와 다운 쿼크로 분리.

특히 쿼크 중에서 3개가 모여서 만든 입자를 **바리온**이라 하는데, 입자의 질량이 큰 무리에 속하기 때문에 바리온(중입자)

표 3.2 쿼크와 렙톤

	입자족 1	입자족 2	입자족 3
쿼크	업(u; up)	참(c; charm)	톱(t; top)
	다운(d; down)	스트레인지(s; strange)	보텀(b; bottom)
렙톤	전자(e; electron)	뮤온(μ; muon)	타우(τ; tau)
	전자 뉴트리노 (υ_e; e-neutrino)	뮤온 뉴트리노 (υ_μ; μ-neutrino)	타우 뉴트리노 (υ_τ; τ-neutrino)

이라는 이름이 붙었다. 바리온 중에는 양성자와 중성자가 잘 알려져 있다. 또 쿼크와 반쿼크가 모여서 만든 입자를 메존(meson)이라 하는데, 입자의 질량이 중간 무리에 속하기 때문에 메존(중간자)이라는 이름이 붙었다. 메존은 약 140종류가 발견되었으며, 파이온(pion: π-중간자), 카온(kaon: K-중간자), η-중간자(eta meson) 등등이 있다.

그리고 **렙톤**(경입자) 무리에는 전자, 전자 뉴트리노, 뮤온, 뮤온 뉴트리노, 타우, 타우 뉴트리노가 있고, 여기에 대응되는 반물질 6가지가 있다.

3.1.3 현재까지의 물질 분해

생각하는 사람이라면 누구나 '세상에 있는 물질을 분해하면 결국 어떤 형태의 물질이 될까?' 하는 의문을 갖는다. 이에 대한 답을 얻기 위해서 우리 인류는 많

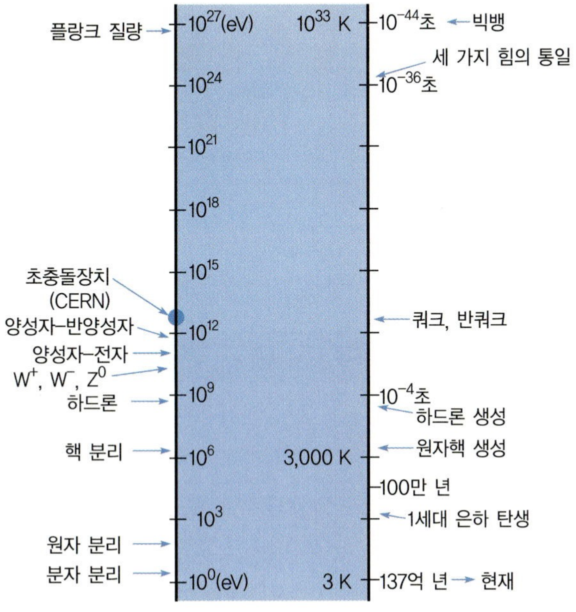

그림 3.5 물질을 쪼개는 데 필요한 에너지와 그에 상응하는 우주의 온도와 시간.

은 노력을 해왔다. 그러한 노력을 간략하게 정리하면 그림 3.5와 같다.

그림 오른쪽에는 빅뱅 이후 현재까지의 개략적인 시간과 그에 상응하는 우주

표 3.3 여러 가지 소립자

<table>
<tr><td rowspan="9">기본
입자</td><td rowspan="2">페르미온</td><td>쿼크</td><td colspan="2">업, 다운, 스트레인지, 참, 보텀, 톱</td></tr>
<tr><td>렙톤</td><td colspan="2">(전자, 양전자), 뮤온, 타우, (중성미자, 반중성미자)</td></tr>
<tr><td>게이지 보오존</td><td colspan="3">광자, (W보오존, Z보오존), 글루온</td></tr>
<tr><td>기타</td><td colspan="3">유령입자, 남부-골드스톤 보오존, 타키온, 순간자</td></tr>
<tr><td></td><td>표준 모형 및
일반 상대론</td><td colspan="2">힉스 보오존, 중력자</td></tr>
<tr><td rowspan="4">미관측 입자</td><td>대통일 이론 등</td><td colspan="2">액시온, 마요론, X와 Y 보오존, W′, Z′ 보오존,
불임 중성미자, 자기홀극, 테크니컬러 관련 입자</td></tr>
<tr><td rowspan="2">초짝입자</td><td>보지노</td><td>글루이노, 그래비티노, 뉴트랄리노(포티노,
힉시노, 지노), 차지노(위노, 힉시노),
색시온, 액시노</td></tr>
<tr><td>스페르
미온</td><td>스쿼크, 슬렙톤(스뉴트리노)</td></tr>
<tr><td>양자 중력 및 끈
이론</td><td colspan="2">딜라톤, 중력스칼라, 중력광자</td></tr>
<tr><td rowspan="6">합성
입자</td><td rowspan="4">하드론</td><td>중입자</td><td colspan="2">N(p: 양성자, n: 중성자), Δ, Λ, Σ, Ξ, Ω</td></tr>
<tr><td>맛깔 없는
가벼운 중간자</td><td colspan="2">π, ρ, η, η', ϕ, ω, a, b, f, f′, h, h′</td></tr>
<tr><td>맛깔 없는
무거운 중간자</td><td colspan="2">(J, Ψ), ε, θ, χ, (η_c, η_b , η_t), (h_c, h_b ,h_t)</td></tr>
<tr><td>맛깔 있는
중간자</td><td colspan="2">K, D, B, T</td></tr>
<tr><td>기타</td><td colspan="3">원자핵, 원자, 분자, 별난 원자(뮤오늄, 포지트로늄 등)</td></tr>
<tr><td>미관측 입자</td><td colspan="3">펜타쿼크, 테트라쿼크, 글루볼, 중간자 분자</td></tr>
<tr><td>유사
입자</td><td colspan="4">솔리톤, 엑시톤, 마그논, 포논, 플라스몬, 폴라리톤, 폴라론, 로톤</td></tr>
</table>

온도를 표시하였고, 그림 왼쪽에는 물질을 쪼개는 데 필요한 에너지와 생성되는 물질을 표시하였다.

응집물질을 분해하여 분자로, 분자를 분해하여 원자로, 또 원자를 분리하여 핵과 렙톤의 한 종류인 전자로 분리하는 것은 현재의 기술로는 쉽다. 즉, 전자기적 힘으로 결합되어 있는 것은 현재 쉽게 분리할 수 있다. 그리고 강력으로 결합된 핵을 양성자와 중성자로 분리하는 기술도 갖고 있다. 이러한 연구를 위한 입자 충돌 과정에서 중간자도 생성되며, 더욱이 초충돌장치로 쿼크의 일부까지도 실험적으로 확인하고 있는 실정이다.

그리고 표 3.3에 실험적으로 확인한 입자와 이론적으로 예견한 입자 등을 나타내었다. 이론적으로 예상되는 입자나 혹은 상상의 입자를 실험적으로 확인하기 위해서는 더욱더 강하게 입자를 충돌시켜야 한다. 즉, 강력으로 결합된 소립자들을 깨뜨리기 위해서는 더 빠른 입자 가속기를 만들어야 한다.

그러나 불행하게도 입자를 아주 빠르게 가속시키기 위해서는 더 큰 장치와 더 많은 에너지가 필요하다. 설상가상으로 질량이 있는 입자를 빛과 같은 속도로 운동시키면, 질량을 가진 입자는 아인슈타인의 특수 상대성 원리에 의하여 질량이 무한대가 되어버린다. 따라서 가속시키기 위한 에너지가 무한대로 필요하기 때문에 빛의 속도로 가속시키는 것은 불가능하다. 다시 말해서, 우주 탄생의 순간을 우리 인간이 재현하는 것은 불가능하다는 결론에 도달한다.

3.2 물질을 쪼개기 위한 방법 및 도구

3.2.1 가열에 의한 분리

온도가 높은 물체와 온도가 낮은 물체를 접촉시켰을 때 온도가 높은 물체에서 낮은 물체로 이동하는 그 무엇을 '열'이라 한다. 그림 3.6에 물질 알갱이가 온도계와 충돌하여 열을 온도계에 전달하는 모습을 나타내었다. 어떤 시공간 속에서 물질 알갱이들의 활동성(운동 에너지)이 온도의 척도가 된다. 온도계의 온도감지물질과 충돌하는 물질 알갱이의 운동 에너지가 크고 충돌 횟수가 많으면, 온도감지물질은 많은 열에너지를 전달받아 열 진동이 커짐에 따라, 즉 진폭이 커짐에 따라, 온도감지물질을 구성하고 있는 하나하나의 분자는 큰 부피를 차지하게 되어 온도감지물질의 부피는 늘어난다. 이와 같은 열팽창으로 인한 부피의 증가를 눈금으로 표시하여 온도의 높낮이를 나타낸다.

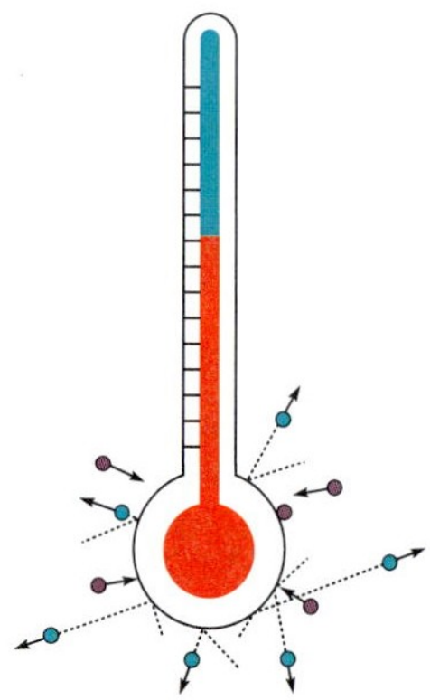

그림 3.6 물질 알갱이의 충돌과 온도.

응집물질을 가열하면, 응집물질을 구성하고 있는 분자나 원자 들의 열 진동에 의한 진폭이 커짐과 동시에 운동 속도도 빨라져서, 분자와 분자 사이를 결합하고 있는 전자기력을 어느 정도 벗어나면 액체가 되고, 더욱더 열이 가해져서 분자 간의 전자기력을 완전히 벗어나면 기체가 된다. 즉, 가열에 의하여 응집물질을 기체로 분리하는 것이다.

또 더욱더 가열하면 이 분자들도 원자로 분리할 수 있다. 보통의 가열로 원자 수준까지는 쉽게 분리할 수 있다. 그러나 원자핵의 양전기와 전자의 음전기가 전기적으로 단단히 결합된 원자를 가열에 의하여 핵과 전자로 분리하는 데에는 더욱더 높은 온도가 필요하다. 따라서 이와 같은 경우에는 직접적 가열에 의한 방법과 전자기적 방법으로 원자로 된 기체를 플라스마 상태로 만들면, 핵과 전자로 쉽게 분리할 수 있다.

3.2.2 플라스마 형성에 의한 분리

기체 상태의 물질에 많은 열을 가하여 핵과 전자 사이에 작용하는 전기력의 영향에서 전자가 벗어나게 되면, 양(+)이온 핵과 자유전자가 골고루 섞여 있는 입자들의 집합체가 형성된다. 이 집합체는 고체, 액체, 기체와는 다른 '제4의 물질상태'가 된다. 이러한 물질 상태를 **플라스마**라고 한다. 그림 3.7은 수소를 초고온 고밀도 플라스마 상태로 만들어, 태양 에너지의 원리인 핵융합 반응을 인공적으로 만들기 위한 실험장치다.

그림 3.7 한국형 초전도 핵융합연구장치 KSTAR의 모습.

일반적으로 우주에는 많은 물질이 플라스마 상태로 존재한다. 태양의 대기, 형광등 · 네온사인 등의 내부, 북극 지방의 밤하늘에 발생하는 오로라 등은 플라스마 상태에서 발생하는 빛이다.

3.2.3 입자 충돌에 의한 분리

입자충돌기는 입자 집단을 다른 입자와 충돌시켜서, 입자 집단이 깨어질 때 나오는 입자들의 질량, 전하량 및 각종 물리적인 성질을 연구하는 기기다.

충격을 강하게 주기 위해서는 입자를 아주 빠르게 가속시켜야 한다. 입자를 가속시키는 방법으로는 **선형 가속기**를 이용하는 방법과 **원형 가속기**를 이용하는 방법이 있다. 선형 가속기는 장치의 길이가 길어지는 반면에 가속 통로의 설계가 간단하고, 원형 가속기는 장치의 길이를 짧게 만들 수 있는 반면에 가속 통로의 설계가 복잡하다.

입자 충돌에 의한 분리에서는 입자끼리 충돌하여 깨어져 나오는 입자들의 궤적, 운동량, 전하량 및 기타 물성을 검출하기 위한 검출장치 또한 매우 중요한 요소다.

(1) 가속기

1) 선형 가속기

직선으로 나열된 가속판에 의하여 하전 입자를 여러 번 가속시켜 필요한 속도가 되도록 하는 장치가 선형 가속기다. 하전 입자의 가속 원리는 그림 3.8에 나타낸 것과 같이, 양의 전기를 띤 양성자가 극판 1과 극판 2 사이, 즉 구역 A에 있을 때, 극판 1에 플러스(+) 전압을, 극판 2에 마이너스(−) 전압을 가하면, 극판 1에는 플러스 전하가 대전되고 극판 2에는 마이너스 전하가 대전되어, 양 극판 사이에

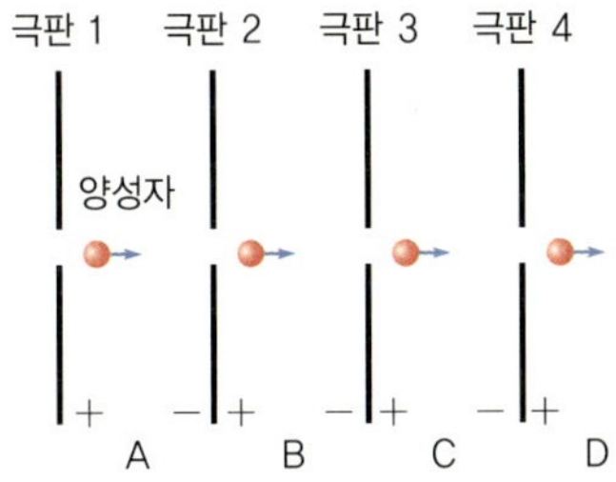

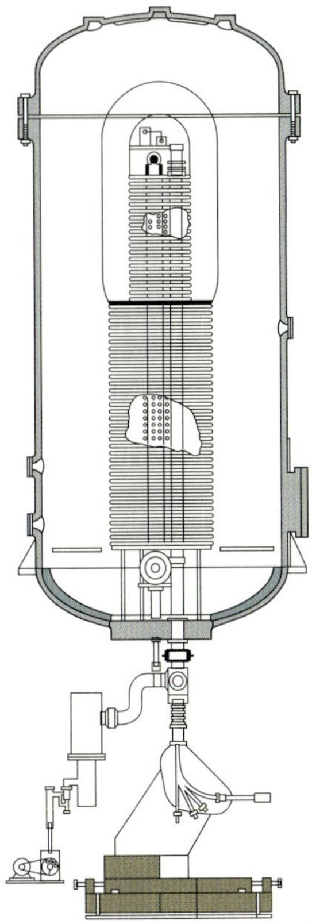

그림 3.8 양성자의 선형 가속 원리.(왼쪽)
그림 3.9 MIT에 있는 9 MeV급 양성자 가속기. 가속된 양성자의 출구는 아래쪽이다.(오른쪽)

있는 양성자는 극판 2 쪽으로 가속된다. 이 양성자가 극판 2를 지날 때, 다시 극판 2를 플러스로 대전시키고 극판 3을 마이너스로 대전시키면, 구역 B에 들어온 양성자는 더욱더 가속된다. 계속해서 구역 C와 구역 D에서도 같은 방법으로 가속시키면, 입자를 아주 빠르게 가속시킬 수 있다. 이렇게 가속된 입자를 다른 입자나 물질에 충돌시켜 입자나 물질을 깨뜨린다. 만약 양성자 집단으로 된 다발을 가속

가속기의 종류

사이클로트론(cyclotron), 싱크로트론(synchrotron), 싱크로-사이클로트론(synchro-cyclotron), 선형 가속기(linac), 베타트론(betatron), 밴더그래프(Van de Graaff) 가속기, 콕크로프트-월턴(Cockroft-Walton) 가속기, 마이크로트론(microtron), 변압기형 가속기 등.

시키면, 양성자끼리 전기적 반발에 의하여 가속 빔이 퍼진다. 이런 현상을 막기 위해 광학에서 렌즈와 같은 것으로 자기장을 적절히 이용하여, 즉 자기장 렌즈를 이용해 양성자 빔의 퍼짐을 막는다.

그림 3.9에 나타낸 것은 MIT에 있는 9 MeV급 양성자 가속기로, 앞에서 설명한 전형적인 선형 가속 원리에 의한 실험장치다.

2) 원형 가속기

그림 3.10에 나타낸 것처럼 원형 가속기는 가속 통인 Dee가 서로 맞보고 있어, 전체적으로 원형이 된다. Dee의 아래쪽과 위쪽에 전자석을 두어 자기장이 상하로 형성되게 하고 그 사이에 하전 입자를 자기장에 수직하도록 운동시키면, 자기장과 운동 방향에 수직한 방향으로 운동하는 하전 입자가 힘을 받는다. 이 힘을 **로렌츠 힘**(Lorentz force)이라 한다. 자기장 속에서 운동하는 하전 입자는 자기장에 수직

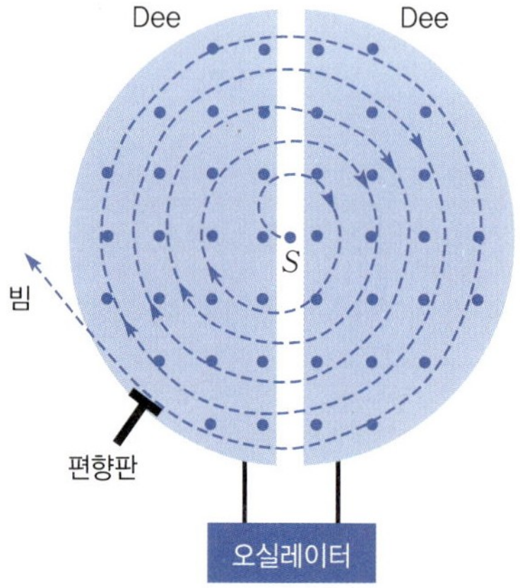

그림 3.10 사이클로트론 혹은 싱크로트론. S는 입자의 주입구이고, 입자의 가속은 Dee 사이의 간극에서 생긴다. 자기장은 지면 아래쪽에서 위쪽 방향으로 형성되어 있다.(왼쪽)

그림 3.11 톱 쿼크를 발견한 입자가속기 테바트론은 미국 일리노이 주 바타비아 소재 페르미국립가속기연구소의 원형 입자가속기다. 스위스에 강입자 충돌기(LHC)가 만들어지기 전까지 최대 규모였다. 테바트론이라는 이름은 양성자와 반양성자를 길이 6.28 km의 원형 통에서 1테라 전자볼트(1 TeV = 10^{12} eV) 이상의 에너지를 갖도록 가속시킬 수 있기 때문에 붙여졌다.(오른쪽)

그림 3.12 유럽원자핵공동연구소(CERN)의 조감도. 지하 100 m에 건설된 둘레 27 km짜리 가속기인 LHC는 두 개의 양성자 빔을 원형으로 가속시켜 고에너지로 충돌시킨다. 이때의 충돌 에너지는 양성자 자체의 질량보다 1만 4,000배나 높다.(왼쪽)
그림 3.13 CERN의 입자가속장치가 있는 터널 내부.(오른쪽)

한 방향으로 회전 운동을 한다. 만약 운동하는 하전 입자가 가속된다면, 그림에 나타낸 바와 같이 회전 반지름이 점점 커지는 나선 운동을 할 것이다. 하전 입자의 가속은 선형 가속기의 원리와 같이 Dee와 Dee 사이에서 이루어진다. Dee와 Dee 사이에서 가속된 하전 입자는 속도가 빨라지면서 반지름이 커지는 나선 운동을 하는데, 필요한 속도에 도달하면 그림에 나타나 있는 편향판(deflector plane)으로 편향시켜 충돌 실험에 사용한다. 특히 이와 같은 원리로 작동되는 가속기를 '사이클로트론' 혹은 '싱크로트론'이라 한다. 원형 가속기의 보기로 그림 3.11에 나타낸 테바트론(Tevatron)과 그림 3.12에 나타낸 거대 강입자 충돌기(LHC)가 있다.

3) 도파관형 가속기

이것은 도파관에 마이크로파를 형성시키고, 이 마이크로파의 위상속도와 같이 하전 입자인 전자를 마이크로파에 실어 가속시키는 방식이다. 포항 방사광가속기는 이러한 도파관형 가속기로, 2 GeV급 선형 가속기다. 선형 가속기의 총길이는 150 m인데, 전자가 이 긴 가속관을 통과하는 동안에 음의 전기를 띠고 있기 때문에 서로 반발하여 전자빔이 퍼지게 되어 도파관 벽을 치게 된다. 이러한 퍼짐을

그림 3.14 포항 방사광 가속기 내부에 있는 도파관형 선형 가속관의 모양.(왼쪽)
그림 3.15 전자의 마이크로파 타기는 파도타기와 같다.(오른쪽)

막기 위하여 광학렌즈와 같은 역할을 하는 4극 전자석을 중간중간에 여러 개 사용하고 있다. 선형 가속기의 끝 부분에는 저장 링을 두어, 여기에 가속된 전자빔을 저장하여 사용한다.

만약 전자를 가속시키려면 전자총에서 발생한 전자를 마이크로파의 위상속도로 가속관에 넣는다. 가속관의 벽면은 마이크로파의 에너지 손실을 적게 하기 위해서 구리도금되어 있으며, 중앙에 구멍이 뚫린 원판이 직렬로 나열되어 있다(그림 3.14의 직선 부분). 전자를 가속시키기 위한 방법으로 **정상파형**과 **진행파형**이 있다. 정상파형의 가속관은 가속관에 정상파를 형성시키되 위상속도를 변화시켜 전자를 가속시키는 방법으로, 대부분 이 방법을 많이 사용한다. 진행파형의 가속관은 전자총에서 발사되어 들어온 전자를 마이크로파의 적당한 위상에 맞추어, 그림 3.15의 파도타기와 같은 방법으로 가속시킨다.

(2) 검출장치

1) 거품상자

이 장치는 미국의 핵물리학자 도널드 글레이저(Donald Arthur Glaser, 1926~)가 1952년에 개발하였다. 뒷이야기에 따르면, 글레이저는 동료들과 맥주를 마시던 중 잔에서 거품이 올라오는 것을 보고 아이디어를 얻었다고 한다. 글레이저는 이 거품상자를 만든 공로로 1960년에 노벨 물리학상을 받았다.

액체 수소를 일정 압력 이상으로 압축한 상태에서 온도를 올리면, 대기압에서

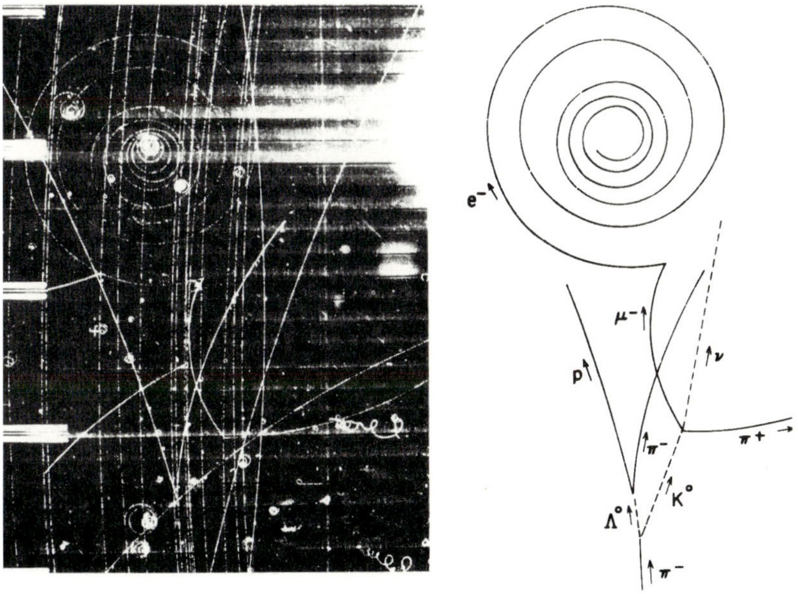

그림 3.16 거품상자에 나타난 소립자의 궤적.

보다 끓는점이 높아진다. 압축한 상태에서 액체 수소를 대기압에서의 끓는점 이상으로 가열한 다음 갑자기 압력을 낮추면, 액체 수소는 대기압에서의 끓는점보다 높은 온도에 있으면서도 실제로는 끓지 않는 과열 상태가 된다. 이 과열된 액체 수소 속을 소립자가 통과하면, 이 입자가 지나간 길을 따라 액체가 끓으면서 기포가 발생한다. 이 기포를 카메라로 찍으면, 입자의 궤적이 나타난 사진을 얻을 수 있다. 여기서 액체 수소를 사용하는 이유는 이 액체의 밀도가 상대적으로 다른 액체보다 매우 크고, 수소의 원자가 가볍기 때문이다.

2) 거대 강입자 충돌기의 검출장치

현대에는 전자기술의 발달로 인해, 충돌한 입자의 파편 궤적을 컴퓨터 모니터를 통해 그림 3.17과 같이 나타내는 장치들이 발달하였다.

거대 강입자 충돌기(LHC; Large Hadron Collider)에서 실험을 할 양성자와 반양성자의 충돌에 관한 예를 들어보자. 그림 3.18에 나타낸 바와 같이 가속기에 의하여 가속된 양성자와 반양성자가 충돌하여 톱 쿼크를 생성하였다면, 톱 쿼크(t)는 10^{-24}초 동안 짧은 수명으로 존재하다가 붕괴한다. 톱 쿼크가 붕괴하면, W^+ 입자와 보텀 쿼크(b)를 만든다. 그리고 또 W^+ 입자가 업 쿼크(u), 반 보텀 쿼크($\bar{b}$) 그리고 전자(e)와 중성미자(ν_e)로 붕괴한다면, 이 입자들을 검출하기 위해서 검출장치는 업 쿼크와 반 보텀 쿼크, 전자, 중성미자, 광 등을 식별할 수 있어야 하고, 그 입자들의 운동량과 에너지를 측정할 수 있어야 한다. 이와 같은 검출장치의 모형이 그림 3.19에 나타나 있다.

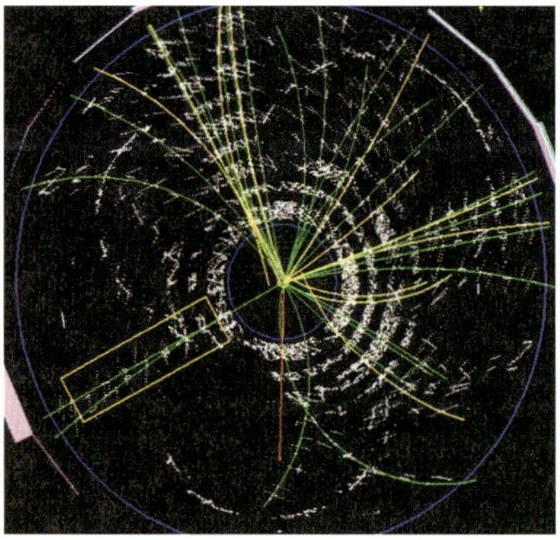

그림 3.17 모니터에 나타난 입자의 궤적.

모든 검출기는 입자들이 물질을 통과할 때 입자가 잃은 에너지와 궤적을 측정

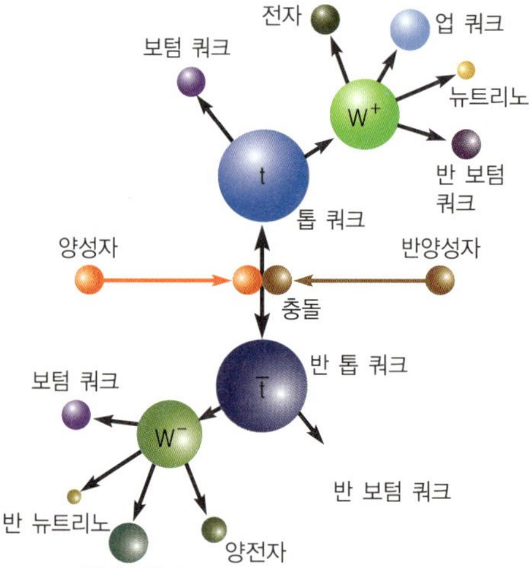

그림 3.18 양성자와 반양성자가 충돌하여 생긴 입자들.(왼쪽)
그림 3.19 각 물질들이 적층된 열량계.(오른쪽)

그림 3.20 LHC에 사용한 입자검출기 ATLAS의 위용.

할 수 있도록 설계된다. 그림 3.20은 LHC에 사용한 입자검출기다. 이 검출기는 충돌 후에 발생한 입자 파편들의 종류를 식별함은 물론이고, 그 파편 입자들의 운동량 및 에너지를 측정할 수 있다. 충돌 후 튀어나온 입자를 곡선 운동시키기 위하여 자기장 영역을 둔다. 자기장 영역을 통과하는 하전 입자는 자기장에 수직한 방향으로 힘을 받아 곡선 운동을 한다. 따라서 그 곡률을 측정하면 입자의 운동량을 측정할 수 있다. 그리고 입자의 에너지를 측정하기 위하여 입자를 정지시킬 수 있는 충분한 물질이 들어 있는 영역을 둔다(그림 3.19). 이 영역을 통과하는 입자는 물질과 충돌하여 운동 에너지를 잃는데, 이때 잃은 운동 에너지가 열에너지로 변하기 때문에 이 영역을 '열량계'라 한다. 열량계는 납과 같은 흡수층과 입자의 표본 추출을 위한 활성층이 교대로 구성되어 있다. 열량계의 활성층에 축적된 에너지를 측정함으로써 입자들의 에너지를 측정할 수 있다.

CERN의 지하 100 m에 건설된 둘레 27 km짜리 LHC에는 양성자가 가속되어 지나가는 곳곳에 양성자가 충돌하는 지점이 있고, 또 그곳에 엄청난 크기의 입자 검출기가 설치되어 있다. LHC에는 총 6개의 검출기가 설치되어 있는데, 그중에서 ATLAS(A Toroidal LHC Apparatus)와 CMS(Compact Muon Solenoid)가 다목적의 대규모 검출기다. 그림 3.20에 나타낸 ATLAS는 길이 46 m, 높이 25 m에, 무게는 7,000톤이다. CMS는 ATLAS보다는 약간 작지만 무게는 두 배 가까이 더 무겁다.

제2부

은하와 별

블랙홀은 빛을 포함하여 우리에게 정보를 전달하는 모든 정보전달자까지도 흡수해버리기 때문에 실제로 블랙홀을 관측할 가능성은 없다. 그러나 중력 붕괴에 의하여 블랙홀로 빨려 들어가는 여러 가지 물질들이 만들어내는 주변 현상을 보고 그 존재를 예측할 수 있다. 예를 들어 지표면의 대기 중에서 회오리바람이 생기는데, 만약 공기가 매우 깨끗하다면 그 회오리바람을 볼 수 없다. 그러나 공기 중에 먼지 등이 포함되어 있으면 그 먼지의 흐름을 보고 우리는 회오리바람을 인식할 수 있다. 이와 같은 원리로 블랙홀의 존재도 주변의 여러 현상을 통해 인식할 수 있다.

－ 블랙홀의 설명 중에서 －

4장 은하의 세계

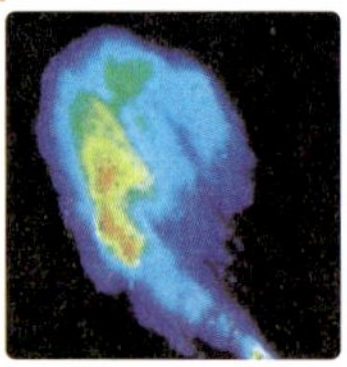

4.1

은하계의 모양과 종류

4.1.1 은하의 모양에 대한 생각

고대 사람들은 밤하늘에서 반짝이는 은하와 별을 구분하지 못하고 모두 별이라고 생각하였을 것이다. 그러나 갈릴레오 갈릴레이(Galileo Galilei, 1564~1642)가 자신이 직접 만든 망원경으로 하늘의 은하수를 관찰해보니 무수히 많은 별들이 무리지어 있었다. 이후 허셜(Friedrich William Herschel, 1738~1822)이 지름 1.2m짜리 망원경으로 밝기에 따른 별들을 조사하다가 은하수 쪽에 어두운 별들이 훨씬 더 많다는 사실을 알아내었다. 이 사실로부터 허셜은 태양이 중앙에 위치해 있는 은하수의 모습을 최초로 만들었는데, 실제 우리 은하의 모습과는 현저히 다른 은하를 그렸다. 그러나 그는 별들의 집단이 은하라는 사실과 은하의 모양에 관한 선구적인 연구자였다.

일반적으로 은하계는 태양과 유사한 일반적인 별 수천억 개와 구상성단, 산개성단 그리고 성간 먼지 및 주로 수소로 된 기체 등으로 이루어져 있다. 구상성단은 공 모양으로 된 별들의 집합체이며, 대개 수십만 개의 별이 포함되어 있

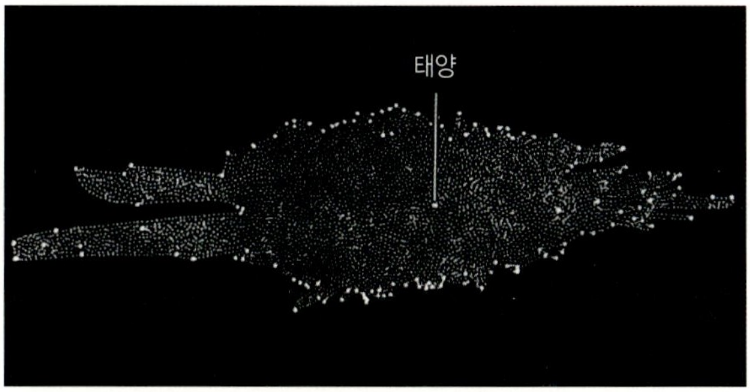

그림 4.1 허셜이 구상한 우리 은하의 모양.

표 4.1 은하계의 구성요소

구성요소		특 징
일반 별		태양과 유사한 별 약 수천억 개 포함.
성단	구상성단	지름이 약 100광년, 수십만 개의 별로 구성.
	산개성단	지름이 약 10광년, 수백 개의 별로 구성.
성간 물질	성간 먼지	암흑성운, 흡수물질
	성간 기체	산광성운, 중성 수소 기체: 파장이 21 cm인 전파 방출.

는데, 늙은 별들을 많이 포함하고 있는 것이 특징이다. 또 산개성단은 별들이 흩어져 있는 별의 집단으로, 수백 개의 별들로 이루어져 있다. 은하계를 구성하고 있는 요소들을 표 4.1에 나타내었다.

이후 미국의 천문학자 할로 섀플리(Harlow Shapley, 1885~1972)는 은하계 내에 흩어져 있는 구상성단 내부에서 변광성을 발견하고, 이 변광성의 변광 주기와 광도 관계를 이용하여 지구로부터 구상성단까지의 거리를 측정하였다. 구상성단까지의 거리를 측정함으로써 구상성단이 우주 공간에 위치하고 있는 양상을 알게 되었다. 섀플리는 여러 개의 구상성단이 궁수자리 방향의 어떤 점을 중심으로 모여 있음을 알았다. 이 사실로부터 궁수자리 방향의 어떤 점은 구상성단을 중력으로 당기는 힘의 중심이 된다는 결론에 도달하고, 이 결론으로부터 그곳이 은하의 중심이 있는 곳이라고 생각하였다. 이와 같은 사실을 뒷받침하는 또 다른 증거는 궁수자리 방향에 있는 우리 은하의 밀도가 높아진다는 사실이다. 섀플리는 이와 같은 실증적 자료로부터 우리 은하의 모양이 원반 모양이고, 그 지름이 약 30만 광년이 되며, 궁수자리 방향의 어떤 점을 중심으로 회전한다고 하였다.

네덜란드의 천문학자 얀 오르트(Jan Hendrik Oort, 1900~1992)는 중성 수소에서 발생하는 21 cm 파장의 전파를 이용하여 은하계의 회전 속도를 측정하였다. 은하수가 궁수자리 방향에 있는 어떤 점을 중심으로 회전한다면 중심으로부터 멀리 떨어져 있는 별들이 빠른 속도로 운동할 것이다.

태양계에서 은하의 운동을 관찰할 때 태양계보다 은하의 중심 쪽, 즉 태양계를 기준으로 궁수자리 방향에 있는 별들의 운동과 태양계 바깥쪽, 즉 마차부자리 방향에 있는 별들의 상대적인 운동을 측정하여 그 비를 구해보면, 은하계의 회전 중심의 위치와 은하계의 중력장 분포 및 그 질량을 구할 수 있다. 이와 같은 실험 자료를 근거로 오르트가 추론한 결과, 우리 은하 중심의 위치는 섀플리가 말한 위치와 일치했으며, 은하계의 원반 지름은 약 10만 광년으로 계산되었다. 이것은 섀플

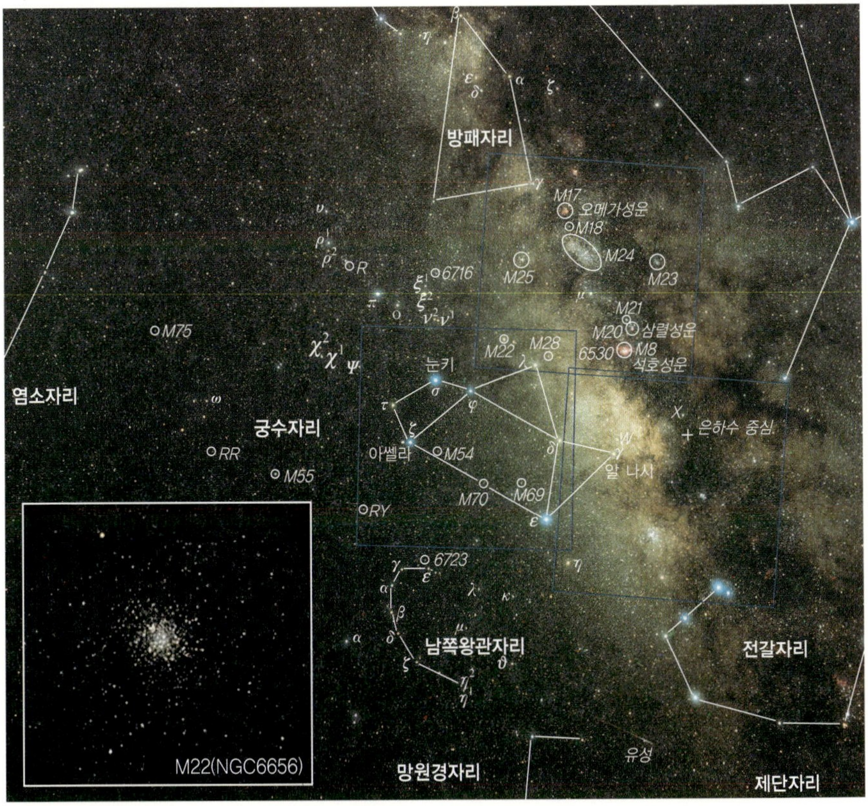

그림 4.2 궁수자리와 구상성단 M22의 위치. 중앙에 있는 6개의 별이 국자 모양을 이루고 있는데, 이것을 남두육성(南斗六星)이라 한다. 구상성단 M22는 약 7만 개의 별을 포함하고 있는데, 그중에서 25개는 반나절 정도의 주기를 갖는 Lyrae형 변광성이다.

리가 말한 지름(30만 광년)의 1/3 정도가 되었다. 그리고 그림 4.3에 나타낸 것처럼 태양은 은하 중심으로부터 3만 광년 떨어져 있으며, 은하 중심에 대한 태양의 공전 속도는 225 km/s이고, 공전 주기는 약 2억 3,000만 년으로 계산되었다.

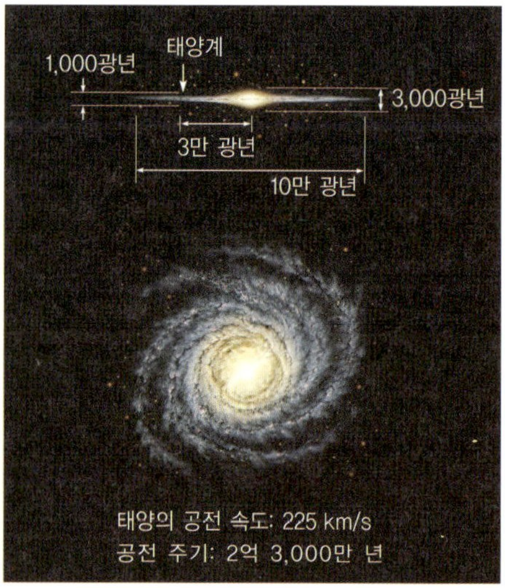

그림 4.3 오르트가 계산한 우리 은하의 모양과 크기.

그 뒤에 오르트가 계산한 은하의 지름보다 새플리가 계산한 은하의 지름이 3배나 크게 나온 이유가 밝혀졌다. 섀플리는 변광성의 주기광도 관계를 이용하여 별까지의 거리를 측정하였는데, 변광성의 변광 주기는 성간물질(성간 먼지)의 영향을 받지 않지만 광도는 성간물질에 의한 소광효과(消光效果)로 광량이 줄어든다. 이러한 사실을 섀플리는 고려하지 않았기 때문에 오르트의 값보다 3배나 크게 나왔다. 즉, 은하계를 이루는 별들 사이의 공간에는 성간 먼지들이 많이 있음을 암시하고 있다.

4.1.2 현재까지 연구된 우리 은하의 개관

(1) 밤하늘에서 우리 은하의 위치

우리 은하 속에 있는 지구에서 우리 은하의 전모와 위치를 밝히는 것은 어려운 문제이나, 과학의 발달로 상당히 정확한 모양과 위치를 추정할 수 있게 되었다.

그림 4.4에 나타낸 것처럼 우리 은하의 중심은 여름밤의 남쪽 하늘에서 볼 수 있는 궁수자리 방향에 있다. 이 방향은 은경 0°이고, 그 반대편에 마차부자리가 있

으며, 은하의 경도로는 180° 가 된다. 그리고 은경 90° 방향에 백조자리, 은경 270° 방향에 용골자리가 있다. 또 우리 은하의 북쪽으로 머리털자리가 있고, 남쪽으로 조각실(彫刻室)자리가 있다. 머리털자리는 봄철 초저녁에 천정 가까이 보이는 별자리로, 적경 12^h 40^m, 적위 $+23°$에 위치해 있고, 조각실자리는 가을철 남쪽 하늘의 별자리로, 남중은 11월 하순이다.

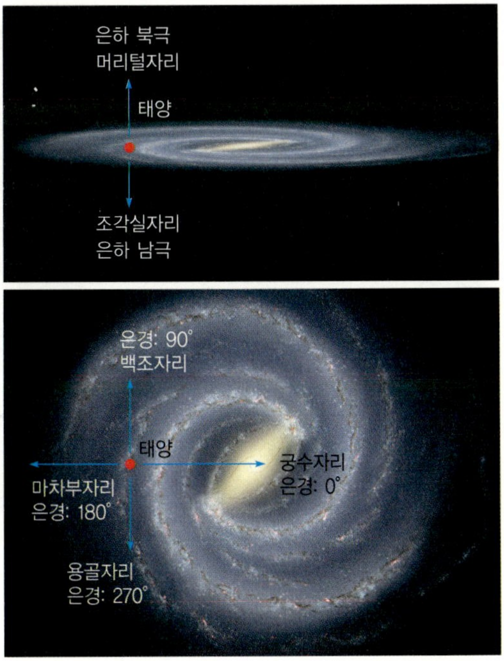

그림 4.4 우리 은하의 위치.

(2) 우리 은하의 크기와 모양

현재까지 연구된 우리 은하는 늙은 별들이 공 모양으로 밀집한 중심핵(bulge)을 주위의 젊고 푸른 별이 감싸고 있으며, 성간물질인 가스 및 먼지 등으로 이루어진 중심부가 있고, 또 별들과 우주 가스 및 먼지로 된 나선팔이 여러 개 나와 있다. 우

헤일로(halo)

'은하 무리' 라고도 한다. 헤일로는 은하계의 일부로서 우주 공간의 경계까지다. 이 영역에는 주로 나이가 많은 구상성단 및 X-선을 방출하는 뜨거운 가스 덩어리 등이 모여 있다. 최근 우리 은하와 이웃하는 안드로메다은하의 헤일로가 약 40만 광년까지 뻗어 있다는 것이 확인되었다.

리 은하의 전체적인 모양은 원반형으로 되어 있고, 그 외곽에는 주로 가스, 먼지, 구상성단, 왜소은하 및 일부의 별과 암흑물질로 이루어진 **헤일로**(halo)가 타원형 모양으로 은하 주위를 감싸고 있다. 그리고 우리 은하는 위성 은하가 14개 정도 있는 것으로 알려져 있다. 그림 4.5에 나타낸 것과 같이 우리 은하의 원반 지름은 약 10만 광년으로 추정되고, 중심핵의 지름은 약 1만 광년 정도이며, 중심의 두께는 약 1만 5,000광년 정도로 추정된다. 또 나선팔을 형성하고 있는 별들만을 두고 볼 때 그 영역의 두께는 약 1,000광년이지만, 나선팔을 형성하고 있는 별들 주위를 둘러싸고 있는 가스 등을 포함한 전체 두께는 약 1만 2,000광년으로 추정하고 있다.

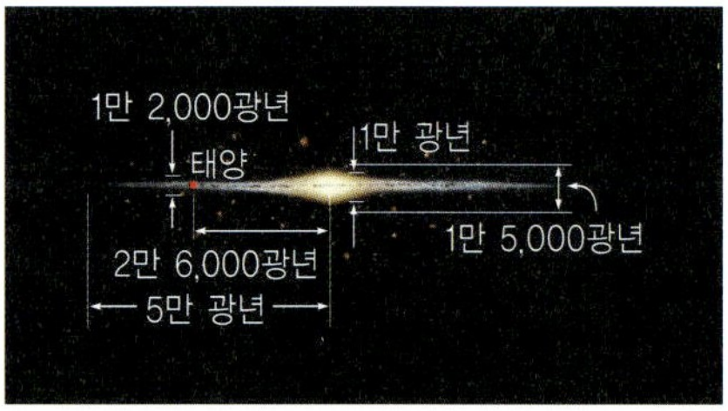

그림 4.5 우리 은하의 크기.

그리고 우리 은하를 둘러싸고 있는 헤일로의 지름은 약 20만 광년으로 추정하고 있으나, 일부 구상성단이 은하 중심으로부터 40만 광년 거리에서도 발견되고 있다.

(3) 우리 은하의 나이

우리 은하의 나이를 추정하는 방법으로는 우리 은하 내의 별 중에서 가장 늙은 별의 나이로 추정하는 간접적인 방법이 있다. 현재까지 알려진, 우리 은하 내에서 가장 오래된 별의 나이는 약 132억 년으로, 우리 은하의 나이인 137억 년에 거의 근접하고 있다. 이와 같은 사실은 우리 은하가 우주 초기에 생긴 은하임을 말해주고 있다.

(4) 우리 은하의 질량

우리 은하의 총질량은 은하의 회전 속도와 뉴턴의 만유인력 법칙을 이용하여 계산한다. 우리 은하의 중심핵의 공전 주기는 약 1,800만 년이고, 나선팔의 공전 주기는 약 5,000만 년이므로, 이 공전 주기를 이용한 속도와 뉴턴의 만유인력 법칙을 이용하여 계산하되, 항성 및 가스 등의 눈에 보이는 물질만을 고려하여 질량을 계산하면, 약 (태양 질량) $\times 5.8 \times 10^{11}$로, 태양 질량의 5,800억 배다. 눈에 보이지 않는 암흑물질과 약 2,000억~4,000억 개의 항성 등을 모두 고려하여 계산할 경우, 약 (태양 질량) $\times 1.5 \times 10^{12}$~ (태양 질량) $\times 1.9 \times 10^{12}$으로 추정하고 있다. 그러나 우리 은하의 회전 속도를 2009년 1월에 VLBA 전파 망원경으로 정밀 측정한 결과, 실제 우리 은하의 회전 속도는 약 91만 km/h로, 기존에 알려진 값인 79만 km/h에 비해 약 15% 더 빠른 것으로 확인되었다. 따라서 뉴턴의 법칙을 이용하여 다시 계산하면 그 값은 (태양 질량) $\times 3 \times 10^{12}$, 즉 기존 값보다 50% 증가한 양으로, 태양 질량의 3조 배다. 우리 은하도 안드로메다은하의 크기 및 질량과 비슷한 것으로 판단된다.

(5) 우리 은하의 구조와 나선팔

우리 은하는 막대나선은하에 속하며, 허블의 은하 분류에 따르면 SBc형이다. 과거에는 정상 나선은하로 추정되었으나 2005년에 스피처 적외선 망원경으로 정밀 조사한 결과, 막대의 길이가 2만 7,000광년이 되는 것으로 확인되었다. 막대 구조를 이루고 있는 영역은 대부분 붉고 오래된 항성들로 구성되어 있다. 그리고 이 막대 구조 주위에 일명 "5-kpc Ring(5킬로파섹 고리)"이라는 수소 가스로 이루어진 거대한 띠가 존재하고 있는데, 현재 이곳은 우리 은하 내에서 가장 활발하게 별을 많이 생성하고 있는 영역이다.

최근까지 우리 은하에는 네 개의 큰 나선팔, 즉 켄타우루스 팔, 궁수 팔, 페르세우스 팔 그리고 우리 태양계가 있는 오리온 팔이 있다고 여겨졌으나, 2008년에 스피처 적외선 망원경으로 우리 은하에 분포된 1억 개 이상의 별들을 분석한 결과, 단지 2개의 나선팔만이 명확히 드러나 있으며, 나머지 팔들은 분명하지 않은 것도 있고, 일부는 명확한 2개의 나선팔에서 갈라져 나온 지류 형태로 되어 있었다. 명확한 2개의 나선팔은 각각 **방패-켄타우루스자리 팔**(방패-남십자자리 팔)과 **페르세우스자리 팔**이다. 이와 같은 사실로부터 과학자들은 우리 은하가 나선팔이 2개인 전형적인 막대나선은하일 것으로 추정하고 있다.

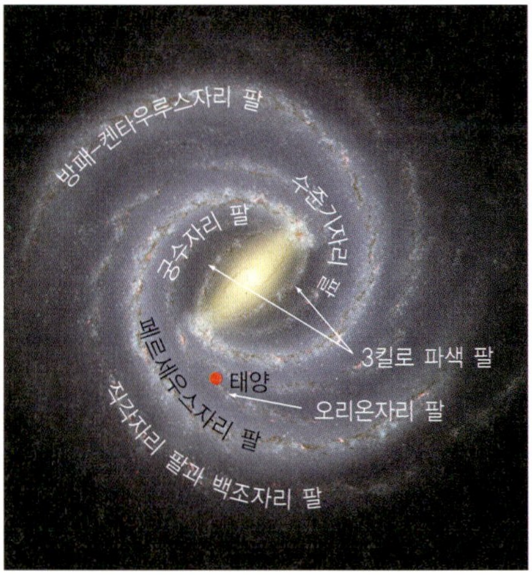

그림 4.6 스피처 적외선 망원경으로 찍은 사진을 조합하여 편집한 우리 은하의 상상도. 가시광선, 전파, 적외선, 자외선, X-선, 감마선 망원경으로 우리 은하를 관측한 결과, 막대나선은하라는 결론을 내렸다.

최근에 페르세우스자리 팔 바깥 우리 은하의 중심으로부터 6만 광년 되는 위치에, 길이가 7만 7,000광년이나 되는 새로운 나선팔이 있는 것을 발견하였으나, 그 나선팔은 별이 거의 없는 가스와 먼지로 되어 있기 때문에 아직 공식적으로 나선팔로 인정받지 못하고 있다. 최근까지 밝혀진 주요 나선팔의 위치를 그림 4.6에 나타내었다.

(6) 태양의 위치와 주변 환경

태양은 우리 은하 내에 산재해 있는 수천억 개의 별들 중에서 매우 평범한 항성으로, 약 46억 년 전에 제1세대 초신성의 폭발로 인한 가스의 응축으로 산개성단 내에서 많은 형제 별들과 함께 탄생된 것으로 추정된다. 태양은 우리 은하가 진화하는 과정에서 생기는 나선팔의 파동 운동으로, 처음 탄생 위치에서 멀리 밀려났을 것으로 추측된다. 현재 태양은 은하 중심에서 약 2만 6,000광년 떨어진 곳에 위치해 있으며, 은하 원반의 옆에서 본 은하 평면의 중심에서 약 60~70광년 정도 위에 있다.

그림 4.6에서 보는 바와 같이, 태양은 페르세우스자리 팔 안쪽으로 6,500광년 떨어진 오리온자리 팔에 위치하고 있는데, 이 오리온자리 팔은 페르세우스자리 팔에서 갈라져 나온 지류에 해당된다. 또 태양은 오리온자리 팔과 페르세우스자리 팔 사이를 이동하고 있으며, 현재 태양계는 몇백만 년 전의 쌍둥이자리에 있는 초신성의 폭발로 인한 잔해 영역 안으로 진입한 것으로 추정하고 있다.

태양계는 우리 은하를 공전하는 데 2억 2,600만 년이 걸리므로, 태양계의 나이로 봤을 때 지금까지 25번 공전하였다. 또, 한 번 공전할 때마다 평균 2.7회 정도의 주기로 은하 원반 내에서 상하 진동을 하고 있다.

(7) 우리 은하의 블랙홀

우리 은하를 구성하는 별들은 은하의 중심축을 중심으로 공전한다. 이는 은하의 중심에 질량이 큰 블랙홀이 있기 때문이라 여겨지며, 궁수자리 A*가 거대한 블랙홀의 유력한 후보다. 최근 우리 은하 중심부에 지름 24 km 크기의 블랙홀이 있다는 것이 밝혀졌으며, 또 이 블랙홀의 근처에 작은 블랙홀이 하나 더 존재하여, 쌍 블랙홀이 서로를 공전하고 있는 것으로 확인되었다. 이와 관련하여, 과거에 우리 은하가 다른 작은 은하와 충돌하여 현재의 크기가 되었음을 한국의 연세대 연구팀이 입증한 바 있다.

(8) 우리 은하의 변화

우리 은하의 나선팔은 일부가 휘어진 모양을 하고 있는데, 이와 같은 현상은 우

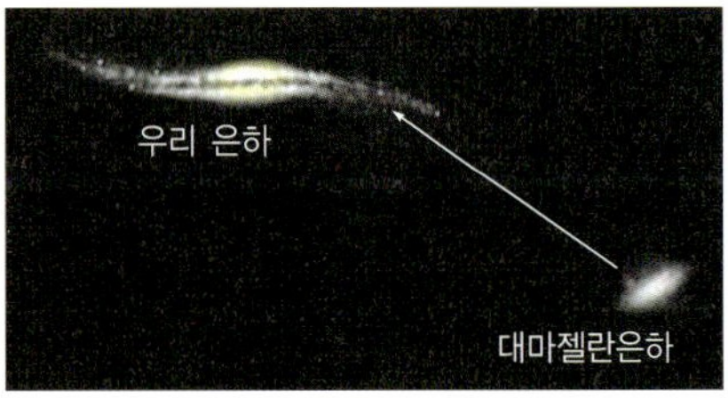

그림 4.7 블랙홀의 유력한 후보인 궁수자리 A*의 모습. A*의 질량은 태양 질량의 4.31×10^6배다.(왼쪽)
그림 4.8 우리 은하의 나선팔이 대마젤란은하의 중력에 의해 휘어져 있는 모습.(오른쪽)

리 은하의 위성 은하인 대마젤란은하와 소마젤란은하가 중력적인 영향을 미치기 때문이다(그림 4.8). 이와 유사한 현상을 우리 은하와 가장 가까이 있는 안드로메다 은하에서도 관측할 수 있다. 안드로메다은하의 나선팔의 일부는 안드로메다은하의 위성 은하에 의하여 심하게 뒤틀린 모습을 하고 있다. 특히, 두 대 · 소마젤란은하에서 우리 은하 쪽으로 **마젤란 흐름**(magellanic stream)이라는 수소 가스의 흐름이 있다. 과거 두 대 · 소마젤란은하는 정상 나선은하의 형상을 하고 있었으나 우리 은하의 강한 중력에 의해 그 구조가 흐트러져 현재의 불규칙은하로 변형되었으며, 향후 서서히 우리 은하에 흡수당하여 사라질 것으로 예상된다. 이 외에도 지구로부터 2만 5,000광년 떨어진 큰개자리에 있는 왜소은하와 7만 광년 떨어진 궁수자리에 있는 왜소은하가 현재 우리 은하에 흡수당하고 있다. 왜소은하가 과거에 우리 은하에 의해 흡수당한 흔적

그림 4.9 우리 은하에 흡수당한 왜소은하와 원시 구상성단의 흔적.

을 그림 4.9에 나타내었다. 그림에서 보는 바와 같이 우리 은하를 감고 있는 3개의 고리 중 큰 것은 우리 은하에 의해 흡수당한 은하의 흔적이고, 안쪽 2개는 원시 구상성단이 우리 은하에 흡수당한 흔적이다. 이것은 2007년 5월, 스피처과학센터 칼 그릴메어 연구원이 '슬론 디지털 스카이 서베이' 자료를 분석하여 그린 결과다.

(9) 스미스 구름

우리 은하를 향해 거대한 수소 가스 구름이 다가오고 있다. 이 가스의 존재는 1963년에 이미 확인되었지만, 아직까지 다가오는 이유와 원인, 그 기원에 대해서는 분명히 아는 것이 없다. 이 구름은 스미스 구름(Smith's Cloud)이라는 것으로, 현재 우리 은하의 원반 평면으로부터 8,000광년 거리에서 초속 240 km의 속도로 접근 중이며, 길이는 1만 1,000광년, 폭은 2,500광년 정도 되는 것으로 추정하고 있다. 이후 2,000만~4,000만 년 이내에 우리 은하의 페르세우스자리 팔에 45° 의 각도로 충돌할 예정이다. 만약 스미스 구름이 페르세우스자리 팔에 충돌한다면 우주 물질의 응축 부분이 생겨 약 100만 개 이상의 별이 폭발적으로 생성될 것이다.

(10) 우리 은하의 위성 은하

우리 은하를 공전하는 위성 은하인 왜소은하들이 있다. 그중에서 가장 큰 것은 그림 4.10에 나타낸 대마젤란은하로, 남쪽 하늘의 황새치자리와 테이블산자리 사이에 있으며, 우리 은하로부터 약 16만 광년 떨어져 있다. 반지름은 3만 5,000광년으로, 우리 은하의 약 1/20 정도다. 현재는 불규칙하게 생겼지만, 나선 구조의 흔적이 남아 있는 것으로 보아, 대마젤란은하가 한때 막대나선은하였다가 우리 은하의 조석력에 의하여 불규칙하게 변했다는 주장도 있다. 1987년에 이 은하 속에서 별의 마지막 생명을 다하는 초신성 SN1987A를 발견하였다(그림 4.11).

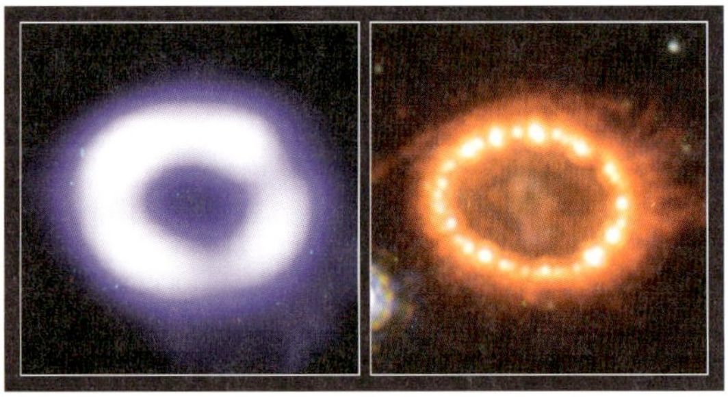

그림 4.10 대마젤란은하.(위 왼쪽)
그림 4.11 대마젤란은하 속에서 발생한 초신성 SN1987A. 왼쪽 사진은 찬드라 위성이 찍은 X-선 화상이고, 오른쪽은 허블 망원경으로 촬영한 광학영상이다.(위 오른쪽)
그림 4.12 소마젤란은하.(아래)

그리고 소마젤란은하는 우리 은하 주위를 도는 왜소은하로 대마젤란은하와 가까이 있으며, 남쪽 하늘의 큰부리새자리에 있고, 우리 은하로부터 20만 광년 떨어져 있다. 이 은하 역시 한때 막대나선은하였으나 우리 은하의 조석력으로 다소 불규칙하게 되었다. 이 은하는 아직 중심에 막대 구조를 가지고 있다.

그 외에도 용골자리 왜소은하, 용자리 왜소은하, 큰개자리 왜소은하, 궁수자리 왜소은하 등이 있다. 특히 사자자리 왜소은하는 지름이 500광년 정도밖에 안 되는 가장 작은 은하다. 천문학자의 주장에 따르면, 우리 은하 주위에는 100여 개의 왜소은하가 있을 것으로 예상된다.

4.1.3 은하의 분류

(1) 은하의 목록

샤를 메시에(Charles Messier)가 혜성을 관측할 때 혼동하기 쉬운 천체인 성운과 성단을 구분하기 위하여 1760년에 **메시에 목록**을 작성하기 시작하여 1771년에 45개의 은하 목록을, 1781년에는 103개의 은하 목록을 작성하였다. 현재는 메시에의 친구 피에르 메생(Pieere Mechain)이 7개를 더 추가하여 110개가 수록되어 있다. 메시에 목록의 형태는 **'M숫자'** 로 되어 있다. 예를 들면, 목록번호 M31은 안드로메다은하다.

GC(General Catalogue)는 윌리엄 허셜(Frederick William Herschel)과 그의 아들 존 허셜이 2대에 걸쳐 기록한 5,097개의 성운, 성단 및 은하 들의 목록으로, **'GC숫자'** 의 형태로 되어 있다. 이들이 기록한 5,097개의 목록 중에서 4,630개는 허셜 부자가 발견한 것이다.

이후 영국의 천문학자 존 드레이어(John Louis Emil Dreyer)가 1888년에 존 허셜의 GC 목록을 확장 · 정리한 목록으로 NGC(New General Catalogue) 목록을 사용하여 총 7,840개의 성운, 성단 및 은하를 수록하였다. 그리고 또 드레이어는 NGC 목록에서 빠진 5,386개의 성운, 성단 및 은하를 포함하는 IC(Index Catalogue) 목록도 만들었다. 이 목록에는 사진에서 발견된 것들이 많아 눈으로 관측하기 어려운 대상이 대다수다. 예를 들면, 그림 4.14는 카시오페이아자리에 있는 하트 모양의 성

그림 4.13 안드로메다은하의 모습. 메시에 목록번호는 M31이고, 드레이어 목록번호는 NGC224이다. (왼쪽)
그림 4.14 IC1805 하트성운. (오른쪽)

표 4.2 여러 형태의 은하 목록들

목록 명		설 명
주요 은하 목록	Mrk	약 1,515개의 은하 수록.
	MCG	심천(深天) 은하 2만 9,000개 수록.
	VV 혹은 V-V	MCG와 같음.
	PGC	포괄적인 은하의 데이터베이스.
	UGC	1만 2,921개의 천체 수록.
	UGC-A 혹은 UA	UGC 목록에 빠진 것을 수록.
	CGCG	심천 은하 목록.
기타 목록	Arp	독특한 은하들에 대한 목록.
	AM	남천(南天)의 독특한 은하 목록.
	DDO	왜소은하에 대한 목록.
	Holm	Holmberg I, II, III와 IX는 M81 영역에 있고, Holmberg IV, V는 M101 영역에 있음(9개의 은하).
	1Z to 7Z	은하의 다른 주요 목록.
	RC3	밝은 은하 목록에 대한 3판.
은하단 목록	Abell	1958년 초은하단 분포 목록.
	RCG	1989년 초은하단 목록.

운으로, 드레이어의 IC목록은 IC1805이며, 하트성운 혹은 발렌타인성운이라고도 하며, 눈으로 관측하기가 어렵다. 또 IC1848은 마치 어머니의 배 속에 잠들어 있는 태아의 모습 같다 하여 태아성운이라 한다. 이 태아성운도 카시오페이아자리의 동쪽에 위치한 발광성운으로, 눈으로 관측하기 어렵다.

이 외에도 여러 가지 형태의 목록이 사용된다. 중요한 목록에 사용되는 '접두어'를 표 4.2에 나열하였다.

(2) 허블에 의한 은하의 분류

허블은 우주에 산재(散在)해 있는 은하(성운, 성단)를 외형적인 형태에 따라 타원 은하(elliptical galaxy; E), 정상 나선은하(spiral galaxy; S), 막대나선은하(barred spiral galaxy; SB), 불규칙은하(irregular galaxy; Ir)의 네 가지로 분류하였으며, 후에 렌즈형 은하(lenticular galaxy; SO)가 추가되어, 은하는 다섯 가지로 분류되고 있다(그림 4.15).

1) 타원은하

은하가 타원체 같은 모양을 하고 있는 경우로, 타원체의 겉보기 편평도에 따라 E0, E1, E2,···, E7로 세분된다. 영문자 뒤에 오는 숫자는 타원체의 긴지름(a)과 짧은지름(b)을 사용하여, 10×(a−b)/a로 계산된 값이다. E0인 경우, 긴지름(a)과 짧은지름(b)이 같기 때문에 이 은하는 구형이다. 숫자가 가장 큰 E7은 편평도가 가장 큰 타원은하다. 타원은하를 구성하는 별들은 연령이 높은 종족 II 에 속하는 것들이 많다. 그리고 청백색 거성, 성간 가스, 우주 먼지 등으로 된 종족 I 에 속하는 젊은 별은 적다. E7보다 큰 타원은하가 되기 위해서는 더 늙은 별들로 구성되어야 하나, 이 이상 더 늙은 별은 존재할 수 없기 때문에 편평도가 8, 9, 10인 타원

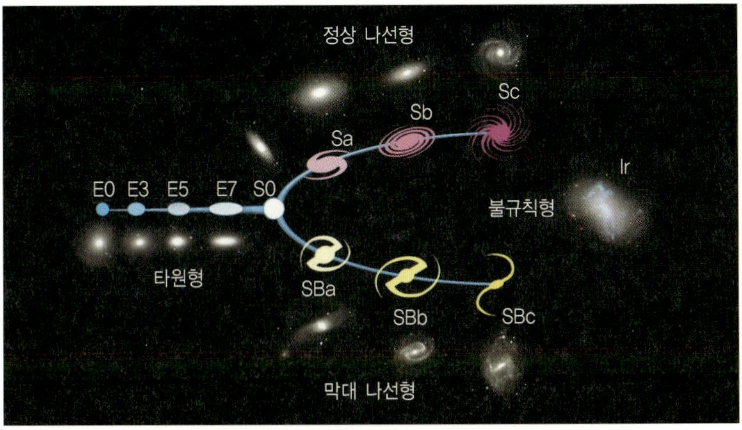

그림 4.15 허블이 분류한 은하의 형태.

그림 4.16 처녀자리의 M87(NGC4486); E0형.(왼쪽)
그림 4.17 처녀자리의 M60(NGC4649); E4형.(오른쪽)

은하는 존재하지 않는다.

2) 정상 나선은하

정상 나선은하는 중심핵과 주변의 원반부로 이루어져 있으며, 이 원반부나 중심핵에서 나선팔이 뻗어 있다. 중심핵과 원반부에 대한 나선팔의 발달 구조에 따라서 Sa, Sb, Sc형으로 세분된다. Sa형은 큰 중심핵 주위에 비교적 작은 원반부와 나선팔이 있는 경우다. Sb형은 Sa형보다 원반부와 나선팔이 잘 발달한 경우이고, Sc형이 되면 중심핵에 비해 원반과 나선팔이 상대적으로 매우 크며, 나선팔과 팔 사이의 간격이 넓고 뚜렷하다.

정상 나선은하의 경우, 중심핵 부분에는 종족 II의 늙은 별들이 많으며, 원반부에 발달한 나선팔 속에는 청백색을 띤 거성 등을 포함한 종족 I의 젊은 별과 가스

그림 4.18 페가수스자리의 NGC7217(UGC11914, PGC68096); Sa형.(왼쪽)
그림 4.19 사냥개자리의 M63(NGC5055); Sb형.(가운데)
그림 4.20 물고기자리의 NGC628(M74, UGC1149, PGC5974); Sc형.(오른쪽)

그림 4.21 작은사자자리의 NGC3504; SBa형.(왼쪽)
그림 4.22 바다뱀자리의 M83(NGC5236); SBb형.(가운데)
그림 4.23 고래자리의 NGC1073(UGC2210); SBc형.(오른쪽)

성운, 암흑성운 등이 복잡하게 분포하여 불규칙한 모양을 나타낸다. 안드로메다 은하가 전형적인 Sb형 은하에 속한다.

3) 막대나선은하

막대나선은하는 정상 나선은하와 유사하나, 단지 중심핵으로부터 뻗은 막대 구조의 나선팔이 나와 있다. 막대나선은하도 SBa, SBb, SBc로 세분된다. 여기서도 정상 나선은하와 유사하게 SBa, SBb, SBc로 갈수록 나선팔은 점점 발달하고 중심핵은 상대적으로 작아진다. 늙은 별, 젊은 별, 청백색 거성, 가스성운, 암흑성운 등의 분포도 정상 나선은하와 마찬가지로 SBa에서 SBc로 갈수록 젊은 별, 청백색 거성, 가스성운, 암흑성운 등이 많아지며, 특히 암흑성운이 많은 경우에는 막대 구조를 따라 생긴 암흑성운의 발열을 관측할 수 있다.

4) 불규칙은하

타원은하, 정상 나선은하, 막대나선은하, 렌즈형은하에 속하지 않는 은하들을 불규칙은하로 분류한다. 불규칙은하는 IrⅠ형과 IrⅡ형 두 가지로 세분된다. IrⅠ형은 허블 계열의 Sc나 SBc로부터 진화한 것으로 보이는데, 밝은 O형 별, B형 별, HⅡ영역(가스성운) 등이 대부분이고, 중성 수소 가스를 많이 포함하며, 나선 구조는

그림 4.24 조각가자리의 NGC55(PGC 1014); Ir I형.(왼쪽 위)
그림 4.25 큰곰자리의 M82; Ir II형.(왼쪽 아래)
그림 4.26 용자리의 렌즈형은하인 솜브레로은하; M104(NGC5866).(오른쪽)

거의 없다. 대마젤란은하와 소마젤란은하가 대표적인 예다. 그리고 Ir II형은 기본적으로 E형이나 S0형의 구조이지만 실 모양의 암흑성운이 은하 앞면에 걸쳐 불규칙하게 분포되어 있다. M82 은하가 그 대표적인 예다.

5) 렌즈형은하

렌즈형은하는 허블이 분류한 그림 4.15에 나타낸 타원은하의 E7부터 Sa와 SBa의 분기점에 있는 은하이며, 1936년에 허블이 스스로 과거의 분류 형태에 다시 추가하여 만든 중간형 은하다. 중심핵과 원반부로 된 은하 형태이지만, 나선 구조는 없고 편평도가 S형과 비슷하다. 특히 렌즈형은하는 연령이 높은 종족 II의 별만으로 이루어져 있고, 중성 수소 가스나 암흑성운이 거의 없다는 점에서 E형 은하에 가깝다. 거대 은하단에서 많이 발견되고 있다.

6) 기타 분류

왜소은하는 'd'를 접두어로 사용한다. 예를 들면, dE0, dE7, dSBa, … 그리고 특이한 은하는 pec로 나타내기도 한다.

그림 4.27 안드로메다의 위성인 왜소은하의 NGC147; dE5형.

은하(성단, 성운)의 모양과 특징

	타원은하	나선은하 (정상, 막대)	불규칙은하	렌즈형은하
평균 빛깔	붉음	푸르스름함	푸름	붉음, 엷은 푸른색
별들의 분포	구체	중심 구체와 원반부	원반부	구체와 원반부
별들의 연령	늙음	중심: 늙은 별 팔: 젊은 별	젊음	늙음
가스 먼지	거의 없음	많음	아주 많음	거의 없음

은하계는 타원은하, 나선은하, 막대나선은하의 모양을 가진 은하가 95% 정도이고, 특이한 모양의 은하는 5% 정도다. 특이한 은하는 갈고리 모양(NGC4656), 실 모양의 고리에 둘러싸인 은하(NGC2685), 핵이 없는 은하, 먼지가 없는 가스뿐인 은하 등 여러 모양이 있다.

4.2 활동하는 은하들

우주 공간에 떠 있는 은하는 우주의 진화와 더불어 끊임없이 변한다. 짧은 시간 내에 큰 변화가 생기는 은하를 특별히 '활동은하'라 한다. 활동은하는 외부 활동은하와 내부 활동은하로 구분하여 생각할 수 있다. 여기서 외부 활동은하는 주로 충돌에 의한 외인적인 원인에 의하여 발생하고, 내부 활동은하는 자체의 중력 붕괴와 같은 원인에서 생긴다.

4.2.1 충돌하는 은하

은하들은 우주 공간에서 서로 근접 상호작용하여 여러 가지 모양을 연출하고 있다. 이러한 모양에는 나선팔이 뒤틀린 형태, 큰 은하가 작은 은하의 물질을 흡수하는 형태, 한 은하가 다른 은하를 관통하여 생긴 형태, 비슷한 은하끼리 정면충돌하여 생긴 형태 등등이 있다.

1) 나선팔이 뒤틀린 은하

그림 4.28은 공작자리에 있는 막대나선 은하의 일종인 NGC6872로, 위쪽 나선팔이 이웃하는 IC4970 은하와 중력적인 상호작용 때문에 굴절되어 있을 뿐만 아니라 물질

그림 4.28 공작자리에 있는 NGC6872 은하의 나선팔이 IC4970 은하에 의해 굴절된 모습.

들이 한쪽으로 흐르고 있다. NGC6872 은하의 양팔을 포함한 전체 길이는 약 70만 광년이며, 특히 나선팔이 굴절되어 있는 곳에서는 물질들의 요동에 의한 중력 중심이 생겨, 많은 별들이 형성되고 있다.

2) 작은 은하를 흡수하는 은하

그림 4.29는 황소자리에 있는 NGC1409 은하(오른쪽)가 NGC1410 은하(왼쪽)를 흡수하고 있는 모습이다. 이 두 은하는 약 1억 년 전에 충돌하여, 현재에도 물질이 흘러가고 있다. 일반적으로 은하들이 충돌하여 다른 은하의 물질을 흡수하면, 흡수하는 은하 쪽에서는 폭발적으로 많은 별들이 생긴다. 그러나 NGC1409 은하에서는 특별히 많은 별들이 탄생하는 현상을 볼 수 없다. 이와 같이 별이 탄생하지 않는 현상은 NGC1409 은하로 유입되는 물질이 너무 뜨거워서 중력 중심이 형성되지 못하기 때문일 것으로 추측된다. 그럼에도 불구하고 NGC1410 은하의 푸른 색깔의 팔 속에서는 많은 별들이 탄생하고 있다. 이와 같은 현상은 이 팔 속에 별을 탄생시킬 충분한 물질이 있고, 또 중력 중심이 생기도록 NGC1409 은하의 섭동에 의한 물질의 요동이 심하기 때문에 나타난다. 이 두 은하의 중심부는 서로 2만 3,000광년 떨어져 있는데, 천문학자들은 약 2억 년 후에는 하나로 합쳐질 것으로

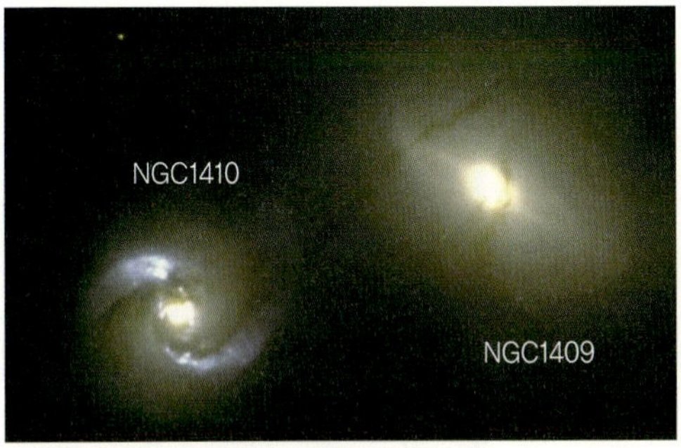

그림 4.29 왼쪽 NGC1410 은하에서 오른쪽 NGC1409 은하 쪽으로 물질이 흘러 들어가고 있는데, 그 길이는 약 2만 광년이다.
그림 4.30 서로 상호작용하고 있는 NGC5194 은하와 NGC5195 은하.

생각하고 있다.

물질을 흡수하고 있는 또 다른 예로, 중력 때문에 가벼운 은하 쪽에서 무거운 은하 쪽으로 가스와 같은 물질이 흘러가는 모습을 그림 4.30에 나타내었다. 작은 은하 NGC5195(M51b)에서 큰 은하 NGC5194(M51a)로 물질이 흐르는 통로에 가스와 별이 이어져 있다. 그림 4.31의 별자리에 나타낸 사냥개자리의 M51 은하를 확대하면, 그림 4.30과 같이 M51b는 불규칙은하이고 M51a는 나선은하다. 이 은하들은 지구로부터 2,100만 광년 떨어져 있으며, 그 밝기는 9.5등급이다.

이 두 은하는 약 6만 광년 이상 떨어져 있으면서 M51a의 나선팔을 구성하는 먼지 및 가스 집단이 그 동반 은하인 NGC5195의 물질을 쓸어 모으고 있다. 그림 4.30에 나타낸 사진은 허블 망원경으로 찍은 사진을 재처리하여 만들어낸 것이다. 먼지층이 더욱더 잘 보이도록 희미한 영역에 색상과 채도를 높였다.

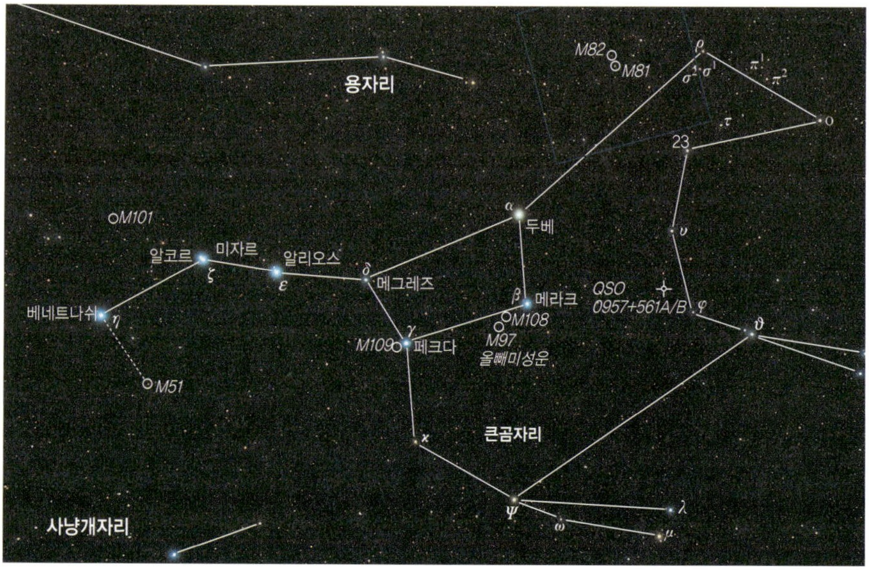

그림 4.31 큰곰자리의 팔로부터 멀리 떨어진 사냥개자리의 경계 안에 있는 M51 은하[NGC5194(M51a)와 NGC5195(M51b)].

3) 다중 상호작용하는 은하

다중 상호작용하는 은하 중에서 유명한 것은 페가수스자리에 위치한 스테판 5중주라고 불리는 밀집 은하군이다. 밤하늘에서 스테판 5중주의 별자리 위치는 그림 4.32에서와 같이 페가수스 북쪽의 NGC7331 은하 아래에 있다. 물론 아마추어들은 먼저 안드로메다은하를 찾으면 스테판 5중주의 위치를 쉽게 찾을 수 있다.

그림 4.33은 5개의 은하가 함께 보이는 사진으로, 스테판 5중주다. 이 은하군은 1877년 마르세이유 천문대장이었던 에두아르 장마리 스테팡(Édouard Jean-Marie Stephan)이 발견하였다. 사진에는 5개가 밀집되어 있는 것처럼 보이지만, 실제 NGC7320 은하는 다른 4개보다 앞쪽에 있다는 사실이 허블 망원경을 통해 밝혀졌다. 이 사진에서도 NGC7320은 수소 구름이 많아 작은 붉은색 점들이 나타나 있다. 은하의 적색편이로 계산한 바에 의하면, NGC7320은 초당 800 km의 속도로 지구로부터 멀어지고 있고, 이와는 다르게 다른 4개의 은하들은 초당 6,000 km로 멀어지고 있다.

특히 NGC7318A와 NGC7318B는 서로 강하게 충돌하고 있다. 두 은하의 충

그림 4.32 밤하늘에서 스테판 5중주의 위치.

그림 4.33 스테판 5중주의 일부. 페가수스자리 방향으로 2억 6,000만 광년의 거리에 있는 다섯 개의 은하 모임. 위쪽 푸른색 나선은하는 다른 은하들과 공간적으로 멀리 떨어져 있다.

돌로 은하를 구성하는 물질의 요동이 심하게 생겨서, 이미 형성되어 있는 별들은 붕괴되고, 다른 곳에서 중력 중심이 생겨 새로운 별들이 탄생하기도 한다. 이와 같은 두 은하의 충돌은 초기 우주의 진화를 연구하는 데 주요한 보기가 된다. 또 NGC7319는 은하 간의 충돌이 상당히 진행되어 마지막 단계에 이른 것으로 생각되며, 이 은하 내부에는 퀘이사가 있는 것으로 보인다. **퀘이사**는 전파를 발산하는 별로서 우주 초기에 형성된 것으로 생각되며, 초기의 우주 물질들이 날아가 있는 우주의 가장자리 쪽에서 많이 발견되고 있다. 이러한 상황 때문에 NGC7319 은하 속에 보이는 퀘이사가 단지 이 은하의 시선 방향에 있는 것인지 아니면 은하 속에 형성된 것인지는 미결 상태다.

4) 정면충돌하는 은하

밤하늘의 까마귀자리 방향에 있는 NGC4038 은하와 NGC4039 은하는 서로 충돌한 모습이 마치 곤충의 더듬이 혹은 안테나와 같다고 하여 **더듬이은하**(혹은 안테나은하)라는 이름이 붙었다. 더듬이은하는 윌리엄 허셜이 1785년에 발견한 은하다. NGC4038 은하는 우리 은하에서 약 4,500광년 거리에 있으며, NGC4039 은하는 우리 은하에서 약 6,500광년 떨어져 있다. 이 은하들은 약 12억 년 전에는 서로 독립된 은하들로, NGC4038 은하는 정상나선은하이고 NGC4039 은하는 막대나선은하다. 천문학자들은 NGC4039가 NGC4038보다 질량이 약간 더 클 것으로 추측하고 있다. 이 두 은하가 충돌하

그림 4.34 더듬이은하의 모습.

여 약 900만 년 전에는 1개의 큰 은하가 되었다가, 600만 년 전에는 마치 생쥐 모양으로 변한 후, 300만 년 전부터 대부분의 별들이 두 은하에 속하게 되고 먼지와 가스가 마치 곤충의 더듬이와 닮은꼴이 되었다.

일반적으로 두 은하가 충돌할 때 그 은하 속에 있는 별들이 직접 충돌할 확률은 매우 낮다. 왜냐하면 은하 안쪽의 공간은 별 자체가 차지하는 부피 이외에 대부분 비었기 때문이다. 수백만 년에 걸쳐 충돌하는 동안 한 은하는 다른 은하를 중력으로 찢어 놓고, 두 은하에 공통으로 있는 먼지와 가스는 충돌한다. 이러한 은하의 충돌 과정에서 거대한 먼지구름과 가스 집단은 은하가 부딪치는 동안 암흑 먼지 기둥으로 압축되면서 수백만 개의 별을 탄생시킨다. 이렇게 탄생된 별들의 일부는 중력에 의해 대규모 성단의 일원이 된다. 그림 4.35에, 더듬이은하의 중심 곳곳에서 매우 강하게 빛나는 부분들을 확대하여 나타내었다. 이러한 부분에서 활발한 별들의 내부 활동이 진행되고 있다.

5) 관통한 은하

그림 4.36에 나타낸 수레바퀴은하는 밤하늘의 조각가자리 방향에 위치한 고리은하의 일종이다. 수레바퀴은하는 조각가자리 은하단에 속하는 은하로서 사진의 왼쪽 아래에 보이는 2개의 은하도 이 은하단에 속한다. 작은 은하가 보통의 나선은하의 중심을 통과하면 강한 중력 충격파를 일으킴과 동시에 많은 물질들을 밖으로 밀어낸다. 중력 충격파에 의하여 물질이 압축된 곳에서는 중력 중심이 생기고, 그곳을 중심으로 물질들이 모여들어 원시별이 탄생한다. 사진에서 수레바퀴의 테 부분은 새로 탄생한 별들이 상당히 많이 있는 곳이며, 바퀴의 중심에서 테까지의 거리는 10만 광년 정도 된다. 그리고 큰 은하를 뚫고 지나간 작은 은하는 주변의 먼지와 가스가 탈각(脫殼)되어 중심체만 통과하여 멀어지고 있다. 그림 4.37에서, 작은 은하가 큰 은하를 통과한 후 지나간 길에는 전파를 발산하는 물질

그림 4.35 더듬이은하 속에서 밝게 빛나는 부분을 확대한 사진.

그림 4.36 수레바퀴은하(명칭: MCG-06-02-02). 오른쪽 가장 위의 사진은 찬드라가 찍은 X-선 영상이고, 그 아래는 갈렉스가 찍은 자외선 영상이며, 세 번째는 허블 망원경이 찍은 광학 영상이고, 제일 아래쪽은 스피처가 찍은 적외선 영상이다.

들이 흩어져 있다. 그리고 이 흔적을 전파망원경으로 관측하여, 전파의 강도가 같은 곳을 이은 전파강도 등고선을 나타내었다. 이 분석 자료로부터 작은 은하의 궤적과 현재의 위치를 추정할 수 있었는데, 그림에 나타난 바와 같이 작은 은하는 큰 은하와 충돌한 후 수십만 광년 지나쳐 와 있다.

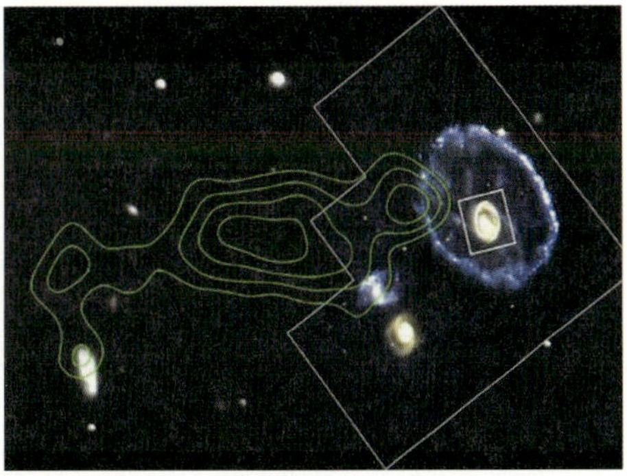

그림 4.37 두 은하가 충돌하여 만든 흔적. 수레바퀴은하는 작은 은하가 오른쪽에서 왼쪽으로 큰 은하의 중앙부를 관통하여 지나간 결과이고, 관통해나간 작은 은하의 흔적은 전파 관측으로 발견되었다.

4.2.2 내부 활동은하

활동은하는 보통의 은하가 일생 동안 방출하는 에너지를 단시간에 폭발적으로 방출하는 은하를 말하는데, 방출되는 에너지는 먼지나 가스 및 전기를 띤 하전 입자, 일반적인 전파, X-선, 빛, 감마선 및 각종 방사선 등의 형태를 띤다. 특히 활동은하는 빛이나 전파를 통해 보면 강렬한 에너지를 방출하는 제트를 수반하는 경우가 많다. 이와 같이 여러 가지 형태의 물질이나 에너지를 분출하기 위해서는 은하의 내부에 강력한 중력원(重力源)이 있어야 한다. 중력원이 주변의 모든 물질을 아주 강력하게 빨아들일 때 빨려 들어가는 물질들은 서로 충돌하면서 온도가 높아지고 깨지는데, 마치 우주 진화의 역과정을 보는 것처럼 물질들이 우주의 기본 입자로 변하면서 농축되고 응축되어 질량 밀도가 굉장히 높은 물질이 된다. 이 질량 밀도가 높은 물질 쪽으로 빨려 들어가는 이온화된 물질들은 아주 강한 전류를 형성한다. 전류가 흐르는 주변에는 강한 자기장이 형성되며, 또 자기장 속에서 운동하는 전기를 띤 입자는 **로렌츠 힘**이라는, 자기장에 수직한 방향으로 힘을 받는다. 이와 같은 현상들 때문에 하전(전기를 띤) 입자들은 가속 운동을 하게 되고, 이 가속 운동으로 인하여 전파가 발생한다. 특히 하전 입자의 가속 정도에 따라서 빛이 되어 나오기도 하고, X-선이 되어 나오기도 하는데, 이러한 복사를 **싱크로트론 복사**라 한다.

그림 4.38 활동은하 내부에서 분출되는 제트.

또한 아주 강력한 중력 중심을 중심으로 하여 공전하면서 빨려 들어가는 가스나 우주 먼지는 중심 쪽으로 갈수록 밀도가 높아지면서 그 일부가 회전 원반에 수직한 방향으로 분출되어 나오기도 한다. 이렇게 분출되어 나오는 현상을 **제트**라 하고, 제트의 흐름에는 가스와 먼지, 각종 소립자, 하전 입자, 빛, 전파 및 X-선 등이 혼합되어 분출된다.

(1) 퀘이사

1) 퀘이사의 특징

퀘이사(Quasar)는 준성전파원(Quasi-stellar radio source) 또는 준성(準星)이라는 이름으로 불리는 '전파를 발산하는 항성 모양의 천체' 다. 퀘이사의 밝기는 태양보다 수조 배나 밝으며, 엄청난 양의 복사 에너지를 방출하고 있는 점을 고려해볼 때 은하 중앙에 위치하고 있는 블랙홀을 둘러싸고 있는 물질의 매우 조밀한 헤일로라고 생각하는 것이 현재의 추세다. 블랙홀의 주위를 에워싸고 있는 물질들은 거칠게 소용돌이치면서 블랙홀로 끌려 들어가는데, 이때 거대한 양의 에너지와 전파를 동시에 뿜어낸다. 퀘이사가 쏟아내는 엄청난 에너지도 바로 이 블랙홀이 있기 때문에 가능하다. 막대한 에너지를 방출하는 퀘이사를 품고 있는 은하는 망원경을 통해 관측하면 평범한 별처럼 보인다. 왜냐하면 퀘이사가 멀리 있고, 또 퀘이사는 자신을 품고 있는 은하보다 더 밝게 빛나기 때문에, 이 밝은 퀘이사에 의하여 은하의 빛이 가려져서 전체적인 은하의 형태가 잘 나타나지 않기 때문이다.

천체의 후퇴속도를 알 수 있는 적색편이가 퀘이사인 경우에 특히 크게 생기는 것으로 보아, 퀘이사는 우주의 끝자락에 있는 것으로 생각된다. 우주에서 발견된 천체 가운데서 가장 멀리 있을 것으로 여겨지는 이 천체는 무려 수십억 내지 100억 광년 정도 떨어진 거리에 있다. 우리가 지금 지구에서 보는 퀘이사의 모습은 약 100억 년보다 더 이전의 모습이다. 우주의 나이가 137억 년임을 감안할 때 퀘이사는 초기 우주에 형성된 천체라는 결론이 나온다. 따라서 퀘이사는 우주 진화 단계에서 볼 때 초기에 생긴 은하 속에 존재하는 준성이다. 우주 초기에 생긴 은하는 늙은 은하가 되어 그 속에는 블랙홀이 있게 마련인데, 이 블랙홀을 감싸는 헤일로도 있게 마련이다. 그리고 현재 우리가 연구하는 퀘이사는 약 100억 년 전의 초기 은하 속을 보는 것이므로, 퀘이사를 연구하면 초기 우주에 대한 정보를 얻을 수 있다.

퀘이사의 이름에 3C라는 접두어를 사용하게 된 것은 행성, 항성, 은하 등을 목록화한 천체 목록표에 있는 전파원의 위치에 대응하는 천체를 광학 망원경으로 찾아내는 프로그램이 시작되던 1960년에, 톰 매슈스(Tom Mathews)와 앨런 샌디지(Allan Sandage)가 밤하늘의 3C48의 위치에서 전파원인 16등급의 밝기를 가진 천체를 발견하면서부터다. 또 전파를 강하게 발산하는 제2호의 퀘이사는 1963년에 3C273에서 발견하였다. 그러나 3C273에서 방출되는 스펙트럼은 일반적인 별의 범주에 속하지 않았다. 퀘이사에 대해 아무런 단서도 얻지 못하던 중 마르텐 슈미트(Maarten Schmidt)가 3C273의 스펙트럼을 분석한 결과, 수소 발머 계열의 선들이 15.8% 정도 적색편이가 되어 있음을 밝혀내어, 처음으로 처녀자리에서 퀘이사 3C273을 확인하였다. 1960년대 이전까지의 광학 망원경으로 관측 가능한 거리는 7억 광년 정도였다. 별에서 오는 빛의 강도는 광원으로부터 거리의 제곱에 반비례하여 약해지고, 또 빛이 오는 과정에서 우주 먼지 또는 가스 들에 의해 흡수되기 때문에, 이 당시의 망원경이 검출할 수 있는 거리는 7억 광년 정도였다. 그러나 퀘이사 3C273은 약 19억 광년의 아주 먼 거리에 있다(그림 4.39). 3C273은 13등성이고, 이 준성으로부터 오는 빛의 스펙트럼선이 크게 적색편이되어 있음이 인정되어, 우리 은하 외부의 천체 같다고 하여 주목을 끌었다. 이후 전파를 특히 강하게 내는 전파원을 모아서 만든 목록이 **'3C숫자'** 로 된 목록으로 퀘이사 목록이 되었다. 현재는 상당히 많이 발견되고 있으며, 퀘이사의 또 다른 특징으로 수십 일 내지 수개월 주기로 변광하거나 혹은 전파 강도의 변화가 있는 퀘이사도 많다.

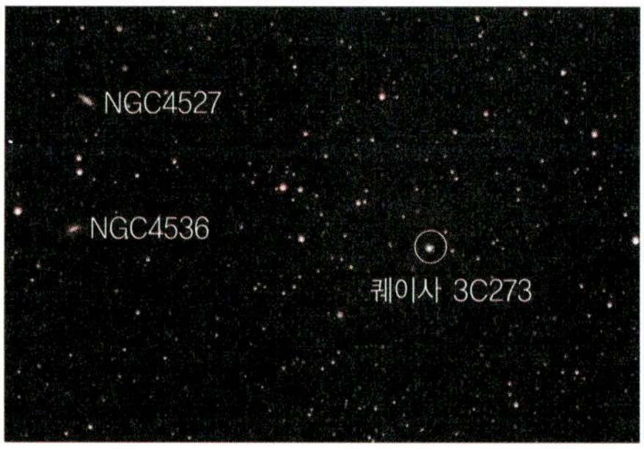

그림 4.39 밤하늘에서 처녀자리에 있는 퀘이사 3C273의 위치.

퀘이사의 커다란 적색편이가 생기는 원인에 대한 견해는 두 가지가 맞서고 있다. 첫 번째 견해는, 보통 은하계와 같이 우주의 팽창에 의한 후퇴 운동 때문에 생긴 도플러 효과라는 생각이다. 적색편이의 값 $Z = 0.10 \sim 2.20$에 대한 후퇴속도를 계산하면, 약 30,000~250,000 km/s가 된다. 이것을 허블의 법칙에 적용하면, 퀘이사의 거리는 약 10억 광년 내지 100억 광년이 된다. 두 번째 견해는, 퀘이사에서 나오는 빛이 퀘이사의 강한 중력장을 통과하면서 에너지를 잃고 파장이 길어졌다는 생각이다. 이 경우는 퀘이사가 약 10억 광년 내지 100억 광년보다는 더 가까운 거리에 있다는 결론에 도달한다. 이 두 해석에 대한 판정은 현재 내려지지 않고 있다. 만약 거리의 추정이 틀리면 퀘이사의 실제 광도 값이 달라진다. 퀘이사 3C273의 경우, 허블의 법칙으로 계산한 거리 19억 광년을 채용하면, 실제 3C273의 광도는 태양의 몇조 배나 된다. 그러나 두 번째 생각이 옳다면, 실제 광

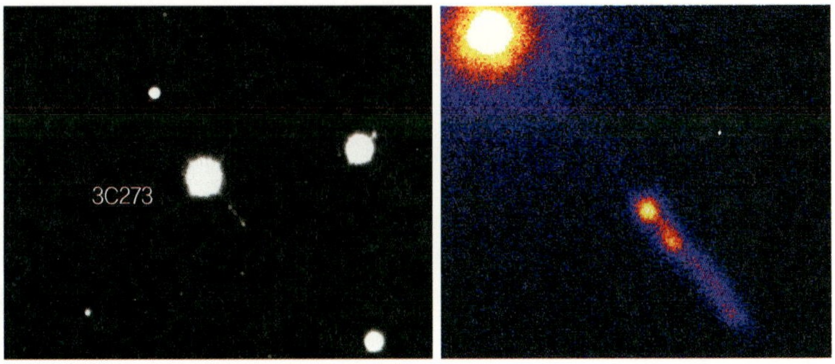

(a) (b)

그림 4.40 퀘이사 3C273. (a) 광학 망원경으로 본 모습. 하나의 별처럼 보이는 퀘이사의 오른쪽 밑으로 약간의 빛이 나오고 있다. (b) 전파 망원경으로 본 모습. 오른쪽 아래로 상당히 많은 전파가 나오고 있다.

도는 그렇게 크지는 못할 것이다. 그리고 크기가 항성 정도로 보이는 점과 변광 주기가 몇 개월 정도인 점을 감안하면 보통의 은하보다 훨씬 작을 것으로 생각된다. 일반적으로 천문학자들이 생각하는 3C273 퀘이사는 첫 번째 생각을 받아들이고 있다. 이런 관점에서 3C273의 크기는 지름이 약 28만 광년이라고 추정되며, 그것의 질량은 안드로메다은하의 50배로 추정된다. 그리고 막대한 양의 복사 에너지를 내뿜고 있는데, 우리 은하보다 약 4,000배나 밝게 빛난다. 그리고 우리 은하의 100만 배 이상의 X-선을 방출하고 있으며, 이 퀘이사 안에 있는 블랙홀의 질량은 태양의 1억 배 정도일 것이다.

2) 퀘이사의 구조

퀘이사는 전파를 발산하는 항성 모양의 천체라고 정의되지만, 실제 퀘이사 근처에서는 아주 막대한 복사 에너지, 즉 전파, 가시광선, 적외선, 자외선, X-선, 감마선 및 각종 소립자와 하전 입자 등 헤아릴 수 없는 물질들이 분출되어 나오고 있다. 이러한 분출의 원인은 퀘이사 내부에 존재하는 블랙홀 때문이다. 블랙홀은 수렴작용의 극한으로 빛을 포함한 모든 것을 수렴시킨다. 역리(易理)에 의하면, 극단적인 가속 수렴작용은 아주 강한 발산작용의 반작용을 낳는다. 이미 물리학에서 배워 알겠지만, 등속 수렴작용에 대해서는 반작용이 생기지 않는다. 그러나 가속 수렴작용이 생길 때에는 반작용이 생기고, 가속된 상태가 다시 등속이 되면 반작용은 없어진다.

중력의 강한 수렴작용에 대한 반작용으로 제트 현상이 생겨, 각종 물질 및 복사선이 발산되어 나온다. 이러한 현상이 창출되기 위해서는 수렴작용의 원천인 블랙홀을 중심으로 공간적인 어떤 구조를 가질 수밖에 없다.

퀘이사가 태양보다 수조 배나 밝고, 또 양쪽으로 분출되는 제트는 태양보다 엄청나게 많은 양의 복사 에너지를 방출하고 있는 현상을 감안하면, 퀘이사 내부에는 블랙홀이 존재한다는 것을 알 수 있다. 또 대부분의 퀘이사는 퀘이사에서 나오는 빛이나 전파의 발산 강도가 변하는데, 그 변광 주기 혹은 전파의 강도 변화 주기가 수일에서 수개월 정도이므로 퀘이사의 크기가 아무리 커도 태양계보다는 클 수 없다. 따라서 은하의 크기에 비하여 매우 작다. 왜냐하면 퀘이사의 변광 주기는 퀘이사의 자전 주기와 같기 때문이다. 이와 같은 작은 공간의 중앙에 극단적인 수렴작용을 일으키는 블랙홀이 있고, 이 블랙홀의 인접한 영역에서 극단적인 물질의 흐름이 원반 형태로 강하게 형성되어 있기 때문에, 이 원반의 이름을 **강착원반**이라 한다. 강착원반의 바깥은 블랙홀로 빨려 들어오는 물질들의 발산작용이 나타나고, 그 반작용으로 물질들의 조밀한 헤일로와 같은 고리 형태의 링이 형성되어 그림 4.41과 같은 형태가 될 것이다.

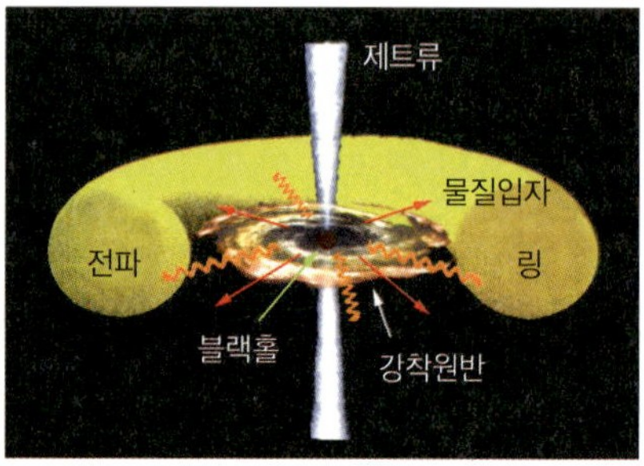

그림 4.41 퀘이사의 구조.

(2) 블랙홀

1) 블랙홀의 특징

블랙홀은 우주 진화의 초기에 탄생했던 오래된 은하의 중앙에 많이 존재한다. 특히 퀘이사를 포함하는 은하는 우주의 가장 먼 곳에서 많이 발견된다는 사실로부터 오래된 은하임을 알 수 있고, 또 매우 큰 질량을 가진 오래된 별이 집중되어 있는 은하에서 퀘이사가 많이 발견된다. 그래서 퀘이사 내부에 있는 블랙홀은 큰 질량을 가진 오래된 별의 마지막 모습의 한 형태로, 이 때문에 오래된 은하의 중심에서 주로 많이 발견된다. 이러한 블랙홀은 중력이 너무 커서 자연계에서 가장 빠른 빛조차도 그 중력에 의하여 이끌려 들어간다. 이러한 천체에 대한 예견을 1789년 영국의 존 미첼이 하였다. 수년 뒤에 수학자 라플라스도 이와 비슷한 제안을 하였으나 단지 오랫동안 가설로만 전해 오다가 아인슈타인의 상대성 이론을 통해 실제로 존재할 것이라는 사실이 이론적으로 증명되었다. 즉, 상대성 이론에서 빛이 중력에 의해 휘어짐이 증명되었다.

1930년 줄리어스 오펜하이머(Julius Robert Oppenheimer)가 일반 상대성 이론을 천체에 적용해보면 어떤 질량을 초월한 별은 그 최후가 왔을 때 중력에 의해 계속 붕괴되면서 끝내는 한 점으로 수축한다는 결론을 얻었는데, 이 현상을 **중력붕괴성**이라 한다. 즉, 이것이 블랙홀의 개념을 탄생시킨 계기다. 이후 1969년에 미국의 **존 휠러**(John Wheeler)가 **블랙홀**이라는 명칭을 사용하였다. 휠러 이전에는, 천체의 구성 물질이 중력에 의하여 극단적인 수축을 일으켜 빛마저도 빠져 나오지 못하는 천체를 '깜깜한 별' 혹은 '중력이 완전히 붕괴한 존재' 등으로 불렸으나, 1969년에 빛조차도 탈출할 수 없는 '암흑의 구

그림 4.42 '블랙홀'이라는 용어를 만들어낸 미국의 물리학자 존 휠러.

멍' 이란 뜻으로 휠러가 '블랙홀' 이라는 이름을 붙였다. 또한 그는 우리의 우주와 똑같은 우주가 다른 시공간에도 존재한다는 '다우주론(多宇宙論)' 의 개념을 도입함과 동시에 우주 한쪽에서 다른 쪽으로 이동하는 지름길인 **웜홀**(worm hole)이라는 단어도 만들어냈다.

이후 여러 학자들이 블랙홀에 대한 연구를 활발히 진행하였으며, 특히 1974년에 영국의 스티븐 호킹(Stephen William Hawking)이 블랙홀을 구체화시켰다.

일반적으로 어떤 원인에 의하여 물질의 밀도가 높은 곳이 생기면, 그곳이 중력 중심이 되어 주변의 수소와 같은 물질을 흡수한다. 이러한 물질이 더 많이 흡수되면서 덩어리가 커지면, 중력 수축으로 인해 내부에는 열이 발생하면서 수소 핵융합 반응이 일어나고 스스로 빛을 내는 천체인 별이 탄생한다. 탄생한 별은 수소 핵융합 반응을 통해 발생한 열로 인한 팽창과, 물질에 의한 중력 수축이 균형을 이루어, 오랫동안 안정적으로 빛을 내는 주계열성이 된다. 주계열성인 상태에서 수소 핵융합 반응이 오래 진행되는 동안 핵융합 반응의 연료인 수소 원자가 바닥나고, 수소보다 더 무거운 원소, 즉 헬륨 및 탄소와 같은 원소들이 생성된다. 별이 헬륨 및 탄소와 같은 이러한 무거운 원소들을 충분히 생산할 수 있는 질량을 가졌다면, 별의 중앙부에 쌓인 헬륨과 탄소는 더 강한 중력을 만든다. 이 중력으로 인하여 중력 수축이 더 강하게 일어나면서 헬륨 및 탄소 등의 핵융합 반응을 일으키는 데 충분한 압력과 온도가 되면, 헬륨 및 탄소 등의 핵융합 반응이 생기면서 더욱더 많은 열의 발생으로 급격히 팽창하게 되어, 거성 또는 초거성으로 부풀게 된다. 초기에 탄생된 별의 질량이 크면 클수록 핵융합 과정에 의하여 더욱더 무거운 원소들 쪽으로 생산력이 증가하고, 또 무거운 원소들이 별의 중심부에 많이 쌓이면 쌓일수록 더욱더 강한 중력이 생겨나 무거운 원소들의 핵융합 반응을 격발시킨다. 무거운 원소들의 핵융합 반응이 격발되기 위해서는 더 높은 압력과 온도가 필요하며, 무거운 원소들의 핵융합 반응이 일어나면 더 많은 열이 발생한다.

만약 별의 질량이 충분히 크지 못하면 두 번째 단계인 헬륨 및 탄소 등의 핵융합 반응을 일으키지 못하고 그대로 식어버린다. 대부분 이와 같은 경우 **갈색왜성**으로 변한다. 그리고 태양 질량의 0.08~4배 사이의 별은 거성으로 변했다가, 더 이상 연료의 고갈로 핵융합 반응이 일어나지 못하여 식으면서 **백색왜성**으로 변한다. 태양 질량의 4~8배 사이의 별은 최후에 폭발하면서 우주 공간에 흩어져 버리고, 태양 질량의 8~30배 정도 되는 별은 고온으로 인한 폭발로 물질이 갖고 있던 전자와 양성자가 결합하여 중성자로 변하면서 본래의 중성자들과 함께 응축되어 **중성자별**(펄서)로 변한다. 태양 질량의 30배 이상 되는 별은 폭발하면서 주변에 있는 물질은 우주 공간에 날려버리고, 안쪽에 남는 물질이 중력 붕괴를 일으켜 **블랙홀**이 된다. 모든 별들은 탄생하였다가 최후를 맞이하는데, 그 운명의 결과는 표 4.3과 같이 대략 네 가지 형태로 요약된다.

거대한 질량이 모이면 구조화된 물질이 거대한 질량에 의한 강한 중력을 지탱하지 못하고 극단적인 수축을 일으켜서 가상의 천체를 형성하는데, 이를 블랙홀이라 한다. 블랙홀은 빛을 포함하여 우리에게 정보를 전달하는 모든 정보전달자까지도 흡수해버리기 때문에 실제로 블랙홀을 관측할 가능성은 없다. 그러나 중력 붕괴에 의하여 블랙홀로 빨려 들어가는 여러 가지 물질들이 만들어내는 주변 현상을 보고 그 존재를 예측할 수 있다. 예를 들어 지표면의 대기 중에서 회오리바람이 생기는데, 만약 공기가 매우 깨끗하다면 그 회오리바람을 볼 수 없다. 그러나 공기 중에 먼지 등이 포함되어 있으면 그 먼지의 흐름을 보고 우리는 회오리바람을 인식할 수 있다. 이와 같은

표 4.3 진화하는 별의 마지막 네 가지 형태

	질량	천체 이름
1	0.08~4 $M_{태양}$	백색왜성
2	4~8 $M_{태양}$	흩어져 없어짐
3	8~30 $M_{태양}$	중성자별(펄서)
4	30 $M_{태양}$ 이상	블랙홀

주: $M_{태양} = 1.985 \times 10^{30}$ kg

원리로 블랙홀의 존재도 주변의 여러 현상을 통해 인식할 수 있다.

극단적인 중력 붕괴로 생긴 블랙홀은 최대 세 가지 물리량만 가지는데, 그 세 가지는 **질량**, **스핀**(자전), **전하**이며, 그 세 가지의 유무에 따라 블랙홀의 기본형을 다음과 같이 네 가지로 구분한다.

① 슈바르츠실트 블랙홀

회전도 하지 않고 전하도 없는 가장 단순한 형태의 블랙홀로, 공 모양의 정지한 블랙홀을 **슈바르츠실트 블랙홀**이라 한다. 이러한 유형의 블랙홀은 독일의 물리학자 슈바르츠실트(Karl Schwarzschild)가 아인슈타인의 중력방정식을 풀 때 계산을 단순화시키기 위하여 정지한 공 모양의 블랙홀을 가정한 데서 유래하며, 이 방정식에서 구한, 빛이 탈출할 수 없는 임계 곡률 반지름을 **슈바르츠실트의 반지름**이라 한다.

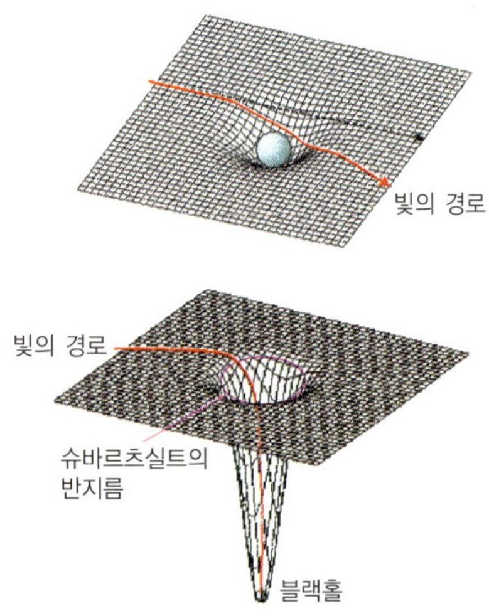

그림 4.43 중력에 의해 휘어진 공간에서 빛의 경로와 슈바르츠실트의 반지름.

어떤 천체에서 탈출할 수 있는 속도가 광속인 경우에, 그 천체의 질량과 반지름의 관계, 즉 슈바르츠실트의 반지름을 피에르 라플라스가 다음과 같은 식으로 계산하였다.

$$R=\frac{2GM}{C^2} \text{ (슈바르츠실트의 반지름)} \qquad (4-1)$$

여기서 R은 탈출속도가 광속이 되어야 하는 천체의 반지름이고, G는 뉴턴의 만유인력 상수이며, M은 천체의 질량이고, C는 광속이다.

예로서, 슈바르츠실트의 반지름을 구하는 공식을 이용하여 우리 태양이 블랙홀이 되기 위해서 '어느 정도 크기로 수축되어야 하는가?' 를 계산해보자.

슈바르츠실트의 반지름을 구하는 공식을 이용하되, 만유인력 상수 $G=6.673\times10^{-11}\mathrm{N\cdot m^2/kg^2}$, 태양의 질량 $M_{태양}=1.985\times10^{30}\mathrm{kg}$ 그리고 빛의 속도 $C=2.998\times10^5\mathrm{m/s}$를 (4-1)식에 대입하면

$$R=\frac{2GM_{태양}}{C^2}=\frac{2\times(6.673\times10^{-11}\mathrm{N\cdot m^2/kg^2})\times(1.985\times10^{30}\mathrm{kg})}{(2.998\times10^5\mathrm{m/s})^2}\fallingdotseq 3\,\mathrm{km}$$

의 값을 얻는데, 이는 반지름 69만 5,000 km인 태양이 3 km 정도로 수축되어야 블랙홀이 된다는 것을 의미한다. 이렇게 수축될 경우, 밀도는 약 200억 톤/$\mathrm{cm^3}$이 된다.

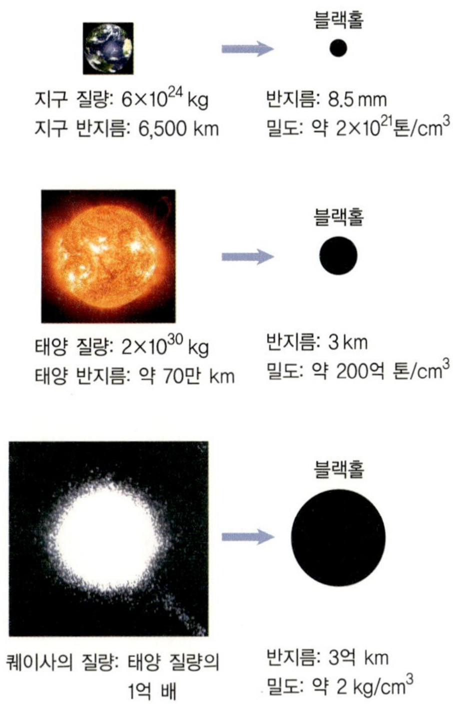

그림 4.44 지구, 태양, 퀘이사가 블랙홀이 되었을 때 크기와 밀도.

② 커 블랙홀

자전하고 있는 거대한 별이 최후를 맞이하여 중력 붕괴를 일으키면서 블랙홀로 변한다고 할 때, 각운동량 보존에 의하여 블랙홀도 당연히 자전을 한다. 전하는 없고 자전하는 블랙홀을 **커**(Kerr) **블랙홀**이라고 한다. 커 블랙홀은 슈바르츠실트 블랙홀과는 달리 자전 속도가 크면 클수록 슈바르츠실트의 반지름(사상의 지평선)이 작아진다. 현재 존재하고 있는 대부분의 블랙홀이 여기에 속한다.

③ 라이스너-노르트슈트룀 블랙홀

전하를 띠고 회전은 하지 않는 블랙홀을 **라이스너-노르트슈트룀**(Reissner-Nordström) **블랙홀**이라 한다. 특히 블랙홀이 전하를 띠기 위해서는 중력 붕괴가 일어날 때 전하가 그대로 남아 있어야 한다. 그러나 블랙홀로 응축되기 전에 전기를 띤 물질들은 전기적 반발에 의하여 우주 공간으로 날아가버리기 때문에 전하를 띤 블랙홀은 생기기 어렵다.

④ 커-뉴먼 블랙홀

전하도 띠고 회전도 하는 블랙홀을 **커-뉴먼**(Ker-Newman) **블랙홀**이라고 한다. 이 블랙홀도 존재할 가능성은 희박하다.

2) 블랙홀을 품고 있는 은하들

① 우리 은하 내부에 있는 블랙홀들

블랙홀로 빨려 들어가는 물질들의 자연 현상에 의하여, 그 주변에는 막대한 복사 에너지, 즉 전파, 가시광선, 적외선, 자외선, X-선, 감마선 및 각종 소립자와 하전 입자 등 헤아릴 수 없는 물질들이 분출되어 나온다. 블랙홀의 존재를 찾으려면 이들 중 X-선의 방출 원천을 찾으면 된다. 그림 4.45에서, 6개의 붉은 동그라미 표시 지역은 우리 은하계 내에서 유력한 블랙홀의 후보 지역이다.

이 중에서 백조자리 X-1(혹은 고니자리 X-1)은 X-선 관측천문위성 우르(Uhr)가

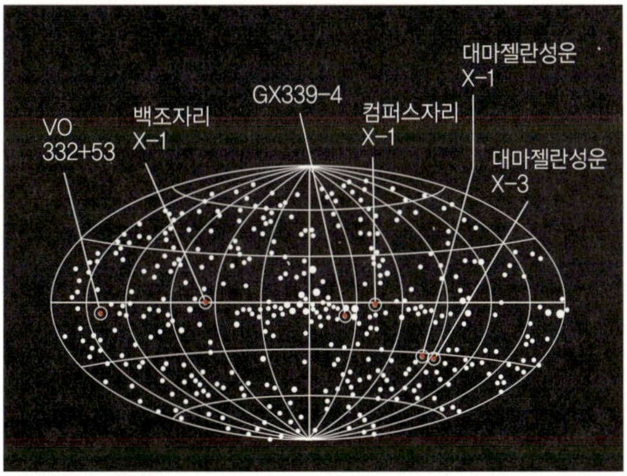

그림 4.45 우리 은하면 주변에서 발견되는 중요한 X-선 발생원들의 분포.

발견하였다. 백조자리의 목 부분에 에타(η)별이 있고, 그 바로 옆에 HDE226868이라는 9등급의 별이 있다. HDE226868 옆에서 X-선을 강하게 방출하는 천체를 백조자리 X-1이라고 이름 지었다. HDE226868은 청색 초거대 변광성이고, 백조자리 X-1과의 거리는 대략 0.2 AU 정도다. 백조자리 X-1의 내부 강착원반의 물질들은 수백만 도로 가열되어 가속되기 때문에 X-선을 발생한다. 또 백조자리 X-1은 HDE226868과 쌍성을 이루어 서로 56일을 주기로 회전하는 것이 밝혀졌다. 이 쌍성의 공전 주기를 조사한 결과, 백조자리 X-1의 천체는 태양 질량의 10배 이상이 된다는 사실이 밝혀졌으며, 백조자리 X-1에서 나오는 X-선의 강도가 0.05초 이하의 주기로 변하고 있다는 사실로써 백조자리 X-1 속에는 블랙홀이 있음을 추정할 수 있었다. 그림 4.46의 오른쪽 아래 사진에 백조자리 X-1에서 분출되는 전파 및 X-선의 제트 현상이 잘 나타나 있는데, 이는 백조자리 X-1에 블랙홀이 있다는 증거가 된다.

우리 은하 속에 존재 가능한 또 다른 블랙홀의 후보가 그림 4.46에 나타낸 궁수자리 A*다. 궁수자리 A*는 초대질량을 가진 블랙홀로서 우리 은하 중심부에 있으며, 그 질량은 (태양 질량)$\times 4.31 \times 10^6$이다. 그리고 또 다른 X-선의 발생원들

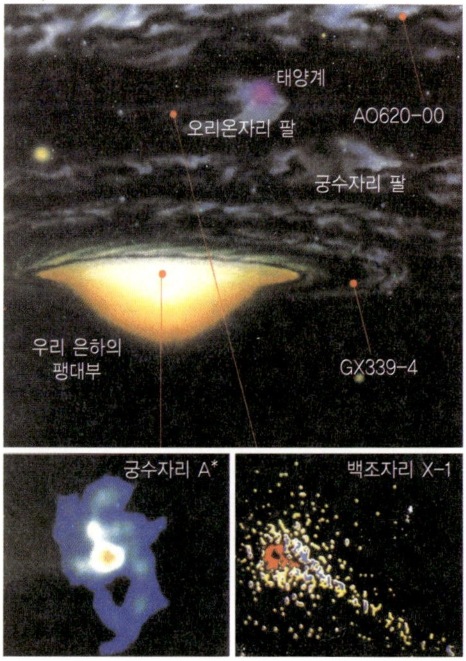

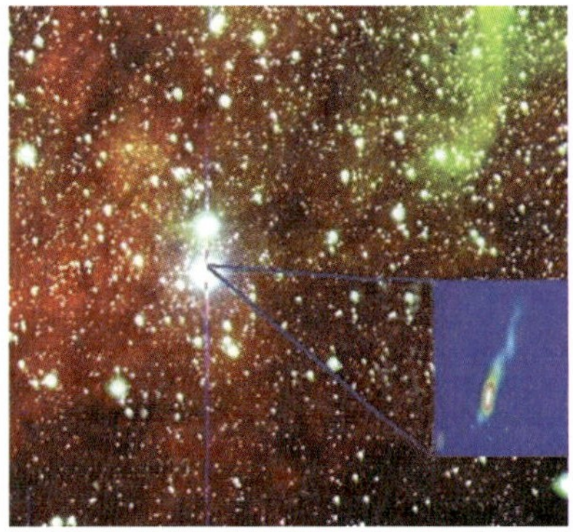

그림 4.46 우리 은하 내에 있는 주요 X-선 발생원들. 백조자리 X-1은 X-선 화상이며(아래 오른쪽), 궁수자리 A*는 우리 은하의 중심부에 존재한다(아래 왼쪽).(왼쪽)
그림 4.47 백조자리 X-1의 화상.(오른쪽)

로 대마젤란성운 X-1, 대마젤란성운 X-3, 컴퍼스자리 X-1, AO620-00, GX339-4 등이 있다.

② 우리 은하 외부에 있는 블랙홀들

안드로메다은하의 자매은하인 M32. 안드로메다은하는 우리 은하와 더불어 국부 은하군을 이루는 Sb형 나선은하다. 특히 안드로메다은하는 우리 은하 쪽으로 50만 km/h씩 가까워지고 있어, 약 30억 년 뒤에는 우리 은하와 충돌할 것으로 예상되고 있다. 안드로메다은하는 안드로메다자리 방향으로 약 250만 광년 거리에 있으며, 우리 은하에서 가장 가까운 외부 은하다.

안드로메다은하는 2~3개의 이웃 은하를 거느리고 있는데, 그 하나는 타원 은하인 M32이고, 다른 하나는 타원 은하인 M110이다. M32의 질량은 안드로메다은하 질량의 1/100(태양 질량의 3,000배) 정도이고, M110의 질량은 안드로메다은하

그림 4.48 우리 은하계에서 약 200만 광년 거리에 있는 안드로메다은하(M31)의 자매은하인 M32의 중심부는 블랙홀로 되어 있다고 추정된다.(왼쪽)

그림 4.49 M32의 중심부. 1991년 8월에 HST로 촬영한 사진.(오른쪽)

의 1/40 정도다.

지름이 약 8,000광년인 M32 은하 내부에는 그림 4.49에 나타나 있는 것과 같이 블랙홀 때문에 제트 현상이 형성되어 있다.

켄타우루스A(NGC5128). 그림 4.50에 나타낸 것처럼, 밤하늘에서 켄타우루스A는 쉽게 찾을 수 있다. 처녀자리 알파별(α별; 스피카)은 켄타우루스A와 같은 적경에 있다. 이 α별로부터 약 12° 정도 남쪽(위쪽)으로 내려오면 3등성 γ별(감마별; 히드라)이 있고, γ별에서 남쪽으로 약 13° 정도 내려오면 켄타우루스A가 있다.

켄타우루스A는 우리 은하로부터 1,400만 광년 거리에 있는 거대한 타원 은하로서, 켄타우루스자리에서 130만 광년 떨어져 있다. 최근에 켄타우루스A는 주변의 나선 은하와 합체를 하고 있는데, 이 합체되는 부분에서 새로운 별들이 많이 탄생되고 있다. 켄타우루스A는 초거대 질량을 가진 블랙홀에 의해 중심 주변에 물질들의 활발한 운동과 더불어 밝게 빛나는 영역이 있고, 그곳에서 강력한 전파

그림 4.50 켄타우루스A(NGC5128)의 위치.

와 X-선이 방출되고 있다.

그림 4.51에, 먼지 띠가 거대한 은하를 감싸고 있는 모습이 보이고, 원반의 중앙부에서 원반에 수직한 방향으로 빠르게 분출하는 전파 및 물질의 제트가 보인다. 이와 같은 상황이 원반의 중심부에 초거대 질량을 가진 블랙홀이 존재함을 알려주는 것이다. 그림 4.52는 전파 망원경을 사용하여 관측한 사진이다. 켄타우루스A의 중심 영역의 먼지에서 나오는 열과 빛 및 전파를 관측하면, 원반의 수직 방향으로 강한 제트가 형성되어 양쪽으로 긴 돌출부가 나와 있는 것을 볼 수 있다. 그리고 자기장 속에서 빠르게 움직이는 하전 입자가 방출하는 전파 및 X-선의

그림 4.51 켄타우루스A에서 분출되는 제트.

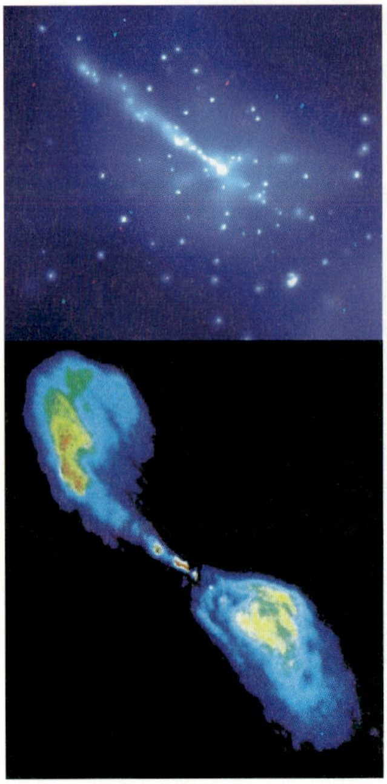

그림 4.52 전파로 본 켄타우루스A의 제트.

양을 측정한 결과 이 제트의 속도는 광속도의 절반에 달하는 것으로 계산되었으며, 특히 X-선 방출을 관측한 결과 이러한 제트는 켄타우루스A의 중심에서 방출된다는 것을 알 수 있었다. 그리고 그림 4.52에 나타난 것처럼, 은하의 오른쪽 아래로 분출된 제트가 주변의 우주 가스와 충돌하면서 충격파를 형성하는 것도 관측되었다. 이 제트는 무려 5만 광년 떨어진 곳까지 영향을 미치고 있다.

백조자리A. 백조자리A는 1946년에 최초로 발견된 점전파원으로, 대략적인 위치는 적경 $19^h 57^m$, 적위 $41°$이며, 지구로부터 약 5억 광년 거리에 있다. 백조자리A의 중심부에서 약 30만 광년 떨어진 2개의 전파원이 강하게 나타나며, 전파원에서 나오는 에너지의 강도는 일반적인 은하의 수천만 배에 달한다. 전파 스펙트럼상에서 강력한 방출선이 나타나는데, 이는 백조자리A의 중심부에 거대한 블랙홀이 있어서, 주위의 물질들을 중심부로 강하게 빨아들이기 때문에 그 영향으로 강력한 에너지가 뿜어져 나오는 것이다. 그림 4.53의 사진 내 작은 그림은 전파 망원경의 화상으로, 백조자리A의 중심에서 강력한 하전 입자의 제트가 만들어내는 전파가 양쪽 끝단에서 많이 발생하고 있음을 보

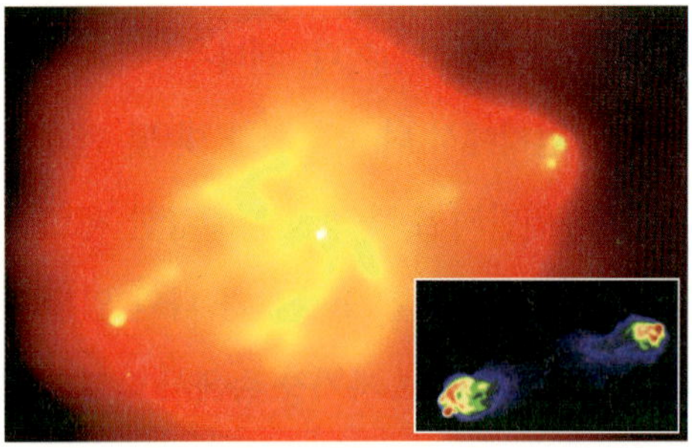

그림 4.53 백조자리A.

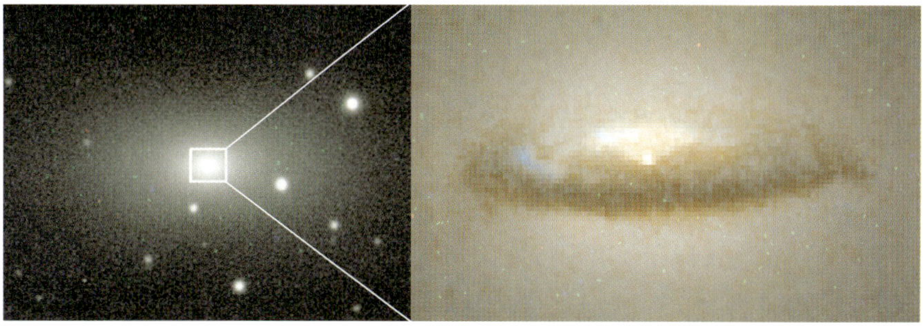

그림 4.54 NGC7052.

여준다. 백조자리A는 외부 은하 중에서 가장 강력한 전파원이다.

NGC7052(UCG11728). NGC7052 은하는 지름이 3,700광년 정도 되는 타원형이며, 그 내부에 있는 블랙홀의 질량은 태양 질량의 300배 정도다. 블랙홀은 링 모양의 먼지들이 주변을 둘러싸고 있는데, 그 모습이 마치 블랙홀 주위에 형성되는 매우 조밀한 헤일로와 같고, 그 속에 강착원반 같은 것이 형성되어 있으리라 추정된다. 그리고 NGC7052 은하는 지구로부터 1억 9,100만 광년 거리에 있다.

NGC6251. 1997년 9월 10일, 허블 망원경을 통해 NGC6251 은하가 내부 활동은하임이 밝혀졌다. 특히 NGC6251 은하는 중심부에 블랙홀이 존재하고 있는 증거가 뚜렷이 나타나 있고, 그 블랙홀 주변에서 지금까지 한 번도 보지 못한 강력한 자외선이 방출되고 있다. 이와 같은 현상이 나타나는 것은 은하 속에 형성되는 블랙홀의 생성 과정이 보통의 생성 과정과 다른 양상을 갖고 있기 때문으로 보인다. 그림 4.55의 중심

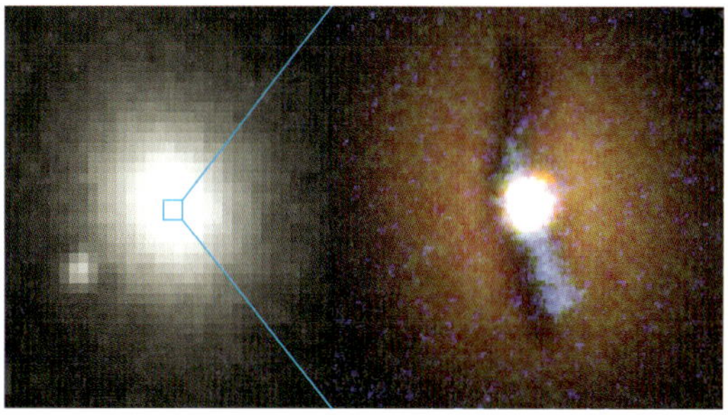

그림 4.55 NGC6251 은하.

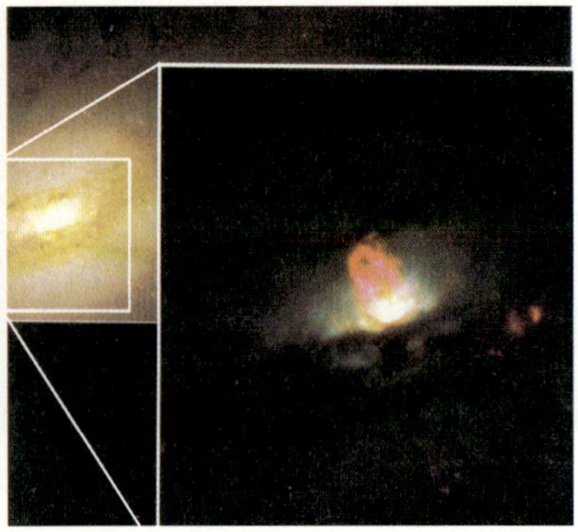

그림 4.56 처녀별자리에 있는 NGC4438과 NGC4435.(왼쪽)
그림 4.57 처녀별자리에 있는 NGC4438. 사진에 물질의 제트가 보인다. 따라서 내부에는 블랙홀이 있다.(오른쪽)

핵을 확대한 사진은 가시광선 화상과 자외선 화상을 합성하여 만든 것이다. 가시광선으로 만든 상은 어두운 먼지를 보여주고, 자외선으로 만든 상은 중심에서 양쪽으로 돌출한 푸른빛을 잘 나타내고 있다.

처녀별자리에 있는 NGC4438 은하. 그림 4.56에 보이는, 눈(eye) 모양을 하고 있는 은하는 처녀자리에 있는 마카리안 연쇄은하의 일부분으로, 서로 충돌하고 있다. 두 은하가 근접 충돌하고 있어 은하의 중력에 의하여 별, 가스, 먼지 등이 찢겨져 나가고 있다. 질량이 큰 NGC4438은 충돌 과정에서 파괴된 물질의 대부분을 가지고 있으나 질량이 작은 NGC4435는 가장자리 물질을 거의 잃어버린 상태다. NGC4438과 NGC4435의 팽대부는 밝은 흰색으로 빛이 나고 있으며, 특히 NGC4438 은하의 팽대부에는 푸른빛 상처가 있다. 이와 같은 흔적도 과거에 서로 충돌했던 증거다. 찬드라 X-선 우주 망원경의 관측 결과에 따르면, 이 두 은하는 약 1억 년 전에 충돌하여 1,600광년 정도 멀어지기 전까지 서로 물질 교환이 활발했던 것으로 알려졌다.

특히 NGC4438의 파란 부분은 새롭게 태어난 수많은 별들이 내는 빛이며, 검은 부분은 먼지 띠에 의해 빛이 가려진 부분이다. 그림 4.57은 허블 우주 망원경이 촬영한 NGC4438의 은하핵의 모습으로, 은하핵 속에 초거대 블랙홀에 의한 제트가 나타나 있다. 분출된 제트가 초거대 블랙홀에 의해서 다시 흡수되는 모습이 특이하다. 그림 4.57에서 보는 바와 같이 블랙홀 주변에 고리 모양도 형성되어 있고, 또 그 안쪽에는 분명하지는 않지만 강착원반이 형성되어 있음을 볼 수 있다.

처녀별자리에 있는 NGC4261 은하. 처녀자리 은하단은 처녀자리 북쪽에 있으며, 우리 은하와 가장 가까운 외부 은하의 집단으로, 약 2,500개의 은하가 모여 있다. 은하 집단 중심에는 타원은하 및 렌즈형은하와 같은 밀도가 높은 은하가 주로 있고, 변두리에는 밀도가 낮은 나선은하, 불규칙은하 등이 주로 포진하고 있다. 마

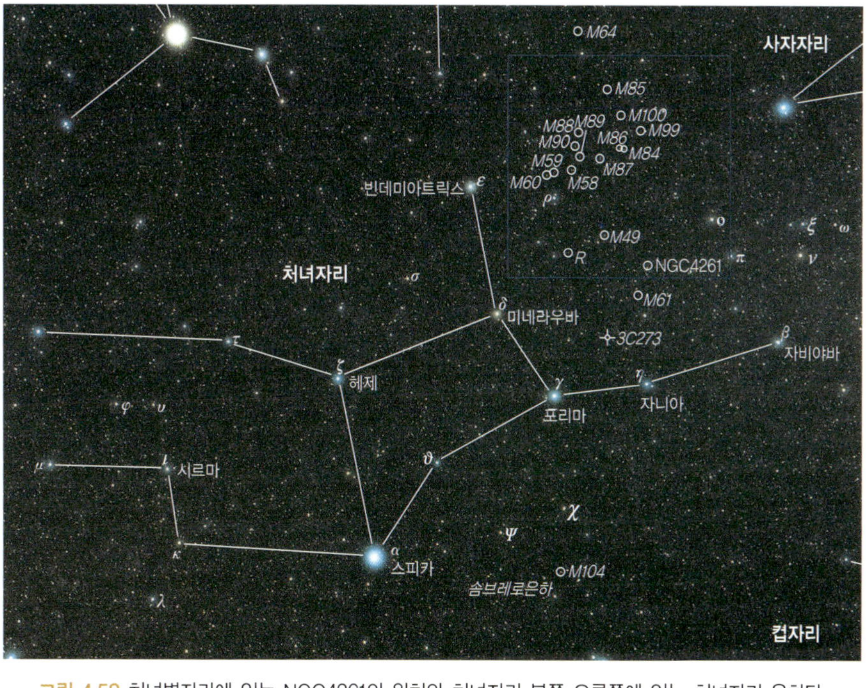

그림 4.58 처녀별자리에 있는 NGC4261의 위치와 처녀자리 북쪽 오른쪽에 있는 처녀자리 은하단.

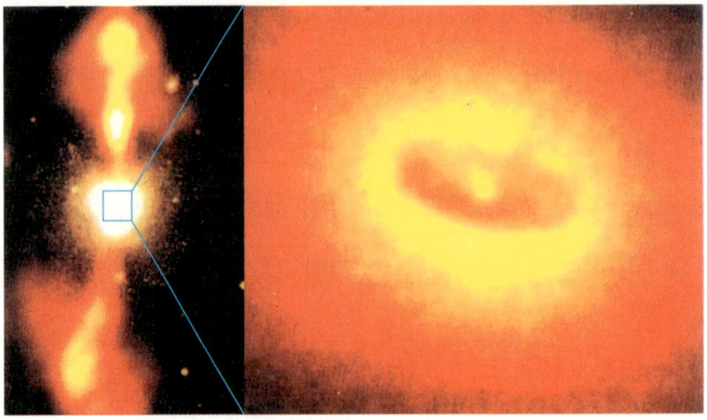

그림 4.59 처녀별자리에 있는 NGC4261. 가스가 고리 모양으로 둘러싸고 있고, 그 안에 강착원반이 형성되어 있다.

카리안 연쇄은하도 처녀자리에 있는 은하로, M84, M86, NGC4438, M88까지 연결되는 선상에 있다.

NGC4261 은하는 처녀자리 은하단의 아래쪽에 위치한 타원은하로, 은하핵의 질량은 태양 질량의 400만 배 정도다. 그리고 그 속에 있는 블랙홀의 크기는 17광년 정도이며, 제트의 도달 거리는 8만 8,000광년이나 된다. NGC4261 은하는 수천억 개의 별을 거느리고 있으며, 블랙홀 주변에 있는 물질들이 나선운동을 하면서 빨려 들어가기 때문에 강착원반을 만든다. 그림 4.59의 사진에 고리 모양의 링, 강착원반, 이 강착원반에 수직 방향으로 분출하는 제트 등의 구조가 잘 나타나 있다. 사진의 모양으로 보아 은하핵 속에는 분명 블랙홀이 존재함을 알 수 있다.

처녀자리에 있는 NGC4261 은하핵의 사진을 토대로 블랙홀 주변의 모양을 구성해본 결과, 퀘이사의 구조에서 논의되었던 그림 4.41과 같았다. 블랙홀 주위의 가열된 가스가 바퀴 모양으로 둘러싸고 있고, 중심의 핵 부분은 강착원반 모양을 하고 있는데, 이 원반으로부터 블랙홀로 소용돌이치며 빨려 들어가는 가스에서 강한 전파, X-선 및 하전 입자 등이 대량으로 제트 형태로 방출된다.

5장 별의 세계

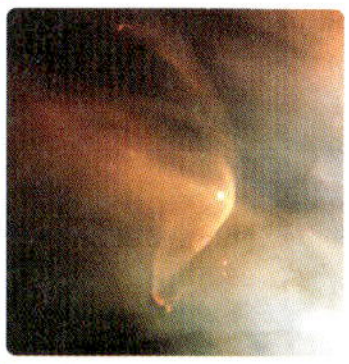

5.1 별의 일생

별은 열핵융합 반응 에너지 또는 열핵융합 반응의 결과로 남은 열에너지에 의해 스스로 빛을 내는 천체를 일컬으며, 별도 생명체와 마찬가지로 우주 공간에서 태어나 살다가 죽음을 맞이하는 과정을 거친다. 별의 일생을 개략적인 도표로 나타내면 표 5.1과 같다.

표 5.1 별의 탄생에서 죽음에 이르는 단계별 특성

진화 단계	변화	보충 설명
원시별 ↓	성간물질의 요동	우주 가스와 먼지구름이 있는 곳에 중력 중심이 생김.
젊은 별 ↓	별의 생성	중력에 의해 물질이 압축되어 핵융합 반응 점화.
주계열성 ↓	별의 진화	수소의 핵융합을 시작으로 더 무거운 원소 생성.
거성 (적색 거성, 적색 초거성, 청색 초거성, 볼프-레예 별) ↓	별의 최후 순간	별의 질량에 따라 최후의 모습이 다름.
백색왜성 ↓ 중성자별 ↓ (블랙홀)	최후의 흔적	별의 질량에 따라 백색왜성, 중성자별, 블랙홀 또는 성간물질로 흩어짐.

(1) 우주의 가스와 먼지의 요동

별의 재료인 가스와 먼지구름이 있는 우주 공간에 다른 행성이나 혹은 다른 별이 최후의 순간을 맞이하면, 그것을 구성하던 물질들이 흩어지면서 압력을 가해 가스와 먼지구름의 밀도에 변화가 생긴다. 그러면 밀도가 높은 곳에 중력 중심이 형성되어 주변에 있는 물질들을 끌어들이게 되고, 그에 따라 몸집이 점점 커지게 된다.

(2) 원시별 탄생

질량 밀도가 높아진 물질의 집단은 더 멀리 있는 주변의 물질을 끌어들이면서 중심부의 압력과 온도가 점점 높아진다. 중심부의 온도가 1,000℃ 정도가 되면, 마침내 가시광선 영역의 빛을 발생하게 된다. 이 상태에서는 열핵융합 반응은 점화되지 않지만 높은 압력 때문에 온도가 상승하여 스스로 빛을 내는 **원시별**이 형성된다. 원시별이 되면 헤르츠스프룽-러셀도(H-R도)의 주계열 전 단계의 별이 된다. 이것은 중심부에 아직 핵융합 반응이 일어나지 않은 상태로, 비교적 짧은 시간 동안 원시별로 존재하기 때문에 H-R도에 나타내지 않는다.

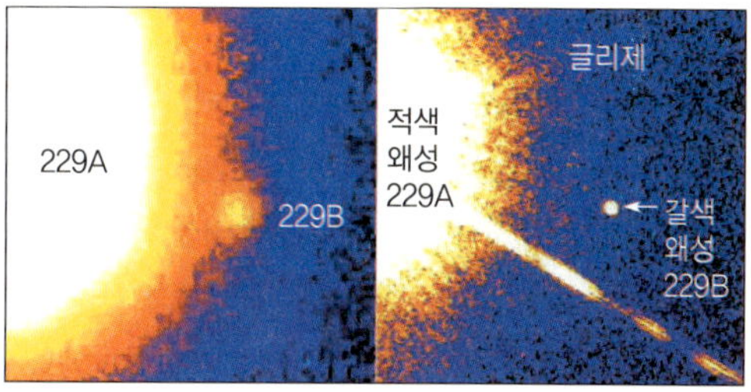

그림 5.1 토끼자리에 있는 글리제 229A와 229B. 글리제 229A는 적색왜성이고, 그 동반성인 229B는 갈색왜성이다. 왼쪽은 헤일 망원경으로 촬영하였고, 오른쪽은 허블 망원경으로 촬영하였다.

만약 원시별의 질량이 태양 질량의 0.08배 정도 이하가 되면, 원시별의 중심에서 수소의 열핵융합 반응이 점화되지 않기 때문에 결국 압력에 의해 생긴 열이 식으면서 별이 아닌 행성과 같은 **갈색왜성**으로 변해버린다. 예를 들면, 적색왜성인 글리제 229A의 동반성인 229B가 갈색왜성이다. 글리제 229A는 토끼자리 방향

헤르츠스프룽-러셀도(H-R도; Hertzsprung-Russell diagram)

1911년에 덴마크의 E. 헤르츠스프룽이 항성의 분광형을 가로축, 절대 등급을 세로축으로 하여 2차원 도표를 그리고 또 1913년에 미국의 H. 러셀 역시 독자적으로 분광형에 대한 별의 절대 등급을 도표로 만들었는데, 이것을 합쳐 헤르츠스프룽-러셀도라 한다. 헤르츠스프룽-러셀도는 항성의 분류, 진화 과정 및 내부 구조를 알 수 있는 자료다.

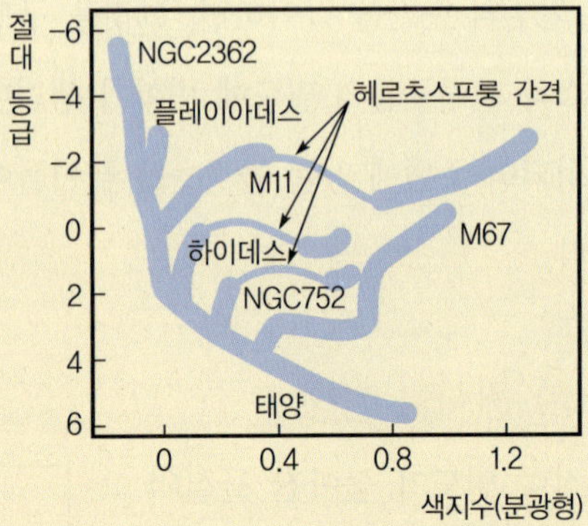

그림 5.2 H-R도.

그림 5.2는 태양으로부터 15 pc(파섹) 이내의 거리에 있는 잘 알려진 약 200개의 항성들에 대한 헤르츠스프룽-러셀도다. 헤르츠스프룽-러셀도에서 왼쪽 상부에 있는 별들은 고온의 밝은 별들이고, 오른쪽 하부에는 저온의 어두운 별들이 있다. 즉, 절대 등급이 낮을수록 밝은 별이며, 색지수(분광형)가 클수록 온도가 낮다. 그림의 왼쪽 상부에서 오른쪽 하부로 걸쳐 있는 띠를 주계열이라 하고, 이 띠에 존재하는 별들을 주계열성(主系列星)이라 한다.

에 있는 플레어 별(변광성의 일종)로, 지구로부터 19광년 떨어져 있으며, 질량은 태양의 46 %, 지름은 태양의 63 % 정도다. 1994년 팔로마 천문대에서 이 항성 옆에 있는 글리제 229B를 촬영하는 데 성공했으며, 그 이후 1995년 허블 우주 망원경으로 해상도 높은 사진을 찍을 수 있었다. 목성 질량의 40배인 글리제 229B는 핵융합 반응을 일으킬 정도가 못 되기 때문에 진정한 별로 발전하지 못하였다.

(3) 별의 탄생

주로 수소로 된 원시별이 탄생하면 그 중심부는 압력과 온도가 준정적으로 아주 서서히 높아진다. 이 원시별의 중심 온도가 약 1,000만℃까지 올라가면 열핵융합 반응이 일어나기 시작한다. 열핵융합 반응이 일어나면서 원시별은 빛을 발하는 진정한 천체(별)가 되어, 주계열성의 일원이 된다. 이렇게 갓 태어난 주계열성을 **영년 주계열성**이라 한다. 주계열성이 된 별의 내부에서 일어나는 열핵융합 반응의 결과로, 별은 온도가 올라가면서 내부 압력도 증가하여 팽창하게 된다. 팽창 현상과 중력에 의한 수축 현상이 서로 대립하면서 서서히 균형 상태로 전이되어 안정되어간다. 원시별의 질량이 클수록 중력 수축이 강하게 일어나고, 그 결과 중심부의 압력과 온도가 높게 올라가 중심부에서 일어나는 열핵융합 반응이 더욱더 격렬해진다. 따라서 원시성에서 주계열성에 진입하는 시간도 짧고 또 온도가 높으므로, H−R도에 나타낸 주계열의 위쪽에 위치한다. 반면에 원시별의 질량이 작을수록 중력 수축이 일어나는 시간이 길어짐과 동시에 온도도 낮은 상태가 되어, 주계열성에 진입하는 시간도 길어진다. 그리고 주계열의 아래쪽에 안착하게 된다.

그림 5.3 와이즈(WISE) 적외선 카메라를 탑재한 위성이 NGC3603 은하 내에서 포착한 별 탄생의 순간. 그림의 확대된 부분에 탄생하는 별이 잘 나타나 있다.

(4) 모습이 드러나는 별과 그 위성의 생성

주계열성이 된 별의 중심부에서 수소 핵융합이 활발하게 일어나는 결과로 대량의 복사선(빛을 포함한)이 방출된다. 이때 밖으로 뿜어져 나오는 복사선에 의하여 별 주변에 넓게 퍼져 있는 우주 가스 및 먼지구름 등이 우주 공간으로 밀려난다. 그

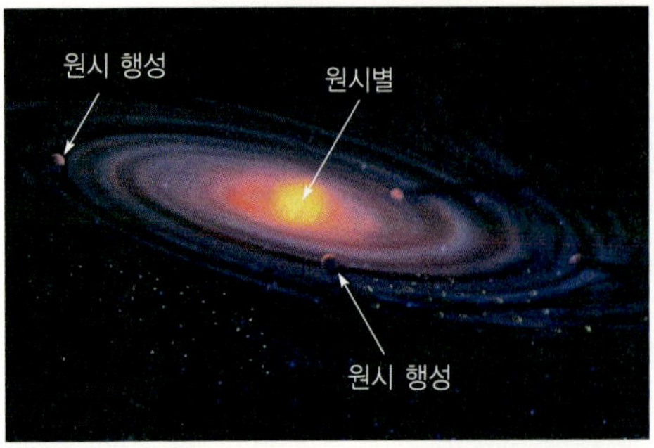

그림 5.4 원시별과 그 위성(행성)이 형성되는 모습의 상상도.

결과, 별 주변의 공간이 맑게 되어 별의 모습이 드러난다. 갓 태어난 별은 중력 중심에 무거운 원소가 침착되지 않아서 별 주변의 가스 및 먼지를 충분히 강하게 잡아당기지 못하기 때문에, 별 내부에서 밖으로 뿜어져 나오는 복사선에 의하여 이들 가스 및 먼지는 우주 공간으로 쉽게 밀려나버린다. 그래서 별 주변이 맑게 되어 별이 또렷하게 보이는 것이다.

또 새로 태어난 별에 의하여 밀려나는 주변의 가스와 먼지는 국소적인 중력 중심을 형성하여 주변의 가스나 먼지구름을 끌어들이고 이후 행성이 되어 별 주변을 공전한다. 이와 같은 원리로 별 주변에 여러 개의 행성이 형성된다.

항성(별)과 행성이 만들어지면서 행성 체계를 이루어가는 모습을 관찰할 수 있

그림 5.5 오리온성운 내에서 원시 항성과 원시 행성이 형성되어 행성 체계를 이루어가는 몇몇의 모습.

는 곳이 오리온성운이다. 지구로부터 약 1,500광년 거리에 있는 오리온성운은 고밀도의 가스 기둥으로 형성되어 있으며, 그 속에서 젊은 별들이 자라나고 있다. 그림 5.5에서 네모 안의 사진은 원시 행성을 거느린 항성을 보여주고 있으며, 이 중 대부분은 행성 체제가 만들어지고 있는 중이다. 어떤 원시 행성들은 모항성(母恒星)을 원반처럼 둘러싸고 있으며, 그 주변의 가스구름이 배경이 되어 엷은 띠 모양이 보이기도 하고, 또 일부에서는 항성 근처의 빨리 움직이는 물질이 주변 물질과 충돌하면서 생기는 충격파의 원호도 나타나 있다.

(5) 젊은 별에서 중년의 별로 진화

별이 태어난 이후 어느 정도의 시간이 흐르면, 별은 상당히 안정화되어 밝은 빛을 내면서 자신의 질량에 따라 서서히 늙어간다. 별은 첫출발하는 질량에 따라 광도, 온도, 크기 등이 달라지면서 그 살아가는 과정도 달라진다. 일반적으로 젊은 별이 성장할 수 있는 원료는 수소이고, 이 수소의 열핵융합을 통하여 스스로 빛을 낼 뿐만 아니라 크기도 유지한다.

그림 5.6에 나타낸 것처럼, 원자의 질량수가 철($^{56}_{26}Fe$)의 질량수 56보다 적은 원소들은 핵융합에 의하여 에너지가 발생하고, 철의 질량수보다 큰 원소들은 핵분열에 의하여 에너지가 발생한다. 따라서 수소(H), 헬륨(He), 탄소(C), 산소(O) 등의 원소들은 핵융합에 의하여 에너지가 발생한다. 만약 수소로 된 젊은 별이 수소 핵융합을 하면 주로 헬륨이 생성되는데, 헬륨은 수소보다 무겁기 때문에 별의 중심에 모여든다.

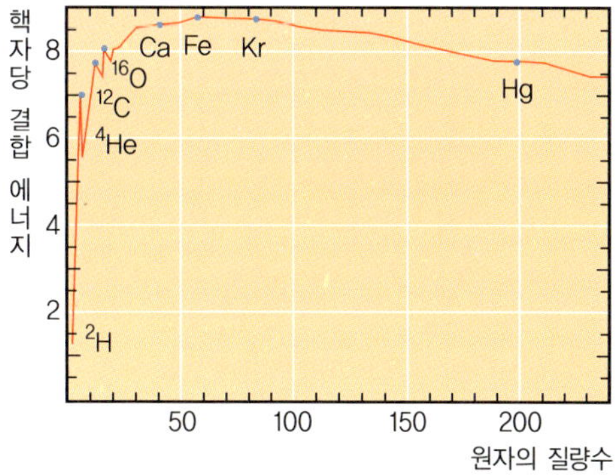

그림 5.6 핵자당 결합 에너지가 가장 높은 것은 철이다.

그림 5.7 원자가 충돌하여 핵융합이 되어가는 모습.

별의 중심에 모여든 헬륨의 핵융합 반응이 촉발되기 위해서는 수소가 핵융합을 일으킬 때보다 압력과 온도가 더 높아야 한다. 반면 헬륨이 핵융합을 일으켜서 나오는 에너지는 수소가 핵융합을 할 때 나오는 에너지보다 많다. 수소의 핵보다 헬륨의 핵에 핵자 수가 많은 것이 지배적인 원인이다. 그리고 원자번호가 큰, 즉 핵 속에 핵자 수가 많은 원소일수록 핵반응을 일으키기 위해서 더 높은 압력과 온도가 필요하다. 그 이유를 설명해 주는 원리를 그림 5.7에 나타내었다. 그림에서처럼 핵자가 많을수록 핵 속에 양성자 수가 많고, 또 핵 주위에 양성자에 상응한 전자가 둘러싸고 있다. 핵융합을 하려면 두 핵이 만나서 강력이 작용하는 범위에 들어가야 한다. 그러나 강력은 매우 짧은 거리까지만 영향을 미치는 핵력이고, 두 핵이 서로 만나지 못하도록 핵을 에워싸고 있는 전자들이 전기적 힘으로 반발하여 두 핵의 접근을 막는다. 그리고 또 핵 속에 있는 양성자도 두 핵의 접근을 전기적으로 강하게 막는다. 특히 원자번호가 클수록 전자의 수와 양성자의 수가 많아지기 때문에 두 핵의 접근이 더욱 더 어렵다. 두 원자에 속해 있는 전자와 양성자 들의 전자기적 방해를 뚫고 두 핵이 만나기 위해서는 매우 빠른 속도로 충돌해야 한다. 두 원자를 매우 빠르게 충돌시키기 위해서는 높은 압력과 높은 온도가 필요하다. 즉, 높은 압력은 충돌의 기회를 높여주고 높은 온도는 충돌의 속도를 높여준다.

핵융합에 있어서 원자번호가 큰 원소의 핵융합을 점화시키기 위해서는 더 높은

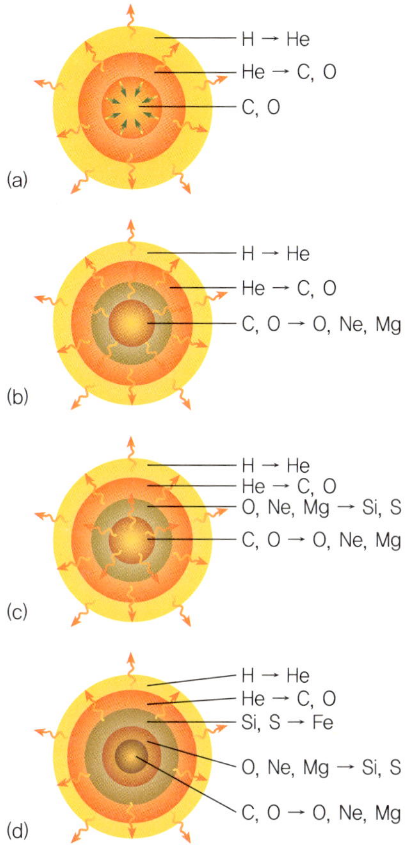

그림 5.8 핵융합이 단계별로 진행됨에 따라 별 내부에 쌓이는 원소들.

압력과 더 높은 온도가 필요하지만, 핵융합이 일어나면 핵융합에 관련된 핵자의 수가 많기 때문에 더 많은 에너지가 방출된다. 예를 들어, 수소가 핵융합을 하여 헬륨이 되는 경우에 발생하는 에너지보다 헬륨이 핵융합을 하여 탄소와 산소가 만들어지는 과정에서 발생하는 에너지가 더 많다. 또 헬륨이 핵융합을 하여 탄소와 산소가 되는 경우에 발생하는 에너지보다 탄소와 산소가 핵융합을 하여 산소, 네온(Ne), 마그네슘(Mg)이 만들어지는 과정에서 발생하는 핵에너지가 더 많다. 마찬가지로 산소, 네온, 마그네슘 등이 핵융합을 하여 실리콘(Si)이나 황(S) 등이 만들어지는 과정에서 더욱더 많은 에너지가 발생한다.

그림 5.8에 나타낸 것처럼 원시성의 질량이 충분히 크다면, 수소를 연료로 하여 생긴 핵융합이 헬륨을 만들고, 헬륨의 핵융합이 다시 점화되어 탄소, 산소 등을 만들고, 또 산소, 탄소가 핵융합을 하여 네온, 마그네슘 등을 만들고, 또 다시 이 원소들이 핵융합을 하여 실리콘, 황 등을 만들고, 이 실리콘과 황이 핵융합을 하여 철을 생산하면서 핵융합의 단계별 과정이 끝이 난다.

(6) 별이 최후에 이르는 길과 그 질량

원시성이 형성될 때 원시성의 주재료인 수소의 질량에 따라서 별의 핵융합 단계가 달라진다. 원시성의 질량이 태양 질량의 0.08 $M_{태양}$ 이하이면 핵융합이 생기지 않으며, 0.08 $M_{태양}$ 이상이면 핵융합 반응이 진행되는데, 질량이 크면 클수록 그림 5.8에 나타낸 것과 같이 핵융합이 많은 단계를 거치면서 진행되고, 각 단계별 핵융합이 진행됨에 따라 별 내부에 쌓이는 물질은 무거운 원소 쪽이 된다. 또 질량이 클수록 핵융합의 속도가 빨라지고, 특히 무거운 원소들의 핵융합인 경우 폭발적으로 더 많은 열이 발생하기 때문에, 질량이 큰 별일수록 수명은 매우 짧아진다. 그리고 마지막 순간에는 무거운 원소들의 핵융합이 주로 일어나기 때문에 폭발적으로 팽창한다. 이때의 별은 밤하늘에서 아주 강하게 빛이 나는데, 이 천체를 우리는 **신성**(新星)이라 부른다. 즉, 신성은 새로운 별이 아니고 별이 죽는 마지막 순간이다.

이 마지막 순간이 지난 이후 남은 잔해의 모습도 별의 질량에 따라 달라진다. 질량에 따른 최후의 잔해 모습과 수명을 표 5.2에 수록하였다. 지금부터는 원시성의 질량에 따른 별의 여정 갈래를 자세히 살펴보자.

표 5.2 별의 질량에 따른 최후의 형태와 수명

질량	천체 이름	수명
~0.08 $M_{태양}$	갈색왜성	길다
0.08~4 $M_{태양}$	백색왜성	↑
4~8 $M_{태양}$	흩어져 없어짐	
8~30 $M_{태양}$	중성자별(펄서)	
30 $M_{태양}$ 이상	블랙홀	짧다

주: $M_{태양}$ = 1.985×10^{30} kg

1) 원시성의 질량에 따른 최후의 여정

① 질량이 0.08 $M_{태양}$ 이하인 천체

수소의 핵융합 반응을 일으킬 정도가 못 되면 천체는 중력 수축에 의한 압축으로 인하여 온도가 올라갔다가 그대로 식으면서 수축하여 **갈색왜성**이 된다. 갈색왜성의 여정을 걷는 천체는 별의 범주에는 속하지 않고 행성의 범주에 속한다. 왜냐하면 별이란 스스로 빛을 내는 천체이기 때문이다.

② 질량이 0.08~4 $M_{태양}$ 정도인 별

그림 5.9 우리 태양 정도의 질량을 가진 별의 일생. 별의 크기는 상대적이며, 간격은 약 4억 년이다.

0.08~4 $M_{태양}$ 정도의 질량을 가진 원시성이 형성되면 수소의 핵융합 반응이 일어나 별의 일생이 시작된다. 그림 5.8(a)에 나타낸 것처럼 청 · 장년기 동안 수소가 헬륨으로 변하여 별의 중심부에 충분한 헬륨이 쌓이고, 이렇게 쌓인 헬륨의 중력 수축에 의해 열이 발생하거나, 아니면 질량이 어느 정도 더 큰 경우에는 내부에 쌓인 헬륨의 핵융합 반응이 일어나면서 폭발적으로 열이 발산된다. 이런 상황에서 별은 크게 팽창하여 **적색거성**이 된다. 높아진 온도는 이 별의 핵연료를 아주 빠르게 고갈시키기 때문에 적색거성이 된 이후부터 별의 죽음은 아주 빠르게 가속된다. 적색거성이 되는 과정에서 별의 중심으로부터 먼 외각에 있는 가스의 운동 속도는 이 별의 중력을 탈출할 수 있는 속도 이상이 되기 때문에 우주 공간으로 날아가버리고, 별의 내부에는 무거운 원소들만 남는다. 이렇게 남은 무거운 원소들의 온도가 내려가면서 수축하여 **백색왜성**으로 변한다. 이러한 영역에 속하는 별의 좋은 보기로는 우리 태양이 있다. 그림 5.9는 우리 태양과 유사한 별이 원시성으로 태어나서 유년기, 청년기, 장년기를 거쳐 거성이 되었다가, 백색왜성으로 노쇠해가는 과정을 계략적으로 보여준다.

우리 태양 정도의 질량을 가진 별의 경우, 별의 중심부에 있는 수소가 핵융합을 일으키면 별의 중심부에는 헬륨이 계속적으로 침착되고, 외부에 있는 겉껍질 수

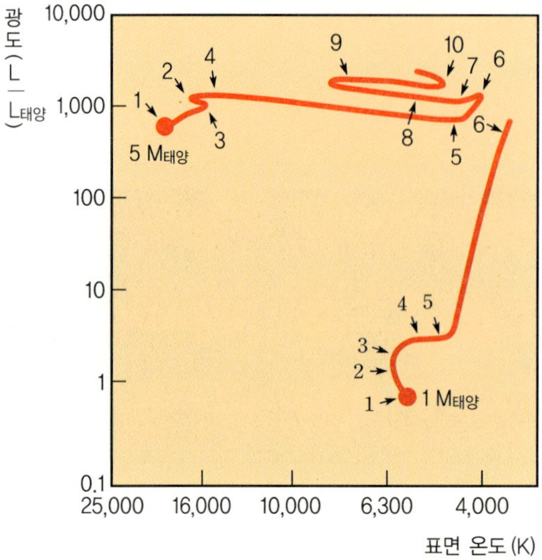

그림 5.10 H-R도상에서 본, 1M태양과 5M태양 정도의 질량을 가진 별이 주계열 단계 이후에 진화해가는 과정.

소가 계속 핵융합을 하면서 서서히 바깥쪽으로 번져나간다. 헬륨의 중심핵이 점점 커져서 별 전체 질량의 10%에 이르면, 헬륨 핵의 중력 수축이 시작되고 그로 인해 온도가 증가하여, 헬륨 핵의 바깥쪽에 있는 수소 연소 껍질로 열이 전달되어 수소의 핵융합이 급격히 빨라진다. 이때 생긴 열 때문에 별은 급격히 팽창하여 적색거성이 된다.

3M태양보다 질량이 큰 별의 경우에는 중심부에 침착된 헬륨의 온도가 2억℃ 이상 넘어서면 중심부에 있는 헬륨의 핵융합도 점화되면서 중심부가 급격히 팽창을 한다. 중심부의 팽창으로 인하여 바깥쪽에 있는 수소의 핵융합 껍질도 팽창하면서 오히려 온도가 떨어지고 수소의 핵융합도 둔화되어, 별은 어두워진다. 이와 같은 현상을 그림 5.10에 나타내었다. 그림에 나타낸 질량 5M태양인 별의 진화 과정에서, 4~6단계는 광도가 약간 떨어지고 표면 온도도 낮아지는 현상이 앞에서 설명한 바와 비슷하다. 헬륨의 핵융합이 계속되면, 별의 중심부에는 탄소가 침착되고, 그 외각에는 헬륨의 핵융합 껍질과 헬륨층, 수소 핵융합 껍질이 있고 가장 외각에는 수소와 헬륨 기체가 공존하는 구조로 변한다. 이와 같이 핵융합 하는 층에 따라, 질량 5M태양의 진화 과정에 나타낸 6~9단계와 같이, 표면의 온도도 올라가고 광도도 증가하는 과정이 생긴다. 만약 별의 질량이 10M태양 이상이면, 탄소로 된 중심부가 수축하여 핵융합을 일으키면서 10억℃가 넘는 온도에 이른다.

질량 $1M_{태양}$과 $5M_{태양}$ 정도의 별이 주계열 단계에서 적색거성으로 변화되는 과정에서 나타내는 표면 온도와 광도의 관계를 그림 5.10에 나타내었다. 그림의 1~2단계에서는 주로 별의 중심에서 수소 핵융합 반응이 일어나고, 2~3단계에서는 별의 중심에 모인 헬륨 중심핵이 수축하며, 3~4단계에서는 헬륨으로 된 중심핵이 형성되고 그 바깥에 수소 연소 껍질이 형성된다. 4~5단계에서는 헬륨 중심핵이 붕괴되고 별 표피부가 팽창하며, 5~6단계에서는 적색거성으로 변한다. $1M_{태양}$ 정도의 별은 적색거성에서 일생의 종말을 맞이하나 $5M_{태양}$ 정도의 별은 그 중심부에서 헬륨 핵융합을 거쳐 탄소의 중심부 형성으로 나아가기 때문에 그림 5.10에 나타낸 7, 8, 9, 10, …의 단계로 이어진다.

③ 질량이 4~8 $M_{태양}$ 정도인 별

만약 원시성이 형성될 때 탄소와 산소의 핵융합 반응까지 충분히 생길 수 있는 질량으로 별의 일생이 시작되었다면, 청 · 장년기를 거치는 동안에 중심부에는 탄소와 산소 등이 충분히 쌓이게 되어, 노년기의 막바지에서 탄소와 산소의 핵융합 반응이 격렬하게 일어나 폭발하게 된다. 이때 폭발의 세기가 중력에 의한 물질의 집중화보다 강하여 별 자체의 물질을 우주 공간에 대부분 비산시켜버린다.

그림 5.11 오리온자리에 있는 적색 초거성 베텔게우스.

즉, 4~8 M태양 정도의 질량을 가진 별이 죽으면 별이 갖고 있던 물질의 대부분을 우주 공간에 흩어버린다. 또 우주 공간에 흩어진 이 물질들은 다른 별들이 생성되는 원료가 되기도 하고, 생성을 격발시키는 역할도 한다.

그림 5.12 용골자리에 있는 η별(에타카리나)이 대폭발을 일으키고 있다.

거성의 보기로는 그림 5.11에 나타낸 베텔게우스(Betelgeuse)가 있다. 베텔게우스는 오리온자리의 α(알파)별로, 적색 초거성이다. 현재 천구에서 열 번째로 밝은 별이며, 그 크기는 태양의 900배에 달한다. 베텔게우스가 초신성 폭발 직전의 상태에 있다고 생각하는 천문학자들이 많다. 만약 초신성으로 폭발한다면 수개월 동안 보름달처럼 밝아지고, 또 이 별의 자극(磁極)이 지구를 향해 있기 때문에 지구의 자기장이 교란을 받을 것으로 생각하는 사람도 있다. 대폭발을 일으키고 있는 보기로 그림 5.12에 나타낸 별은 용골자리에 있는 η(에타)별인 에타카리나다.

④ 질량이 8~30 M태양 정도인 별(중성자별)

만약 원시성이 형성될 때 산소 혹은 네온 이상의 원소까지 충분히 핵융합을 일으킬 수 있는 질량으로 별의 일생이 시작하였다면, 노년기의 막바지에 이르러 이러한 원소들의 핵융합이 매우 격렬하게 일어나면서 크게 부풀다가 종국에는 폭발하게 되는데, 이때 폭발의 세기가 강하여 별의 내부 물질들은 강하게 압축을 받고, 별의 외부에 있는 물질들은 우주 공간으로 비산되어버린다. 특히 별의 내부에 있는 물질들에 가해지는 폭발 압력이 매우 커서, 심지어 원자핵 주변에 공전하고 있는 전자조차도 원자핵 속의 양성자와 결합하여 중성자로 전환된다. 따라서 별의 내부에 있는 물질들의 대부분이 중성자로 변하면서 물질 간의 전자기적 반발력이 없어진 뒤, 중성자의 집단으로 변하면서 **중성자성**(중성자별)이 된다. 즉, 8~

30 $M_{태양}$ 정도의 질량을 가진 별이 죽으면 중성자성이 된다.

중성자성은 항성 진화에서 거의 종점에 이른 상태로, 8~30 $M_{태양}$ 정도의 질량을 가진 별이 진화의 마지막 단계에서 초신성을 겪은 다음에, 거기서 남은 물질의 중앙 핵이 중력 붕괴를 거치면서 만들어진다. 일반적인 중성자성은 태양 질량의 1.35~2.1배에 해당하는 질량을 가지는 반면, 그 반지름은 10~20 km 정도 되기 때문에 중성자성의 밀도는 원자핵의 밀도와 맞먹는 8×10^{13}~2×10^{15} g/cm^3 정도다. 특히 초신성 폭발로 날아가고 남은 안쪽 물질의 질량이 태양 질량의 1.44배보다 가벼운 항성은 백색왜성으로 변하며, 1.44배보다 크면 별은 자체 중력으로 인하여 원자핵의 양성자와 전자가 결합하여 중성자로 바뀌는 중력 붕괴 과정을 거치면서 최종적으로 중성자성이나 블랙홀로 변한다.

중성자별은 원래의 별이 지니고 있던 각운동량의 대부분을 유지하는 반면, 중력 붕괴로 인하여 반지름이 매우 작아진다. 그 때문에 자전 속도가 매우 빨라져, 그 주기가 1.07~30초 정도로 된다. 그림 5.13과 같이 중성자성은 자축(magnetic axis) 방향으로 감마선, X-선, 전파, 가시광선 등의 고에너지 전자파를 연속적으로 방출한다. 고에너지 전자파의 방출에 관한 원리는 확실하게 알려진 바는 없지만 중성자성의 속성과 고속 자전 때문에 생기는 것으로 생각하고 있다. 그림 5.13에 나타낸 중성자성의 자축이 우리 지구와 일치하면 고에너지의 전자파가 우리의 시선에 들어오기 때문에 밝게 보이고, 그렇지 않으면 어둡게 보인다. 일반적인 중성자성은 자축(磁軸)과 회전축이 일치하지 않기 때문에 회전에 따라 자축이 우리의 시선에 들어왔다가 벗어나는데, 그 주기가 중성자성의 회전 주기와 일치한다. 따

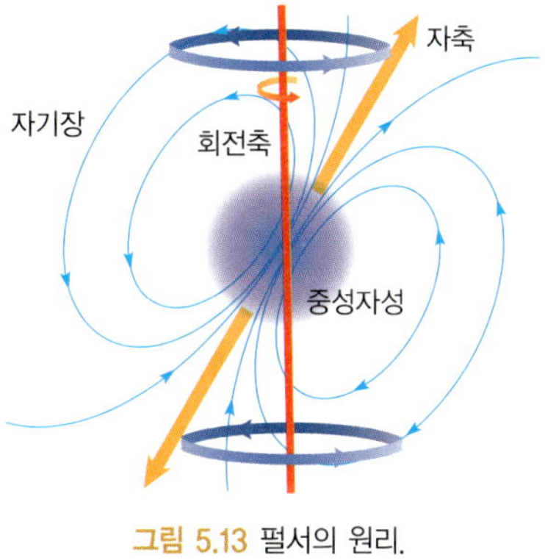

그림 5.13 펄서의 원리.

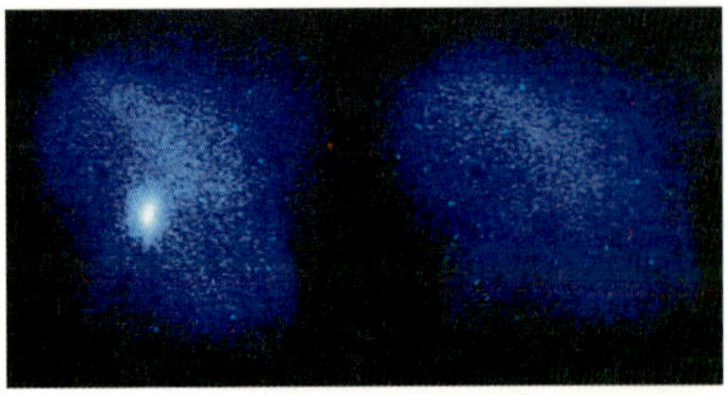

그림 5.14 게자리성운의 펄서. 왼쪽은 밝은 상태이고, 오른쪽은 어두운 상태로, 0.033초 주기로 명멸하고 있다.

라서 우리가 보는 관점에서는 전자파의 신호가 빠르게 규칙적으로 밝았다 어두웠다 하기 때문에 이러한 현상을 나타내는 천체를 **펄서**(pulsar)라 한다.

그림 5.14는 게자리성운에서 1054년에 초신성으로 폭발하여 형성된 중성자성(펄서)이 0.033초의 주기로 전자파의 맥동을 일으키고 있는 사진이다. 왼쪽의 사진은 중성자성의 자축이 관측 시선과 일치했을 때이고, 오른쪽 사진은 자축이 시선을 벗어났을 때다.

⑤ 질량이 30 M태양 이상인 별(블랙홀)

만약 원시성이 형성될 때 무거운 원소들의 핵융합까지 충분히 일으킬 수 있는 질량으로 별의 일생이 시작되었다면, 마지막 노년기에 이르러서 별의 중심부에 침착된 무거운 원소들의 핵융합이 매우 격렬하게 일어나면서 폭발하게 되는데, 이때 폭발의 세기가 강하여 별의 내부 물질들은 강하게 압축을 받고, 별의 외부에 있는 물질들은 우주 공간으로 비산되어버린다. 특히 별의 내부에 있는 물질들에 가해지는 폭발 압력이 매우 커서, 내부에 있는 물질의 대부분이 중성자로 변환된 후 중성자의 중력 붕괴 과정을 거쳐 블랙홀로 변한다. 거대한 질량이 모이면 구조

밀집별의 종류

- 백색왜성(혹은 흑색왜성)
- 중성자별[마그네타, 펄서(중성자성)]
- 블랙홀(중간질량 블랙홀, 초대질량 블랙홀)
- 가상 천체(쿼크별, 프레온별)

화된 물질이 거대한 질량에 의한 강한 중력을 지탱하지 못하고 극단적인 수축을 일으키는데, 이때 생긴 가상의 천체를 **블랙홀**이라 한다.

이렇게 부피가 작은 블랙홀은 우리에게 정보를 전달하는 빛을 포함한 모든 정보전달자까지도 흡수해버리기 때문에 실제로 블랙홀을 관측할 가능성은 없다. 그러나 블랙홀로 빨려 들어가는 주변의 여러 가지 물질들이 만들어내는 현상을 보고 그 존재를 예측할 수 있다. 블랙홀 주변에서 형성되는 현상으로 여러 가지 물질과 전자파 등으로 된 고리 모양이 형성되고, 그 안에 강착원반이 형성되며, 강착원반에 거의 수직인 방향으로 X-선, 하전 입자, 전자파의 고에너지 제트가 방출되고 있다. 이와 같은 형태를 모두 구비한 사진이 그림 4.59다. 사진은 처녀자리에 있는 NGC4261 은하 속에 있는 블랙홀의 주변 모습으로, 핵의 질량은 태양질량의 400만 배 정도다. 그리고 그 속에 있는 블랙홀의 크기는 17광년 정도이며, 제트의 도달 거리는 8만 8,000광년이나 된다.

2) 별의 수명

별의 수명은 별이 원시성으로 탄생할 때의 질량과 직접적으로 관련되어 있다. 질량이 클수록 중력에 의한 내부의 압력이 커지기 때문에 중심부의 온도가 높아진다. 따라서 높은 압력 때문에 원자들끼리 충돌할 기회가 높아지고, 또 온도가 높기 때문에 충돌 속도가 빨라져서 원자들의 핵융합 가능성이 높아진다. 물론 별의 질량이 크면 핵융합이 진행됨에 따라 별 내부에 쌓이는 더 무거운 원소들의 핵융합이 다시 일어난다. 이러한 단계를 거치면서 더욱더 무거운 원소들의 핵융합이 단계적으로 일어나기 때문에 많아진 단계로 인하여 질량이 큰 별의 수명이 길 것으로 생각되나, 이와는 반대로 질량이 큰 별의 수명은 상당히 짧아진다. 왜냐하면 질량이 큰 별일수록 내부 압력이 크고 내부 온도도 높기 때문에 원자들의 핵융합 기회가 기하급수적으로 높아지고, 무거운 원소들의 핵융합이 점화되면 더 많은 열이 발생되어 핵융합 속도가 매우 빨라진다. 그 때문에 많은 핵융합 단계에도 불구하고 별의 수명은 오히려 짧아진다.

일반적으로 별의 질량은 별의 밝기와 관련 있는데, 이 관계를 **질량 광도 관계**라 한다. 별의 질량과 광도 사이의 상관관계는 다음 세 가지로 분류된다.

① 태양 질량보다 0.5배 이하인 별의 밝기(L)는 질량(M)의 4.5제곱에 비례한다.

$$L \propto M^{4.5}, \quad M \leq 0.5\, M_{태양} \tag{5-1}$$

② 태양 정도 되는 별의 밝기(L)는 질량(M)의 3.5제곱에 비례한다.

$$L \propto M^{3.5}, \quad 0.5\, M_{태양} < M < 3\, M_{태양} \tag{5-2}$$

③ 태양 질량보다 3배 이상 큰 별의 밝기(L)는 질량(M)의 3제곱에 비례한다.

$$L \propto M^{3}, \quad 3\, M_{태양} \leq M \tag{5-3}$$

이상에서 나타낸 세 가지의 경우처럼, 별의 밝기는 질량이 클수록 민감하게 밝아지지만 별의 수명은 오히려 감소하는데, 이것은 다음과 같은 관계로 정리할 수 있다.

$$\textbf{별의 수명}(\tau):\ \tau \propto \frac{M}{L} \tag{5-4}$$

예로서 직녀성(베가)의 수명과 밝기를 구해보자. 직녀성의 질량은 태양 질량의 2.5배다. 그리고 태양의 수명은 100억 년이다.

먼저 직녀성의 밝기는 직녀성의 질량이 태양 질량($M_{태양}$)의 2.5배이므로 (5-2)식으로 풀어야 한다.

직녀성의 밝기;

$$\begin{aligned} L_{베가} &\simeq (M_{베가})^{3.5} \quad \leftarrow \quad M_{베가} = 2.5\, M_{태양} \\ &\simeq (2.5\, M_{태양})^{3.5} \\ &\simeq 24.7 (M_{태양})^{3.5} \quad \leftarrow \quad (M_{태양})^{3.5} \propto L_{태양} \\ &\approx 24.7\, L_{태양} \end{aligned}$$

따라서 직녀성의 밝기는 태양의 약 25배 정도다.

그리고 직녀성의 수명은 (5−4)식으로 풀어야 한다.

직녀성의 수명;

$$\tau_{베가} \approx \frac{M_{베가}}{L_{베가}} \text{ 이고, } \tau_{태양} \approx \frac{M_{태양}}{L_{태양}}$$

이므로 태양에 대한 직녀성의 수명 비 $\frac{\tau_{베가}}{\tau_{태양}}$ 를 구하면

$$\frac{\tau_{베가}}{\tau_{태양}} \simeq \frac{M_{베가}}{L_{베가}} \times \frac{L_{태양}}{M_{태양}} \quad \leftarrow M_{베가} = 2.5\ M_{태양},\ L_{베가} = 25\ L_{태양}$$

$$\approx \frac{1}{10} \text{ 배}$$

가 된다. 따라서 직녀성의 수명은 태양 수명의 약 1/10 정도로, 100억 년×(1/10) =10억 년이 된다. 즉, 직녀성의 수명은 약 10억 년 정도다.

5.2 별의 핵융합 반응과 에너지

별은 열핵융합 반응 또는 열핵융합 반응의 결과로 남은 열에너지에 의해서 스스로 빛을 내는 천체를 일컫는 말로서, 별의 에너지는 핵융합 반응에 의해 발생하며, 그 양은 핵융합 반응으로 인한 질량 결손 Δm이 생겼을 때 ΔmC^2만큼 발생한다. 이런 원리에 따라 별을 구성하고 있는 물질의 구성 요소 및 물질의 양에 따라 발산하는 빛의 양과 성분이 달라진다.

5.2.1 열핵융합 반응과 별의 에너지

성간에 있는 물질들이 모여 별이 되기 위해서는 중력과 열핵융합 반응을 일으키는 물질이 구비되어야 한다. 우주 공간에 있는 성간 가스와 먼지가 중력 중심을 중심으로 모여들어 높은 밀도의 질량 덩어리가 형성되어 수축되면, 수축된 질량 덩어리가 충분히 커지면서 중심부는 자체 중력에 의하여 압축되어 온도가 올라간다. 이때의 온도가 수백만 도 이상으로 올라가면 핵융합 반응이 점화되어 스스로 빛을 내는 별이 된다.

별의 질량과 진화 정도에 따라 핵융합 반응의 양상은 세 가지로 나타난다. 저온인 경우 **양성자-양성자 순환 반응**이, 중온인 경우 **탄소-질소-산소 순환 반응**이, 고온인 경우 **3중 알파 반응**이 주로 일어나지만, 보통의 항성에서는 어느 한 가지 혹은 두 가지가 확률적으로 많이 일어나는 것이지, 어느 하나만 일어나거나 또 순차적으로 확연히 구별되어 반응이 일어나는 것은 아니며, 진화 과정에서 시간의 흐름에 따라 많이 일어나는 반응도 달라진다. 지금부터 각각의 순환 반응에 대해 살펴보자.

(1) 양성자–양성자 순환 반응

별의 질량이 1.5 $M_{태양}$ 이하로서 태양 정도의 질량을 가지고, 또 중심 온도가 1,800만℃ 이하인 별에서는 주로 **양성자–양성자 순환 반응**이 일어난다. 양성자–양성자 순환 반응은 양성자 4개가 사용되어 헬륨 원자 하나를 만든다. 이 반응은 항성의 수소를 헬륨으로 바꾸는 주요 반응 과정의 하나다(또 다른 주요 반응은 탄소–질소–산소 순환 반응이다). 특히 우리 태양 이하의 크기에서는 양성자–양성자 순환 반응이 주반응이며, 우리 태양 정도의 질량을 가진 항성인 경우에는 유년기에 주로 양성자–양성자 순환 반응이 일어나며, 중년기 이후에는 탄소–질소–산소 순환 반응이 가세하여 수소를 헬륨으로 전환한다. 양성자–양성자 순환 반응에서 생기는 여러 과정을 그림 5.15에 나타내었다.

양성자–양성자 순환 반응은 양성자(수소 원자핵; H)와 양성자(H)가 융합하는 경우와 2개의 양성자와 전자(e^-)가 융합하는 경우가 있다. 이 중에서 양성자와 양성자가 융합하는 경우가 약 99.8 % 정도다. 이 경우의 반응을 보여주는 그림이 그림 5.15의 과정 1과 그림 5.16이다. 그림 5.16에 나타낸 핵자들의 그림 중 첫 번째 과정은 두 개의 수소 원자핵(^1_1H; 양성자)이 융합하여 중수소(^2_1H)로 변하는 과정으로, 이 과정에서 양성자 하나가 중성자로 변하면서 양전자와 중성미자를 방출하는데, 그 반응식은 다음과 같다.

$$^1_1H + ^1_1H \rightarrow ^2_1H + e^+ + \nu \qquad (5\text{–}5)$$

이 과정에서 양성자가 중성자로 바뀌는데, 여기에 관여하는 힘은 **약력**으로, 이와 같은 현상이 일어날 확률은 10억 년에 한 번 정도다. 따라서 이 반응은 매우 느

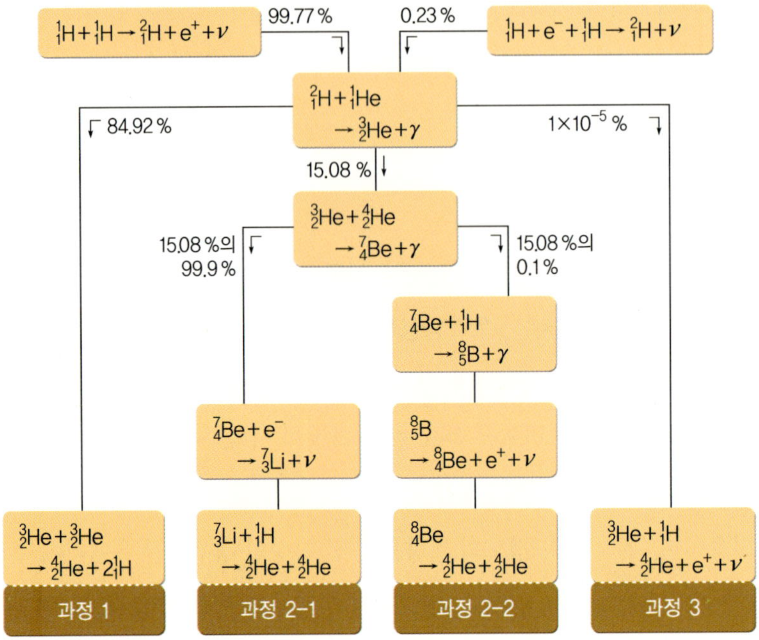

그림 5.15 태양 정도의 별에서 일어나는 양성자-양성자 순환 핵융합 반응 과정.

리게 진행되기 때문에 우리 태양도 수명이 길다. (5-5)식에서 생긴 양전자(e^+)는 다른 수소의 전자(e^-)와 만나 쌍소멸 되면서 두 개의 감마선으로 변하여 공간으로 방출된다.

$$e^+ + e^- \to 2\gamma + 1.02\ \text{MeV} \qquad (5-6)$$

그리고 이 반응에서 전자를 탈취당한 다른 수소 원자는 수소 원자핵(^1_1H; 양성자)이 되어 다른 양성자-양성자 핵융합 반응의 원료가 된다. 첫 번째 세부 과정에서 생겨난, 즉 (5-5)식에 나타낸 중수소(^2_1H)가 다른 수소핵과 융합하여, 헬륨의 가벼운 동위원소인 ^{3}헬륨(^3_2He)이 된다.

$$^2_1H + ^1_1H \to ^3_2He + \gamma + 5.49\ \text{MeV} \qquad (5-7)$$

(5-7)식의 반응에서 생긴 ^{3}헬륨(^3_2He)이 헬륨의 무거운 동위원소(^4_2He)가 되는 갈

래는 그림 5.15에 나타낸 '과정 1', '과정 2', '과정 3'으로 나누어진다. 핵융합의 약 85 %가 이 세 갈래 중 과정 1로 진행된다. 그리고 약 15 %가 과정 2로 진행되며, 이는 다시 과정 2−1과 과정 2−2로 분리되어 진행된다. 그리고 과정 3으로 진행될 확률은 매우 낮다. 어떤 갈래로 진행되더라도 ³헬륨(${}^3_2He$)이 ⁴헬륨(${}^4_2He$)으로 변환된다.

과정 1인 경우, 그림 5.16의 첫 번째 세부 과정(두 개의 수소 원자핵이 반응하는 과정)에서 생겨난 중수소(${}^2_1H$)와 다른 수소핵이 서로 융합하여 ³헬륨(${}^3_2He$)이 생성된 이후, 이것은 또 다른 경로에서 생긴 ³헬륨(${}^3_2He$)과 융합하여 ⁴헬륨(${}^4_2He$)을 만든다.

$$ {}^3_2H + {}^3_2H \rightarrow {}^4_2He + {}^1_1H + {}^1_1H + 12.86\,\mathrm{MeV} \qquad (5\text{−}8) $$

과정 1은 별의 온도가 약 100만~140만℃일 때 주로 일어나며, 100만℃ 이하인 경우에는 양성자−양성자 순환 반응에서 많은 ⁴헬륨(${}^4_2He$)을 생산하지 못한다. 그리고 과정 2는 140만~230만℃ 사이에서 일어나며, 과정 3은 230만℃ 이상에서 주로 일어나는데, 별의 중심 온도가 태양과 같이 그렇게 높지 않은 항성에서는 과정 2와 과정 3은 중요한 에너지원이 못 된다.

양성자−양성자 순환 반응에서 최후로 생긴 1개의 ⁴헬륨(${}^4_2He$)과 원료로 들어간 4개의 양성자(수소 원자핵; ${}^1_1H$)의 총질량 차이를 비교해보면, 4개의 양성자가 질량을 잃어 1개의 ⁴헬륨(${}^4_2He$)이 되면서 0.7 %의 질량 결손이 생긴다. 이 질량 결손에 해당하는 에너지가 감마선과 중성미자 형태로 방출된다. 이 중에서 감마선 형태로 방출된 에너지만이 전자 및 양성자와 충돌하면서 별의 내부를 가열한다. 이렇게 가

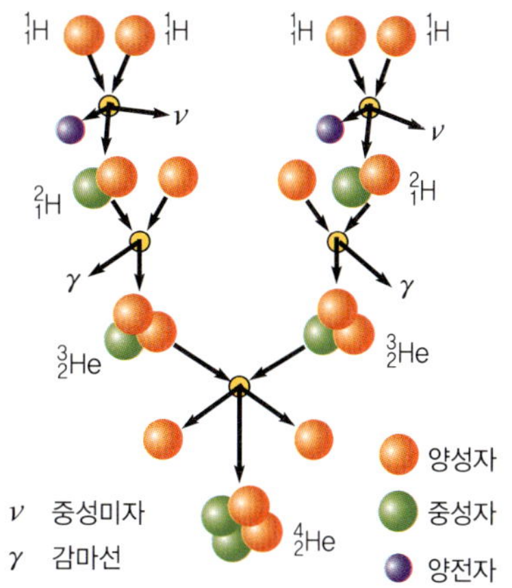

그림 5.16 그림 5.15에 나타낸 과정 1의 양성자−양성자 순환 반응.

열된 물질에서 나오는 빛이 별의 표면에 도달하기까지는 아주 긴 시간이 걸린다.

(2) 탄소-질소-산소 순환 반응

1938년, 독일 태생 미국의 이론물리학자 한스 베테(Hans Albrecht Bethe)와 독일의 물리학자 카를 폰 바이츠제커(Carl Friedrich Freiherr von Weizsäcker)는 별의 에너지원이 **탄소-질소-산소 순환 반응**에 의하여 생긴다고 발표하였다. 이후 1950년대에 이르러 양성자-양성자 순환 반응과 3중 알파 반응이 있다는 사실이 밝혀졌다. 앞에서 기술한 바와 같이 양성자-양성자 순환 반응은 별의 중심 온도가 2,000만 ℃ 이하이고, 질량이 태양 정도이거나 그 이하인 별에서 일어나는 주된 핵융합 과정이다. 그러나 탄소-질소-산소 순환 반응은 중심 온도가 2,000만 ℃ 이상이고, 질량이 1.5 $M_{태양}$ 이상이 되는 별에서 일어나는 핵융합 반응으로, 탄소, 질소, 산소의 촉매 역할로 수소가 융합되어 헬륨이 되는 반응이다. 특히 이 반응은 온도에 민감하여 온도가 증가함에 따라 반응도 급격히 증가하는 경향이 있어서 온도가 높은 별에서는 헬륨을 급격히 생산하는 대신 수명이 그만큼 짧아진다.

탄소-질소-산소 순환 반응을 그림 5.17에 나타내었으며, 그 반응 과정을 식으로 나타내면 다음과 같다. 출발은 그림 위쪽에 있는 탄소($^{12}_{6}C$)와 수소 원자핵($^{1}_{1}H$; 양성자)의 융합에서부터 시작한다.

$$^{12}_{6}C + ^{1}_{1}H \rightarrow ^{13}_{7}N + \gamma$$
$$^{13}_{7}N \rightarrow ^{13}_{6}C + e^{+} + \nu$$
$$^{13}_{6}C + ^{1}_{1}H \rightarrow ^{14}_{7}N + \gamma$$
$$^{14}_{7}N + ^{1}_{1}H \rightarrow ^{15}_{8}O + \gamma$$
$$^{15}_{8}O \rightarrow ^{15}_{7}N + e^{+} + \nu$$
$$^{15}_{7}N + ^{1}_{1}H \rightarrow ^{12}_{6}C + ^{4}_{2}He \qquad (5-9)$$

(5-9)식은 그림 5.17의 위쪽에 나타나 있는 것처럼 한 번 순환하는 동안에 하나의 헬륨($^{4}_{2}He$)을 생산하고 촉매로 사용될 탄소($^{12}_{6}C$)를 생산한다. 이와 같은 순환 과정에서 생산되는 감마선이 별의 중심을 가열하면서 별의 바깥쪽으로 나오는데, 그 에너지의 일부는 별을 가열하는 데 소비되고, 나머지는 자외선, 가시광선 및 적외선 등등의 에너지로 우주에 방출된다.

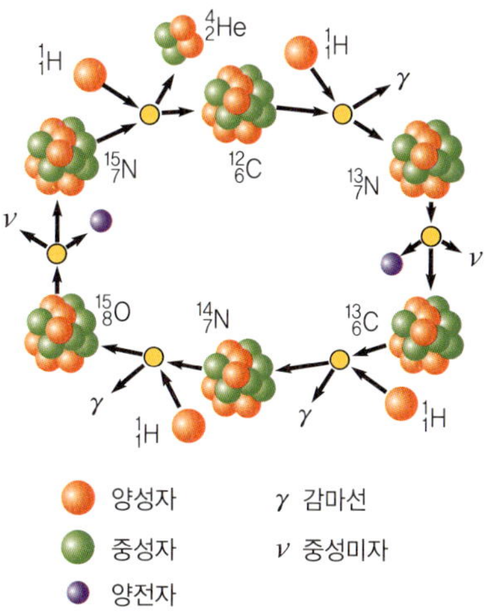

그림 5.17 탄소–질소–산소 순환 반응.

질량이 많은 별 내부에서 헬륨의 생산이 어느 정도 축적되면, 헬륨, 네온 및 산소의 융합 과정을 통하여 더 무거운 원소가 생산되고, 또 여기서 생산된 원소들이 핵융합을 일으키는 높은 단계의 과정이 반복된다. 마지막 단계에 이르러 규소의 융합 과정을 통하여 안정된 원소인 철(Fe)까지 생산하고 나면, 더 이상의 핵융합 과정은 일어나지 않고 중력 수축이 일어난다. 일반적으로 중력 수축이 일어난 별이 갑자기 온도가 내려가지 않는 이유는, 중력 수축에 의한 중력 위치 에너지의 감소된 양이 물질 입자들의 열운동으로 전환되었기 때문이다. 별이 우주 공간에 복사해버리는 에너지만큼 온도가 내려가면서 별은 점점 수축한다. 즉, 별은 갑자기 수축하지 않고 복사 에너지의 방출에 비례하여 천천히 수축한다.

(3) 3중 알파 반응

별의 질량이 우리 태양 질량의 0.4배보다 크고, 중심 온도가 1억℃가 넘으면 헬륨의 핵(알파 입자)이 핵융합 하는 3중 알파 반응이 일어난다. 이 3중 알파 반응은 온도에 민감한 성질이 있다. 2개의 헬륨 원자핵이 먼저 융합하여 베릴륨($^{8}_{4}Be$)이 된다.

$$^{4}_{2}He + ^{4}_{2}He \rightarrow ^{8}_{4}Be + 에너지 \quad (5-10)$$

또 이 베릴륨과 헬륨이 융합하여 탄소($^{12}_{6}C$)와 감마선을 생산한다.

$$^{8}_{4}Be + ^{4}_{2}He \rightarrow ^{12}_{6}C + \gamma \quad (5-11)$$

이상에 기술한 두 과정은 헬륨 3개가 융합하여 1개의 탄소로 변하는 융합 과정이므로, 이 핵융합 과정을 **3중 알파 반응**이라고 부른다. 헬륨의 3중 알파 반응이 별의 중심부에서 일어나면 중심핵의 온도가 상승하고, 그에 따라 3중 알파 반응하는 헬륨도 급격히 많아져서 헬륨 섬광 현상이 나타난다. 물론 별의 질량이 3M태양 이상인 경우는 헬륨 섬광 현상이 나타나지 않고 다른 별의 진화 경로를 밟는다. 헬륨 섬광에 의해 막대한 에너지가 공급되면 중심핵은 팽창하고, 그 결과 중심핵 외각에 있는 수소의 밀도가 감소하면서 수소 핵융합(주로 양성자–양성자 순환 반응)도 감소하여 별 전체로는 안정된 별이 된다. 이 상태의 별은 H–R도의 **수평가지의 별**이라 부른다. 이런 상태에 있는 별은 3중 알파 반응이 일어나는 중심핵과 그 주위에 수소 핵융합이 진행되는 껍질 구조를 갖는다. 중심의 헬륨이 거의 모두 탄소로 변하면, 탄소로 된 중심핵은 수축하고 수소로 된 껍질은 팽창하는 **점근 거성 단계**로 진화한다.

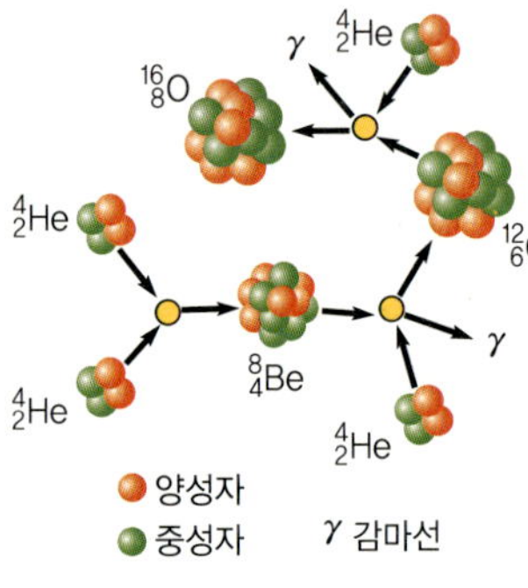

그림 5.18 3중 알파 반응.

별의 질량에 따라서 핵융합 반응의 순서와 양상은 다양하게 나타난다. 원시 성운이 형성되어 가장 먼저 나타나는 핵융합 반응은 양성자–양성자 순환 반응일 것이다. 이 반응은 질량이 1.5M태양 이하로서 태양 정도의 질량을 가진 별에서 주로 일어난다. 그다음으로 양성자–양성자 순환 반응으로 인하여 별의 온도가 2,000만 ℃ 이상이 되면 탄소, 질소, 산소의 촉매 역할로 수소가 융합을 하여 헬륨이 되는 탄소–질소–산소 순환 반응이 주로 일어나며, 이 반응으로 인해 별의 내부 온도가 2억℃ 이상이 되면 3중 알파 반응이 일어나면서 별의 중심핵에는 강한 섬광이 발생한다. 만약 별이 핵융합을 계속할 충분한 질량을 가지고 있다면 수소를 연료로

표 5.3 별의 질량에 따른 핵융합의 종류와 진화 과정

<table>
<tr><th rowspan="2">별의 질량
(×M태양)</th><th colspan="3">진화 과정 및 결과</th></tr>
<tr><th>계열</th><th>핵융합 반응</th><th>구조</th></tr>
<tr><td>~0.08</td><td></td><td>• 핵융합 반응이 일어나지 않음 → 갈색왜성</td><td></td></tr>
<tr><td>0.08~0.26</td><td rowspan="8">주계열성</td><td>• 양성자–양성자 순환 반응 → 헬륨 백색왜성</td><td>전체가 대류층</td></tr>
<tr><td>0.26~1.5</td><td rowspan="2">• 주로: 양성자–양성자 순환 반응
• 부분: 탄소–질소–산소 순환 반응
• 중심핵: 3중 알파 반응에 의한 섬광 발생
• 핵 외각의 수소 연소로 형성된 적색거성
→ 탄소와 헬륨으로 된 백색왜성</td><td>중심: 복사층
외각: 대류층</td></tr>
<tr><td>1.5~3.0</td><td rowspan="6">중심: 대류핵
외각: 복사층</td></tr>
<tr><td>3.0~6.0</td><td rowspan="2">• 주로: 탄소–질소–산소 순환 반응
• 부분: 양성자–양성자 순환 반응
• 중심핵: 3중 알파 반응에 의한 헬륨 연소
• 중심핵의 탄소와 산소의 연소로 별 전체가 폭발로 사라짐
→ 신성 폭발</td></tr>
<tr><td>6.0~8.0</td></tr>
<tr><td>8.0~30</td><td>• 탄소와 산소의 핵융합 반응
• 실리콘의 핵융합 반응
• 철로 된 핵 생성
→ 중성자성</td></tr>
<tr><td>30~50</td><td rowspan="2">• 탄소와 산소의 핵융합 반응
• 실리콘의 핵융합 반응
• 철로 된 핵 생성
→ 블랙홀</td></tr>
<tr><td>50~</td></tr>
</table>

하여 생긴 핵융합이 헬륨을 만들고, 헬륨이 다시 핵융합을 하여 탄소, 산소 등을 만들고, 다시 산소, 탄소가 핵융합을 하여 네온, 마그네슘 등을 만들고, 또 이 원소들이 핵융합을 하여 실리콘, 황 등을 만들고, 이 실리콘과 황이 핵융합을 하여 철을 생산하면서 핵융합의 단계별 과정이 끝이 난다.

별의 질량에 따른 대략적인 핵융합 과정과 반응이 끝난 후의 모습을 표 5.3에 수록하였다.

5.2.2 별의 크기, 질량 및 분광형

(1) 별의 크기 구하기

별의 크기를 아는 것은 별을 연구하는 데 매우 중요하다. 별의 크기를 구하는 방법은 별의 시각 지름을 이용하는 방법과 간섭계를 이용하는 방법 그리고 쌍성을 형성하고 있는 특수한 경우에 별의 크기를 구할 수 있는 여러 가지 방법이 있다.

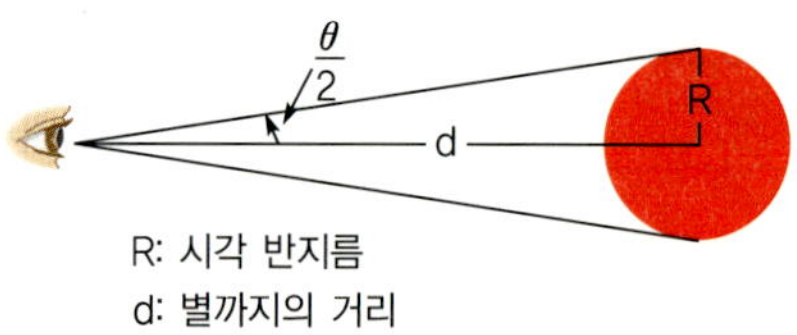

그림 5.19 시각과 시각 반지름

1) 별의 시각 지름을 이용한 계산

별의 시각과 이등변 삼각형의 삼각함수 관계를 이용하여 별의 시각 반지름을 구할 수 있다. 밑변의 길이가 d이고 높이가 R이며 높이에 맞보는 각이 $\frac{\theta}{2}$인 삼각형에서, $d \cdot \tan\left(\frac{\theta}{2}\right) = R$인 관계가 성립하므로 별의 반지름은

$$R = d \cdot \tan\left(\frac{\theta}{2}\right) \qquad (5\text{-}12)$$

이다. 여기서 별까지의 거리 d와 시각 θ를 측정하면 별의 반지름 R을 구할 수 있

다. 물론 별까지의 거리를 구하는 방법은 평행의 성질을 이용한 방법, 초신성을 이용한 방법, 연주시차를 이용한 방법, 별의 실시등급과 절대 등급을 이용한 방법 등등이 있으나 이것 또한 어려운 문제다.

태양의 반지름을 구하는 예를 들어보자. 지구상에서 바라본 태양의 시각은 32′이고 태양까지의 거리가 1.496×10^8km이면, (5-12)식을 이용하여 태양의 반지름을 구할 수 있다. 먼저 태양의 시각 32′(32분: 1°=60′)을 각도(°)로 바꾸면,

$$\theta = 32' \times \frac{1°}{60'} = 0.533°$$

가 된다. 태양까지의 거리 $d = 1.496 \times 10^8$km와 시각 $\theta = 0.533°$를 (5-12)식에 대입하면,

$$R = (1.496 \times 10^8 \text{km}) \cdot \tan\left(\frac{0.533°}{2}\right) = 6.96 \times 10^5 \text{km}$$

가 얻어진다. 즉, 태양의 반지름은 6.96×10^5km다.

2) 간섭계를 이용하는 방법

① 항성간섭계의 이용

일반적으로 아주 멀리 있는 천체의 시각(視角)은 매우 작기 때문에 정확하게 측정하기가 힘들다. 이러한 단점을 보완하기 위하여 항성간섭계가 고안되었다. **항성간섭계**(恒星干涉計)는 별에서 나오는 빛의 간섭을 이용하여 별의 크기나 근접해 있는 두 별의 시각 거리를 측정하는 기기다. 이 기기는 빛의 간섭을 이용하는데, 원반의 중심에 대하여 대칭인 위치에 2개의 작은 구멍을 뚫은 원반을 망원경의 대물렌즈 앞에 놓는다. 이 작은 구멍을 통해 들어온 빛이 각 구멍에서 회절되고, 접안렌즈를 통해 눈의 망막 위에서 합성되어 간섭무늬를 만든다. 만약 쌍성인 경우, 각각의 별에서 오는 빛을 각각의 구멍으로 통과시키되 두 작은 구멍의 간격을 적

당히 조절하면 망막 위에 생기는 빛의 세기가 보강 간섭하여 강해지기도 하고, 또 상쇄 간섭하여 사라지기도 한다. 작은 두 구멍의 간격 조절과 망막 위에 생기는 간섭무늬의 변화를 통하여 쌍성을 이루는 두 별 사이의 거리(혹은 시각, 또는 시각 지름)를 계산할 수 있다.

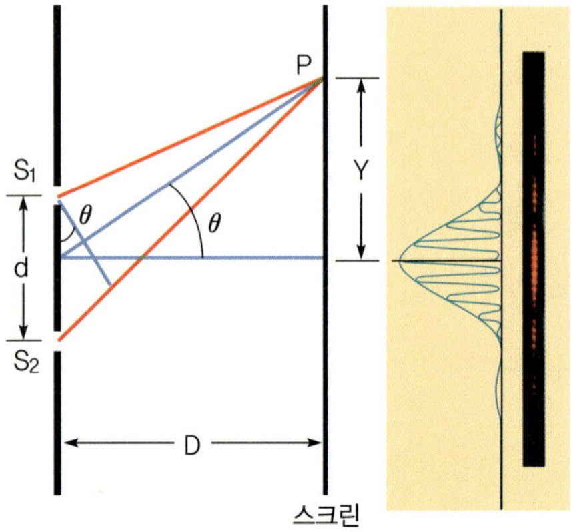

그림 5.20 두 구멍을 통과한 빛의 간섭무늬가 스크린에 맺힌 모양.

이와 같은 원리를 이용하여 별의 크기(별의 시각 지름)를 구할 수도 있다. 하나의 별인 경우, 반원으로 된 두 별이 접촉되어 가상 쌍성을 이룬다고 가정하고 각각의 반원에서 오는 빛을 작은 구멍으로 통과시켜, 간섭된 빛의 모양으로부터 별의 크기를 측정한다. 원리적으로는 앞에서 설명한 바와 같으나 실제 측정에 사용하기 위해서는 작은 구멍 대신에 프리즘을 사용하여 구멍 사이의 간격을 넓혀 분해능을 높인다. 이와 같은 방법으로, 1920년에 폴란드계 미국인 물리학자 앨버트 마이켈슨(Albert Abraham Michelson)과 피어스(F. G. Pierce)가 프리즘을 사용하여 구멍 사이의 거리가 약 6.1 m에 해당하는 간섭계를 만들어 윌슨산 천문대의 구경 254 cm 반사망원경에 장치하였는데, 이를 통해 7개의 적색거성을 측정한 결과 가장 큰 별은 오리온자리의 α별인 베텔게우스로, 그 시각은 0.042″ [1″(초)=(1/3,600)°], 즉 우리 태양 크기의 750배 정도 되는 별이었다. 그리고 가장 작은 별은 목동자리의 α별인 아르크투루스로, 그 시각은 0.020″였다. 물론 이 별의 크기도 태양의 23배 정도다.

근래에는 같은 망원경 두 개의 거리를 미세하게 조절할 수 있도록 하여, 각각의 망원경에 부착된 촬상소자를 통하여 들어온 두 빛을 간섭시키되 두 망원경 사이의 거리를 변화시키면서 합성된 빛의 강도를 그래프로 그려 별의 시각 지름을 구하는 방식으로 발전되었다. 이와 같은 방법으로 별의 시각 지름이나 쌍성의 공전 궤도 지름을 구할 수 있는데, 그 정밀도는 0.00001″ 정도다.

② 강도간섭계의 이용

1950년대에 로버트 브라운(Robert Hanbury Brown)과 리처드 트위스(Richard Q. Twiss)는 항성간섭계와 유사한 **강도간섭계**(强度干涉計)를 개발하였다. 항성간섭계는 별에서 오는 같은 위상을 가진 빛을 서로 간섭시켜 필요한 자료를 얻는 데 반해, 강도간섭계에서는 단순히 별빛의 세기를 전기적인 신호로 변환한 후 서로 간섭시켜 필요한 자료를 얻기 때문에 서로 다른 망원경을 사용할 수 있다. 따라서 두 망원경 사이의 거리, 즉 기선(基線)을 길게 둘 수가 있다. 예를 들면 우리의 두 눈 사이도 기선에 해당하는데, 두 눈 사이의 거리가 멀면 원근을 더 정확하게 인지할 수 있다. 이와 같이 별의 시각 지름을 더욱더 정확하게 측정하기 위해서는 기선을 길게 하여야 한다. 보통의 강도간섭계에서는 기선의 길이가 수십 혹은 수백 미터의 거리인데, 이 기선의 끝에 촬상관을 가진 망원경을 두고 크기를 측정하고자 하는 별에서 오는 각 부분의 빛을 전기적 신호로 변환하여, 신호 합성기에서 신호를 합성하여 빛의 세기에 비례하는 간섭무늬를 만든다. 또 더 나은 방법으로, 두 망원경의 촬상소자에서 얻은 상을 이용하여, 3차원 홀로그래피 기술을 적용해서 얻은 사료로부터 시각 또는 시각 지름을 구하기도 한다. 이러한 방법으로 구할 수 있는 정밀도는 0.0001″이며, 큰개자리의 α별인 시리우스의 시각 지름은 0.0068″로 측정되었다. 이 값으로부터 구한 시리우스의 반지름은 태양 반지름의 약 2.05배다. 이와 같은 방법으로 20여 개의 항성 지름이 측정되었다.

3) 식쌍성계인 경우, 별의 크기 측정

식쌍성(蝕雙星)은 관찰자가 볼 때 쌍성을 이루고 있는 두 별이 자신들의 질량 중

안시쌍성과 분광쌍성

쌍성은 안시쌍성과 분광쌍성으로 나누어 생각하나 본질적인 차이는 없다. 단지, 두 별 사이의 거리가 멀어서 쌍성으로 쉽게 관측되는 것을 안시쌍성이라 하고, 거리가 짧아 분광간섭계를 이용하여 두 별의 거리를 측정할 수 있는 쌍성을 분광쌍성이라 한다. 안시쌍성은 두 별이 멀리 떨어져 있으므로 공전 주기가 길며(1년 이상), 분광쌍성은 두 별이 가까이 붙어 있으므로 궤도 속도가 커서 공전 주기가 짧다.

심을 중심으로 공전할 때, 서로 식(蝕) 현상을 일으키는 쌍성을 말한다. 식쌍성은 변광성에 속하지만 자신의 밝기가 변하는 것이 아니고 공전하면서 서로 가리기 때문에 관찰자의 눈에 들어오는 별빛의 세기가 주기적으로 변한다. 식쌍성계의 광도 곡선은 일정하다가 가림 현상이 진행되는 동안에는 하강하고, 가림 현상을 벗어나는 동안에는 상승하며, 가림 현상을 완전히 벗어나면 일정해진다. 만약 큰 별이 작은 별을 가리면 개기식이 일어나고 작은 별이 큰 별을 가리면 부분식이 발생하므로, 이 쌍성으로부터 오는 빛의 광도 곡선으로 개기식과 부분식을 구별할 수 있다(그림 5.34 참조). 이와 같은 사실을 바탕으로 쌍성의 주기는 광도 곡선으로부터 얻을 수 있으며, 두 별의 상대적인 크기는 공전 궤도의 크기에 비해 한 별이 다른 별을 얼마나 오랫동안 가리고 있는지를 분석하여 얻을 수 있다. 즉, 식쌍성(안시쌍성, 분광쌍성 포함)이면 궤도의 모양, 별들의 질량 및 크기를 쉽게 측정할 수 있다.

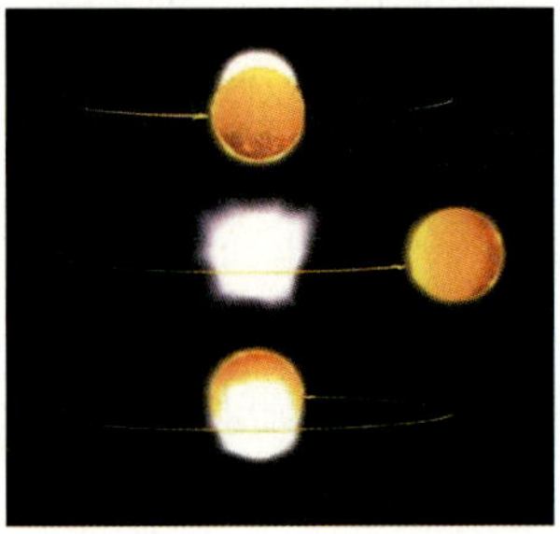

그림 5.21 식쌍성 알골(Algol)은 2.1~3.8등급 범위에서 2.8일 주기로 밝기가 변한다.

(2) 별의 질량 구하기

별의 연구에서 매우 중요한 요소 중 하나가 별의 질량을 구하는 것이다. 별의 질량을 구하는 방법은 **뉴턴의 법칙을 이용**(케플러의 법칙을 포함하고 있음)하는 것과 **질량 광도 관계**를 이용하는 것이다. 하지만 뉴턴의 법칙을 이용하는 방법은 쌍성계를 이루는 경우에만 적용이 가능하여 매우 제한적이며, 질량 광도 관계를 이용하는 방법이 일반적으로 많이 활용되는 기법이다.

1) 뉴턴의 법칙을 이용하는 방법

쌍성계를 이루고 있는 경우에만 적용 가능한 방법으로, 어떤 두 별이 그림 5.22와 같이 쌍성계를 이루고 있다면 직접적인 관측을 통하여 두 항성의 질량을 구할 수 있다. 특히 식쌍성일 경우, 그 크기를 쉽게 구할 수 있다. 쌍성계에서 주성(主星)과 동반성(同伴星)은 그림 5.22에 나타낸 질량 중심을 중심으로 공전하며, 이러한 궤도 운동은 다음과 같은 케플러의 제3법칙을 만족한다.

$$k_s(M+m)=\frac{a^3}{T^2} \tag{5-13}$$

여기서 M은 주성의 질량, m은 동반성의 질량, a는 궤도의 긴반지름, T는 공전 주기, k_s는 비례상수다. 타원 궤도의 긴반지름 a와 공전주기 T는 안시쌍성계(眼視雙星系)나 분광쌍성계(分光雙星系)에서는 직접적인 관측을 통해 구할 수 있다. 질량 중심에서 주성까지의 거리를 측정하였다면 a는 R이 되고, 동반성까지의 거리를 측정하였다면 a는 r이 된다. a와 T를 알면 (5-13)식에서 두 별의 질량의 합 M+m이 계산된다. 그리고 질량 중심을 구하는 공식은

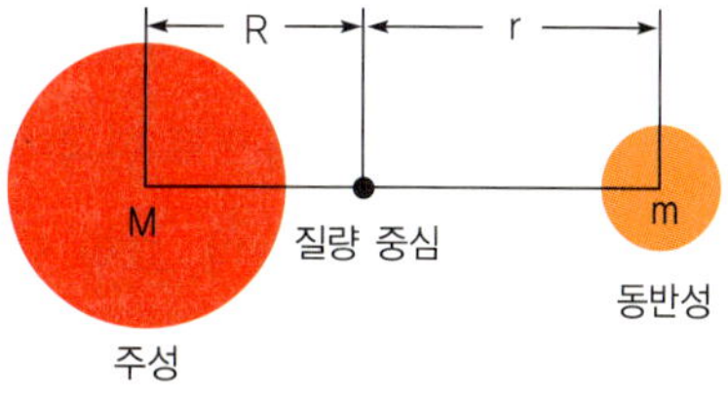

그림 5.22 쌍성계의 질량 중심.

$$MR=mr \tag{5-14}$$

이므로, (5-13)식과 (5-14)식에서 주성의 질량 M과 동반성 m에 대하여 풀면

케플러의 법칙

1. 케플러의 제1법칙: 모든 행성은 태양이 한 초점이 되는 타원 궤도를 따라 움직인다.
2. 케플러의 제2법칙: 태양에서 행성까지 잇는 반지름 벡터는 같은 시간 간격 동안에 같은 넓이를 쓸고 지나간다.
3. 케플러의 제3법칙: 모든 행성의 공전 주기의 제곱은 그 행성 궤도의 긴반지름의 세제곱에 비례한다.

* 뉴턴의 법칙으로 케플러의 법칙이 유도된다.

$$M = \frac{r}{k_s(R+r)} \frac{a^3}{T^2}$$

$$m = \frac{R}{k_s(R+r)} \frac{a^3}{T^2} \qquad (5-15)$$

이 된다. 여기서 비례상수 $k_s = 2.97 \times 10^{-19} s^2/m^3$이며, R, r, a 및 T는 측정되는 값들이므로 주성의 질량과 동반성의 질량을 구할 수 있다.

이와 같은 방법으로 시리우스의 주성과 동반성의 질량을 구하였다. 시리우스는 큰개자리의 α별의 이름으로 한국에서는 천랑성(天狼星)이라고 부른다. 그림 5.23에 나타낸 것처럼 시리우스 쌍성은 광학영상에

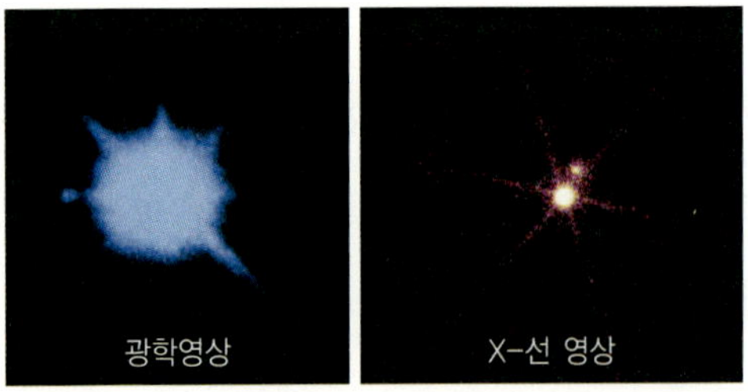

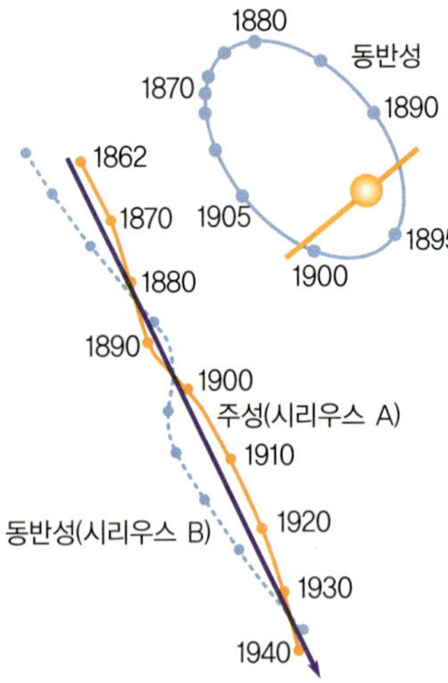

그림 5.23 시리우스의 주성과 동반성. X-선 영상에서 더 밝게 보이는 별이 동반성으로 백색왜성이다.(왼쪽)
그림 5.24 시리우스 쌍성의 운동 궤적.(오른쪽)

서는 잘 구별이 되지 않는 측성쌍성이나 X-선 영상으로 보면 매우 뚜렷하게 구별이 된다. 시리우스 쌍성의 경우, 동반성은 백색왜성으로 질량이 매우 크고, 현재 X-선을 많이 방출하고 있다. 시리우스 쌍성이 밤하늘에서 이동한 경로를 연도별로 그려놓은 것이 그림 5.24다. 그림에서 자주색 궤적은 두 별이 갖는 질량 중심의 이동 경로이고, 노란색은 주성의 이동 경로이며, 푸른색은 동반성의 이동 경로다. 앞에서 설명한 방법으로 구한 주성의 질량은 2.14 $M_{태양}$이고, 동반성의 질량은 1.06 $M_{태양}$이었다.

2) 질량 광도 관계를 이용하는 방법

별의 질량과 광도 사이에는 서로 근사적인 상관관계가 있다. 같은 구조를 가진 별들의 질량과 광도 사이에는 어떤 일정한 관계가 있다는 사실을 1924년 영국의 천문학자 에딩턴(A. Eddington, 1882~1944)이 밝혔다. 이 당시 주계열에 있는 별의 질량을 정확히 구할 수 있는 경우는 쌍성으로, 동반성의 광도(L_o) 및 질량(m_o)에 대한 주성의 광도(L) 및 질량(M)의 관계가

$$\log\left(\frac{L}{L_o}\right) = 3.5\log\left(\frac{M}{m_o}\right) + \text{const.} \qquad (5\text{-}16)$$

별의 광도와 등급

별의 표면에서 단위시간당 방출하는 총에너지를 '광도'라 한다. 그리고 이 광도를 정량적으로 나타낸 것을 '등급'이라 한다. 별의 등급은 기원전 130년경에 히파르코스(Hipparchos)가 약 850개의 별을 조사하여 가장 밝은 별에서 가장 어두운 별까지를 1~6등급까지 나누면서 생겨났는데, 이 등급을 '겉보기 등급' 혹은 '실시등급'이라 한다. 별의 실제 밝기에 대한 겉보기 밝기는 거리의 제곱에 반비례한다. 따라서 모든 별을 10파섹의 거리에 있다고 가정하고 밝기를 등급으로 매긴 것이 '절대 등급'이다. 그러므로 겉보기 등급이 m, 거리가 d파섹인 별의 절대 등급(M)은 $M = m - 5\log d + 5$인 관계에서 구한다.

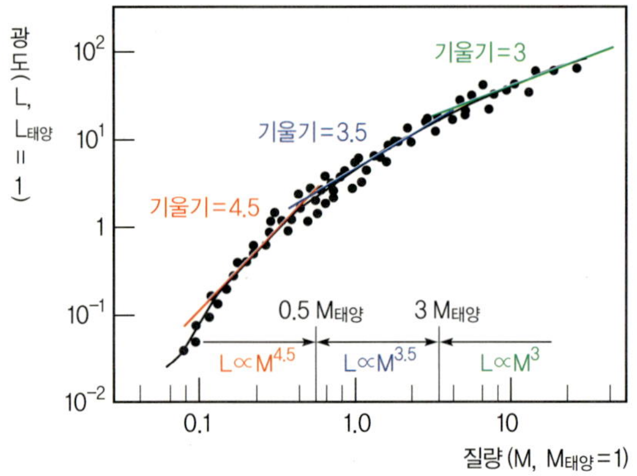

그림 5.25 별의 질량과 광도 사이에는 어떤 일정한 관계가 성립한다.

이 됨을 에딩턴이 알아내었다.

그림 5.25에 나타낸 것처럼, 별의 밝기와 질량에 따라 질량의 제곱수의 값이 차이가 많이 난다. 이와 같은 관계를 이용하면 별의 질량을 구할 수 있다.

대략적으로 질량 광도 관계를 이용하여, 별의 광도를 측정해 별의 질량을 구하는 경우에 대한 식은 (5-1), (5-2) 및 (5-3)식에 이미 나타내었다.

별에서 오는 빛의 광도는 파장에 관계없이 나타낸 총체적인 물리량이지만, 별에서 오는 빛을 파장의 길이 순으로 나열하면 스펙트럼이 된다. 이러한 스펙트럼의 정보까지 넣어서 질량 광도 관계를 그린 그래프가 **헤르츠스프룽-러셀도**다.

(3) 별의 온도 및 분광형

발광하는 물체의 온도와 스펙트럼 형태는 밀접한 관계를 가지고 있다. 즉, 온도가 높은 물체에서 나오는 빛의 스펙트럼에서는 파란색이 강하게 나오고, 저온의 물체에서 나오는 빛의 스펙트럼에서는 붉은색이 강하게 나타난다. 이러한 원리를 이용하여 별빛의 스펙트럼을 분석하면 별의 온도를 알 수 있다. 또 별의 중심부에서 발생한 빛이 별의 외부 대기를 통과하면서 특정 원소에 의하여 특정 파장의 빛

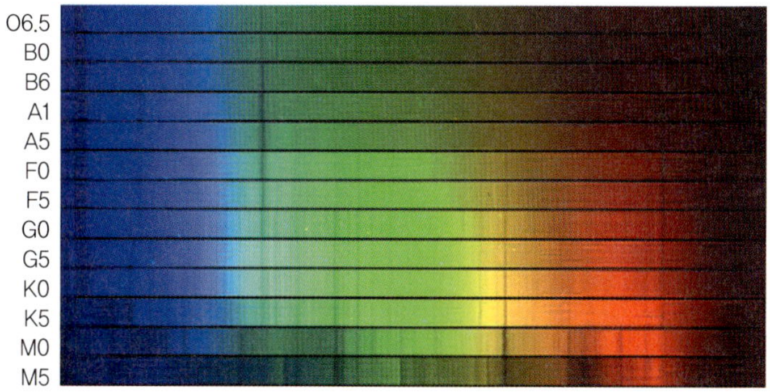

그림 5.26 별빛의 스펙트럼과 분광형. 별이 내는 스펙트럼은 별의 표면이나 별을 둘러싸고 있는 대기층에 의하여 달라지며, 별의 성분보다는 별 표면의 온도에 따라 많이 달라진다. 왼쪽의 세로축에 나타낸 기호와 숫자가 분광형과 그 등급이며, 위쪽으로 갈수록, 즉 O형 별은 온도가 높고 질량도 크다.

이 흡수당하여 관측자에게 도달하지 않으며 스펙트럼상에는 검은 선으로 나타나는데, 이것을 **흡수선**이라 한다. 스펙트럼에 나타나는 흡수선으로부터 별의 진화 정도와 구성성분을 알 수 있다. 원시성이 내는 빛의 스펙트럼 속에는 수소에 의한 흡수선 외에는 다른 흡수선이 거의 나타나지 않는다. 그러나 진화를 많이 하여 노년기에 접어든 별은 많은 원소들을 생산하여 포함하고 있기 때문에 이 별의 스펙트럼에는 많은 흡수선이 나타난다.

1943년에 윌리엄 모건(William W. Morgan)과 필립 키낸(Philip C. Keenan)이 별의 분광 띠를 분석하여, 별 표면의 기체 온도와 물리적 상태에 따라 O, B, A, F, G, K, M의 7가지로 분류하고, 또 각각에 대하여 0에서 9까지 분류하여, 이를 별의 분광형이라 이름 붙였다. 그림 5.26에 여러 가지 분광형을 가진 스펙트럼을 나타내었다. 예를 들어 표면 온도가 5,780 K인 우리 태양의 분광형은 G2이며, 표면 온도가 10,000 K인 시리우스의 분광형은 A0이다. 이와 같이 별은 표 5.4에 나타낸 것처럼 분광형에 따라 O형, B형, A형, F형, G형, K형, M형, 특이형으로 분류하고, 또 특이형인 별은 탄소별(C형 항성, S형 항성), 껍질별, 볼프-레예 별, 특이 A형 항성, 금속 A형 항성, 바륨별, 고니자리 P형 항성, 청색 낙오성으로 분류한다.

표 5.4 별의 분광형에 따른 분류

<table>
<tr><td rowspan="10">분광형</td><td>O형</td><td rowspan="10">특이성
(特異星)</td><td rowspan="2">탄소별</td><td>C형 항성</td></tr>
<tr><td>B형</td><td>S형 항성</td></tr>
<tr><td>A형</td><td colspan="2">껍질별</td></tr>
<tr><td>F형</td><td colspan="2">볼프-레예 별</td></tr>
<tr><td>G형</td><td colspan="2">특이 A형 항성</td></tr>
<tr><td>K형</td><td colspan="2">금속 A형 항성</td></tr>
<tr><td>M형</td><td colspan="2">바륨별</td></tr>
<tr><td rowspan="2">특이형</td><td colspan="2">백조자리 P형 항성</td></tr>
<tr><td colspan="2">청색 낙오성</td></tr>
</table>

표 5.5 별의 분광형

분광형	표면 온도	색깔	주 구성 물질	예
O	28,000~50,000 K	청색	헬륨 II, 헬륨 I	χ Per, ε Ori
B	9,900~28,000 K	청백색	헬륨 I, 수소	리겔, 스피카
A	7,400~9,900 K	백색	수소	베가, 시리우스
F	6,000~7,400 K	황백색	금속류, 수소	프로키온
G	4,900~6,000 K	황색	Ca II, 금속류	태양, α Cen
K	3,500~4,900 K	오렌지색	Ca II, Ca I, 각종 분자	아르크투루스
M	2,000~3,500 K	붉은색	TiO, Ca I, 각종 분자	베텔게우스

그리고 분광형 O, B, A, F, G, K, M의 7가지에 대한 항성의 표면 온도와 그 색깔 및 구성 물질을 표 5.5에 수록하였다. O형 항성은 온도가 높아 짧은 파장의 빛을 많이 방출하므로 푸른색을 띠고, M형의 항성은 온도가 낮아 긴 파장의 빛을 많이 방출하므로 붉은색을 띤다.

1911년에 덴마크의 헤르츠스프룽(E. Hertzsprung)은 별의 밝기와 색깔이 서로 연관됨을 발견하고, 항성의 분광형과 절대 등급의 관계를 조사하여 2차원 도표로 나타내었다. 비슷한 시기인 1913년에 미국의 러셀(H. N. Russell)도 독자적으로 이와 비슷한 도표를 만들었다. 그 결과 이 두 사람의 이름을 딴 **헤르츠스프룽-러셀도**(Hertzsprung-Russell diagram, H-R도)가 완성되었다. 이 도표는 항성의 분류, 내부 구조나 진화의 과정을 조사하는 데 매우 유용하게 사용된다.

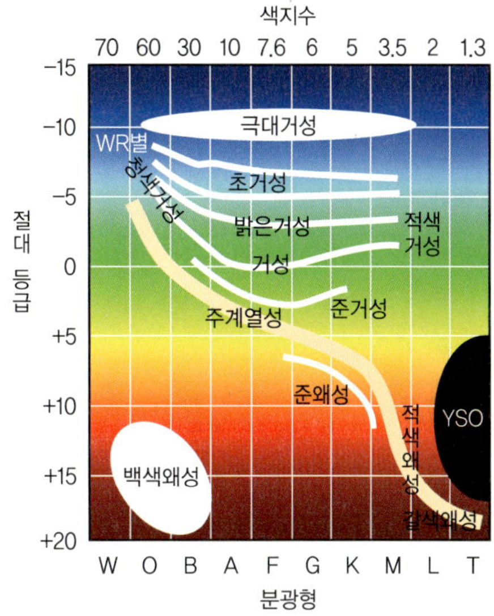

그림 5.27 헤르츠스프룽-러셀도.

그림 5.27에 나타낸 그림의 세로축에는 별의 광도를 나타내는 절대 등급이 나타나 있고, 하단부와 상단부의 가로축에는 분광형 및 분광형에 상응하는 색지수가 각각 표시되어 있다. 그리고 그림의 왼쪽 위에서 오른쪽 아래로 표시되어 있는 선은 주계열성인데, 주계열성인 경우 분광형이 O형에 가까운 별일수록 밝은 별이 되고 또 질량이 큰 별이 된다. 그리고 질량이 큰 별은 핵융합 반응이 더 많이 일어나므로 더 밝고 더 높은 온도의 별이 된다. 그림에는 ① 극대거성, ② 초거성, ③ 거성(청색거성, 밝은 거성, 적색거성), ④ 준거성, ⑤ 주계열성, ⑥ 준왜성, ⑦ 백색왜성, ⑧ 적색왜성, ⑨ 갈색왜성 등이 군집을 이루어 나타나 있으며, 그림의 세로축에 나타나 있는 절대 등급과 연관된 광도에 따라 별을 분류하면 표 5.6과 같다.

① 극대거성

초거성보다 무겁고(태양의 약 320배 이상), 우리 은하 내의 항성들 중 가장 밝은 군이며, 태양의 수십만~수천만 배의 광도를 가지나 표면 온도는 3,500~3만 5,000 K까지 다양한 분포를 보인다. 극대거성은 매우 큰 질량 때문에 수명이 매우

표 5.6 별의 광도에 따른 항성 분류

광도에 따른 항성 분류	(갈색왜성)*	(갈색왜성)*	리튬왜성
	백색왜성		메탄왜성
	준왜성		준갈색왜성
	주계열성**	주계열성**	O형 주계열성
	준거성		B형 주계열성
	거성		A형 주계열성
	밝은 거성		F형 주계열성
	초거성		G형 주계열성
	극대거성		K형 주계열성
			적색왜성

짧아 수백만 년밖에 살지 못한다. 이 때문에 극대거성은 매우 희귀하게 존재한다. 극대거성의 절대 등급은 −10 근방에 존재하며, 표면의 온도에 따라서 파란색 극대거성에서 붉은색 극대거성으로 분류된다. 이 중에서 표면 온도가 가장 높은 밝은 청색 극대거성은 극대거성들 중에서도 질량이 가장 큰 군으로 극대거성의 진화 단계 중 가장 처음의 상태로 생각되고 있으며, 광도는 태양의 수백만 배에서 수천만 배에 달한다. 한 예로, LBV 1806−20의 밝기는 태양의 200만~4,000만 배에 달한다.

② 초거성

태양 반지름의 100배 이상이 되는 매우 큰 별로, 절대 광도가 매우 높아서 −5~−9등급에 이른다. 그리고 스펙트럼에는 흡수선이 매우 미세하게 나타나는 특징이 있다. 초거성은 항성 진화의 마지막 단계로, 수소의 핵융합으로부터 변환된 헬륨이 다시 핵융합하여 중심핵이 탄소로 바뀌는 과정에 있으며, 또 별의 팽창이 멈춘 상태로 별의 표면은 극도로 밝아진 상태다. 그리고 별의 수명은 극히 짧아서 수백만 년에 불과하다. 여기에 속하는 별들은 오리온자리의 α별(Betelgeuse)과 β별

종족에 따른 항성 분류

- 종족 Ⅲ항성: 우주가 탄생한 지 1억 년 후에 최초로 항성이 형성되었는데, 이때 형성된 별들을 종족 Ⅲ항성 혹은 항성종족 3이라 부른다. 이 항성들은 질량이 매우 크고 내부에는 중원소가 없으며 그리고 매우 밝은 항성으로 그 수명은 매우 짧다. 이 항성이 거대한 초신성 폭발을 일으켜 중원소를 생성하였다.
- 종족 Ⅱ항성: 항성종족 3의 초신성 폭발로 생긴 중원소가 포함된 물질들이 항성종족 2를 형성하였다. 항성종족 2는 중원소 함유량이 태양의 3% 이하이며, 은하의 헤일로 부근에서 많이 발견된다. 그리고 거의 수소와 헬륨 가스 속에서 탄생한 별이기 때문에 행성을 거느리고 있지 않다. 종족 Ⅱ항성에는 '헤일로 별'과 '두터운 원반형 별'이 있다.
- 종족 Ⅰ항성: 중원소 함유량이 태양의 3% 이상이 되는 항성을 통틀어서 항성종족 1이라고 한다. 중원소 물질이 포함된 별로, 우리 태양도 항성종족 1에 속하며, 중원소의 물질이 국부적으로 모여서 행성을 이루기 때문에 종족 Ⅰ항성은 통상 행성을 거느리고 있다.

(Rigel), 백조자리의 α별(Deneb), 용골자리의 α별(Canopus), 전갈자리의 α별(Antares) 등이다.

③ 거성

주계열성의 마지막 시기에 변화된 별로, 광도는 태양의 10~1,000배, 반지름은 10~100배 정도로 부푼 별이다. 만약 주계열성과 거성의 유효 온도가 같은 경우, 거성은 주계열성보다 절대 광도가 높아 매우 밝으므로 H-R도에서 주계열성의 오른쪽 위에 위치한다. 그리고 H-R도에서 거성은 비교적 넓은 범위에 흩어져 있는데, 별의 진화 과정에서 대부분 준거성을 거쳐 거성이 된다.

거성은 대기의 성분과 내부 구조가 주계열성과는 상당히 다르다. 거성의 스펙트럼형은 대부분 G, K, M형을 나타내는데, 주계열성의 스펙트럼과 비교하면 흡수선의 폭이 좁다. 그리고 절대 광도가 높아 같은 스펙트럼형을 가지는 주계열성보다 매우 잘 보인다. 황소자리의 알데바란(K5형), 마차부자리의 카펠라(G5형), 쌍둥이자리의 폴룩스(K0형), 목자자리의 아르크투루스(K2형) 등이 전형적인 거성이다.

색지수

파장이 짧은 보라색의 빛을 통과시키는 필터를 U필터, 푸른색 파장의 빛을 통과시키는 필터를 B필터, 우리 눈이 민감하게 반응하는 노란색을 통과시키는 필터를 V필터라 하며, 각 필터를 통과한 별빛의 밝기를 L_U, L_B, L_V라 한다. 각각의 절대 등급을 U, B, V라 하면, B–V의 등급차가 있고 U–B의 등급차가 있는데, 이 등급차를 '색지수(C.I; Color Index)'라 한다. 일반적으로 B–V의 등급차를 이용한 색지수를 많이 사용한다. 즉, $C.I = B - V = -2.5 \log(L_B/L_V)$로 계산한다. 별의 색지수 값이 작을수록 별의 표면 온도가 높고, 색지수 값이 크면 표면 온도가 낮다.

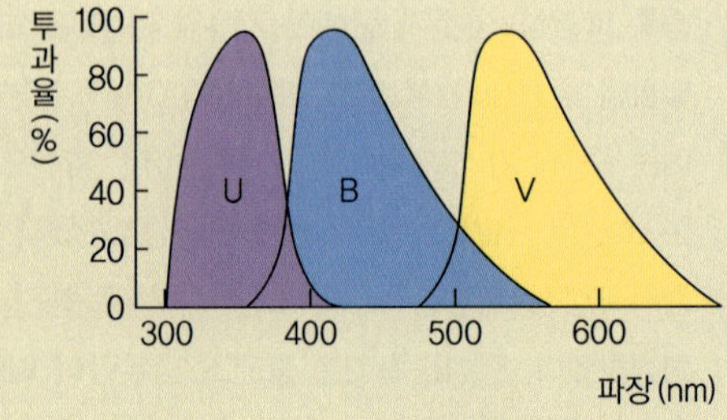

그림 5.28 U, B, V 통과 필터.

④ 준거성

H–R도에서 주계열성과 거성 사이에 존재하며, 주계열성보다는 밝고 거성보다는 어둡다. 보통의 별은 생성된 이후에 대부분의 시간을 주계열성으로 보내다가 핵융합 반응 정도에 따라서 준거성을 거쳐 거성으로 진화한다.

⑤ 주계열성

그림 5.27에 나타낸 바와 같이 H–R도의 왼쪽 위에서 시작해서 오른쪽 아래로 이어지는 대각선 방향의 휘어진 띠 안에 분포하는 별들이다. 주계열성은 수소 핵융합에 의한 발열 때문에 생기는 팽창과 중력에 의한 수축이 정역학적 평형을 유지하고 있는 별로서, 그 내부 구조도 안정화되어 있다. 우리 태양을 포함하여 표면 온도가 매우 높은 별부터 상당히 낮은 별에 이르기까지 약 90 % 이상의 별들이 여기에 속한다. 주계열에 들어온 별들은 그 일생의 대부분을 주계열에서 보낸다. 주계열성은 질량이 클수록 광도와 반지름이 크고 또 표면 온도도 높지만 밀도는

작다. 그리고 질량이 큰 별일수록 핵융합 반응의 속도가 빨라서 진화가 빠르게 진행되기 때문에 수명이 짧다.

⑥ 준왜성

분광형이 A에서 M에 걸쳐 있고, 주계열성보다 평균 1.5~2등급쯤 어두운 별의 집단을 이룬다. 준왜성(準矮星)에서 오는 스펙트럼을 조사하면 금속 원소가 매우 적은 것을 알 수 있다. 이러한 관점에서 준왜성은 구상성단(球狀星團) 내의 항성 등과 마찬가지로 종족Ⅱ 항성으로, 종족Ⅰ 항성이나 종족Ⅲ 항성과 다른 종류다.

⑦ 백색왜성

항성 진화에서 마지막 단계에 이른 축퇴된 물질로 이루어져 있다. 질량은 태양의 1.4배 이하(대체로 0.7배)이고, 평균적인 크기는 지구 정도이며, 평균 밀도는 0.6톤/cm^3로 매우 높다. 0.08～4$M_{태양}$ 정도의 질량을 가진 별들이 일생을 지나 마지막에 이르러 백색왜성이 된다. 백색왜성 상태에 있는 별은 더 이상 핵융합 반응이 없고, 내부에 축적된 열에너지를 방출하면서 천천히 식어가다가 마침내 빛을 내지 못하는 암체로 일생을 끝내게 된다. 백색왜성은 수소나 헬륨으로 이루어진 얇은 대기를 가졌고, 내부는 헬륨, 탄소 등의 무거운 원소들로 이루어진 고밀도의 축퇴 상태다. 태양 질량의 1.4배 이상인 별이 백색왜성으로 진화할 때, 별은 표면층의 물질을 우주 공간으로 방출해버려 총질량이 태양의 1.4배 이하가 된다. 이때 방출된 물질은 별 주위에 고리 모양의 행성상 성운을 형성하기도 한다.

⑧ 적색왜성

M형, K형의 저온 주계열성으로, 그 질량은 태양의 40%를 넘지 않는다. 따라서 중심부의 낮은 온도로 핵융합 반응 속도가 매우 느려서 매우 약한 빛을 발하는데, 그 세기는 태양의 1/10,000배에서 태양 밝기의 10% 정도까지 된다. 다른 별에 비해 어둡기 때문에 눈에 잘 띄지 않으나, 수는 많아서 근거리 항성의 약 70%

를 차지한다. 같은 왜성에는 백색왜성이 있으나, 백색왜성은 주계열성 진화의 끝에서 나타나는 별이고, 적색왜성은 주계열성의 일원으로 백색왜성이 냉각되어 생긴 별은 아니다.

⑨ 갈색왜성

별이 형성될 때 질량이 태양의 0.08배보다 작고 행성 질량보다는 큰 천체로, 수소 핵융합 반응이 일어나지 않아서 진홍색과 갈색의 중간 빛을 약하게 낸다. 갈색왜성은 성간구름이 중력 수축으로 형성되었으나 질량이 지나치게 작아서, 수소 핵융합 반응이 일어나기에 충분한 중력을 가지지 못한다. 그러므로 갈색왜성은 약간의 열과 빛을 내면서 급속히 냉각되는데, 외형적으로는 질량이 큰 행성과 흡사하다.

5.3 별난 별들

5.3.1 쌍성, 다중성

쌍성(雙星) 또는 연성(連星)은 두 별 사이의 질량 중심을 중심으로 공전하는 항성계다. 쌍성계에서 큰 별은 주성(主星)이라 하고, 작은 별은 동반성(同伴星) 혹은 반성(伴星)이라 한다. 밤하늘에 있는 다수의 별이 쌍성계를 이루고 있으나 일부는 3성계 또는 4성계 등의 다중성을 이루고 있다.

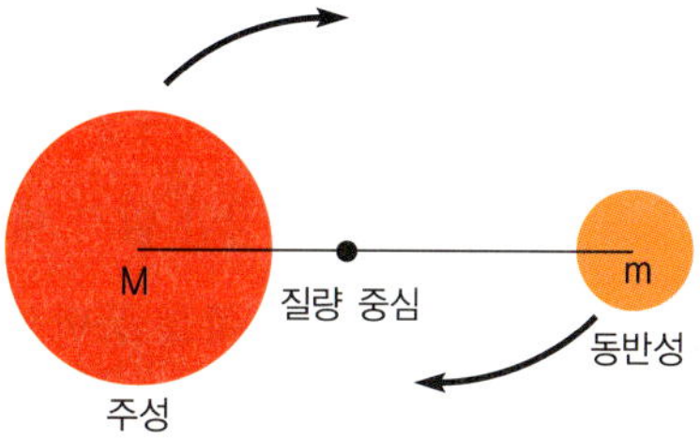

그림 5.29 질량 중심을 중심으로 공전하는 쌍성계.

특히 쌍성계는 천체물리학에서 매우 중요한 연구 대상이다. 쌍성계의 상호 궤도를 관측하면 주성과 동반성의 질량을 알 수 있기 때문에, 이 별들에서 오는 빛의 스펙트럼과 단독으로 존재하는 별들의 스펙트럼을 비교하여 단독으로 존재하는 별들의 질량을 추정하는 기준으로 사용할 수 있다.

쌍성은 먼 우주에 형성되어 있기 때문에 쌍성을 구분하는 일은 쉽지 않다. 일반적으로 쌍성은 관측 방법으로 분류한다. 측광적 방법으로 알 수 있는 **안시쌍성**, 분광학적 방법으로 알 수 있는 **분광쌍성**, 식(蝕) 현상으로 알 수 있는 **식쌍성**, 측성학적(測星學的) 방법으로 알 수 있는 **측성쌍성**의 네 가지로 분류한다.

(1) 안시쌍성

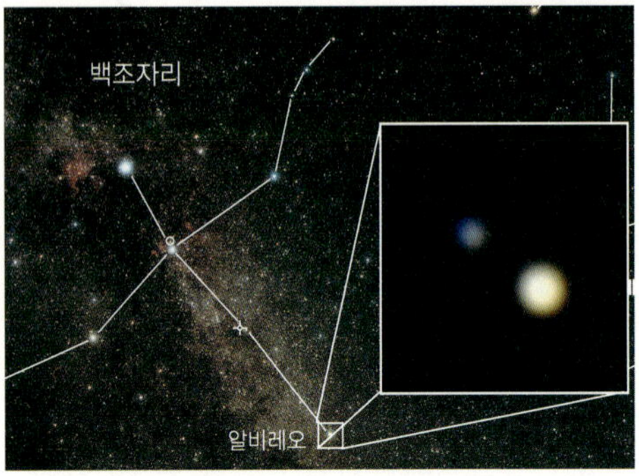

그림 5.30 안시쌍성 알비레오.

안시쌍성(眼視雙星, visual binary)은 두 별 사이의 거리가 어느 정도 떨어져 있어서 광학 망원경으로 쌍성의 주성과 동반성의 궤도를 분간할 수 있는 경우다. 안시쌍성을 발견하는 데 있어서 결정적인 역할을 하는 것은 망원경의 분해능이다. 그리고 두 별의 밝기 차가 크면 한쪽 별의 강한 밝기 때문에 다른 쪽 별을 분간하기가 어렵다. 보통 밝은 쪽을 주성, 어두운 쪽을 동반성이라고 하지만 간혹 그렇지 않은 경우도 있다. 안시쌍성은 두 별 간의 거리가 비교적 멀어서 중력의 작용이 약하기 때문에 질량 중심을 중심으로 공전하는 공전 시간이 긴 것이 특징이다.

안시쌍성의 예로는 그림 5.30에 나타낸 백조자리의 알비레오가 있다. 알비레오는 지구에서 385광년 떨어져 있어서, 맨눈으로 봤을 때는 하나의 별로 보이지만 망원경으로 보면 이중성이라는 것을 알 수 있다. 알비레오의 주성은 온도가 약 4,100 K인 거성으로, 광도는 태양의 100배 정도이고 반지름은 태양의 약 20배로 추정된다. 동반성은 주성보다 안시등급이 2등급 정도 낮으며, 주성과는 46 AU 정도 떨어져 있는 것으로 추정된다.

(2) 분광쌍성

쌍성을 이루고 있는 두 별이 매우 가까이 붙어 있어서 망원경으로는 직접 관측이 불가능하고 쌍성으로부터 오는 별빛의 도플러 효과를 이용해야만 두 별이 분리되어 있음을 아는 경우가 있다. 이와 같이 분광학적으로 구별할 수 있는 쌍성을

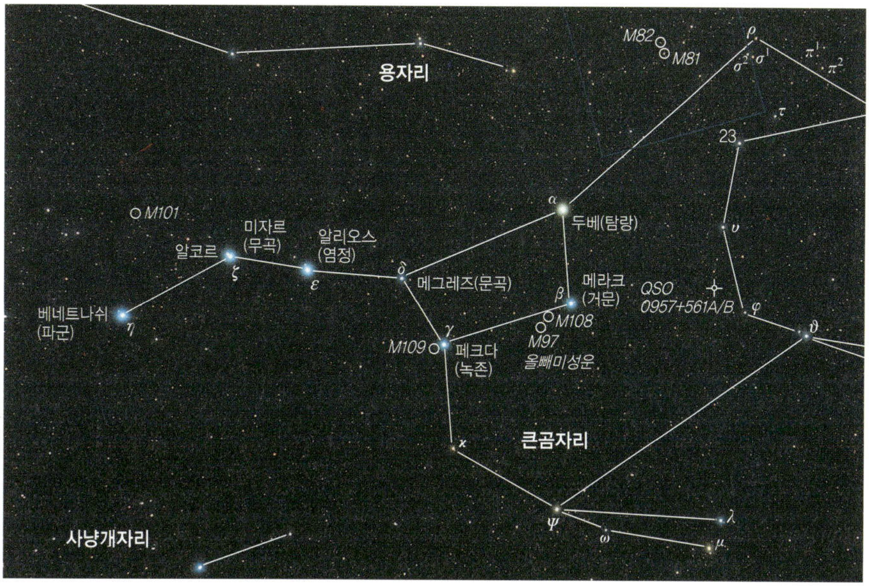

그림 5.31 북두칠성에 위치한 알코르와 미자르.

분광쌍성(spectroscopic binary)이라 한다.

분광쌍성의 경우, 근접쌍성으로 두 별의 거리가 가깝기 때문에 질량 중심을 중심으로 공전하는 속도가 빠르다. 이 쌍성의 공전 면이 관측자와 수직이 되지 않는다면 관측자로부터 빠르게 멀어졌다가 가까워지는 운동을 반복한다. 관측자에게서 멀어지면 스펙트럼에서 적색이동이 생기고, 관측자에게로 가까워지면 청색이동이 생긴다. 이와 같은 빛의 도플러 효과를 이용하여 쌍성임을 알아낸다.

분광쌍성의 한 예인 큰곰자리(북두칠성 포함)의 ξ별(미자르, Mizar)은 주성의 질량이 $1.3M_{태양}$이고, 동반성은 $1.0M_{태양}$이다. 1889년에 에드워드 피커링(Edward Charles Pickering)이 큰곰자리에 있는 미자르의 분광사진에서 흡수선이 이중으로 나타나는 것을 보고, 그 원인이 쌍성을 이루는 두 별의 시선속도(視線速度)의 차이에서 기인한 것임을 밝혔다. 큰곰자리의 ξ별(무곡성)은 북두칠성의 자루에 해당하는 3개의 별 중 중간에 있는 별로, 그림 5.32에 나타낸 것처럼 미자르는 알코르와 쌍성이 아닌 이중성을 이루고 있고, 미자르는 미자르 A와 미자르 B가 쌍성을 이룬다. 또 미자르 A는 미자르 Aa와 미자르 Ab로 쌍성을 형성하고 있을 뿐만 아니라 미자르 B도 미자르 Ba와 미자르 Bb로 쌍성을 형성하고 있어, 결국 4중성을 이루고 있다.

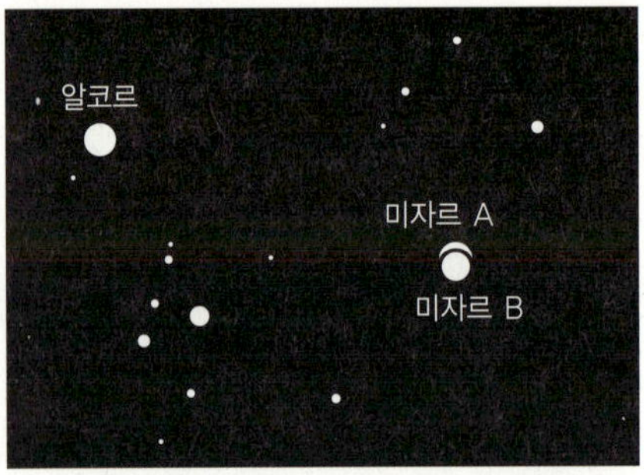

그림 5.32 미자르 A와 미자르 B의 쌍성.

(3) 식쌍성

식쌍성(eclipsing binary)은 질량 중심을 중심으로 공전하는 궤도면이 관찰자와 평행한 경우, 각각의 별이 서로에게 식(蝕) 현상을 일으켜 밝기에 변화가 생긴다. 이 밝기의 변화, 즉 별의 겉보기 등급의 변화로써 확인되는 쌍성을 **식쌍성**이라 한다. 만약 식쌍성이면서 분광쌍성이면, 두 별 간의 거리와 주성 및 동반성의 질량, 공전 속도가 스펙트럼에 미치는 영향을 토대로 하여 표준을 삼을 수도 있다. 이러한 표준을 이용하여 대마젤란은하, 소마젤란은하, 안드로메다은하 등의 거리를 직접 잴 수 있었다. 식쌍성들은 5% 오차 이내로 우리 은하 밖의 다른 천체까지 거리를 측정할 수 있는 방법을 제공하여 천문학 연구에 있어 매우 중요한 존재다.

식쌍성들은 변광성에 속하지만, 천체 스스로 밝기가 변하는 것이 아니라 한 천체가 다른 천체를 가리기 때문에 우리 눈에 밝기가 변하는 것처럼 보인다. 식쌍성

쌍성과 이중성의 차이

중력으로 서로 강하게 결합하여 질량 중심을 중심으로 공전하는 두 별을 '쌍성'이라 한다. '이중성(二重星)'은 지구에서 보았을 때 쌍성처럼 보이는 모든 별을 일컫는 말로, 두 별이 서로 중력으로 결합되어 있지 않고 단지 가까이 있는 것처럼 보이는 경우도 포함된다.

그림 5.33 식쌍성 알골의 위치.

계의 광도 곡선은 전체적으로 일정한 밝기를 지니다가 식이 일어날 때에만 광도가 떨어진다. 크기가 다른 식쌍성에서 큰 별이 작은 별을 가릴 때에 개기식이 발생하며, 그 반대의 경우에는 부분식이 발생한다. 식쌍성의 공전 주기는 광도 곡선으로부터 구할 수 있으며, 두 별의 상대적인 크기도 궤도 크기에 대비하여 한 별이 다른 별의 원반을 얼마나 오랫동안 가리고 있는지를 계산하여 얻을 수 있다.

식쌍성의 보기는 알골(Algol)이다. 알골은 페르세우스자리에서 두 번째로 밝은 베타(β)별로, 악마라는 의미를 가지고 있다. 알골은 식변광성에도 속하며, 밝기의 변화는 2.8일을 주기로 2.1~3.8등급 범위로 변한다. 앞선 그림 5.21에 나타낸 것처럼 그림의 위쪽과 같은 상황이 되면 개기식이 되고, 중간의 경우에는 가장 밝은 상태가 되며, 아래쪽과 같은 경우에는 부분식이 된다. 이와 같은 현상에 의한 알골의 광도 변화를 그림 5.34에 나타내었다.

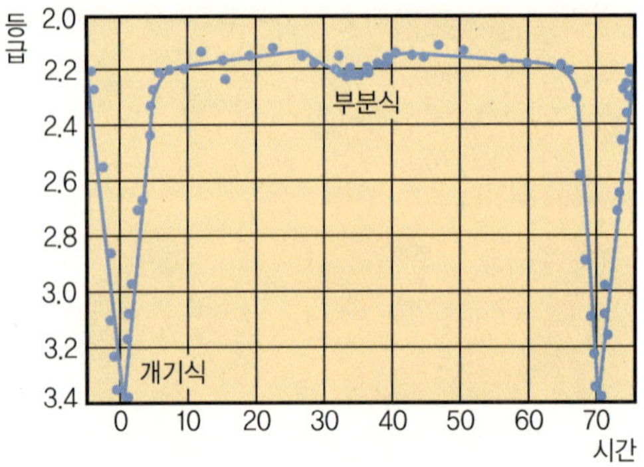

그림 5.34 알골의 주기적 변광.

(4) 측성쌍성

보이지 않는 동반성과 쌍성을 이루는 주성의 운동은 보이지 않는 별의 영향을 받아 구불구불한 운동을 하거나 진동을 한다. 이 진동의 진폭, 주기 등의 자료를 통하여 보이지 않는 별의 질량, 질량 중심으로부터의 거리 등을 계산할 수 있다. 주성의 흔들림을 통하여 두 별이 짝을 이루고 있다는 사실을 알 수 있는 쌍성을 **측성쌍성**(astrometric binary)이라 한다.

보이지 않는 동반성은 매우 어두워서 현재의 기술력으로 관측하기가 힘든 경우와 전파를 거의 발산하지 않는 중성자별 혹은 블랙홀 등이 동반성인 경우가 있다. 특히 중성자별이나 블랙홀 등이 포함된 쌍성계를 **고질량**(高質量) **X-선 쌍성**이라고 부른다. 이 쌍성계의 예로는 백조(고니)자리 X-1이 있으며, 보이지 않는 동반성의 질량은 태양의 9배다.

가장 유명한 측성쌍성의 예는 시리우스다. 1830년에 발견된 시리우스 A와 그 동반성인 시리우스 B의 지나간 궤적은 그림 5.24를 참조하라. 주성인 시리우스 A의 궤적이 구불구불한 것을 설명하기 위하여 동반성을 가정하고 X-선 망원경으로 조사해보니, 실제로 크기가 작고 어두운 백색왜성이 발견되었다.

5.3.2 변광성

(1) 변광성의 명명법

변광성은 시간에 따라서 밝기가 변하는 별이다. 1596년에 독일의 다비드 파브리치우스(David Fabricius)가 고래자리의 미라(Mira)가 변광한다는 사실을 발견하면서 변광성에 대한 관심이 일어났다. 미라는 변광 주기가 11개월이고, 변광하는 범위는 2~11등성이다. 이후, 관측 기술과 관측 장비의 발달로 광학 영역뿐만 아니라 전파, 적외선, 자외선 및 X-선 영역에서 많은 변광성이 발견되었다. 이에 따라 1862년에 독일의 천문학자 **프리드리히 아르겔란더**(Friedrich Wilhelm August Argelander)가 변광성에 이름을 붙이는 방법으로, 일반 별들의 명명법과 달리 발견된 별자리에 따라서 R, S, T, U, V, W, X, Y, Z로 명명하고, 그다음에 더 발견된 변광성에는 RR, RS, RT, ⋯,

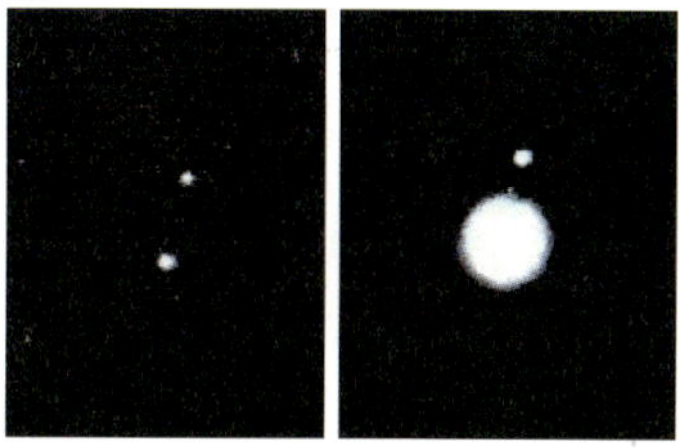

그림 5.35 1596년에 독일의 다비드 파브리치우스가 고래자리의 미라가 변광한다는 사실을 발견하였다. 미라는 장주기 변광성이고, 변광의 차이도 대단히 크며, 질량은 태양의 700배다.

별자리에 있는 별의 이름을 붙이는 방법

(1922년 국제천문연맹에서 88개의 별자리를 확정)

1. 바이어 명명법: 독일의 천문학자 요한 바이어가 발명한 방법이다. 각 별자리에 있는 별의 밝기 순서대로 그리스 문자를 알파, 베타 순으로 붙인다. 예로 오리온자리의 알파별은 α ori로 표기.
2. 플램스티드 명명법: 바이어 명명법과 비슷하지만 그리스 문자가 아닌 아라비아 숫자를 사용한다. 예를 들면, 61 Cygni, 51 Pegasi 등.
3. 아르겔란더 명명법: 변광성에 붙이는 방법.
4. 기타: 본 항성목록, 보스 일반목록, 헨리 드레이퍼 목록, 밝은 별들의 목록, SAO 목록, PPM 별 목록 등등.

RZ, SS, ST, SU, …, SZ, TT, TU, TV, …, TZ, ……, YY, YZ, ZZ로 명명하고, 또 AA, AB, AC, AD, …, AZ, BB, BB, BC, BD, …, BZ, CC, CD, CE, CF, …, CZ, ……, PP, PQ, PR, PS, …, PZ, QQ, QR, QS, QT, …, QZ로 명명하였다(아르겔란더가 붙인 변광성의 명명법에는 문자 'J'를 사용하지 않는다). 이렇게 명명하면 334개가 되는데, 발견된 변광성은 334개를 넘어선 지가 이미 오래다. 따라서 335번부터는 변광성(Variable star)의 머리글자 V자를 따서 V335, V336, V337, …로 명명하고 있다.

(2) 변광성의 종류

변광성을 크게 나누면, 별 자체의 원인에 의한 내인적(內因的)인 변광성과 외부적인 원인에 의한 외인적(外因的)인 변광성으로 나눌 수 있다. 내인적인 변광성은

표 5.7 변광성의 분류

<table>
<tr><td rowspan="8">변광성</td><td rowspan="6">내인적
변광성
(고유
변광성)</td><td>맥동변광성</td><td colspan="2">세페이드형 변광성, 처녀자리 W형 변광성,
거문고자리 RR형 변광성, 방패자리 δ형 변광성,
미라형 변광성, 반주기 변광성, 불규칙 변광성,
세페우스자리 β형 변광성, 고니자리 α형 변광성,
황소자리 RV형 변광성</td></tr>
<tr><td>분출변광성</td><td colspan="2">플레어별, 황소자리 T형 변광성, 오리온자리 FU형 변광성,
북쪽왕관자리 R형 변광성, 밝은 청색변광성</td></tr>
<tr><td rowspan="4">격변변광성</td><td colspan="2">신성</td></tr>
<tr><td rowspan="2">초신성</td><td>I형 초신성</td></tr>
<tr><td>II형 초신성</td></tr>
<tr><td colspan="2">왜소신성, 공생변광성, 극초신성(콜랩서: 가상 천체)</td></tr>
<tr><td rowspan="2">외인적
변광성</td><td>회전변광성</td><td colspan="2">자변광성(펄서), 사냥개자리 α2형 변광성,
회전타원체 변광성</td></tr>
<tr><td>식변광성
(식쌍성)</td><td colspan="2">알골변광성, 거문고자리 β형 변광성,
큰곰자리 W형 변광성</td></tr>
</table>

다시 **맥동변광성**, **분출변광성**, **격변변광성**으로 분류할 수 있고, 외인적인 변광성은 **회전변광성**, **식변광성**으로 나눌 수 있다. 각각의 변광성을 더 세분하여 표 5.7에 나타내었다.

1) 맥동변광성

맥동변광성(脈動變光星)은 본질적인 변광성으로 별이 팽창과 수축을 되풀이하는 맥동 현상 때문에 별빛의 밝기가 변하는 별이다. 보통 별들은 팽창했을 때 표면 온도가 낮아져 어두워지고, 수축했을 때 표면 온도가 높아져 밝아진다. 맥동의 주기는 별의 평균 밀도의 제곱근에 반비례하는 경향을 보이며, 이 주기의 역수가 별의 고유 진동수에 해당한다. 대체로 표면 온도가 6,000~9,000K인 별이 팽창과 수축을 거듭하는 불안정한 시기를 거치는 경향이 많다. 특히 H–R도에서 이러한 현상에 해당되는 부분을 **세페이드 불안정띠**라고 부른다.

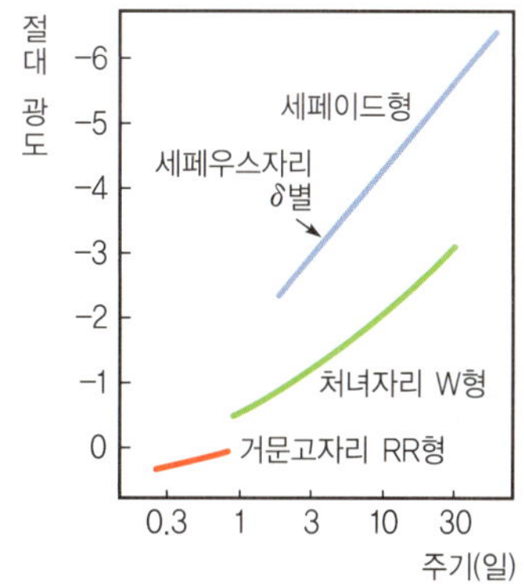

그림 5.36 맥동변광성은 주기와 절대 광도가 연관성이 있으며, 각각의 형에 따라 군을 형성한다.

맥동변광성은 변광하는 주기나 별의 상태에 따라서 세페이드형 변광성, 처녀자리 W형 변광성, 거문고자리 RR형 변광성, 미라형 변광성(장주기형 변광성) 등이 있다.

① 세페이드형 변광성

1784년 존 구드리케(John Goodricke)가 세페우스자리 델타(δ)별이 5.37일 주기로 변광하고, 그 변광하는 범위가 3.6~4.3등성임을 발견하여, 세페이드 변광성이 세상에 알려지게 되었다. 세페이드 변광성과 유사한 세페이드형 변광성은 주로 초거성들이며, 광도가 급격히 밝아졌다가 서서히 어두워지는 특성이 있다. 광도 변화는 매우 규칙적이고, 변광 주기는 1~50일 정도이며, 변광폭은 0.3~2.5등급 사이에 있다. 세페이드형 변광성의 보기로는 독수리자리의 에타(η)별과 쌍둥이자리의 제타(ζ)별, 헤르쿨레스자리의 알파(α)별, 머리털자리의 M100 은하에 있는 세페이드형 변광성 등이 있다.

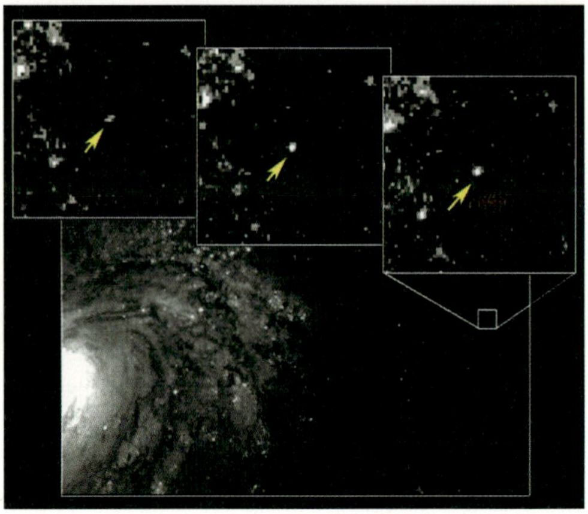

그림 5.37 머리털자리의 M100 은하에 있는 세페이드형 변광성. 화살표로 나타낸 별의 밝기가 변하고 있다.

② 처녀자리 W형 변광성

처녀자리 W형 변광성은 'II형 세페이드 변광성' 이라 부르기도 하며, 세페이드형과 비슷한 변광성의 일종이다. 처녀자리 W형 변광성은 항성종족 II에 속하는 별들로 우리 태양보다 무거운 원소의 함량이 적고, 밝기는 전형적인 세페이드형 변광성의 평균보다 약 1.5등급 정도 어둡다. 그리고 광도 변화는 1~60일 사이의 주기다.

③ 거문고자리 RR형 변광성

거문고자리 RR형은 구상성단 내에서 많이 발견되었다. 대부분 변광성이 되기 전에는 태양 정도의 질량을 가졌으나 변광성이 되는 과정에서 질량을 많이 방출한 것으로 생각된다. 즉, 이 변광성들은 나이가 많고 상대적으로 질량이 작은 별들이다. 그러므로 이들은 세페이드형 변광성들보다 훨씬 흔하게 존재하지만 온도가 낮아 어둡다. 대체로 거문고자리 RR형 별들의 절대 등급은 0.75로, 태양 밝기의 40~50배 정도다. 이들의 변광 주기는 1일 이하로 짧으나 가끔 7시간 정도의 주기를 갖는 별도 있다. 거문고자리 RR형은 H–R도에서 주계열 위쪽의 중앙부에 수평으로 분포한다. 변광의 원인은 세페이드형 변광성처럼 안정된 맥동이 아니라, 별의 표면에 있는 대류층에 축적된 에너지의 불안정 상태가 완화되면서 광도가 밝아지는 현상을 반복하기 때문이다.

2) 분출변광성

분출변광성은 분출에 의해 비교적 짧은 시간에 밝기가 변하는 별로, 대부분 젊은 성단에서 발견된다. 스펙트럼형이 M형인 왜성의 표면에서 불규칙적인 플레어 폭발로 인하여 변광하는 플레어별(고래자리 UV형)과 성운형 변광성인 황소자리 T형 변광성, 오리온자리 FU형 변광성, 북쪽왕관자리 R형 변광성, 밝은 청색변광성이 있다.

① 플레어별(고래자리 UV형)

플레어별은 갑작스럽게 수 분 혹은 수 시간 동안 광도에 급격한 변화가 일어나는 항성으로, 대부분 젊은 성단에서 발견되는 젊은 별이다. 주로 적색왜성에서 플레어별의 특성이 나타나지만 갈색왜성에서도 간혹 그 특성이 나타난다. 우리 태양과 비슷하게 별의 표면에서 불규칙적으로 플레어 폭발이 일어나며, 이 폭발은 표면의 자기장 교란과 관계가 있는 것으로 생각된다.

최초로 발견된 플레어별은 백조(고니)자리 V1396과 현미경자리 AT로, 1924년에 발견되었다. 가장 유명한 플레어별인 고래자리 UV는 1948년에 발견되었다. 이 별의 이름을 따서 플레어별들을 고래자리 UV형 변광성이라고 부르기도 한다.

고래자리 UV형 변광성에 속하는 대표적인 별 이름은 루이텐 726–8로, 지구에서 가장 가까운 항성계 중 하나다. 루이텐 726–8은 두 개의 별로 이루어진 쌍성으로, 이들 중 하나는 잘 알려진 플레어별인 루이텐 726–8B다. 다른 플레어별의 보기로는 켄타우루스자리의 프록시마, 울프 359, 바너드별 등이 있다. 플레어별은 매우 어둡기 때문에 현재까지 밝혀진 모든 플레어별들은 지구로부터 60광년 이내에 있는 것들이다.

② 황소자리 T형 변광성

황소자리 T형 변광성이란 원시성을 가리키는 것으로, 주로 성운(星雲) 속에서 형성되는 성운형 변광성이다. 성운 속에서 형성되는 별들은 이제 막 주계열을 향하여 수축을 시작한 별로, 밝기가 급격히 변할 뿐만 아니라 매우 불규칙적이다. 황소자리 T형 변광성들은 밀도가 높은 성간운 속에 있었기 때문에 과거에는 발견하기 힘들었으나, 현재는 전파 망원경이나 적외선 망원경의 발달로 많은 발견이 이루어지고 있다. 황소자리 T형 변광성은 주계열 단계에 이르기 전의 항성이라는 점에서, 태양과 같은 항성이 주계열 단계로 진입하기 전의 모습을 연구하는 데 중요한 참조용 별이 된다. 우리 태양과 같은 항성이 형성되기 위해서는 가스성운 중심에 중력 중심이 생겨, 이 중력 중심으로 약 10만 년간 수축이 이루어지면서 열이 발생하는 과정을 거치는데, 이 단계를 '황소자리 T형 단계' 라 한다. 우리 태양도 45억 5,000만 년 전에는 이 황소자리 T형 단계를 약 170만 년간 겪었다.

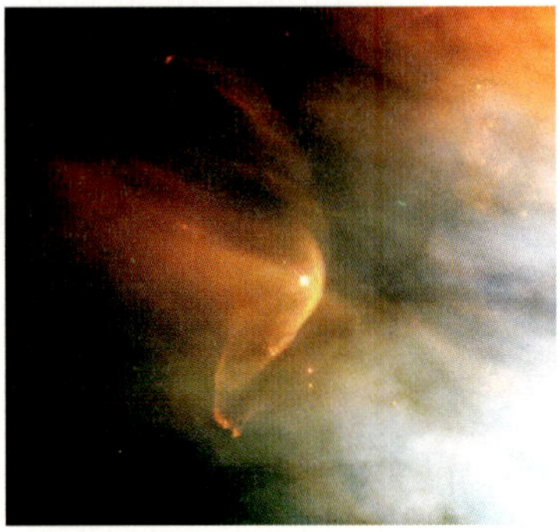

그림 5.38 황소자리 T형 변광성. 이제 막 주계열 단계로 진입한 항성이 자신이 내뿜는 항성풍으로 주위의 가스를 밀어내고 있다.

3) 격변변광성

격변변광성은 별의 갑작스러운 변화 때문에 생기는 현상으로, 표 5.7에 나타낸 것처럼 신성, 초신성(I형 초신성과 II형 초신성), 공생변광성, 왜소신성, 극초신성(콜랩서: 가상 천체)이 여기에 포함된다.

① 신성

밤하늘에 잘 보이지 않던 별이 갑자기 밝아져 수일 내에 광도가 수천 배에서 수만 배에 이르는 별을 신성(Novae)이라 한다. 광도가 극대에 이른 후에 밝기는 서서히 낮아져 수백 일 또는 수년 후에는 원래의 어두운 밝기로 돌아간다. 망원경이 만들어지기 전에는 하늘에 새로운 별이 탄생했다고 생각해서, 서양에서는 신성이라 명명하였고 동양에서는 객성(客星)이라고 불렀다.

신성의 스펙트럼에는 어두운 흡수선과 밝은 방출선이 잘 나타나는데, 이 스펙트럼에 나타나는 흡수선과 밝은 방출선의 자료로부터 신성이 매초 수백에서 수천 킬로미터의 속도로 가스를 우주 공간으로 분출하고 있음을 알 수 있다. 이렇게 분출된 가스는 구각(球殼) 또는 도넛 형태로 별에서 멀어진다. 방출되는 물질은 별 전체 질량의 1만분의 1 정도이므로 별 전체가 폭발하는 것이 아니라 별의 표면층이 폭발하는 것으로 생각되며, 이 표면층의 팽창 때문에 별 전체가 폭발하는 것처럼 보인다. 표면층을 우주 공간으로 흩어버린 후 별의 광도나 색깔은 원래 상태로 돌아온다.

신성 중에는 수일 내에 19등급 정도까지 밝아졌다가 서서히 어두워지는 정상신성(定常新星)과, 수십 년에 걸쳐 두세 번 폭발을 일으키는 재기신성(再起新星) 그리고 정상신성의 밝기보다 몇 등급이 낮은 왜소신성(矮小新星) 등이 있다. 또 별 전체가 폭발하여 밝기가 가장 크게 변하는 초신성(超新星)도 있다. 초신성의 밝기는 수일 내에 20등급(광도로는 1억 배) 이상 증가하며, 수년에 걸쳐 서서히 감소한다. 초신성은 광도 곡선에 따라서 I형과 II형으로 분류된다. I형 초신성은 광도가 거의 지수적으로 감소하는데, 이와 같은 현상은 늙고 질량이 적은 별에서 주로 생긴다. II형 초신성은 최대 광도가 I형 초신성의 최대 광도보다 적고 광도 감소도 불규칙적인데, 주로 젊고 질량이 큰 별에서 생긴다.

신성의 예로는 백조자리 신성 Cygni 1992가 있다. 이 신성은 최근에 관측된 전

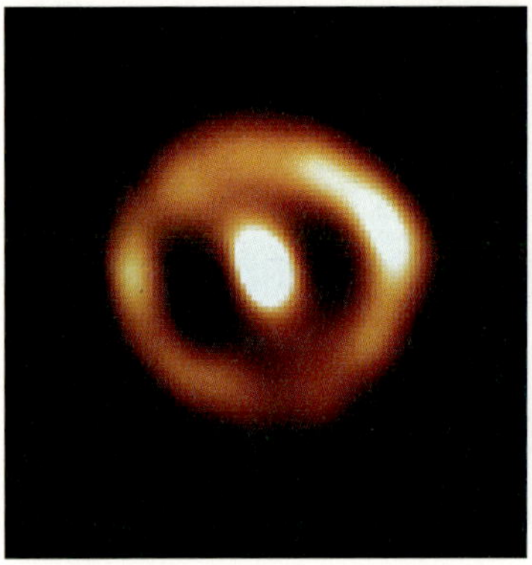

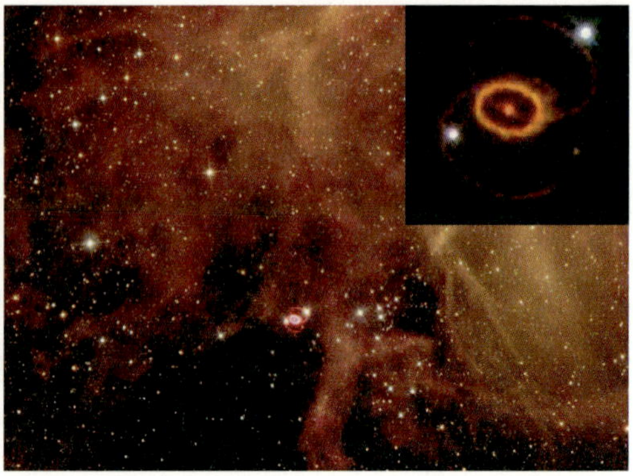

그림 5.39 백조자리 신성 Cygni 1992. 분출된 가스가 도넛 형태로 별에서 멀어진다.(왼쪽)
그림 5.40 1987년에 관측된 초신성 1987A(SN 1987A).(오른쪽)

형적인 신성으로, 매우 밝은 무리에 속하며 신성에서 밀려난 가스가 고리 모양을 하고 있다. 그림 5.39의 사진은 신성이 된 2년 후에 NASA의 허블 우주 망원경으로 촬영한 것이다. 신성 Cygni 1992는 지구에서 약 1만 광년 떨어진 곳에 있다.

② 초신성

초신성 1987A(SN 1987A)는 대마젤란성운의 독거미 성운 근처에 있는 초신성이다. 지구에서 초신성 1987A까지의 거리는 약 16만 8,000광년으로, 비교적 가까운 거리에 있기 때문에 초신성 폭발 장면을 맨눈으로도 볼 수 있었다. 대신 이 초신성은 남반구 하늘에 있기 때문에 북반구에 있는 사람들은 목격할 수 없었다. 1987A가 폭발한 빛은 1987년 2월 23일 지구에 도착했기 때문에 1987A라는 기호가 붙었다. 1987A의 밝기는 3등급까지 올라갔다가 이후 수개월에 걸쳐서 서서히 어두워졌다. 1987A는 현대 장비가 발달했을 때 폭발하였기 때문에 비교적 상세한 영상이 기록되어 있다. 초신성 1987A의 폭발로 생긴 내부 링의 연도별 변화 모습을 그림 5.41에서 볼 수 있다.

초신성으로 폭발하는 또 다른 보기는 NGC1260 은하 속에서 관측된 SN2006gy이다(그림 5.42). SN2006gy는 질량이 대단히 큰 별로서, 폭발 후 물질의 대부분을

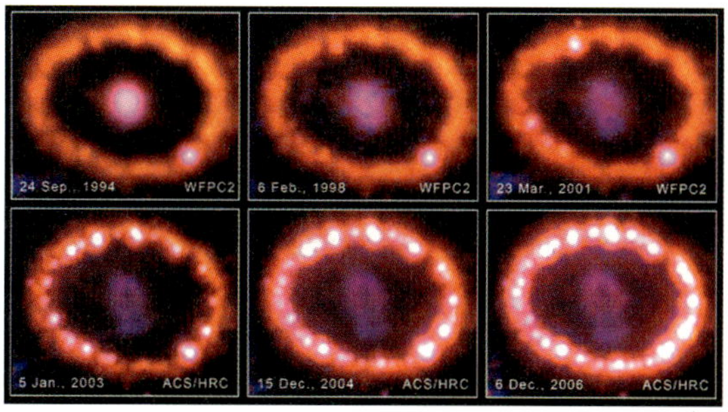

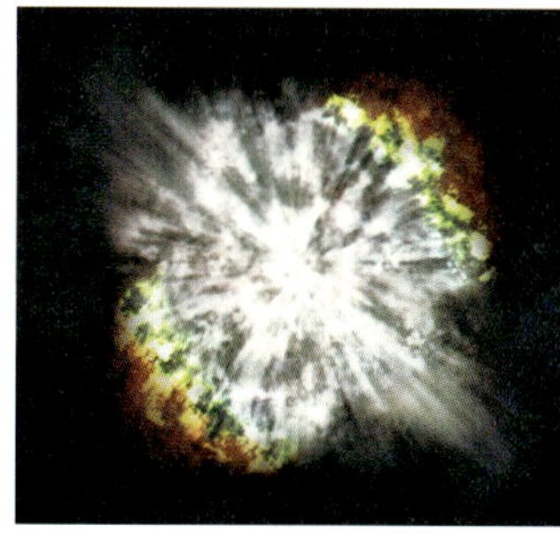

그림 5.41 초신성 1987A(SN 1987A)의 내부 링의 연도별 변화 모습. 윗줄은 (왼쪽부터) 1994년, 1998년, 2001년에 촬영된 것이고, 아랫줄은 2003년, 2004년, 2006년에 촬영된 것이다.(왼쪽)
그림 5.42 페르세우스자리에 있는 NGC1260 은하에서 일어난 초신성 SN2006gy의 폭발.(오른쪽)

우주 공간에 흩어버리는 범주에 속하지는 않지만 현재 폭발의 장면을 관찰할 수 있는 좋은 보기다. SN2006gy의 대폭발은 태양 질량의 150배 정도인 초신성 폭발로 우리 은하 전체 밝기의 10배 정도다.

4) 회전변광성

회전변광성은 다양한 형태로 나타난다. 별의 부분에 따라 밝기가 달라, 별의 회전에 의하여 시선 방향으로 밝은 부분이 스쳐갈 때와 어두운 부분이 지나갈 때 광도의 변화가 생기는 별이 있고, 또 별 자체가 회전타원체로 되어 있어서 별의 회전에 의하여 시선 방향의 면적이 변하여 광도가 변화하는 것도 있다. 그리고 그림 5.13의 원리로 작동되는 게자리 성운에서 발견된 펄서도 회전변광성의 범주에 속한다.

5) 식변광성

식쌍성계를 이루는 두 별이 서로 '식'을 일으켜 밝기가 변하는 변광성을 말한다. 일반적으로 식쌍성계를 이루고 있는 별의 밝기 변화는 주성 및 동반성의 크기와 밝기의 차이 때문에 나타난다. 이와 같은 식변광성(蝕變光星)의 좋은 보기는 알골 변광성이다(그림 5.21 참조).

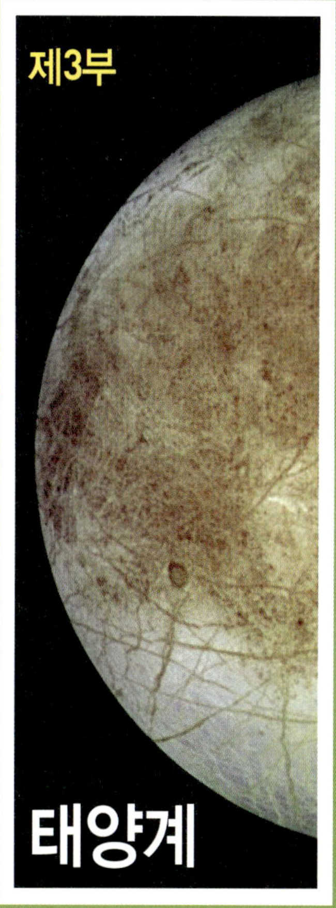

天符經(천부경)

一始無始一(일시무시일)이니

析三極無盡本(석삼극무진본)이고

天一一地一二人一三(천일일지일이인일삼)이라

一積十鉅無匱化三(일적십거무궤화삼)이니라

天二三地二三人二三(천이삼지이삼인이삼)이니

大三合六生七八九(대삼합육생칠팔구)하고

運三四成環五七(운삼사성환오칠)하니

一妙衍萬往萬來(일묘연만왕만래)라

用變不動本(용변부동본)이요

本心本太陽(본심본태양)이니

昻明人中天地一(앙명인중천지일)할지니

一終無終一(일종무종일)이니라.

6장 태양계의 구조와 형성

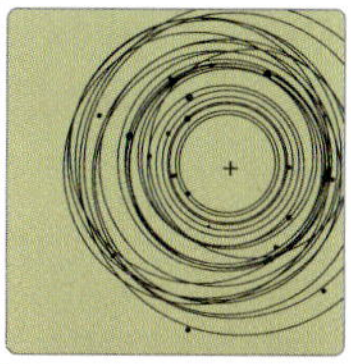

6.1

태양계의 구조

6.1.1 태양계의 개관 및 구성원

(1) 우리 은하 속에서 태양계의 위치

우리 은하는 막대나선은하(SBc형)에 속하며, 초기에 정상 나선은하에서 시간의 흐름에 따라 막대나선은하로 변형된 것으로 추정하고 있다. 2008년에 스피처 적외선 망원경을 이용하여 우리 은하에 분포한 1억 개 이상의 별을 분석한 결과, 단지 2개의 나선팔인 **방패-켄타우루스자리 팔**(방패-남십자자리 팔)과 **페르세우스자리 팔**만이 명확해졌다. 나머지의 존재는 불분명하거나 아니면 이 명확한 2개의 나선팔에서 갈라져 나온 지류라고 생각하고 있다. 최근까지 밝혀진 주요 나선팔의 위치를 그림 6.1에 나타내었다. 그림에 나타나 있는 것처럼 우리 태양계가 속해 있는 오리온자리 팔은 뚜렷한 팔은 아니다. 그리고 태양계는 은하의 중심으로부터 2만 6,000광년 떨어져 있다. 또 밤하늘의 별자리를 기준으로 은하의 위치와 태양계의 위치는

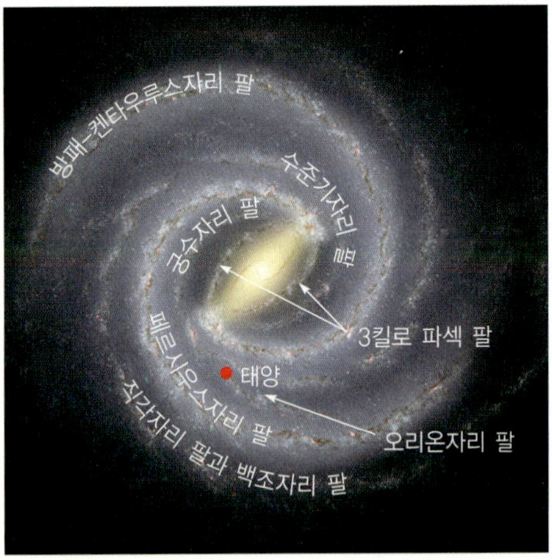

그림 6.1 우리 은하의 나선팔과 태양계의 위치.

제2부의 현재까지 연구된 우리 은하의 개관에서 논의하였던 바와 같이, 밤하늘의 궁수자리 쪽으로 은하의 중심이 있으며, 위쪽에는 머리털자리가 있고 아래쪽에는 조각실자리가 있다. 태양계는 우리 은하를 공전하는 데 2억 2,600만 년이 걸리며, 태양은 거문고자리에 있는 1등성인 직녀성을 향해 초속 220 km, 은하 중심으로부터 60°의 각도로 비스듬히 공전 중이다. 또 태양은 한 번 공전할 때마다 평균 2.7회 정도, 주기적으로 은하 원반 내에서 상하 운동을 하고 있다. 은하의 중심축을 중심으로 태양계의 공전 속도는 약 250 km/s이고 은하계 전체의 공전 주기는 약 2억 2,500만 년이다.

(2) 태양계의 범위

태양계의 범위는 태양으로부터 약 40 AU 거리에 있는 명왕성까지의 범위와 주기혜성 중 최대 원일점(약 100 AU)까지의 범위, 또 일부는 태양풍이 성간물질과 만나는 경계인 헬리오포즈(heliopause)까지의 범위로 흔히들 생각한다. 헬리오포즈는 태양으로부터 130~160 AU의 거리에 있다. 또 일부 학자들은 명왕성 바깥쪽에 혜성들이 만들어지는 영역이 존재한다고 생각한다. 이렇게 생각하는 이유는 이 지역에서 카이퍼 벨트(Kuiper belt) 천체들이 많이 발견되고 있기 때문이다. 카이퍼 벨트의 영역은 태양으로부터 1만 AU까지다. 카이퍼 벨트는 제러드 카이퍼(Gerard Peter Kuiper)가 주장한 영역으로 두 개의 띠(belt)가 있다. 카이퍼는, 안쪽의 띠는 40~150 AU에 존재하고 바깥쪽의 띠는 800~3,000 AU 영역에 존재한다고 주장하였다. 그리고 얀 오르트(Jan Hendrik Oort)는 장주기 혜성들의 출발지인 오르트 구름이 있는 곳까지가 태양계의 영역이며, 오르트 구름은 약 3만~10만 AU 거리에 있다고 주장하고 있어, 태양계의 명확한 범위를 설정하기가 힘들다.

표 6.1 태양계의 구성원들

	행성		위성
지구형 행성	수성		없음
	금성		없음
	지구		달
	화성		포보스, 데이모스
소행성	발칸군		
	아포헬레군		
	지구 근접 소행성	아르주나군, 아텐군, 아폴로군, 아모르군	
	화성 횡단 소행성		
	소행성대	헝가리족, 포케아족, 나이사족, 알린다족, 힐다족, 팔라스 소행성, 마리아족, 코로니스족, 에오스족, 테미스족, 그리쿠아족	
	트로이 소행성군	화성 트로이족, 목성 트로이족, 해왕성 트로이족	
	외행성 바깥 천체		
	다모클로이드 소행성		
	켄타우루스족		
목성형 행성	목성		이오, 에우로파, …
	토성		미마스, 타이탄, …
	천왕성		미란다, 아리엘, …
	해왕성		나이아드, 트리톤, …
	명왕성 (2006년 국제천문연맹에서 왜소 행성으로 분류.)		카론
	해왕성 바깥 천체		카이퍼대의 명왕성족 · 큐비원족 · 투티족. 산란분포대의 세드나 혜성, …
왜소 행성	(명왕성)		카론
	에리스		
	세레스		
	마케마케		
	하우메아		하이아카, 나마카
	오르트 구름		
	혜성		
	유성		

(3) 태양계의 구성원들

태양계는 태양과 태양 주위를 선회하는 행성과 그 위성 들 그리고 소행성과 혜성, 유성 들로 구성되어 있다. 이들을 표 6.1에 나타내었다. 특히 소행성은 여러 가지 군으로 형성되어 있고, 또 군은 여러 가지 족으로 분류된다. 그중에서도 소행성대는 많은 족으로 나뉜다.

태양계에서 행성의 지위를 상실한 명왕성을 포함한 왜소(矮小) 행성들 또한 표에 나타내었다. 2개의 위성을 거느린 하우메아는 하와이 신화에 등장하는 풍요와 출산의 여신이고, 2개의 위성 이름은 하우메아 여신의 자식들 이름이다.

6.1.2 행성들의 특성

(1) 행성들의 구성

행성들은 태양계 전체 질량의 0.14 % 정도이고, 태양이 태양계 전체 질량의 99.85 %를 차지하고 있으며, 나머지 구성원들의 합은 태양계 전체 질량의 1/10,000 정도밖에 되지 않는다. 태양계의 물질 구성비를 표 6.2에 나타내었다.

표 6.2 태양계의 물질 구성비

구성원	개수	질량 비율(%)
태양	1	99.85
행성	8	0.135
혜성	–	0.01
위성	60개 이상	0.0005
소행성	수만	0.0000002
유성	–	0.0000001
행성 간 물질	–	0.0000001

그림 6.2 태양과 행성들의 배열 순서와 상대적 크기. 명왕성은 왜소 행성으로 지위가 격하되었다.

태양계는 태양을 중심으로 8개의 행성과 그들의 위성, 소행성, 혜성 및 유성 등으로 구성되어 있으며, 모든 행성은 천구의 북쪽에서 남쪽으로 보았을 때 시계 반대 방향으로 돌고 있다.

태양과 행성들은 그림 6.2와 같이 태양, 수성, 금성, 지구, 화성, (소행성), 목성, 토성, 천왕성, 해왕성, 명왕성(지위 상실)의 순으로 배열되어 있다. 이 행성들의 서열에서 소행성대를 경계로 안쪽의 행성들과 바깥쪽 행성들의 물리적 성질과 화학적 성질이 매우 다르다.

소행성대 안쪽에 위치하고 있는 수성, 금성, 지구, 화성을 **지구형 행성**이라 부르고, 목성, 토성, 천왕성, 해왕성을 **목성형 행성**이라 한다.

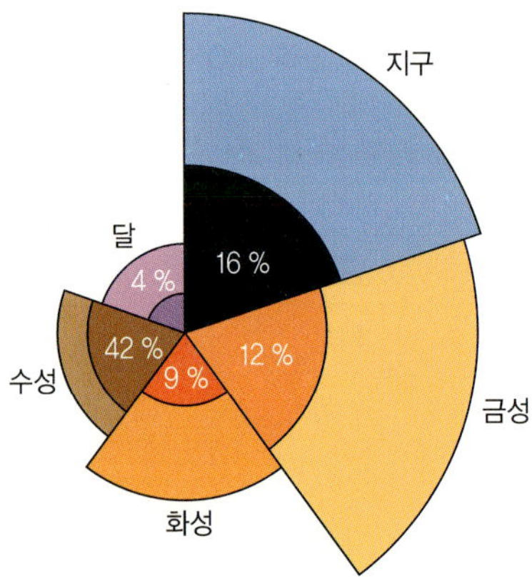

그림 6.3 지구형 행성의 상대적 크기와 핵의 크기 비교. 수치는 중심핵 크기의 백분율이다.

1) 지구형 행성의 특징

① 질량과 반지름이 대체로 작지만 밀도는 3~6 g/cm^3 정도로 비교적 높다.

② 자전 주기가 길고 공에 가까운 모양을

하고 있다.

③ 거느리고 있는 위성의 수가 적다(1~2개).

④ 본체는 대부분 고체로 되어 있고 대기층은 얇다.

⑤ 행성 전체는 무거운 원소인 규소(Si)와 철(Fe) 또는 그 화합물로 되어 있고, 대기층은 주로 산소(O)나 그 화합물인 이산화탄소(CO_2) 및 물(H_2O) 등을 함유하고 있다.

2) 목성형 행성의 특징

① 질량이 크고(지구의 10~300배), 밀도가 0.7~1.6 g/cm^3 정도로 비교적 낮다.

② 자전 주기가 짧아서 빨리 회전하므로 편편 타원체를 형성하고 있다.

③ 거느리고 있는 위성의 수가 많다(8~20개 정도).

④ 행성의 중심부는 작은 고체로 된 핵을 가지고 있지만 겉은 주로 기체로 된 거대한 가스 덩어리다.

⑤ 행성의 표면을 둘러싸고 있는 두꺼운 대기는 주로 수소화합물인 메탄, 암모니아, 헬륨, 수소로 형성되어 있어, 원시 태양계 물질의 원형이 보존되어 있는 상태다. 지구형 행성에서 이와 같은 대기 물질은 우주 공간으로 비산되어버렸다.

⑥ 행성의 지위를 상실한 명왕성은 목성형 행성과는 물리적 성질이 다른 양상을 보인다. 명왕성의 공전면은 다른 행성의 공전면보다 많이 기울어져 있으며, 이심률이 큰 타원체를 그리면서 공전하고 있다. 특히 태양에 가장 가까이 올 때는 해왕성의 궤도 안쪽으로 들어온다('8.1.9 해왕성' 의 '해왕성의 위성' 참조).

(2) 행성들의 운동

태양계 내에 있는 행성들은 태양의 인력에 의한 타원 궤도를 케플러의 세 가지 법칙, 즉 케플러의 제1법칙(타원 궤도의 법칙), 제2법칙(면적속도 일정의 법칙), 제3법칙

(조화의 법칙•)을 만족하면서 운동한다. 이 행성들의 공통적인 특징은 다음과 같다.

① 태양계 내에 있는 행성들은 거의 동일한 평면 내에서 운동을 하면서 그 회전 방향은 모두 동일한 방향으로, 천구의 북쪽에서 남쪽으로 보았을 때 시계 반대 방향으로 회전한다. 그러나 태양계의 행성으로서 지위를 상실한 명왕성은 그 궤도가 지구의 공전 궤도면에 대하여 약 17° 기울어져 있다.

② 행성들은 타원 궤도를 운동하지만 궤도의 이심률이 0.0068에서 0.2482 사이에 존재하기 때문에 거의 원운동을 하고 있다.

③ 행성들의 자전 방향은 금성과 천왕성을 제외하면 공전 방향과 같고 공전면에 대한 자전축의 기울기는 크지 않다. 그러나 금성은 자전축이 거의 뒤집어져 있으며, 천왕성은 자전축이 거의 공전면에 놓여 있다. 즉, 자전축과 공전축이 수직이다.

④ 각 행성의 위성들도 공전 궤도면이 모행성의 적도면과 평행을 이루고 있으며,

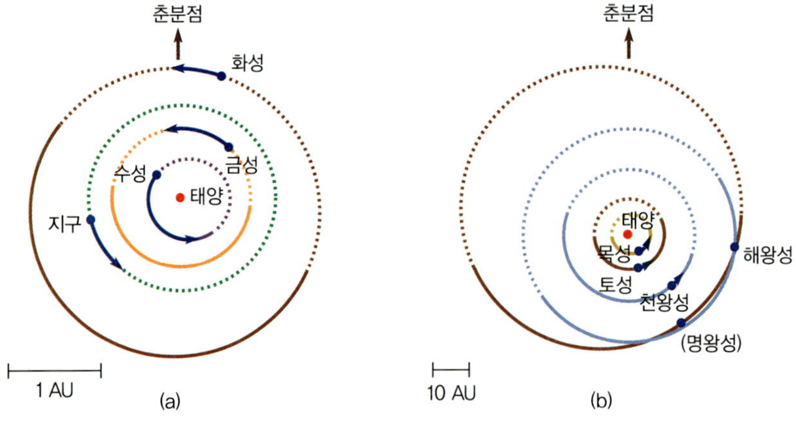

그림 6.4 행성들의 공전 궤도. (a)는 수성에서 화성까지의 궤도이고, (b)는 목성에서 명왕성까지의 궤도다. 그리고 화살표는 한 달 동안 이동한 거리를 나타낸다.

• 행성의 공전 주기의 제곱은 태양에서 먼 거리의 세제곱에 비례한다.

공전 방향도 모행성의 자전 방향과 일치한다. 다만, 목성의 바깥 4개의 위성과 토성의 맨 바깥 위성인 포에베, 그리고 해왕성의 최대 위성인 트리톤은 다른 위성과 달리 모행성의 자전 방향과 반대 방향으로 공전하고 있다.

6.2 태양계의 형성

태양계 형성에 대한 학설은 1745년 프랑스의 자연철학자 뷔퐁 백작(Georges-Louis Leclerc, Comte de Buffon; 1707~1788)이 처음으로 제기하였다. 뷔퐁은 태양과 혜성이 충돌하여 튀어나온 조각들이 지금의 행성을 형성하였다고 생각하였다. 태양계 내에 있는 행성들의 궤도 역학적 운동의 특징을 종합해보면, 행성들이 태양계가 형성될 시기에 같이 형성되었음을 시사하고 있다. 그러나 일부 행성들의 자전축 방향이 서로 다르고 또 자전 방향이 반대인 행성도 있어, 진화 과정에서 복잡한 역학적 작용이 있었으리라 짐작된다. 일반적으로 같은 방향으로 회전하는 원시 성운으로부터 행성들이 생겨났다면, 모든 행성의 공전 방향과 자전 방향이 같아야 한다. 그러나 금성은 자전축이 177° 기울어져 있고, 천왕성은 98° 기울어져 있다. 현재까지 태양계의 형성에 대한 많은 학설이 있었으나 행성들의 궤도 운동 특성, 자전 운동 특성 등의 물리적 특성 및 화학적 특성과, 이들의 상호 유기적인 관련성 등을 만족스럽게 설명하는 학설은 없었다. 그럼에도 불구하고 현재까지 회자되고 있는 태양계 형성에 대한 가설은 **진화설**과 **격변설**, 크게 두 가지가 있다.

6.2.1 진화설

성운의 덩어리로부터 단계적 진화를 거쳐 태양계가 형성되었다는 학설로, 진화설은 다시 성운설과 난류 와동설로 분류된다.

(1) 성운설

1755년, 철학자 이마누엘 칸트(Immanuel Kant)가 회전하는 편평한 원시 성간물질의 가스 덩어리에서 태양과 행성들이 생겨났다는 성운설을 주장한 이후, 1796년에 수학자 피에르 라플라스(Pierre Simon de Laplace)가 이를 체계적으로 정리하였다. 따라서 이 학설을 **칸트-라플라스 성운설**이라 한다.

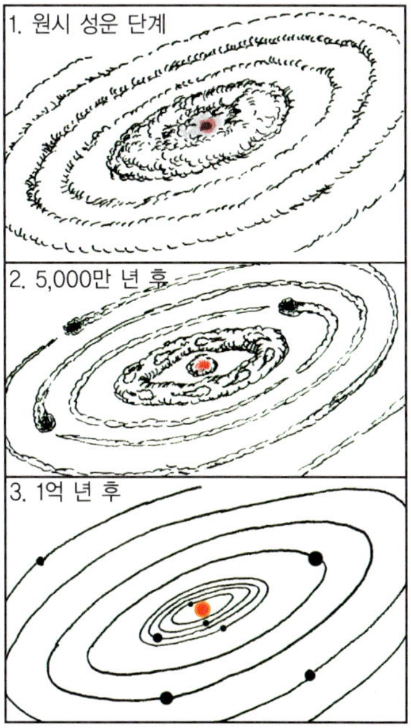

그림 6.5 태양 생성 초기 1억 년의 과정을 묘사한 그림.

성운설은 우리 태양계가 다른 별이 죽으면서 폭발하여 우주 공간으로 흩어진 물질 속에서 생성되었다고 설명한다. 그 과정을 살펴보면 다음과 같다. 초신성 하나가 폭발하면서 발생한 충격파가 성간물질을 한쪽으로 압축시키면, 이로 인해 밀도가 높은 덩어리가 생겨나 중력 중심이 형성되면서 원시 태양 성운이 된다. 이 중력 중심에 의하여 주변의 물질들이 성운의 중심으로 끌려 들어오면서 중심부는 압축되어 부피가 줄고 회전하게 되는데, 원시 성운은 부피가 줄면서 각운동량의 보존법칙에 따라서 점점 회전 속도가 빨라진다. 회전이 빨라짐에 따라 원심력이 증가하여 원시 태양 성운은 넓게 퍼져서 원반형이 된다. 그러나 성운의 중앙 쪽은 중력에 의해 급격히 수축하고, 바깥쪽의 성운물질들은 서서히 수축하게 된다. 성운 중앙 쪽의 성운물질들은 급격하게 중력 수축하면서 고온 · 고압하에 놓이게 되어, 자체가 발열하는 원시 태양이 형성된다. 이렇게 형성된 원시 태양이 빛과 열을 방출하면서 주위에 있는 가스를 밖으로 밀어낸다. 원반형 성운물질들이 중력 수축에 의하여 원시 태양 중심 쪽으로 향하는 힘과 원시 태양풍에 의한 복사압력 및 원심력이 비기는 영역에는 고리 모양의 성운물질들이 남는다. 시간이 지남에 따라 원시 태양의 질량이 주변의 물질을 흡수하여 점점 커지면서 태양풍에 의한 복사 압력도 점점 커져서, 이 복사 압력 및 원심력의 합과 원시 태양의 중력이 비기는 영역에는 또 다른 고리 모양의 성운물질들이 남는다. 이런 과정을 반복하면서 원시 태양은 현재의 태양으로 성장하고, 각각의 고리들은 그 중심 세력 쪽으로 모여들어 순차적으로 현재의 행성 모양이 형성된다. 태양은 중력 수축을 계속하면서 결국 중심 온도가 아주 높아져서 충분히 핵융합 반응이 일어나지만, 행성은 태양과 달리 중심 온도가 낮기 때문에 핵융합 반응이 일어나지 않는다. 따라서 바깥쪽에 남은 가스 구름이 뭉쳐져서 미행성체가 만들어지고, 이것들이 서로 충돌하면서 깨어지기도 하지만 더 많이 뭉쳐져서 여러 개의 행성이 만들어진다. 성운설은 이 때문에 태양을 중심으로 공전하고 있는 행성들의 공전 궤도가 거의 같은 평면에 있고, 수성이나 금성, 화성, 달과 같은 행성이나 위성의 표면에 수많은 크레이터가 존재하는 것이라고 생각한다.

성운설이 행성계의 주요한 특징들을 잘 설명하는 항목을 열거하면 다음과 같다.

① 행성들의 공전면이 거의 동일하고 공전 방향도 동일하다.
② 토성의 고리나 소행성들의 고리 모양은 하나의 행성이나 위성으로 발전하지 못한 과거의 모습으로 남아 있는 증거다.

다음은 성운설이 행성계의 주요한 특징을 잘 설명하지 못하는 항목이다.

① 원시 성운으로부터 형성된 고리는 행성으로 발전되지 않고 고리 형태가 계속 유지될 뿐이라는 사실을, 1859년 제임스 맥스웰(James Clerk Maxwell)이 토성의 고리를 수학적으로 분석하여 밝혀내었다.
② 태양을 포함한 행성들의 각운동량 분포가 물리법칙을 따르지 않고 있다. 태양은 태양계 전체 질량의 99.85 %를 차지하지만 태양의 자전 각운동량은 태양계

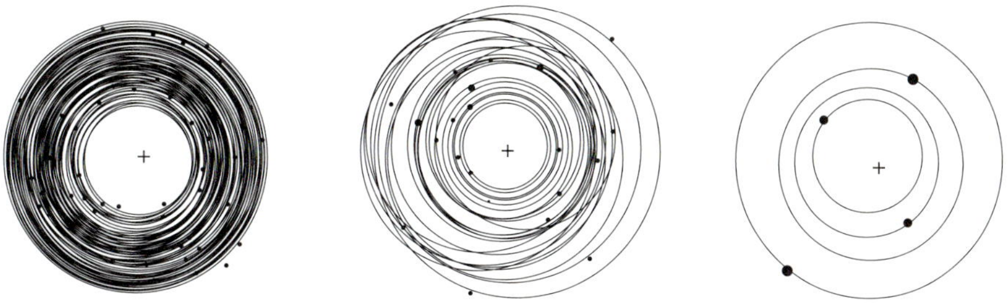

(a) 질량이 1.2×10^{23} kg인 미행성 100개로 시뮬레이션 시작

(b) 3,000만 년 후 100개의 미행성은 22개로 병합된다.

(c) 4억 4,000만 년 후 4개의 행성만이 존재한다.

그림 6.6 지구형 행성들의 생성 과정을 알아보기 위해 컴퓨터로 시뮬레이션한 그림.

전체 각운동량의 2 %밖에 되지 않는다. 이러한 사실은 각운동량 보존법칙을 만족하지 못한다. 각운동량 보존법칙에 의하면, 회전 반지름이 줄어들면 회전 속도가 빨라져야 한다. 그래서 태양은 지금보다 아주 빠른 속도로 자전하여야 한다. 그럼에도 불구하고 각운동량의 대부분은 태양이 갖고 있는 것이 아니라 행성들이 갖고 있다는 사실이 성운설의 맹점이다. 이러한 모순을 해결하기 위하여 격변설의 하나인 조우설이 주장되었다.

(2) 난류 와동설

1944년 독일의 천문학자 카를 폰 바이츠제커(Carl Friedrich von Weizsäcker)가 성운설을 보완하여, 거대한 원시 성운이 크고 작은 소용돌이로 나뉜 다음 다시 뭉쳐져서 태양과 행성 그리고 위성이 생성되었다는 난류 와동설(渦動說; 신성운설)을 제기하였고, 이를 미국의 제러드 카이퍼(Gerard Peter Kuiper)가 발전시켰다. 난류 와동설에 따르면, 태양계가 탄생할 무렵 이미 우주 공간에는 은하계가 존재해 있었다. 이 은하계 내의 성간에 가스와 우주 물질이 특히 많이 모인 곳이 생겨나서 밀도가 높은 우주구름 덩어리로 성장하였다. 이 우주구름 덩어리는 처음에는 얼음과 같은 고체 입자와 차가운 가스의 집합이어서 온도가 매우 낮았다. 가스의 집합체에서 밀도의 요동으로 인하여 중력 중심이 생겨나고, 이 중심을 향하여 물질들이 모여들면서 회전력도 생기고 중력도 점점 커졌다. 중력이 커지면서 주변의 가스나 물질들을 빨아 당겨 질량을 키우면서 회전 속도도 빨라졌다. 가스나 우주 물질의 대부분은 중심에 모였고, 나머지 물질들은 원반상으로 그 주위에 둘러 쌓이게 되었다. 주위에 만들어진 이 원반 속에는 많은 소용돌이가 생겼다. 그중에서 큰 소용돌이는 작은 소용돌이를 흡수하여 점점 커지게 되었다. 이러한 상황들이 진행되다가 마지막에는 몇 개의 소용돌이로 정리되어 원시 행성을 이루었다. 또 각 행성들의 위성도 이와 같은 과정으로 형성되었다.

원시 행성들을 이루고 있는 화학적 물질들은 수소나 헬륨과 같은 가벼운 물질과 금속이나 규산염 같은 무거운 물질들이 함께 있었으나, 비교적 질량이 작은 지구형 행성(수성, 금성, 지구, 화성)에서는 가벼운 기체는 우주 공간으로 달아나버리고* 결국에는 무거운 물질만 남게 되었다. 하지만 목성형 행성(목성, 토성, 천왕성, 해왕성)과 같이 질량이 큰 행성은 큰 중력 작용으로 주변의 가벼운 가스까지 포획할 수 있었기 때문에 원시 행성의 성분을 거의 그대로 간직하고 있다.

난류 와동설이 우리 태양계의 형성 과정을 그럴듯하게 설명을 하나 그래도 각운동량 보존법칙을 만족스럽게 설명하지는 못한다. 그래서 이러한 점을 보완하기 위하여 1965년 스웨덴의 천문학자 한네스 알벤(Hannes Olof Gösta Alfven)은 태양의 자기장이 브레이크 작용을 하여 태양의 속도가 느려지면서 이때의 각운동량이 행성에 전달되었다는 전자기학 및 유체역학에 근거한 항성진화론을 발표하였다. 이 이론에 따르면 탄생 초기, 온도가 높은 젊은 태양을 구성하고 있던 원소들은 이온화되어 플라스마 상태를 이루고 있었다. 이 플라스마 상태로 된 젊은 태양이 빠른

---

* 기체 운동론에 의하면 기체의 온도가 높을수록 기체 입자의 속도가 빨라져서, 행성을 탈출할 수 있는 속도보다 빠른 공기 입자들이 많아진다.

속도로 회전하면 강력한 전자파를 발산하는데, 태양은 전자파 형태로 에너지를 방출하면서 각운동량을 잃었다. 그 결과, 태양의 회전 속도가 느려졌다. 이러한 결과로 태양의 자전 각운동량이 행성의 공전 각운동량보다 작게 되었다고 말한다. 이 이론은 설득력이 있기는 하지만 각운동량의 문제를 완전히 해결하지는 못하였다.

6.2.2 격변설

격변설은 홀로 생겨난 태양이 격변을 거쳐 현재의 행성들을 거느리게 되었다는 학설로, 조우설과 조석설이 있다.

(1) 조우설

우리 태양계가 갖고 있는 각운동량의 문제를 해결하기 위하여 1901년에 토마스 체임벌린(Thomas Chrowder Chamberlin)과, 1905년에 F. R. 몰턴(F. R. Moulton)이 제안한 설로, 태양과 다른 별의 충돌로 인하여 우리 태양계가 형성되었다고 하는 학설이다. 이들에 따르면 우리 태양은 처음에는 행성들을 거느리지 않은 별이었는데, 우연히 태양 근처를 지나던 다른 별의 조석력이 작용하여 태양 내부에 있던 많은 가스가 분출되었고 이 가스가 나선 모양을 하고 있다가 곧바로 냉각되어 액체나 고체 입자가 되었다고 한다. 이들이 차츰 모여 큰 덩어리로 발전하면서 소규모의 미행성이 만들어졌고, 다시 미행성들이 모여서 지금의 행성이 되었다고 한다. 이 학설은 나선 모양의 성운에서 힌트를 얻었는데, 나선성운을 태양계 생성의 원형으로 간주하고 있다. 조우설은 한때 주목받기도 하였지만, 태양에서 분출된 물질들은 뭉쳐서 행성이 되지 않고 곧바로 우주 공간으로 흩어지든가 아니면 다시 태양으로 끌려들어간다는 사실이 증명되었다.

(2) 조석설

조석설은 조우설의 변용으로, 1918년 영국의 지구물리학자 제프리(H. Jeffrey)와 천문학자 진스(J. Jeans)가 각운동량 문제를 해결하기 위하여 주창한 학설이다. 이들은 태양 주위를 지나가는 다른 별의 중력에 의하여 태양 밖으로 끌려 나온 물질들이 태양의 자전 각운동량을 일부 갖고 나오기 때문에 태양의 각운동량이 줄었다고 설명하면서, 행성은 이 과정 중에 조석 작용으로 인하여 태양으로부터 끌려 나온 가스가 식으면서 뭉쳐진 것이라고 하여 한때는 주목을 받았다. 그러나 조석설과 조우설은 큰 별이 근접하여 지나가야 한다는 가정을 하여야 하는데, 1939년에 미국의 천문학자 라이먼 스피처(Lyman Spizer, 1914~1997)가 근접하여 지나가는 별에 의하여 태양에서 끌려 나온 물질은 너무 뜨거워서 원시 행성을 이루지 못하고 공간으로 흩어져버린다는 사실을 밝혀내면서, 지금은 거의 받아들여지지 않고 있다.

7장 태양

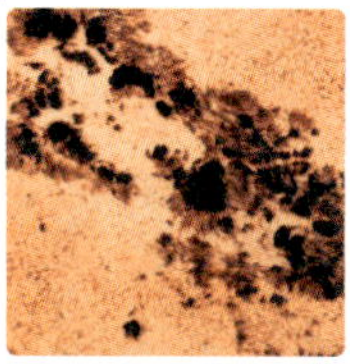

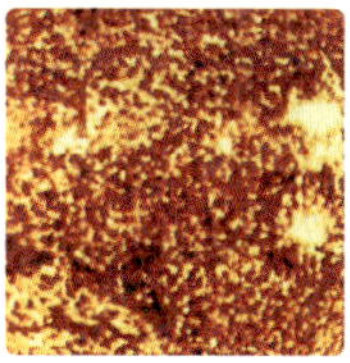

7.1 태양의 구조

7.1.1 태양의 개관

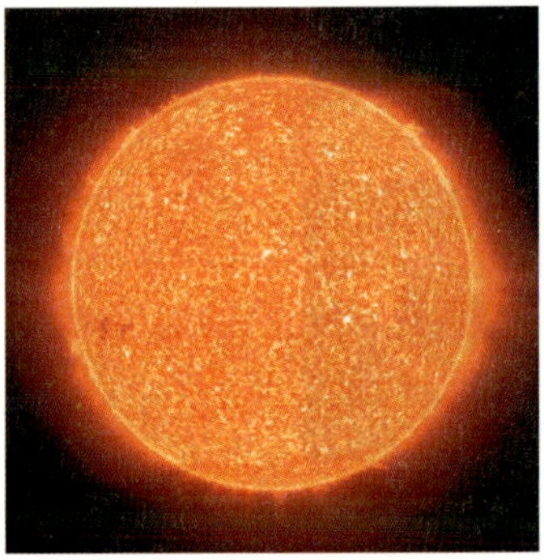

그림 7.1 태양의 모습.

지구상의 모든 생명체에게 절대적인 존재인 태양은 약 46억 년 전에 기체 덩어리가 응축하여 형성되었다고 천체학자들은 믿고 있다. 질량이 응축됨에 따라 중심부는 높은 온도와 압력 상태가 되어, 수소의 핵융합이 일어나면서 태양계에 에너지를 공급하고 있다. 이 수소가 모두 소모되면, 태양은 적색거성으로 부풀어 올라 수성과 금성을 삼켜버리고 지구의 공전 궤도 근처까지 부풀어 오르게 될 것으로 보인다. 그 후에 가스로 된 태양의 외곽층은 우주 공간으로 흩어져 태양을 둘러싼 행성상 성운을 형성하게 될 것이고, 가운데 부분은 백색왜성을 거쳐 별로서의 일생을 마감하게 될 것이다.

현재 태양의 표면 온도는 약 6,000 ℃인데, 태양의 표면에 균일하지 않게 뒤틀린 자기장 때문에 폭발적으로 에너지와 물질 입자가 분출되는 플레어 현상과 온도가 낮은 흑점 현상 등이 나타난다. 태양의 내부는 대부분 수소로 이루어져 있으며 헬륨과 다른 원소들이 소량 존재한다. 태양의 중심에 있는 핵의 온도와 압력은 각각 1,600만 ℃와 30억 기압 정도가 되어 매우 높다. 태양은 지구에서 1억 500만 km나 떨어져 있고, 매초 9.2×10^{22} kcal의 에너지와 엄청난 양의 물질 입자를 쏟아내고 있다. 지구에서 태양에 수직한 1 cm^2의 넓이가 1분 동안에 받는 에너지는 2 cal 정도다. 전자기파의 형태로 받는 에너지 외에도 태양에서부터 오는 미립자들은 지구 자기와의 상호작용으로 밴앨런대나 오로라, 자기 폭풍 등을 만드는 원인이 되고 있다.

현재 태양은 수소를 연료로 한 핵융합 과정에 있는 H-R도상의 전형적인 **주계열성**이다. 이와 같은 태양의 물리 및 화학적 자료를 정리하면 표 7.1과 같다.

태양도 보통의 별과 마찬가지로 표 7.2에 나타낸 것처럼 구조화되어 있는데, 그 구조를 크게 나누면 내부 구조와 외부 구조로 나눌 수 있다. 태양의 내부 구조는

표 7.1 태양에 관한 물리 및 화학적 자료

	자료명		값	
물리적 자료	질량 (kg)		1.989×10^{30}: 지구의 33만 2,830배	
	적도 반지름 (km)		69만 5,000: 지구의 1만 897배	
	평균 밀도 (g/cm^3)		1.410(평균), 160(태양 중심)	
	자전 주기 (일)		25–36, 적도: 25일, 극지방: 36일	
	공전 주기 (년)		2억 2,500만 년	
	탈출 속도 (km/s)		618.02	
	광도 (erg/s)		3.827×10^{33}	
	밝기등급 (Vo)		−26.8	
	평균 표면 온도		표면: 5,780 K, 중심: 1,500만 K	
	나이		46억 년	
주요 화학 성분	수소	92.1 %	철	0.0037 %
	헬륨	7.8 %	규소	0.0031 %
	산소	0.061 %	마그네슘	0.0024 %
	탄소	0.030 %	황	0.0015 %
	질소	0.0084 %	기타	0.0015 %
	네온	0.0076 %		

표 7.2 태양의 층상 구조

구분		두께 (km)	온도 (K)*	압력 (기압)	밀도 (g/cm³)	질량비 (%)
중심핵		0~20만	1,500만~1,000만	1,500억	160	40
복사층		20만~50만	1,000만~100만	6억	2	59
대류층		50만~69만 6,000	100만~4,500	100만	0.01	1
대기층	광구	[500]	8,000~4,500	0.1	10~9	–
	채층	[1만]	4,500~2만	낮음	낮음	
	코로나	[100만]	100만~500만	매우 낮음	매우 낮음	

* 온도에 나타낸 수치의 순서는 중심에서 바깥쪽 방향이다.

안쪽에서부터 중심핵, 복사층, 대류층으로 되어 있고, 외부 구조인 대기층에는 광구, 채층, 코로나 등이 있다.

7.1.2 내부 구조

(1) 중심핵

태양의 중심부에 위치하면서 핵융합으로 만들어진 막대한 에너지를 방출하는 곳이다. 태양의 핵에서 만들어진 에너지가 복사층을 지나 대기층으로 전달되어 우주로 방사된다.

(2) 복사층

태양의 핵에서 핵융합으로 만들어진 많은 양의 에너지(주로 감마선)가 복사하여 나가는 동안 태양을 구성하고 있는 물질과 충돌하여 에너지를 잃는 영역이다. 여기서 복사선이 잃은 에너지는 복사층(輻射層)에 있는 물질들의 열운동과 빛으로 전환된다.

(3) 대류층

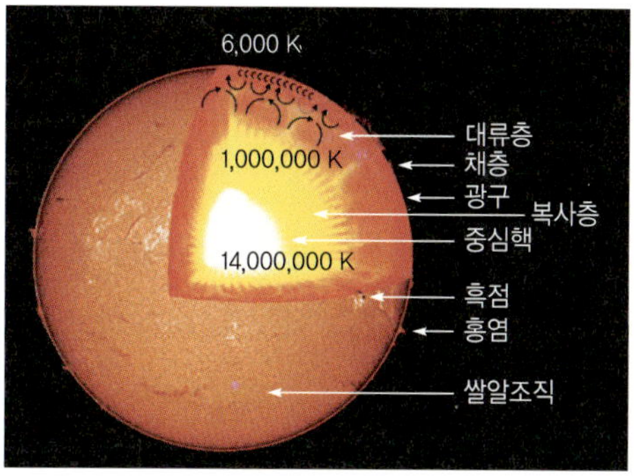

그림 7.2 태양의 구조.

복사층을 통과하여 나오는 입자들이나 감마선 및 광자 들은 복사층에 있는 태양의 구성 물질들과 충돌하면서 운동 에너지를 잃고 더 이상 밖으로 나가지 못한다. 그리고 태양의 핵에서는 핵융합을 통하여 에너지가 계속 공급되기 때문에, 이 복사층에 공급된 에너지를 밖으로 전달하기 위해서 태양은 복사층을 둘러싸고 있는 층에서 대류로 열을 전달한다. 이런 이유로 이 층을 대류층이라 부른다.

7.1.3 외부 구조

태양의 실질적인 대기층이 외부 구조에 속하며, 대기층은 태양 표면인 광구와 채층으로 구분할 수 있다. 그리고 더욱더 확장하여 생각하면 코로나까지도 외부 구조로 생각할 수 있다.

(1) 광구

우리 눈에 보이는 태양의 표면에 해당하는 부분이 광구다. 광구는 대류층 위에 있으며, 아주 얇은 가스층이다. 태양에서 우주 공간으로 방출되는 대부분의 복사 에너지는 광구층에서 나온다. 광구의 두께는 300~500 km에 불과하다. 광구층에서 아래로 내려갈수록 밀도는 급격히 증가한다. 광구의 하층부 온도는 약 8,000 K이다. 그러나 상층부의 온도는 약 4,500 K이다. 광구에서도 격렬한 대류 현상이 발생하는데, 대류로 가스가 상승하는 부분은 매우 밝고, 가스가 하강하는 부분은 매우 어둡다. 이 모양이 마치 쌀알이 흩어져 있는 것처럼 보이기 때문에 **쌀알조직**(백반조직)이라 한다.

그림 7.3 주로 수소로 되어 있는 태양을 수소가 내는 빛(수소 알파선)으로만 본 모습. 태양의 광구는 흑점을 포함하고 있지만 쌀알조직이라고 부르는 작은 흰 점박이 무늬가 전체를 덮고 있다.

특히 온도가 낮은 광구 면에서는 큰 어두운 무늬가 나타나는데, 이것을 태양의 **흑점**이라 부른다. 흑점의 크기는 지구의 몇 배나 되어 맨눈으로도 볼 수 있다. 흑점의 정밀한 관측은 1610년 갈릴레오 갈릴레이(Galileo Galilei)에 의해 이루어졌다. 그는 자신이 만든 망원경에 장착한 아주 어두운 필터를 통해 흑점의 존재뿐만 아니라 흑점이 태양의 동쪽에서 서쪽으로 이동하는 것도 관찰하였다. 흑점은 태양의 가장자리에 도달하면 사라지고, 2주 후 동일한 흑점이 반대편 가장자리에서 다시 나타났다. 이 사실로부터 갈릴레오는 흑점이 태양 표면에 실제로 있다는 사실과, 태양은 자전축을 중심으로 자전하지만 위도에 따라 자전 속도가 다르다는 사실, 즉 적도에서 자전 속도는 고위도보다 약 20%나 빠르다는 사실을 발견하였다. 따라서 태양 적도에서 자전 주기는 25일이고 위도 60°에서 자전 주기는 29일이다.

1908년 미국의 천문학자 조지 헤일(George Ellery Hale)은 흑점 내에 매우 강력한 자기장이 모여 있다는 것을 발견했다. 광구 아래에서 자기력선이 생성되어, 가끔 이 자기력이 광구를 뚫고 나와 우주 공간으로 고리(loop)를 형성하는데, 이 고리형 자력선들이 대류를 방해하여 흑점을 만든다고 하였다. 흑점이 어둡게 보이는 이유는 흑점의 온도가 광구보다도 낮기 때문이다. 광구가 약 6,000K인 데 비해, 흑점은 4,000K밖에 되지 않는다. 이는 흑점의 강력한 자기장 때문에 광구 밑에서 일어난 대류가 올라오지 못하여 온도가 낮아지기 때문이다.

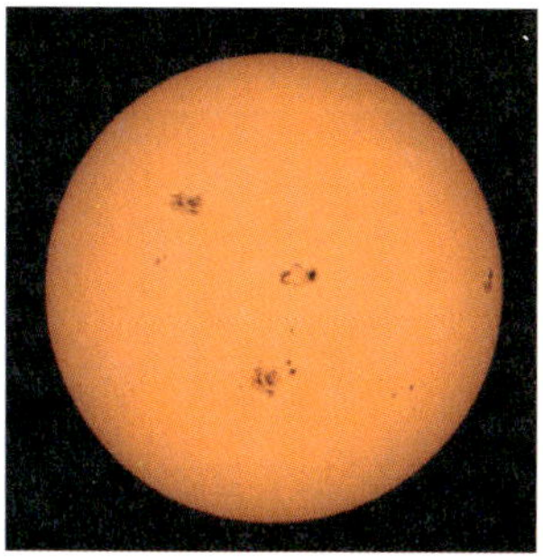

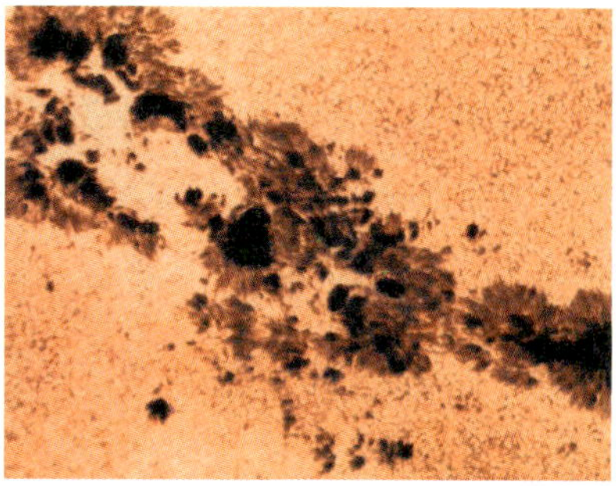

그림 7.4 태양의 흑점.(왼쪽)
그림 7.5 흑점의 확대 사진.(오른쪽)

흑점이 나타나면 **플레어**나 **홍염**이 발생하는 등 태양 활동이 활발해진다. 흑점은 약 11년 주기로 증감을 되풀이하는데, 흑점이 많은 시기를 **활동 극대기**라 하고 흑점이 적은 시기를 **활동 극소기**라 한다. 11년의 흑점 주기 동안에 태양의 위도 ±35°에서 활동을 시작하여 위도 ±8° 근처에서 끝나는 이동 현상을 보여준다.

흑점은 **암부**(umbra)라고 하는 중심의 어두운 부분과 **반암부**(penumbra)라고 하는 약간 밝은 부분으로 구성된다. 흑점의 크기는 다양하여 지구보다 작은 것에서부터 10배가 넘는 것도 관측된다. 흑점의 일생은 태양 내에서의 자기장 변화와 관련 있는데, 아프리카 대륙 크기의 작은 흑점은 수 시간 후에 사멸하지만, 더 큰 흑점은 수개월 동안 존재하면서 모양과 크기가 변한다. 그리고 나타나는 흑점의 수도 끊임없이 변한다. 만약 흑점 주위에 자기장이 강하게 활동하면 미국의 국립대기연구센터인 노아(NOAA)는 자기폭풍이 곧 지구를 강타할 것이라는 예보를 발령한다.

(2) 채층

광구면 위에 있는 채층은 그 두께가 약 5,000 km나 되고, 온도는 대략 4,500~2만 K에 이르는 선홍빛 대기층이다. 채층은 광구에 비해 복사 강도가 매우 약하여, 일식 때 혹은 코로나그래프(광구의 밝은 빛을 차단하는 장비)를 이용해 관찰할 수 있다. 채층이 붉게 보이는 것은 수소 원자에서 나오는 빛 때문이다. 채층에서 일어나는 현상으로 홍염, 플레어, 스피큘 및 플라주(채층백반) 등이 있다.

1) 홍염

홍염은 채층의 일부분이 고온으로 인해 팽창하면서 우주 공간으로 뿜어지는 고온의 기체다. 그림 7.6은 홍염의 사진으로 스카이랩 우주정거장에서 1973년 12월 19일에 촬영한 것이다. 자기력에 의해 태양으로부터 높이 솟아오른 홍염이 사진에 나타나 있으며, 불꽃의 분출 높이는 태양 표면으로부터 약 58만 8,000 km 이상 된다.

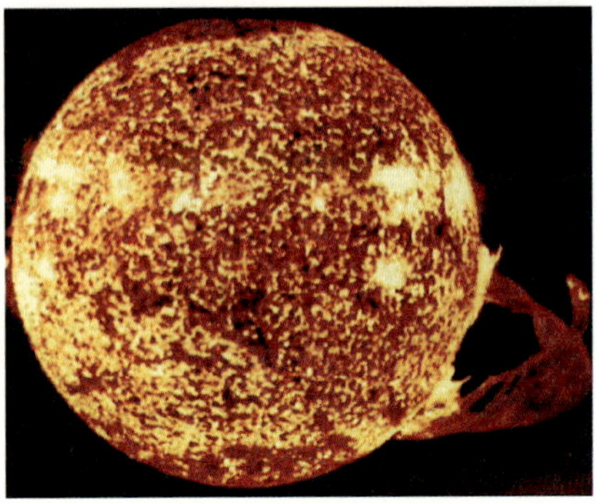

그림 7.6 홍염의 분출.

그림 7.7은 홍염이 분출하여 변하는 광경의 연속사진이다. 이 사진은 자외선 영역에서 찍은 일련의 사진들로, 1996년 태양-헬리오스피어 관측 우주선(SOHO)이 보내온 것이다. 사진에서 홍염 하나가 분출되고 있는데, 이러한 홍염은 6만℃에 달하는 가스가 길이 13만 km가 넘는 규모로 시속 2만 4,000 km/h의 속도로 분출되는 것이다. 이런 종류의 분출은 지구의 전자기적 환경에 교란을 가져오고 통신에 영향을 미친다.

2) 플레어

플레어는 흑점 부근의 채층에서 코로나 속으로 솟구치는 돌발적인 채층 폭발 현상이다. 흑점이 많아지는 극대기에 자주 나타난다. 채층은 맨눈으로는 보이지 않기 때문에, 주로 Hα(수소 알파)선이라는 특별한 파장의 빛에 감응하는 장치를 이용하여 플레어를 관찰한다. 플레어의 밝기와 지속 시간으로부터 얻은 폭발 에너지는 10^{24} J 정도인데, 그 양은 태양이 1시간에 내는 에너지의 100분의 1 정도로, 1메가톤의 수소폭탄 수십억 개가 내는 에너지와 맞먹는다.

플레어가 수천만 도나 되는 초고온 플라스마라는 사실을 인공위성의 X-선 관

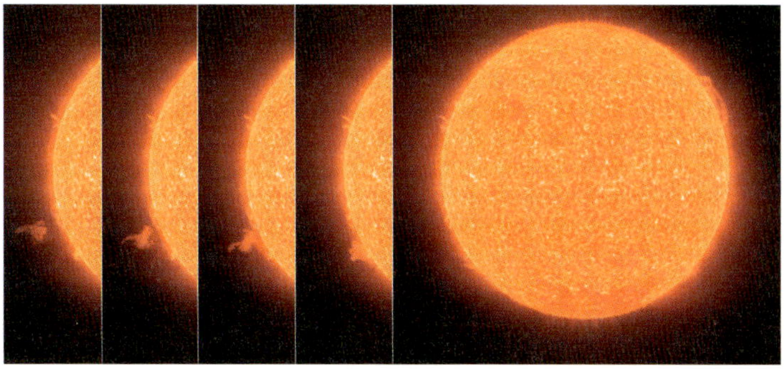

그림 7.7 홍염 분출의 연속사진.

측으로 확인하였다. 그리고 이 초고온 플라스마는 종종 고리 형태를 하고 있다는 점과, 그림 7.8과 같이 그 고리의 가장자리에 있는 채층에서 밝게 빛이 난다는 사실도 알게 되었다.

플레어의 폭발은 자기장의 급격한 변화와 깊은 관련이 있다. 즉, 플레어 발생의 에너지원은 흑점 부근에 축적된 자기 에너지라는 것이다. 그러나 흑점 가까이에 어떻게 해서 에너지가 축적되는지와, 또 최종적으로 어떻게 에너지가 폭발하여 방출되는지의 문제는 아직 해결되지 않고 있다.

3) 스피큘

채층의 상층부에 폭 1,000 km, 높이 1만 km에 이르는 기체의 수직기둥들이 형성되어 있는데, 이것이 스피큘이다. 스피큘의 기체는 15~30 km/s의 속도로 상승했다가 다시 채층으로 떨어진다.

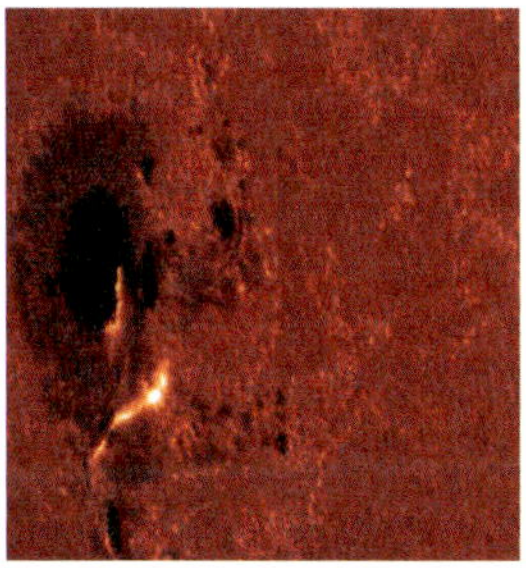

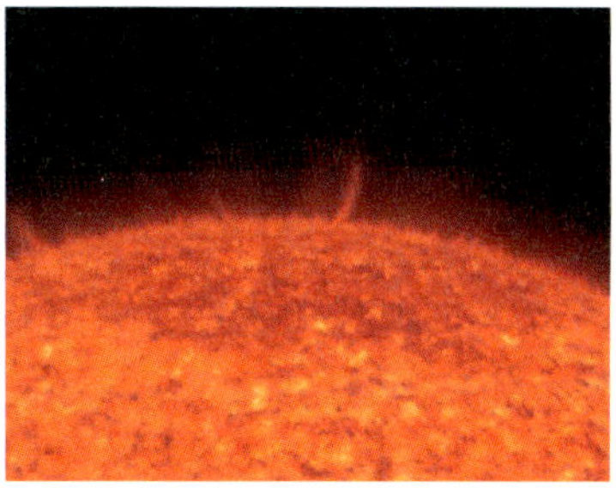

그림 7.8 인공위성 히노데가 관측한 태양 플레어. 흑점 아래 두 개의 밝게 보이는 것이 플레어다.(왼쪽)
그림 7.9 태양의 광구에서 코로나를 향하여 바늘처럼 생긴 가스 기둥의 스피큘이 형성되어 있다.(오른쪽)

4) 플라주(채층백반)

광구백반과는 달리 채층에서도 채층백반이 생기는데, 태양의 전 영역에서 관측된다. 여기서도 백반에 해당하는 부분은 역시 밝게 보인다.

(3) 코로나

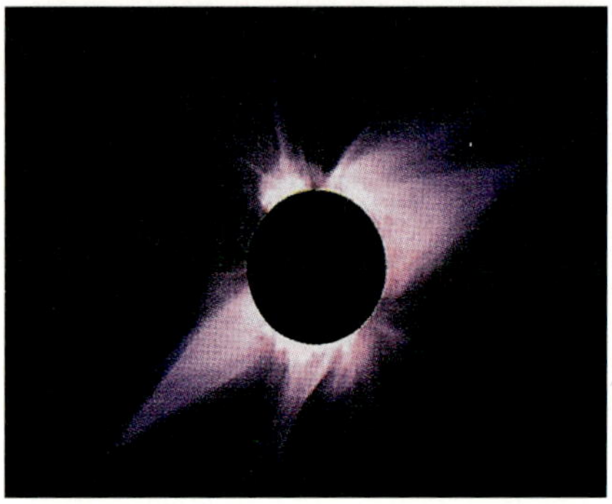

그림 7.10 개기 일식 때 촬영한 태양의 코로나.

코로나는 채층 바깥쪽의 상층 대기층을 형성하는 부분으로, 코로나층의 온도는 대략 100만~500만 ℃이고, 밀도는 희박하다. 또 코로나의 크기와 형태는 변화가 심한 편이며, 이 영역에서 강한 전파와 X-선을 방출한다. 그리고 코로나의 밝기는 달과 비슷하기 때문에 채층에 인접한 부분은 관측하기가 쉽지 않다. 특히 활동적인 흑점 위에 있는 코로나는 1억 4,000만 km까지 우주 공간으로 뻗어나가는데, 이것은 지구 근처까지 도달할 수 있는 길이다.

7.2 태양의 핵융합 과정과 진화

7.2.1 핵융합 에너지와 발산

(1) 수소 핵융합의 개요

수소와 같은 가벼운 원소 두 개가 뭉쳐서 보다 무거운 핵으로 융합할 때 상당히 많은 에너지가 방출된다. 이와 같은 현상을 핵융합에 의한 에너지 방출이라 한다. 수소에는 세 종류의 **동위원소**가 있다. **경수소**($^{1}_{1}H$ 혹은 H), **중수소**($^{2}_{1}H$ 혹은 D), **삼중수소**($^{3}_{1}H$ 혹은 T)가 그 세 가지다. 자연에 존재하는 천연 수소는 거의 대부분이 경수소(~100 %)로 존재하고, 극소량의 중수소(0.015 %)가 포함되어 있다. 그리고 삼중수소는 인공적으로 만들어진다. 핵융합이 용이하게 이루어지는 순서는 삼중수소 > 중수소 > 경수소 순이다. 표 7.3에 수소 동위원소의 핵융합 반응 종류와 발생하는 에

표 7.3 수소 동위원소의 핵융합 반응 종류

핵융합 반응의 종류	방출 에너지	융합 시간
$^{1}_{1}H+^{1}_{1}H \rightarrow ^{2}_{1}H+\beta^{+}(e^{+})+\nu$	1.4 MeV	1,000억 년
$^{2}_{1}H+^{1}_{1}H \rightarrow ^{3}_{2}He+\gamma$	5 MeV	0.5초
$^{3}_{1}H+^{1}_{1}H \rightarrow ^{4}_{2}He+\gamma$	20 MeV	0.05초
$^{2}_{1}H+^{2}_{1}H \rightarrow ^{3}_{2}He+n$	3.2 MeV	0.00003초
$^{2}_{1}H+^{2}_{1}H \rightarrow ^{3}_{1}H+^{1}_{1}H$	4 MeV	0.00003초
$^{3}_{1}H+^{2}_{1}H \rightarrow ^{4}_{2}He+n$	17.6 MeV	0.0000012초
$^{3}_{1}H+^{3}_{1}H \rightarrow ^{4}_{2}He+n+n$	11 MeV	?

너지를 나타내었다.

이 중에서 중수소의 핵융합을 이용한 수소폭탄의 원리를 개략적으로 알아보기 위하여 중수소의 핵융합 과정을 식으로 나타내면 다음과 같다.

$$(\text{중수소}) + (\text{중수소}) \rightarrow ({}^{3}\text{헬륨}) + (\text{중성자}) + (4\,\text{MeV}) \qquad (7\text{–}1)$$

삼중수소는 핵융합이 제일 용이하지만 천연적으로 존재하지 않기 때문에 중수소를 이용한 핵융합이 인공적으로 많이 이루어지고 있다. 중수소는 6,000개의 천연 수소 원자 중 하나꼴로 존재한다.

인간이 만든 수소폭탄은 고체형의 ${}^{6}_{3}\text{LiD}$를 사용한다. 수소폭탄이 폭발할 때 ${}^{6}_{3}\text{LiD}$ 속에 들어 있는 ${}^{6}_{3}\text{Li}$은 중성자와 충돌하여, 즉 ${}^{6}_{3}\text{Li} + \text{n}$ 반응을 통하여 다음 식과 같이 삼중수소를 만들어낸다.

$${}^{6}_{3}\text{Li} + \text{n} \rightarrow {}^{4}_{2}\text{He} + \text{T}\,(\text{삼중수소}) + 5\,\text{MeV} \qquad (7\text{–}2)$$

이렇게 하여 공급되는 삼중수소는 연료(${}^{6}_{3}\text{LiD}$) 내의 중수소와 핵융합 반응을 다음과 같이 한다.

$$\text{D} + \text{T} \rightarrow {}^{4}_{2}\text{He} + \text{n} + 17.6\,\text{MeV} \qquad (7\text{–}3)$$

(7–3)식에서처럼 중수소(D)는 삼중수소(T)와 결합하여 알파 입자(${}^{4}_{2}\text{He}$)와 중성자(n)를 생성하고 에너지 17.6 MeV를 방출한다. (7–3)식의 핵융합 반응은 다른 핵융합 반응에 비해 충돌 확률이 크므로 비교적 낮은 온도에서 열핵 반응이 잘 일어난다. 이러한 핵융합 반응을 시작하기 위하여 적어도 소량의 삼중수소+중수소의 혼합체가 사전에 투입될 필요가 있다. 그러므로 수소폭탄은 중심에 원자폭탄을 두고, 그 주위에 수소폭탄의 연료인 ${}^{6}_{3}\text{LiD}$를 둘러싼다. 수소폭탄의 중심에 있는 원자폭탄이 폭발할 때 생성되는 매우 강력한 중성자들이 ${}^{6}_{3}\text{Li}$을 충격하여 수소폭탄에 필요한 삼중수소를 만든다. 이렇게 만들어진 삼중수소와 연료 내에 있는

중수소는 원자폭탄으로부터 발생한 고열에 의하여 (7-3)식에 나타낸 D+T의 핵융합 반응을 일으킨다.

한편 수소 핵융합 반응이 정상적인 궤도에 올라 고온이 형성되면 D+T 반응 이외의 다음과 같은 반응들이 부수적으로 일어나 전체 에너지는 더욱더 증가한다.

$$^{6}_{3}\mathrm{Li} + \mathrm{D} \rightarrow 2\,^{4}_{2}\mathrm{He} + 22\,\mathrm{MeV} \qquad (7\text{-}4)$$

$$\mathrm{D} + \mathrm{D} \rightarrow \,^{3}_{2}\mathrm{He} + \mathrm{n} + 3\,\mathrm{MeV} \qquad (7\text{-}5)$$

특히 $^{6}_{3}Li+D$ 반응은 다량의 에너지를 방출하지만 $^{6}_{3}Li$의 큰 전기적 반발력 때문에 특별히 높은 온도에서 핵융합 반응이 가능하다. 따라서 수소폭탄의 폭발 에너지의 대부분은 D+T 반응의 17.6 MeV와 $^{6}_{3}Li+D$ 반응의 22 MeV로 구성된다.

(2) 태양의 열핵융합 반응

1920년에 에딩턴(A. Eddington)이 태양의 에너지를 일종의 핵반응에 의한 것으로 추정한 이후, 1929년에 러셀(H. N. Russel)이 태양은 수소로 되어 있다고 보고하였다. 그리고 1938년에 한스 베테(Hans Albrecht Bethe)와 카를 폰 바이츠제커(Carl Friedrich von Weisäcker)가 각각 독립적으로 태양에서 수소 핵융합이 이루어지고 있음을 확인하였다. 태양의 중심 온도는 1,500만~2,000만 ℃로, 이와 같은 고온에서 수소 원자에 있는 전자는 탈각되어버리고 안쪽의 핵만 남는다. 이 핵들은 높은 온도로 인하여 매우 빠르게 열운동을 하게 되고, 이 열운동으로 인해 서로 충돌할 때 핵들의 전기적 반발력을 능가하여 핵끼리 반응하게 된다. 이와 같은 핵반응을 **열핵융합 반응**이라 한다. 열핵융합 반응으로 태양에서는 초당 6억 5,000만 톤의 수소가 헬륨으로 변한다. 그리고 태양에서 핵융합에 의한 질량 결손의 양은 매초 460만 톤에 이른다. 이미 언급했던 바와 같이 태양의 질량은 약 2×10^{30} kg으로, 주로 수소로 구성되어 있다. 이 수소 덩어리가 핵융합을 통하여 발산하는 태양의 표면 방출 에너지는 약 4×10^{26} J/s이고, 킬로그램당 발열량은 2×10^{-4} J/kg·s이다.

특히, 5.2절의 '별의 핵융합 반응과 에너지'에서 상세하게 설명한 바와 같이, 우리 태양 정도의 질량을 가진 별에서 일어나는 주된 열핵 반응은 두 가지로, **양성자–양성자 순환 반응**과 **탄소–질소–산소 순환 반응**이다.

1) 양성자–양성자 순환 반응

1938년에 베테와 찰스 크리치필드(Charles Critchfield)가 우리의 태양에서 일어나는 양성자–양성자 순환 반응을 제안하였다. 이 순환 반응은 4개의 양성자가 개입하여 1개의 헬륨(^4_2He) 핵이 만들어지는 핵융합 반응이다. 이 반응은 별의 질량이 1.5 $M_{태양}$ 이하로 태양 정도의 질량을 가지고, 또 중심 온도가 1,800만℃ 이하인 별에서 주로 일어난다. 양성자–양성자 순환 반응은 별의 수소를 헬륨으로 바꾸는 중요 반응 과정 중 하나다. 별이 우리 태양 정도의 질량을 가진 경우에는 유년기에 주로 양성자–양성자 순환 반응이 일어나며, 중년기 이후에는 탄소–질소–산소 순환 반응이 가세하여 수소를 헬륨으로 전환한다.

양성자–양성자 순환 반응에서 생길 수 있는 핵반응 과정은 여러 개가 있을 수 있으나, 양성자(수소 원자핵; ^1_1H)와 양성자(^1_1H)가 직접 융합하는 경우가 약 99.8%다(그림 5.15 참조). 이 과정은 두 개의 수소 원자핵(^1_1H; 양성자)이 융합하여 중수소(^2_1H)로 변하는 과정으로, 그 반응식은 표 7.4의 첫 번째 반응식이다. 이 과정에서 양성자 하나가 중성자로 변하면서 양전자와 중성미자를 방출하는데, 이 변화에 관여하는 힘은 **약력**으로, 이 같은 현상이 일어날 확률은 10억 년에 한 번 정도다.

표 7.4의 첫 번째 반응으로 생긴 양전자(e^+: β^-–선)는 다른 수소의 전자(e^-)와 만나 쌍소멸되면서 두 개의 감마선을 공간으로 방출하는데, 그 식은 표 7.4의 두 번째 반응식이다. 이 반응에서 전자를 탈취당한 수소 원자는 수소 원자핵(^1_1H; 양성자)이 되어 다른 양성자–양성자 핵융합 반응의 원료가 된다. 표 7.4의 첫 번째 반응에서 생겨난 중수소(^2_1H)와 전자를 탈취당한 수소의 원자핵(^1_1H)이 융합하여 헬륨의 가벼운 동위원소인 ^{3}헬륨(^3_2He)이 되는데, 그 반응식은 표 7.4의 세 번째에 나타나

표 7.4 양성자-양성자 열핵 반응

	반응식	방출 에너지	반응 시간
반응 과정	$^1_1H+^1_1H \rightarrow ^2_1H+\beta^{+}+\nu$	2×0.164 MeV	14×10⁹년
	$\beta^{+}+e^{-} \rightarrow 2\gamma$	2×1.022 MeV	-
	$^2_1H+^1_1H \rightarrow ^3_2He+\gamma$	2×5.494 MeV	5.7초
	$^3_2He+^3_2He \rightarrow ^4_2He+^1_1H+^1_1H$	12.847 MeV	10^6년
최종 반응	$4^1_1H \rightarrow ^4_2He$	합계 25.207 MeV	

있다. 또 이 반응에서 생긴 ^{3}헬륨 2개가 반응하여 무거운 동위원소(^4_2He)가 되는 과정을 표 7.4의 네 번째에 나타내었다.

양성자-양성자 순환 반응에서 최후로 생긴 1개의 ^{4}헬륨(^4_2He)과 원료로 들어간 4개의 양성자(수소 원자핵; ^1_1H)의 총질량 사이의 차이를 비교해보면, 4개의 양성자가 질량을 잃어 1개의 ^{4}헬륨이 되면서 0.7%의 질량 결손이 생긴다. 이 질량 결손에 해당하는 에너지가 감마선과 중성미자 형태로 방출된다.

2) 탄소-질소-산소 순환 반응

이 반응은 중심 온도가 2,000만 ℃ 이상이고, 질량이 1.5 $M_{태양}$ 이상이 되는 별에서 주로 일어나는 핵융합 반응으로, 탄소, 질소, 산소가 촉매 역할을 하여 수소핵이 융합되어 헬륨이 되는 반응이다. 특히 이 반응은 온도에 민감하여, 온도가 증가함에 따라 반응도 급격히 증가하는 경향이 있다. 온도가 높은 별에서는 헬륨을 급격히 생산하는 대신 수명은 그만큼 짧아진다. 이러한 특성 때문에 우리 태양 정도의 질량을 가진 별은 중년기 이후에 탄소-질소-산소 순환 반응이 가세하여 수소를 헬륨으로 전환하면서 급격히 열을 많이 발생시킨다.

탄소-질소-산소 순환 반응은 탄소(C)와 질소(N)가 촉매가 되어 4개의 양성자로부터 1개의 ^{4}헬륨(^4_2He) 핵을 만들어내는 일련의 순환 반응이다(표 7.5). 한 번 순환하는 동안 하나의 ^{4}헬륨(^4_2He)을 생산하고, 촉매로 사용된 탄소($^{12}_6C$)는 본래대로 남고

표 7.5 탄소-질소-산소 순환 반응

	반응식	방출 에너지	반응 시간
반응 과정	$^{12}_{6}C+^{1}_{1}H \rightarrow ^{13}_{7}N+\gamma$	1.945 MeV	1.3×10^{7}년
	$^{13}_{7}N \rightarrow ^{13}_{6}C+\beta^{+}+\nu$	1.502 MeV	7.0분
	$^{13}_{6}C+^{1}_{1}H \rightarrow ^{14}_{7}N+\gamma$	7.542 MeV	2.7×10^{6}년
	$^{14}_{7}N+^{1}_{1}H \rightarrow ^{15}_{8}O+\gamma$	7.347 MeV	3.2×10^{5}년
	$^{15}_{8}O \rightarrow ^{15}_{7}N+\beta^{+}+\nu$	1.729 MeV	82초
	$^{15}_{7}N+^{1}_{1}H \rightarrow ^{12}_{6}C+^{4}_{2}He$	4.961 MeV	1.1×10^{5}년
최종 반응	$4^{1}_{1}H \rightarrow ^{4}_{2}He$	합계 25.026 MeV	

감마선 에너지를 방출한다. 이 감마선은 주파수가 매우 높은, 즉 파장이 매우 짧은 전자파의 일종으로, 주파수가 매우 높기 때문에 매우 강한 에너지를 가진다. 에너지가 매우 강한 감마선이 별을 구성하고 있는 입자들과 충돌하면서 에너지를 잃어, 주파수가 낮아지면서 순화된 에너지로 바뀐다. 이 경우 감마선이 잃은 에너지는 별을 구성하는 물질들의 운동 에너지를 증가시킨다. 즉, 감마선이 이 별의 중심을 가열하면서 별의 바깥쪽으로 나오는데, 그 에너지의 일부만이 가열하는 데 사용되고, 순화된 나머지 에너지와 가열에 의해 발생한 자외선, 가시광선 및 적외선 등의 에너지는 우주 공간에 방출된다.

(3) 태양 에너지의 발산

양성자-양성자 순환 반응이나 탄소-질소-산소 순환 반응의 결과로 생긴 질량 결손에 해당하는 에너지는 감마선과 중성미자 형태로 방출된다. 이 중에서 감마선 형태로 방출된 에너지만이 전자, 양성자 및 별을 구성하는 입자 들과 충돌하면서 별의 내부를 가열하여 빛을 생산한다. 그리고 중성미자는 다른 물질과 거의 상호작용을 하지 않기 때문에 감마선이 생산한 빛과는 달리 불과 2~3초 만에 태양을 빠져나온다. 감마선에 의해 가열된 물질에서 나오는 빛이 별의 표면에 도달하는 데에는 아주 긴 시간이 걸린다. 태양의 내부는 수소 가스가 전리되어 있는 고밀도의 플라스마 상태이므로, 이 상태를 통과하는 빛은 수십 밀리미터 정도 진행하다가 수소핵과 충돌하여 흡수되었다가 다시 임의의 방향으로 방출된다. 빛은 별의 표면으로 빠져나올 때까지 이 같은 과정을 수없이 되풀이 한다. 우리 태양의 경우, 이런 과정을 겪으면서 반지름 70만 km를 통과하는 데 짧게는 수천 년, 길게는 1,000만 년 정도 걸릴 것으로 예상된다. 태양에서의 이러한 과정은 지구에 있는 생물들에게는 무척 다행한 일이다. 왜냐하면 태양의 중심에서 만들어진 빛은 감마선 형태의 고에너지 복사선으로, 지구상의 생명체에게는 치명적이기 때문이다. 하지만 태양 표면까지 올라오는 동안 이 감마선(전자파의 일종)은 태양 속의 전자, 양성자 및 각종 소립자와 상호작용한 결과 많은 에너지를 잃어, 현재 우리 지구에 도달하는 빛을 포함한 전자파로 순화되고 전환된다. 즉, 감마선은 생명체가 이용할 수 있는 가시광선, 적외선 및 자외선으로 방출된다. 그리고 이런 과정에서 잃어버린 에너지는 태양을 계속 가열하는 데 쓰여, 태양이 일정한 온도를 유지하면서 핵융합을 계속할 수 있게 한다.

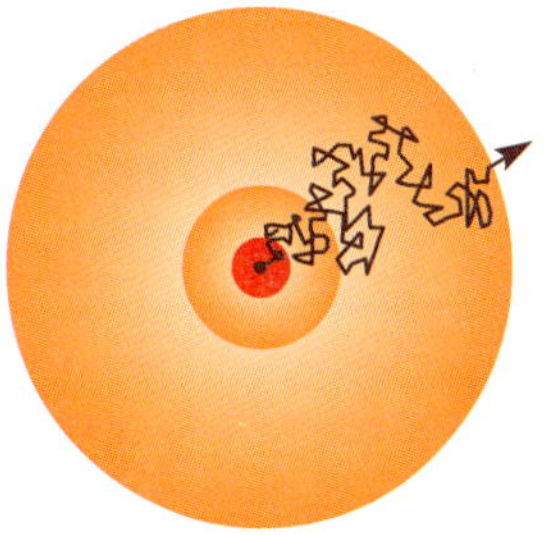

그림 7.11 별의 내부에서 생성된 빛과 같은 에너지가 별의 표면에 도달하는 과정.

태양에서 복사되어 나오는 에너지는 주로 높은 에너지의 감마선, X-선 그리고 광자의 형태로 방출된다. 이것들은 태양의 중심부에서 생성되어 밖으로 나오면서 태양의 다른 기체에 흡수되었다가 재방출되는 과정을 반복하면서 복사층을 빠져나오는 데 10만~100만 년 정도 걸린다. 태양의 중심에서 반지름의 85 % 지점(약 60만 km)에 이르면, 원자핵과 전자를 분리할 수 없는 온도가 되어 기체는 중성 원자로 존재하는데 감마선, X-선, 광선 등의 복사선은 이런 중성 원자로 된 기체층을 잘 통과한다. 여기서부터 복사층은 끝나고 대류층이 시작된다. 대류층에 있는 기체는 중심부로부터 나오는 각종 복사선과 충돌하여 가열되면서 상승하고, 상승한 기체는 냉각되어 하강한다. 이와 같은 과정을 되풀이하는 영역이 대류층이다. 대류층 내부에서도 복사층 가까이에 있는 낮은 대류층에서는 큰 대류의 순환이 이루어지고, 높은 대류층에서는 작은 수많은 대류들이 일어난다. 이 수많은 대류 구역들이 밝은 쌀알처럼 보이는 쌀알조직을 형성한다.

7.2.2 태양의 일생

태양 질량 정도의 원시성이 시작되면 수소의 핵융합 반응이 일어나 별의 일생이 시작된다. 우리 태양은 현재 수소 연료를 매초 6억 톤씩 소모하고 있는데, 과거 45억 년 동안에도 계속 소비하고 있었다. 수소가 소비되는 대신에 태양의 중심에는 헬륨이 계속 쌓인다. 이렇게 헬륨의 영역이 점점 커져 별 전체 질량의 10%에 이르면, 헬륨의 중심 영역에서 중력 수축이 시작되고 이로 인해 온도가 증가한다. 그러면 헬륨 바깥 영역에서 일어나고 있는 수소 핵융합층에 열이 전달되어 핵융합 반응이 급격히 진행되거나, 중심에 쌓인 헬륨의 질량이 어느 정도 더 큰 경우에는 내부에서 헬륨의 핵융합이 일어나면서 폭발적으로 열이 발산된다. 이런 상황에서 별은 크게 팽창하여 **적색거성**이 된다. 높아진 온도는 이 별의 핵연료를 아주 빠르게 고갈시키기 때문에 적색거성이 된 이후부터 별의 죽음이 가속된다. 적색거성이 되는 과정에서 별의 중심으로부터 먼 외각에 있는 가스의 운동 속도는 이 별의 중력을 탈출할 수 있는 속도를 넘어서기 때문에 우주 공간으로 날아가버리고, 별의 내부에는 무거운 원소들만이 남는다. 특히 적색거성이 된 태양 외각부의 물질들은 우주 공간으로 흩어져 **행성상 성운**을 형성하기도 한다. 그리고 중심부에 남은 무거운 원소들은 온도가 내려가면서 수축하여 **백색왜성**으로 변한다. 우리 태양의 성장과 노쇠 과정, 즉 원시성으로 태어나 유년기 · 청년기 · 장년기를

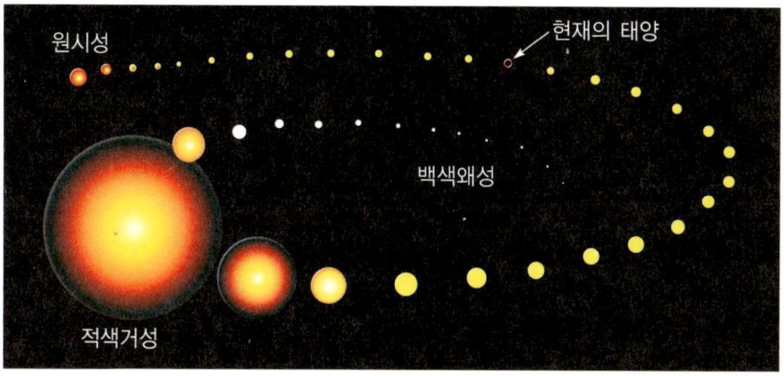

그림 7.12 우리 태양의 일생. 그림에서 태양의 크기는 상대적이며, 태양 사이의 간격은 약 4억 년이다.

거쳐 거성이 되었다가 백색왜성으로 노쇠해가는 과정을 그림 7.12에 계략적으로 나타내었다. 그림에서 태양의 크기는 상대적이며, 태양 사이의 간격은 4억 년 정도다.

우리 태양이 주계열 단계에서 적색거성으로 변할 때의 표면 온도와 광도의 관계를 그림 7.13에 나타내었다. 그림의 1~2단계에서는 주로 수소 중심핵의 핵융합 반응이 일어나고, 2~3단계에서는 중심에 쌓인 헬륨층의 수축이 일어나며, 3~4단계에서는 헬륨 중심층이 형성되고 수소 핵융합 껍질층이 생성된다. 4~5단계에서는 헬륨 중심층의 붕괴와 별 표피부의 팽창이 생기고, 5~6단계에서는 적색거성으로 변한다. 태양은 적색거성에서 일생의 종말을 맞이하면서 백색왜성으로 변한다.

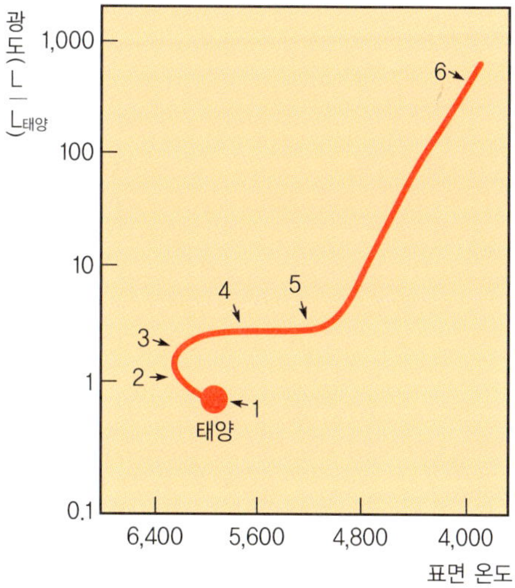

그림 7.13 H-R도상에서 본 우리 태양의 주계열 단계 이후 진화 과정.

8장 태양계의 행성들과 혜성

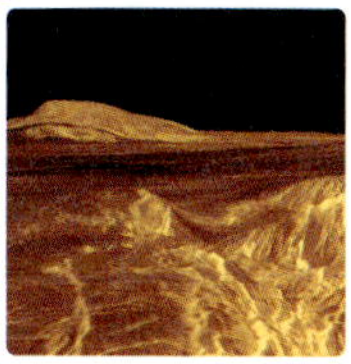

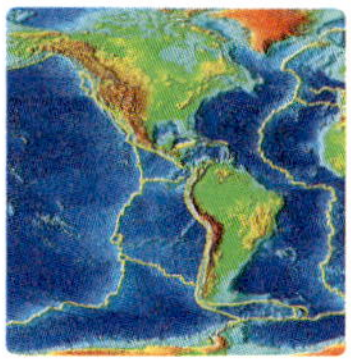

8.1 행성

태양계의 행성들은 태양을 중심으로 공전하며, 공전 방향은 천구의 북쪽에서 남쪽으로 보았을 때 시계 반대 방향이다. 그리고 행성들은 태양을 중심으로 수성, 금성, 지구, 화성, (소행성), 목성, 토성, 천왕성, 해왕성, 명왕성(지위 상실)의 순으로 공전하고 있다.

8.1.1 수성

(1) 개관

태양계의 가장 안쪽 궤도를 돌고 있는 수성은 태양계 내에서 명왕성 다음으로 작은 행성이면서, 또 명왕성 다음으로 긴 타원 궤도를 돌고 있다. 수성은, 반지름은 작으나 밀도가 지구 다음으로 크다. 수성의 밀도가 큰 것은 원시 태양의 성운 중에서 고밀도 영역에서 형성되었기 때문이다. 수성은 태양 가까이에 있기 때문에 행성 중에서 가장 빠른 속도(47 km/s)로 공전하고 있으며, 공전 주기는 약 88일로 매우 짧지만 자전 주기는 매우 느려 약 59일이 된다. 수성의 자전축은 공전 궤도면에 대하여 수직이며, 자극(磁極)은 자전축에서 11° 나 벗어나 있다. 수성은 공전 주기와 자전 주기가 비슷한 편이어서, 하루의 길이가 약 352일로 낮과 밤의 길이가 각각 176일이다. 그리고 낮의 표면 온도는 400 ℃가 되고 밤에는 −180 ℃가 되어 수성은 일교차가 가장 큰 행성이다.

수성은 태양의 강력한 중력 작용으로 인하여 위성을 거느릴 조건이 되지 않았기 때문에 위성은 없다.

(2) 수성의 구조

1) 내부 구조

수성은 크기에 비해 질량이 큰 행성으로, 중심핵은 철과 니켈로 이루어져 있다. 중심핵의 반지름은 1,800 km이고, 그 바깥쪽에는 두께 600 km 정도의 비교적 얇은 암석질로 된 맨틀이 있는 것으로 추측되고 있다.

2) 표면

수성의 표면은 달의 표면과 마찬가지로 크레이터로 뒤덮여 있다. 수성에는 거대한 분지들이 많이 있는데, 지름이 200 km가 넘는 것도 17개나 된다. 수성 표면에는 **링클 리지**(wrinkle ridge)라는 수축 주름이 곳곳에서 보인다. 그림 8.2에 보이는 것과 같은 주름은 높이가 수 킬로미터 정도이고 길이가 500 km 이상 되는 것도 있다. 이것은 수성의 표면이 엄청난 힘으로 수축되었음을 말해준다. 추측하건대 수성이 형성되고 나서 금속으로 된 수성 핵이 냉각됨에 따라 표면이 심하게 수축하여 생긴 주름으로 여겨진다. 이 정도의 주름이 생기기 위해서는 수성의 반지름

그림 8.1 태양 가까이 있는 수성의 모습.(왼쪽)
그림 8.2 수성의 수축 주름과 크레이터.(오른쪽)

표 8.1 수성의 자료

구분	값	구분	값
태양까지의 거리	5,791만 km	적도 반지름	2,439.7 km
질량	3.303×10^{23} kg	평균 밀도	5.42 g/cm^3
중력 가속도	2.78 m/s^2	탈출 속도	4.25 km/s
평균 표면 온도	179 ℃	대기압	10^{-12}기압
대기 조성	헬륨: 42 % 나트륨: 42 % 산소: 15 % 기타: 1 %		
자전 주기	58.65일	자전축 기울기	0.00°
공전 주기	87.97일	이심률	0.2056
궤도 경사	7.00°	평균 궤도 속도	47.88 km/s
하루 길이	352일	위성	없음

이 적어도 1~2 km 정도는 수축되어야 한다.

3) 대기

수성은 인력이 아주 작고 온도가 높아서 대기를 잡아둘 수 없기 때문에 대기층이 거의 없다. 기체의 온도가 높으면 기체 입자의 운동 속도가 빨라져서, 탈출 속도를 능가하는 기체 입자들이 많아진다. 따라서 오랜 세월 동안 수성의 대기는 수성을 탈출하여 우주 공간으로 흩어져버렸다.

현재 수성의 대기를 이루고 있는 기체는 수소와 헬륨 그리고 태양풍에 실려온 기체들로, 그 밀도는 극히 희박하여 지구의 1/1,000조 정도인 2×10^{-15}기압에 불과하다. 대기가 희박하기 때문에 태양 빛이 닿는 지점의 온도는 430 ℃나 되고, 태양 빛이 닿지 않는 밤에는 −183 ℃까지 내려간다. 따라서 행성 중에서 기온의 일교차가 가장 크다.

8.1.2 금성

(1) 개관

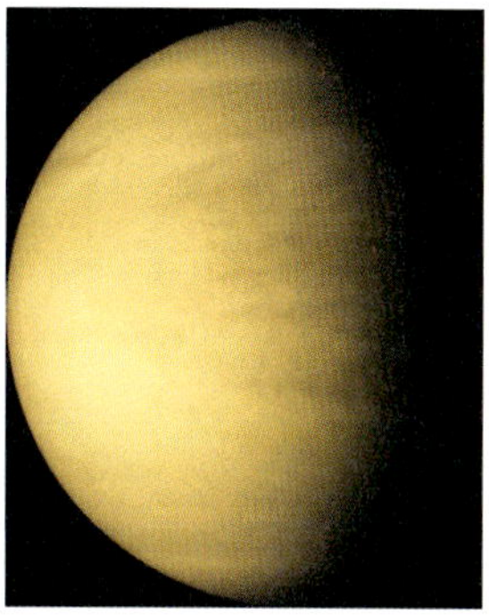

그림 8.3 금성의 모습.

태양으로부터 10억 820만 km 거리에 있는 금성은 지구에 가장 가까운 행성이다. 금성은 해 뜨기 전의 동쪽 하늘에서 보이고('샛별' 이라 부름) 해가 진 후에는 서쪽 하늘에서 보이는('태백성' 이라 부름) −4.4등급의 밝은 행성이다. 금성은 크기(지구의 0.95배)와 질량(지구의 0.89배)이 지구와 비슷할 뿐만 아니라 화학 조성이나 내부 구조도 비슷하다. 그러나 금성의 대기층은 지구보다 훨씬 두껍고 밀도가 높아서, 금성 표면에서의 기압은 90기압 정도가 된다.

금성은 다른 행성처럼 공전하나 특이하게도 자전의 방향은 반대이고 속도는 느리다. 금성의 자전 주기가 유난히 느리고 또 자전 방향이 반대인 것은, 금성이 과거에 큰 운석과 충돌하여 생긴 현상으로 생각되기도 한다. 금성의 공전 주기는 225일, 자전 주기는 −243일로('−' 는 공전과 반대 방향을 의미), 이 두 가지 운동에 의하여 생기는 금성의 하루는 지구의 234일에 해당하며, 금성의 하루는 금성의 1년보다 길다. 따라서 밤인 지역은 오랫동안 햇빛을 보지 못하고 낮인 지역은 오랫동안 햇빛을 받지만, 금성 대기의 대류 작용에 의하여 일교차는 그렇게 심하지 않다. 금성도 수성과 마찬가지로 태양의 강한 중력 작용 때문에 위성은 없다.

(2) 금성의 구조

1) 내부 구조

금성의 내부 구조도 지구와 마찬가지로 여러 층으로 되어 있다. 하지만 자기장의 세기가 지구의 1/10,000밖에 되지 않는 것으로 보아 금성의 핵은 액체 상태의

표 8.2 금성의 자료

구분	값	구분	값
태양까지의 거리	1억 820만 km	적도 반지름	6,051.8 km
질량	4.869×10^{24} kg	평균 밀도	5.25 g/cm^3
중력 가속도	8.87 m/s^2	탈출 속도	10.36 km/s
평균 표면 온도	482 ℃	대기압	92기압
대기 조성	이산화탄소: 96 % 질소: 3 % 기타: 1 %		
자전 주기	−243일	자전축 기울기	177.36°
공전 주기	225일	이심률	0.0068
궤도 경사	3.39°	평균 궤도 속도	35.02 km/s
하루 길이	234일	위성	없음

철이나 니켈 등의 함량이 아주 적으리라고 짐작한다. 물론 금성의 자전 속도가 느린 것도 하나의 원인이 될 수 있다.

2) 표면

금성은 주로 평평한 저지대가 많고, 지구의 판 이동에 의하여 형성된 것과 같은 대륙과 고원 그리고 산 들로 구성되어 있다. 금성의 큰 대륙은 적도 근처에 있는 **아프로디테 대륙**(Aphrodite Terra)과 북반구에 있는 **이슈타르 대륙**(Ishtar Terra)이다. 이 대륙들은 모두 높이가 6,000 m에 이르는 고지대다. 이슈타르 대륙의 서부에 위치해 있는 **라크슈미 고원**(Lakshmi

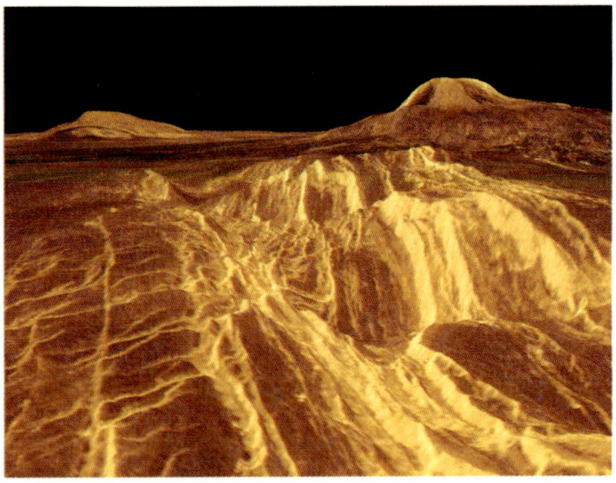

그림 8.4 금성의 산들. 굴라 화산의 동남쪽에서 바라본 굴라산(오른쪽)과 시프산(왼쪽).

Planum)은 몇 개의 산맥들로 둘러싸여 있으며, 이 산맥에 금성에서 제일 높은 **맥스 웰 산**이 속해 있다. 산의 높이는 라크슈미 고원을 기준으로 할 때 1만 1,000 m 정도다. 특히 금성에는 지구처럼 대륙의 판구조가 있었다는 증거가 많이 보인다.

금성의 표면은 지질학적으로 매우 젊은 지층으로 되어 있는데, 만들어진 연대는 300만~500만 년 전으로 추정된다. 또 금성의 두꺼운 대기층으로 인해, 작은 운석의 충돌로 만들어진 크레이터는 별로 없으며 주로 지름이 2 km가 넘는 큰 것들이 있다. 표면에는 화산 활동의 흔적들이 많이 있는데, 그러한 예로 거대한 화산이 수백 개 발견되었다. 특히 여러 개의 동심 구조를 갖고 있는 **코로내**(Coronae)라는 독특한 지형도 발견되었다.

3) 대기

금성의 대기층은 지구보다 훨씬 두껍고 밀도가 높아서, 표면에서의 기압이 92기압에 이른다. 이렇게 두꺼운 대기로 인해 표면까지 햇빛이 거의 도달하지 못하나 온실 효과로 표면의 온도는 480 ℃까지 올라간다. 금성 대기의 상층부에는 소용돌이치는 구름이 있고, 이 바람의 속도는 시속 360 km 정도다. 그리고 뜨거운 금성의 대지 위에는 가끔 짙은 황산비가 내린다.

그림 8.5 금성의 대기 변화. 1974년 2월 5일에 마리너 10호가 찍은 사진.

금성의 대기는 주로 화산 활동으로 생겨난 기체로 구성되어 있으며 지구의 대기와는 판이하게 다르다. 금성의 대기는 표면으로부터 80 km까지 분포해 있으며, 대기의 조성은 이산화탄소가 96.5 %, 질소가 3.5 %, 산소가 0.003 % 그리고 이산화황, 수증기, 일산화탄소, 아르곤, 헬륨, 네온 및 염화수소 등이 소량 들어 있다.

행성 형성 초기에는 화산 폭발로 인해 많은 양의 물과 이산화탄소가 분출되어 지구의 대기와 비슷하였다. 지구에서는, 공중으로 분출된 수증기가 비가 되어 땅으로 떨어져 바다를 만들었고, 이산화탄소는 물에 녹아 침전되어 바위가 되었다. 그러나 지구보다 태양 가까이에 있는 금성은 태양 빛에 의하여 물 분자가 분해되어 가벼운 수소는 금성을 탈출하여 우주 공간으로 날아가버렸고, 공기 중에 남아 있던 이산화탄소는 온실 효과에 기여하여 금성 표면의 온도를 더욱 올리게 된 결과, 물은 더욱더 빠른 속도로 수소와 산소로 분해되어 없어졌다.

8.1.3 지구

(1) 개관

인간을 비롯한 수많은 생명체들의 요람인 지구는 태양으로부터 세 번째에 위치한 행성이다. 지구는 태양에서 약 1억 5,000만 km 떨어져서 1년을 주기로 태양을 공전하고 있는데, 공전 속도는 약 30 km/s이다. 그리고 지구는 공전면과 23.45° 기울어진 자전축을 중심으로 약 1일에 1번 자전한다. 지구의 반지름은 약

표 8.3 지구의 자료

구분	값	구분	값
태양까지의 거리	1억 4,960만 km	적도 반지름	6,378.14 km
질량	5.976×10^{24} kg	평균 밀도	5.515 g/cm^3
중력 가속도	9.78 m/s^2	탈출 속도	11.28 km/s
평균 표면 온도	15 ℃	대기압	1.013기압
대기 조성	질소: 77 % 산소: 21 % 기타: 2 %		
자전 주기	23.9345시간	자전축 기울기	23.45°
공전 주기	365.256일	이심률	0.017
궤도 경사	0.00°	평균 궤도 속도	29.79 km/s
하루 길이	1일	위성	1개: 달

6,300 km이고 질량은 5.98×10^{24} kg으로 행성 중 작은 편에 속하지만 밀도는 5.52 g/cm^3로 행성 중에서 가장 크다.

(2) 지구의 구조

1) 내부 구조

지각의 두께는 해양과 육지에 따라 크게 다르다. 육지에서는 약 40 km 정도이지만 해양에서는 5 km 정도다. 지각의 아래층에는 **맨틀**이 있다. 맨틀은 주로 암석인 고체로 되어 있으나 부분적으로 녹아 있는 암류권이 여기에 포함된다. 특히 맨틀은 물리적으로 성질이 다소 다른 세 가지 층으로 나뉘는데, 그것들은 B층(33~413 km), C층(413~984 km), D층(984~2,900 km)이다. 맨틀의 주요 성분은 규산암이며, 맨틀의 가장 아랫부분을 형성하고 있는 D층은 매우 균질한 구조로 되어 있으나 C층과 B층은 불균질한 구조로 되어 있다. 지하 100 km 부근에 탄성파의 속도가 최저가 되는 영역이 있고, 지하 400 km 부근에는 전기전도도가 갑자기 증가하는 부분이 있으며, 지하 400~1,000 km 영역에서는 탄성파의 전달 속도가 증가한다.

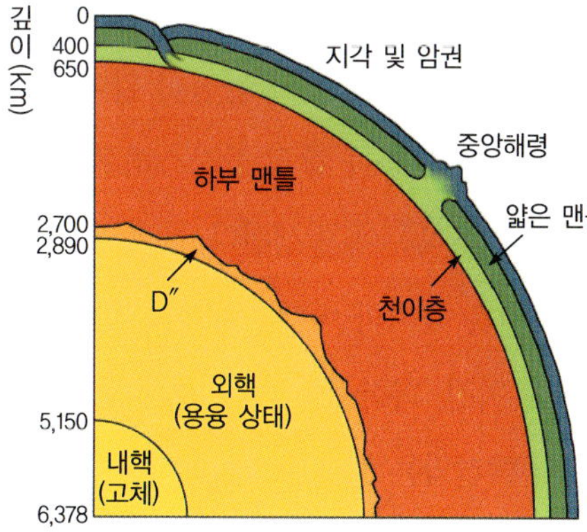

그림 8.6 우주에서 본 지구.(왼쪽)
그림 8.7 지구의 내부 구조.(오른쪽)

표 8.4 지구의 내부 구조 자료

구분	질량비 (%)	반지름 (km)	상태
내핵	1.7	0~1,220	고체
외핵	30.8	1,220~3,480	액체
맨틀	67.0	3,480~6,360	유동성 고체
지각	0.7	6,360~6,370	고체

맨틀 밑에는 지구의 중심을 이루는 **핵**이 있다. 또 핵은 고체로 된 **내핵**과 액체로 된 **외핵**으로 나뉜다. 외핵과 맨틀은 매우 뚜렷한 경계면을 형성하고 있다. 이 경계면의 두께는 약 5 km 정도로 추정된다. 외핵은 내핵과 마찬가지로 약 80 %의 철과 20 %의 니켈로 구성되어 있으며, 외핵의 두께는 약 2,200 km 정도이고 내핵의 반지름은 약 1,300 km 정도다. 내핵의 온도는 태양 표면의 온도와 비슷한 6,000 ℃ 정도로 높지만 높은 압력으로 인해 고체 상태로 존재하고, 외핵의 온도는 내핵과 비슷하지만 압력이 낮아 액체 상태로 존재한다.

2) 표면

지구의 표면을 이루고 있는 지각은 맨틀 위에 떠 있다. 따라서 맨틀의 암류권이 열 대류에 의한 수평 방향의 힘을 받아 지각은 옆으로 이동하고 있다. 지각의 변동에는 오랜 세월을 두고 천천히 일어나는 대륙의 이동과 같은 완만한 변화와 지진이나 화산 활동과 같은 갑작스러운 변화가 있는데, 이러한 지각의 변화는 지구 내부의 변화 때문에 발생한다.

지표면은 육지와 바다 그리고 생물로 덮여 있다. 특히 지표면의 변화를 주도하는 것은 지진, 화산 활동, 물의 작용, 바람의 작용 및 생물의 작용 등이며, 다른 행성에서 발견되는 것처럼 운석이 떨어진 흔적도 곳곳에 남아 있다(그림 8.9).

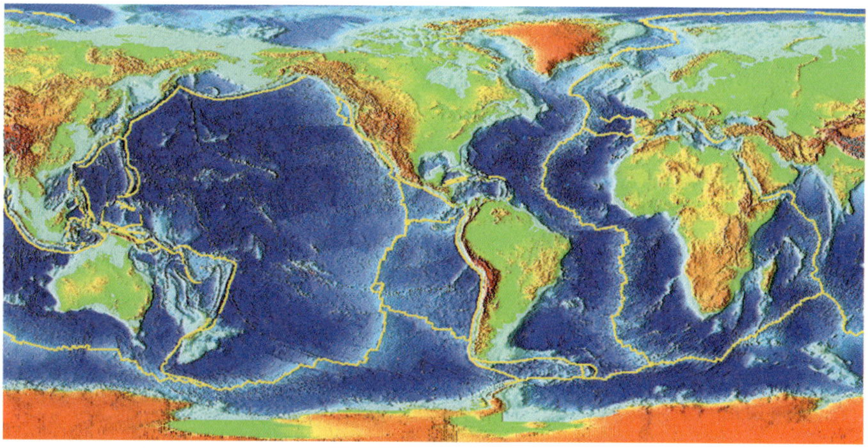

그림 8.8 대륙판과 해양저.(위)
그림 8.9 베린저 운석구. 미국 애리조나 주 윈슬로 근처에 있는 것으로, 약 5만 년 전에 생성되었으며, 지름은 1.2 km, 깊이는 200 m에 달한다.(아래)

3) 대기

지구 대기의 주성분은 질소 77 %, 산소 21 %, 수증기 1 %, 아르곤 0.93 %이며, 이 외에도 이산화탄소, 네온, 헬륨, 황 등이 소량으로 존재한다. 지구의 표면을 둘러싸고 있는 공기층을 **대기권**이라 하고 그 위층을 **외기권**이라 한다. 대기권은 다시 대류권, 성층권, 중간권 그리고 열권으로 나뉜다.

표 8.5 지구의 대기권

구분	높이 (km)	온도 (℃)
대류권	0~12	20~-60
성층권	12~50	-60~0
중간권	50~90	0~-100
열권	90~	-100~1,000 이상

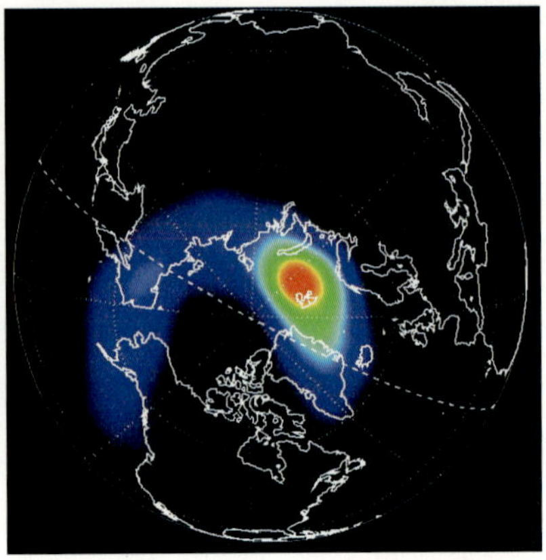

그림 8.10 우주왕복선에서 본 태풍.(왼쪽)
그림 8.11 우주에서 본 오로라(X-선 영상).(오른쪽)

① 대기권

- **대류권:** 지상으로부터 대략 15 km까지의 영역이다. 대류권은 고도가 높아질수록 온도가 내려가므로 상승 기류와 하강 기류가 생기고, 이에 따른 날씨의 변화도 생긴다. 날씨 변화의 극단적인 경우가 태풍이다(그림 8.10).

- **성층권:** 대류권 상층부에 있는 층으로, 지표로부터 12~50 km 사이에 있다. 대류권 상공의 평균 온도는 약 −55℃ 정도로, 대체로 온도가 일정한 부분이 35 km까지 계속된다. 성층권을 대류권과 비교하면, 대기의 운동은 격렬하지 않지만 동서 방향의 대기 순환이 일어난다. 성층권에는 오존층이 있는데, 오존은 산소 분자가 태양의 강한 자외선에 의해 파괴되면서 만들어진 산소 원자 3개로 이루어진 분자다. 이 오존층은 빛 에너지가 큰 자외선을 차단하여 지상의 생명체를 보호한다.

- **중간권:** 성층권 상층부에 있으며, 지표로부터 고도 50~90 km 사이를 말한다. 이 영역에서 태양의 자외선 영향으로 광화학 반응이 활발하게 일어나, 이온화된 분자들로부터 분리된 전자의 밀도가 높은 곳으로, 이 영역을 전리층이라 한다. 태양에서 격렬한 플레어가 발생하면 이 전리층을 교란시켜 이온 폭풍을 만

들고, 이 이온 폭풍이 전파통신에 장애를 주는 **델린저 현상**을 일으킨다.

- **열권:** 고도 90～500 km 사이에 존재하는 층으로, 고도가 높아짐에 따라 온도가 증가하는 권역이다. 이 부분은 거의 모든 기체가 이온화되어 있어 전기전도도가 아주 높은 일종의 플라스마 상태를 이루고 있고, 산소나 질소 같은 무거운 원소는 거의 존재하지 않는다. 열권에서는 오로라나 대기광과 같은 광학적 현상이 나타나며, 오로라가 출현하는 고도는 90～700 km 영역이다(그림 8.11).

② 외기권

열권 바깥의 공간이다. 이 영역에는 밴앨런대가 형성되어 있다. 이 대는 태양으로부터 오는 고에너지의 하전 입자들이 지구의 자기장에 의해 잡혀서 그림 8.12와 같이 형성된 영역이다. 밴앨런대는 대체로 지구 반지름의 0.2~0.8배 되는 지점에 있는 내대(內帶)와 1.5～5배 되는 위치에 있는 외대(外帶)로 나뉜다. 내대에는 많은 양성자들 가운데 빠른 전자가 포함되어 있으며, 외대에는 많은 전자들 가운데 양성자가 일부 포함되어 있다.

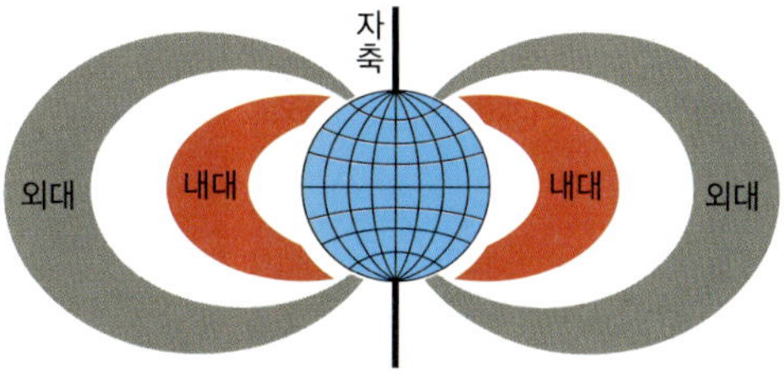

그림 8.12 지구의 열권 및 외기권에 형성되는 밴앨런대.

(3) 지구의 위성: 달

달은 타원 궤도를 그리면서 지구 주위를 돌고 있다. 달의 질량은 모행성인 지구에 비해 매우 큰 편으로, 지구의 1/81.3의 크기다. 달은 세 축의 길이가 다른 타원체로, 가장 긴 장축은 지구를 향하고 있다. 그리고 달은 같은 면이 항상 지구를 향하고 있기 때문에, 지구를 향하고 있는 쪽은 크레이터 수가 적고 그 반대쪽은 크레이터 수가 많다. 그 이유는 지구가 달로 끌려들어가는 유성들을 흡수하기 때

표 8.6 달의 자료

구분	값	구분	값
지구까지의 거리	38만 4,400 km	적도 반지름	1,737.4 km
질량	7.349×10^{22} kg	평균 밀도	3.34 g/cm^3
중력 가속도	1.62 m/s^2	탈출 속도	2.38 km/s
평균 표면 온도	낮: 107℃ 밤: −153℃		
자전 주기	27.32166일	자전축 기울기	5.1454°
공전 주기	27.32166일		

그림 8.13 달의 표면. 왼쪽은 달의 뒷면이고, 오른쪽은 지구에서 보는 면이다.

문이다.

달의 생성 기원에 관한 학설은 분리설, 포획설, 고리설, 운석설 등으로 다양하나, 아직까지 생성 원인을 잘 설명하는 학설은 없다.

(4) 지구에서 본 별자리

1922년에 국제천문연맹에서 하늘을 88개의 구획으로 나누어 만든 88개의 별자리 대부분은 이미 고대 서남아시아 및 동부 지중해 지방에 살던 민족들에게는 잘 알려져 있었다. 그리스의 철학자이자 천문학자인 에우독소스(Eudoxos, BC 408～355)는 48개의 별자리 목록을 만들었는데, 시인 아라토스(Aratos, BC 315~245)를 통하여 그리스의 천문학자 프톨레마이오스(Ptolemaeos, AD 100~160)로 전해져 내려왔다. 이 48개의 별자리들은 남쪽 하늘에는 큰 공백을 남겼기 때문에 근대에 이르러 수정 · 보완되어 88개로 확정되었다.

1) 지구의 회전과 천구

지구는 그림 8.14(a)에 나타낸 것처럼 지축을 중심으로 서쪽에서 동쪽으로(북쪽에서 남쪽으로 볼 때 시계 반대 방향으로) 회전하기 때문에 천구에 있는 천체들은 그림 8.14(b)와 같이 동쪽에서 서쪽으로(시계 방향으로) 회전한다. 별자리를 관찰하는 관측자의 지리적 위도에 따라 일주하는 별의 최고 남중 고도는 달라진다. 천구의 일주 운동에도 불구하고 지평선 아래로 내려가지 않는 별을 **주극성**이라 하는데, 주극성의 범위도 관측자의 지리적 위도에 따라 변할 뿐만 아니라 별이 보이지 않는 영역도 달라진다. 그림 8.14(b)에 관측자의 지리적 위도(ϕ)에 따른 주극성의 범위를 나타내었다. 즉, 관측자의 위도(ϕ)가 높아지면 주극성의 범위도 넓어지는 반면에 별을 볼 수 없는 영역도 넓어진다.

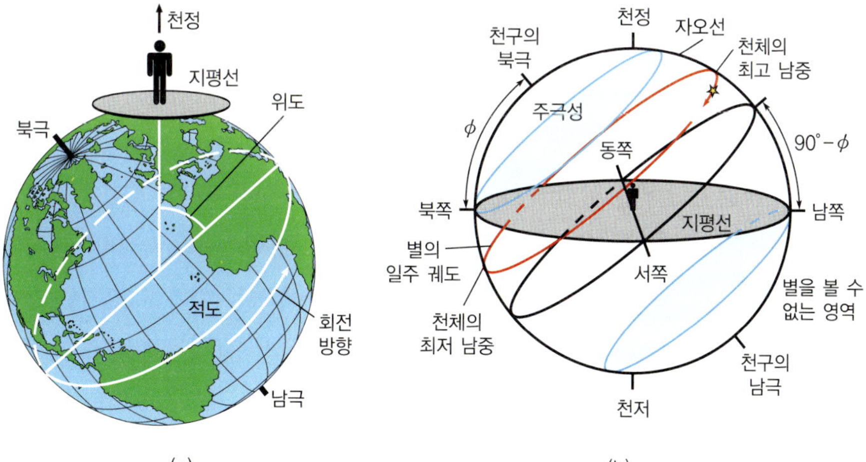

그림 8.14 지구의 회전과 관측자.

그리고 별자리의 위치를 표시하기 위하여 지구본의 경도(經度: 본초 자오선 기준)와 위도(緯度: 적도 기준)처럼 천구상에도 **적경**(赤經)과 **적위**(赤緯)를 사용한다. 그림 8.15와 같이 적경은 춘분점을 기준으로 시계 반대 방향으로 나타낸 시간인데, 24시간은 360°에 대응된다. 따라서 춘분점에서 시계 반대 방향으로 15° 되는 적경은 적경 1시 0분(1^h 0^m으로 표시)이 된다. 또 적위는 적경을 따라 천구의 적도면에서 천체까지의 각을 말하는데, 북반구는 0°(적도)에서 +90°(천구의 북극)까지, 남반구는 0°(적도)에서 −90°(천구의 남극)까지로 나타낸다. 예를 들면, 춘분점은 적경 0시, 적위 0°이고, 하지점은 적경 6시, 적위 +23.5°, 추분점은 적경 12시, 적위 0° 그리고 동지점은 적경 18시, 적위 −23.5°가 된다. 여기서 관측자의 관측 방향은 항상 북쪽에서 남쪽 방향이다.

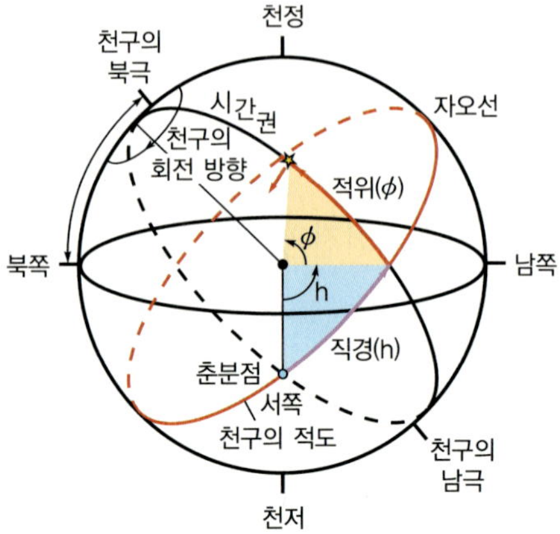

그림 8.15 적경과 적위.

2) 별자리

적위 +45°~+90° 사이에 있는 북쪽 하늘의 별자리는 그림 8.16에, 적위 +60°~−60° 사이에 있는 별자리는 그림 8.17에, 적위 −45°~−90° 사이의 남쪽 별자리는 그림 8.18에 나타내었다. 즉, 천구상에 있는 별자리 88개를 그림 8.16, 그림 8.17, 그림 8.18에 모두 나타내었다. 그리고 표 8.7에 별자리의 한글 이름과 라틴어 이름 및 적경 범위, 적위 범위 그리고 자정 남중 일자를 나타내었다.

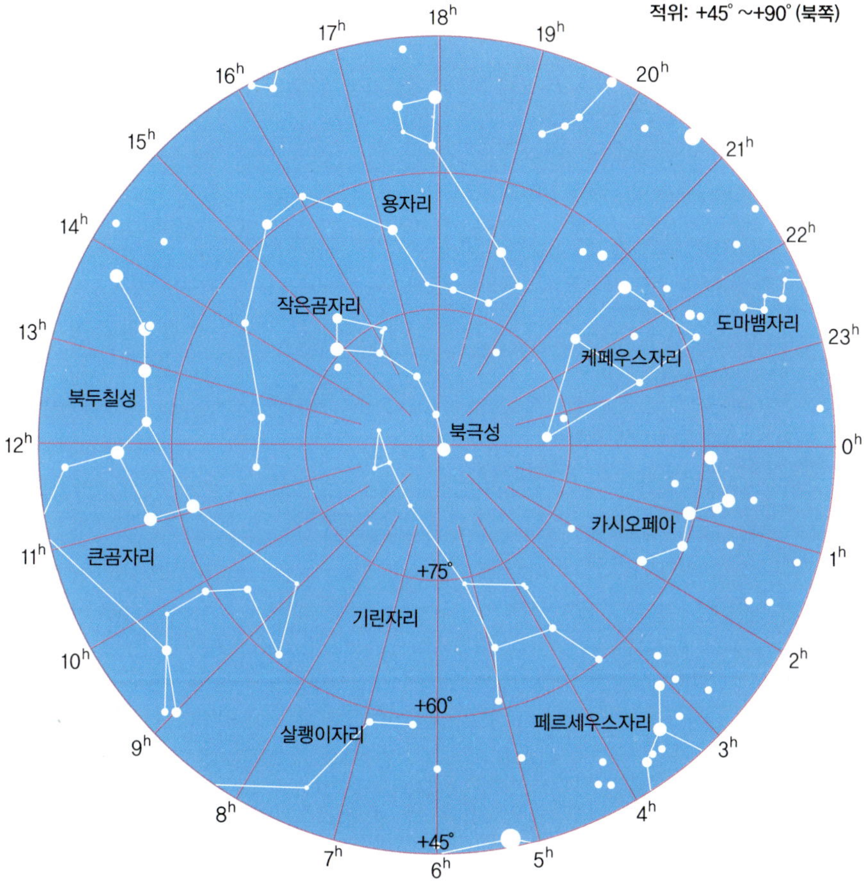

그림 8.16 적위 +45°~+90° 인 북쪽 하늘의 별자리.

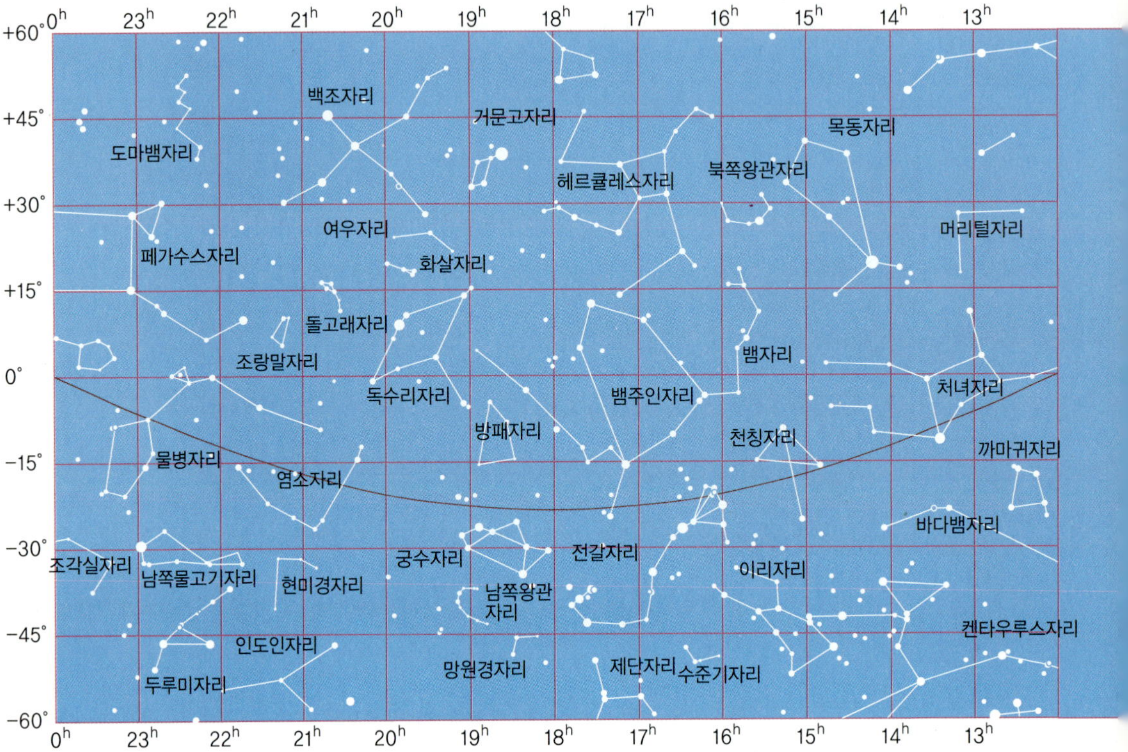

그림 8.17 적위 +60° ~ −60° 사이에 있는 별자리.

적위: +60° ~−60°

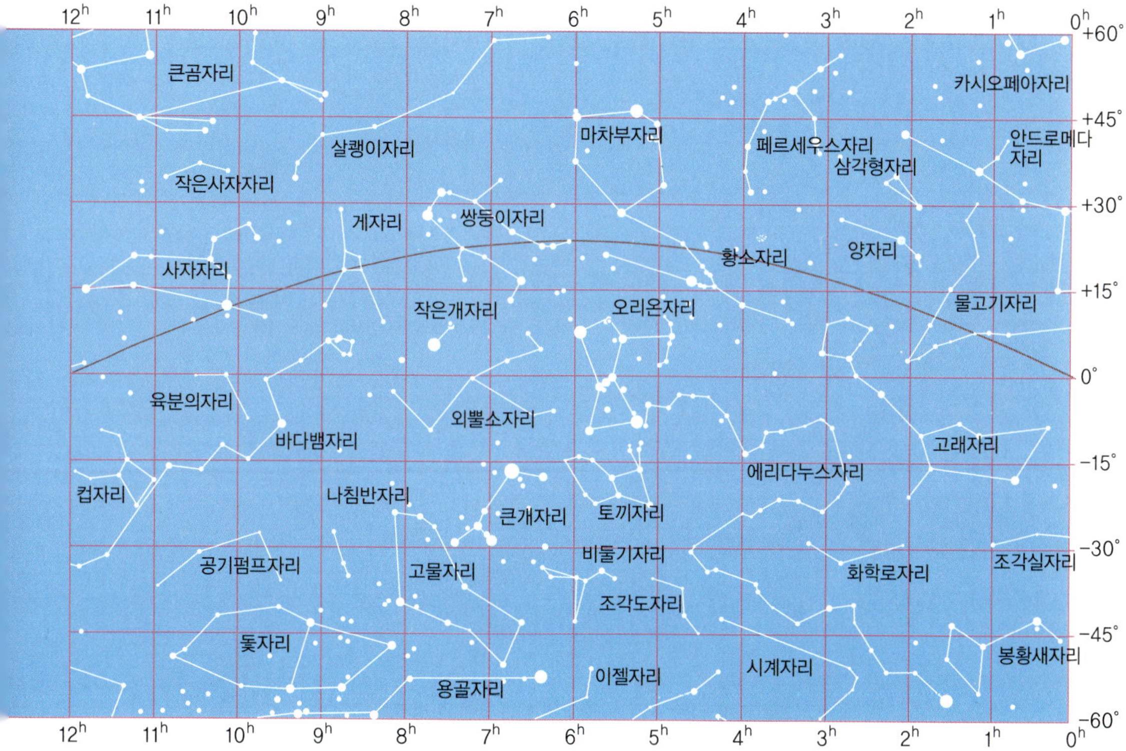
12h 11h 10h 9h 8h 7h 6h 5h 4h 3h 2h 1h 0h
+60° +45° +30° +15° 0° −15° −30° −45° −60°
큰곰자리
카시오페아자리
마차부자리
살쾡이자리
페르세우스자리
안드로메다 자리
삼각형자리
작은사자자리
게자리
쌍둥이자리
황소자리
양자리
사자자리
작은개자리
오리온자리
물고기자리
육분의자리
외뿔소자리
바다뱀자리
고래자리
에리다누스자리
컵자리
나침반자리
큰개자리
토끼자리
비둘기자리
공기펌프자리
고물자리
화학로자리
조각실자리
조각도자리
돛자리
시계자리
봉황새자리
이젤자리
용골자리

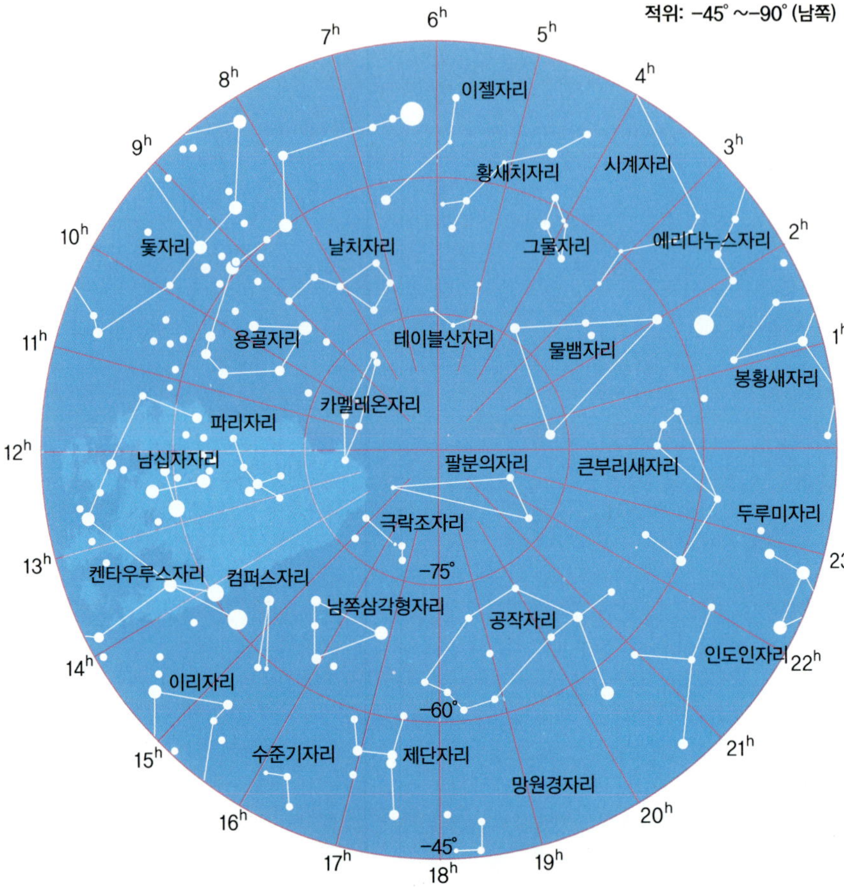

그림 8.18 적위 −45° ~ −90° 인 남쪽 하늘의 별자리.

표 8.7 별자리 자료

연번	별자리 이름 (라틴어)	적경 범위	적위 범위	자정 남중 일자
1	거문고자리(Lyra)	$18^h\ 13^m \sim 19^h\ 29^m$	+47° 45' ~ +25° 40'	7월 4일
2	게자리(Cancer)	$7^h\ 55^m \sim 9^h\ 23^m$	+33° 10' ~ +6° 30'	1월 30일
3	고래자리(Cetus)	$23^h\ 56^m \sim 3^h\ 24^m$	+10° 30' ~ −24° 55'	10월 15일
4	고물자리(Puppis)	$6^h\ 3^m \sim 8^h\ 28^m$	−11° 15' ~ −51° 05'	1월 8일
5	공기펌프자리(Antlia)	$9^h\ 27^m \sim 11^h\ 6^m$	−24° 30' ~ −40° 25'	2월 24일
6	공작자리(Pavo)	$17^h\ 40^m \sim 21^h\ 33^m$	−56° 35' ~ −75° 00'	7월 15일
7	궁수자리(Sagittarius)	$17^h\ 43^m \sim 20^h\ 29^m$	−11° 40' ~ −45° 15'	7월 7일
8	그물자리(Reticulum)	$3^h\ 13^m \sim 4^h\ 37^m$	−52° 45' ~ −67° 20'	11월 19일
9	극락조자리(Apus)	$13^h\ 50^m \sim 18^h\ 27^m$	−67° 30' ~ −83° 05'	5월 21일
10	기린자리 (Camelopardalis)	$3^h\ 15^m \sim 14^h\ 27^m$	+86° 05' ~ +52° 40'	12월 23일
11	까마귀자리(Corvus)	$11^h\ 56^m \sim 15^h\ 56^m$	−11° 40' ~ −25° 10'	3월 28일
12	나침반자리(Pyxis)	$8^h\ 27^m \sim 9^h\ 28^m$	−17° 25' ~ −37° 20'	2월 4일
13	날치자리(Volans)	$6^h\ 31^m \sim 9^h\ 4^m$	−64° 05' ~ −75° 30'	1월 18일
14	남십자자리(Crux)	$11^h\ 56^m \sim 12^h\ 58^m$	−55° 40' ~ −64° 40'	3월 28일
15	남쪽물고기자리 (Piscis Austrinus)	$21^h\ 27^m \sim 23^h\ 7^m$	−24° 50' ~ −36° 30'	8월 25일
16	남쪽왕관자리 (Corona Austrina)	$17^h\ 58^m \sim 19^h\ 19^m$	−36° 45' ~ −45° 30'	6월 30일
17	도마뱀자리(Lacerta)	$21^h\ 57^m \sim 22^h\ 58^m$	+56° 55' ~ +35° 10'	8월 28일
18	독수리자리(Aquila)	$18^h\ 41^m \sim 20^h\ 39^m$	+18° 40' ~ −11° 50'	7월 16일
19	돌고래자리(Delphinus)	$20^h\ 14^m \sim 21^h\ 9^m$	+20° 55' ~ +2° 25'	7월 31일
20	돛자리(Vela)	$8^h\ 3^m \sim 11^h\ 6^m$	−37° 10' ~ −57° 10'	2월 23일
21	두루미자리(Grus)	$21^h\ 27^m \sim 23^h\ 27^m$	−36° 20' ~ −56° 25'	8월 28일
22	마차부자리(Auriga)	$4^h\ 37^m \sim 7^h\ 31^m$	+56° 10' ~ +28° 00'	12월 21일

표 8.7 별자리 자료(계속)

연번	별자리 이름 (라틴어)	적경 범위	적위 범위	자정 남중 일자
23	망원경자리 (Telescopium)	$18^h\ 9^m \sim 20^h\ 30^m$	$-45^{\circ}\ 05' \sim -57^{\circ}\ 00'$	7월 10일
24	머리털자리 (Coma Berenices)	$11^h\ 58^m \sim 13^h\ 36^m$	$+33^{\circ}\ 20' \sim +13^{\circ}\ 15'$	4월 2일
25	목동자리(Bootes)	$13^h\ 36^m \sim 15^h\ 50^m$	$+55^{\circ}\ 05' \sim +7^{\circ}\ 20'$	5월 2일
26	물고기자리(Pisces)	$22^h\ 50^m \sim 2^h\ 7^m$	$+33^{\circ}\ 40' \sim -6^{\circ}\ 20'$	9월 27일
27	물뱀자리(Hydrus)	$0^h\ 5^m \sim 4^h\ 36^m$	$-58^{\circ}\ 00' \sim -82^{\circ}\ 05'$	10월 26일
28	물병자리(Aquarius)	$20^h\ 38^m \sim 23^h\ 56^m$	$+3^{\circ}\ 20' \sim -24^{\circ}\ 55'$	8월 25일
29	바다뱀자리(Hydra)	$8^h\ 11^m \sim 15^h\ 3^m$	$+6^{\circ}\ 40' \sim -35^{\circ}\ 45'$	3월 15일
30	방패자리(Scutum)	$18^h\ 21^m \sim 18^h\ 59^m$	$-3^{\circ}\ 50' \sim -16^{\circ}\ 00'$	7월 1일
31	백조자리(Cygnus)	$19^h\ 7^m \sim 22^h\ 3^m$	$+61^{\circ}\ 20' \sim +27^{\circ}\ 45'$	7월 30일
32	뱀머리자리 (Serperns Caput)	$15^h\ 10^m \sim 18^h\ 59^m$	$+25^{\circ}\ 40' \sim -16^{\circ}\ 10'$	6월 6일
33	뱀꼬리자리 (Serpens Cauda)			
34	뱀주인자리 (Ophiuchus)	$16^h\ 1^m \sim 18^h\ 46^m$	$+14^{\circ}\ 20' \sim -30^{\circ}\ 15'$	6월 11일
35	봉황새자리(Phoenix)	$23^h\ 26^m \sim 2^h\ 25^m$	$-39^{\circ}\ 20' \sim -57^{\circ}\ 55'$	10월 4일
36	북쪽왕관자리 (Corona Borealis)	$15^h\ 16^m \sim 16^h\ 25^m$	$+39^{\circ}\ 45' \sim +25^{\circ}\ 30'$	5월 19일
37	비둘기자리 (Columba)	$5^h\ 3^m \sim 6^h\ 40^m$	$-27^{\circ}\ 05' \sim -43^{\circ}\ 05'$	12월 18일
38	사냥개자리 (CanesVenatici)	$12^h\ 6^m \sim 14^h\ 8^m$	$+52^{\circ}\ 25' \sim +27^{\circ}\ 50'$	4월 7일
39	사자자리(Leo)	$9^h\ 21^m \sim 11^h\ 59^m$	$+33^{\circ}\ 00' \sim -6^{\circ}\ 40'$	3월 1일
40	살쾡이자리(Lynx)	$6^h\ 15^m \sim 9^h\ 43^m$	$+62^{\circ}\ 00' \sim +33^{\circ}\ 00'$	1월 19일

표 8.7 별자리 자료(계속)

연번	별자리 이름 (라틴어)	적경 범위	적위 범위	자정 남중 일자
41	삼각형자리 (Triangulum)	$1^h\ 31^m \sim 2^h\ 51^m$	$+37°\ 20' \sim +25°\ 35'$	10월 23일
42	수준기자리(Norma)	$15^h\ 12^m \sim 16^h\ 36^m$	$-42°\ 20' \sim -60°\ 30'$	5월 19일
43	시계자리(Horologium)	$2^h\ 12^m \sim 4^h\ 21^m$	$-39°\ 40' \sim -67°\ 05'$	11월 10일
44	쌍둥이자리(Gemini)	$6^h\ 0^m \sim 8^h\ 7^m$	$+35°\ 25' \sim +9°\ 50'$	1월 5일
45	안드로메다자리 (Andromeda)	$22^h\ 57^m \sim 2^h\ 40^m$	$+53°\ 20' \sim +21°\ 35'$	10월 9일
46	양자리(Aries)	$1^h\ 46^m \sim 3^h\ 30^m$	$+31°\ 15' \sim +10°\ 20'$	10월 30일
47	에리다누스자리 (Eridanus)	$1^h\ 25^m \sim 5^h\ 11^m$	$+0°\ 25' \sim -57°\ 55'$	11월 10일
48	여우자리(Vulpecula)	$18^h\ 57^m \sim 21^h\ 31^m$	$+29°\ 30' \sim +19°\ 25'$	7월 25일
49	염소자리 (Capricornus)	$20^h\ 7^m \sim 21^h\ 59^m$	$-8°\ 25' \sim -27°\ 35'$	8월 8일
50	오리온자리(Orion)	$4^h\ 43^m \sim 6^h\ 26^m$	$+22°\ 55' \sim -11°\ 00'$	12월 13일
51	외뿔소자리 (Monoceros)	$5^h\ 55^m \sim 8^h\ 11^m$	$+12°\ 00' \sim -11°\ 20'$	1월 5일
52	용골자리(Carina)	$6^h\ 2^m \sim 11^h\ 20^m$	$-50°\ 45' \sim -75°\ 40'$	1월 31일
53	용자리(Draco)	$9^h\ 22^m \sim 20^h\ 55^m$	$+86°\ 25' \sim +47°\ 35'$	5월 24일
54	육분의자리(Sextans)	$9^h\ 41^m \sim 10^h\ 52^m$	$+6°\ 30' \sim -11°\ 40'$	2월 22일
55	이리자리(Lupus)	$14^h\ 18^m \sim 16^h\ 9^m$	$-29°\ 50' \sim -55°\ 35'$	5월 9일
56	이젤자리(Pictor)	$4^h\ 32^m \sim 6^h\ 52^m$	$-42°\ 45' \sim -64°\ 10'$	12월 16일
57	인도인자리(Indus)	$20^h\ 28^m \sim 23^h\ 28^m$	$-45°\ 05' \sim -74°\ 25'$	8월 12일
58	작은개자리 (Canis Minor)	$7^h\ 6^m \sim 8^h\ 11^m$	$+13°\ 15' \sim -0°\ 20'$	1월 14일
59	작은곰자리 (Ursa Minor)	$0^h\ 0^m \sim 24^h\ 0^m$	$+65°\ 25' \sim +90°\ 00'$	5월 13일

표 8.7 별자리 자료(계속)

연번	별자리 이름 (라틴어)	적경 범위	적위 범위	자정 남중 일자
60	작은사자자리 (Leo Minor)	$9^h\ 22^m \sim 11^h\ 7^m$	+41° 30' ~ +22° 50'	2월 23일
61	전갈자리(Scorpius)	$15^h\ 47^m \sim 17^h\ 59^m$	−8° 20' ~ −45° 45'	6월 3일
62	제단자리(Ara)	$16^h\ 33^m \sim 18^h\ 11^m$	−45° 30' ~ −67° 40'	6월 10일
63	조각도자리(Caelum)	$4^h\ 19^m \sim 5^h\ 5^m$	−27° 00' ~ −48° 45'	12월 1일
64	조각실자리(Sculptor)	$23^h\ 6^m \sim 1^h\ 46^m$	−24° 50' ~ −39° 25'	9월 26일
65	조랑말자리 (Equuleus)	$20^h\ 56^m \sim 21^h\ 26^m$	+13° 00' ~ +2° 30'	8월 8일
66	처녀자리(Virgo)	$11^h\ 37^m \sim 15^h\ 11^m$	+14° 20' ~ −22° 40'	4월 11일
67	천칭자리(Libra)	$14^h\ 21^m \sim 16^h\ 2^m$	−0° 30' ~ −30° 00'	5월 9일
68	카멜레온자리 (Chamaeleon)	$7^h\ 27^m \sim 13^h\ 56^m$	−75° 15' ~ −83° 05'	3월 1일
69	카시오페아자리 (Cassiopeia)	$22^h\ 56^m \sim 3^h\ 38^m$	+77° 40' ~ +46° 40'	10월 9일
70	컴퍼스자리(Circinus)	$13^h\ 38^m \sim 15^h\ 30^m$	−55° 25' ~ −70° 35'	4월 30일
71	컵자리(Crater)	$10^h\ 51^m \sim 11^h\ 56^m$	−6° 40' ~ −25° 10'	3월 12일
72	케페우스자리 (Cepheus)	$20^h\ 2^m \sim 9^h\ 0^m$	+88° 40' ~ +53° 20'	9월 29일
73	켄타우르스자리 (Centaurus)	$11^h\ 5^m \sim 15^h\ 3^m$	−30° 00' ~ −64° 45'	3월 30일
74	큰개자리 (Canis Major)	$6^h\ 11^m \sim 7^h\ 28^m$	−11° 00' ~ −33° 15'	1월 2일
75	큰곰자리(Ursa Major)	$8^h\ 8^m \sim 14^h\ 29^m$	+73° 10' ~ +28° 15'	3월 11일
76	큰부리새자리(Tucana)	$22^h\ 8^m \sim 1^h\ 25^m$	−56° 20' ~ −75° 20'	9월 17일
77	테이블산자리(Mensa)	$3^h\ 14^m \sim 7^h\ 38^m$	−69° 45' ~ −85° 15'	12월 14일
78	토끼자리(Lepus)	$4^h\ 55^m \sim 6^h\ 13^m$	−10° 45' ~ −27° 20'	12월 14일

표 8.7 별자리 자료(계속)

연번	별자리 이름 (라틴어)	적경 범위	적위 범위	자정 남중 일자
79	파리자리(Musca)	$11^h\ 19^m \sim 13^h\ 49^m$	$-64°\ 40' \sim -75°\ 35'$	3월 30일
80	팔분의자리(Octans)	$0^h\ 0^m \sim 24^h\ 0^m$	$-74°\ 20' \sim -90°\ 00'$	—
81	페가수스자리(Pegasus)	$21^h\ 9^m \sim 0^h\ 15^m$	$+36°\ 35' \sim +2°\ 20'$	9월 1일
82	페르세우스자리 (Perseus)	$1^h\ 29^m \sim 4^h\ 51^m$	$+59°\ 10' \sim +30°\ 50'$	11월 7일
83	헤르쿨레스자리 (Hercules)	$15^h\ 48^m \sim 18^h\ 58^m$	$+51°\ 20' \sim +3°\ 40'$	6월 13일
84	현미경자리 (Microscopium)	$20^h\ 27^m \sim 21^h\ 28^m$	$-27°\ 25' \sim -45°\ 00'$	8월 4일
85	화살자리(Sagitta)	$18^h\ 57^m \sim 20^h\ 21^m$	$+21°\ 40' \sim +16°\ 10'$	7월 16일
86	화학로자리(Fomax)	$1^h\ 45^m \sim 3^h\ 51^m$	$-23°\ 45' \sim -39°\ 30'$	11월 2일
87	황새치자리(Dorado)	$3^h\ 53^m \sim 6^h\ 36^m$	$-48°\ 40' \sim -70°\ 05'$	12월 17일
88	황소자리(Taurus)	$3^h\ 23^m \sim 6^h\ 1^m$	$+31°\ 05' \sim -1°\ 25'$	11월 30일

자정에 남중하는 별자리는 계절(월일)에 따라 달라지는데, 이는 지구의 공전 때문이다. 즉, 천구는 시계 방향으로 하루(약 24시간)에 360° 회전하고, 또 공전 때문에 같은 방향으로 약 1년에 1회전 더 한다. 따라서 오늘 자정(밤 12시)에 남중하는 별자리는 내일 자정에는 약 1° 정도 시계 방향으로 더 돌아가 있다. 그래서 한 계절(3달 = 약 90일)이 지나면 시계 방향으로 90° 더 돌아가 있다. 이러한 현상 때문에 계절별로 별자리가 달라진다.

예를 들어, 12월 13일 자정에 하늘의 중앙 영역에 나타나는 별자리의 이름을 알고자 하는 경우, 표 8.7의 별자리 자료에서 자정 남중 일자 칸을 찾아 12월에 남중하는 별자리의 이름들을 찾아내고, 그 별자리들의 적경 범위와 적위 범위를 기억하여, 별자리들의 모양을 나타낸 그림 8.16, 그림 8.17, 그림 8.18에서 찾는다.

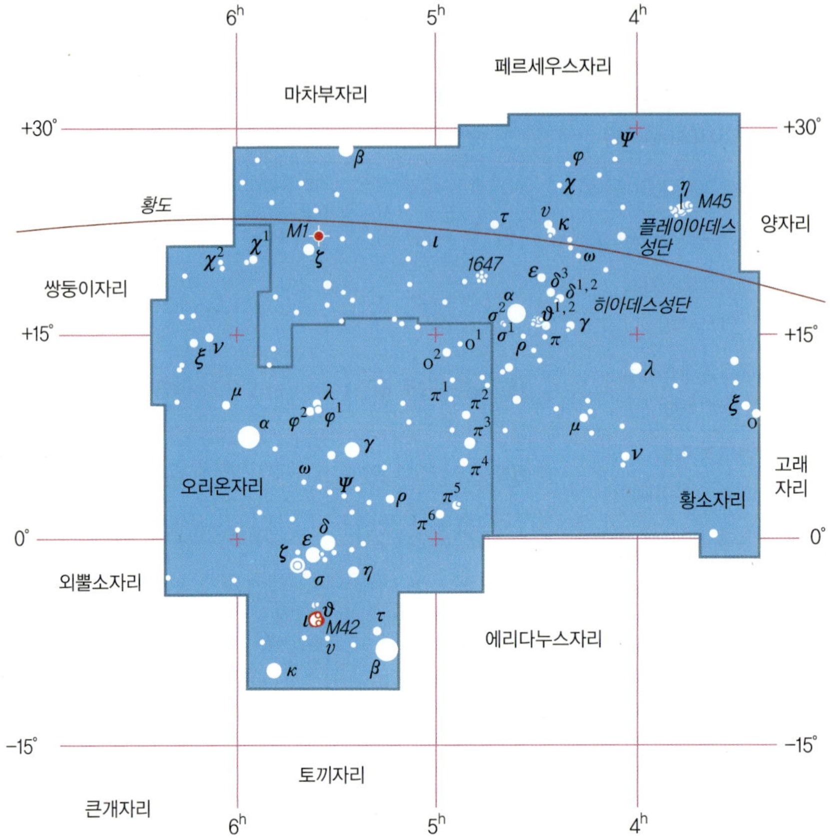

그림 8.19 적경 $4^h\ 43^m$~$6^h\ 26^m$과 적위 +22° 55′~−11° 00′ 사이에 있는 오리온자리.

그러고 나서 실제 12월 13일 자정 밤하늘에 늘어선 별들과 비교하여 별자리의 이름을 확인한다. 예로서, 표 8.7의 별자리 자료를 보면, 12월 13일 자정에 오리온자리가 남중하는 것으로 되어 있다. 표 8.7의 별자리 자료에서 오리온자리의 적경 범위는 $4^h\ 43^m \sim 6^h\ 26^m$이고, 적위 범위는 $+22°\ 55' \sim -11°\ 00'$이므로, 이 영역을 그림 8.17에서 찾아보면 그림 8.19와 같다. 그리고 실제 밤하늘에서 별들의 배치 상태를 관측하면 그림 8.20과 같은 영역이 보일 것이다. 이 영역에서 그림 8.19와 비교하면 쉽게 오리온자리의 별들을 확인할 수 있다. 만약 12월 13일 21시(저녁

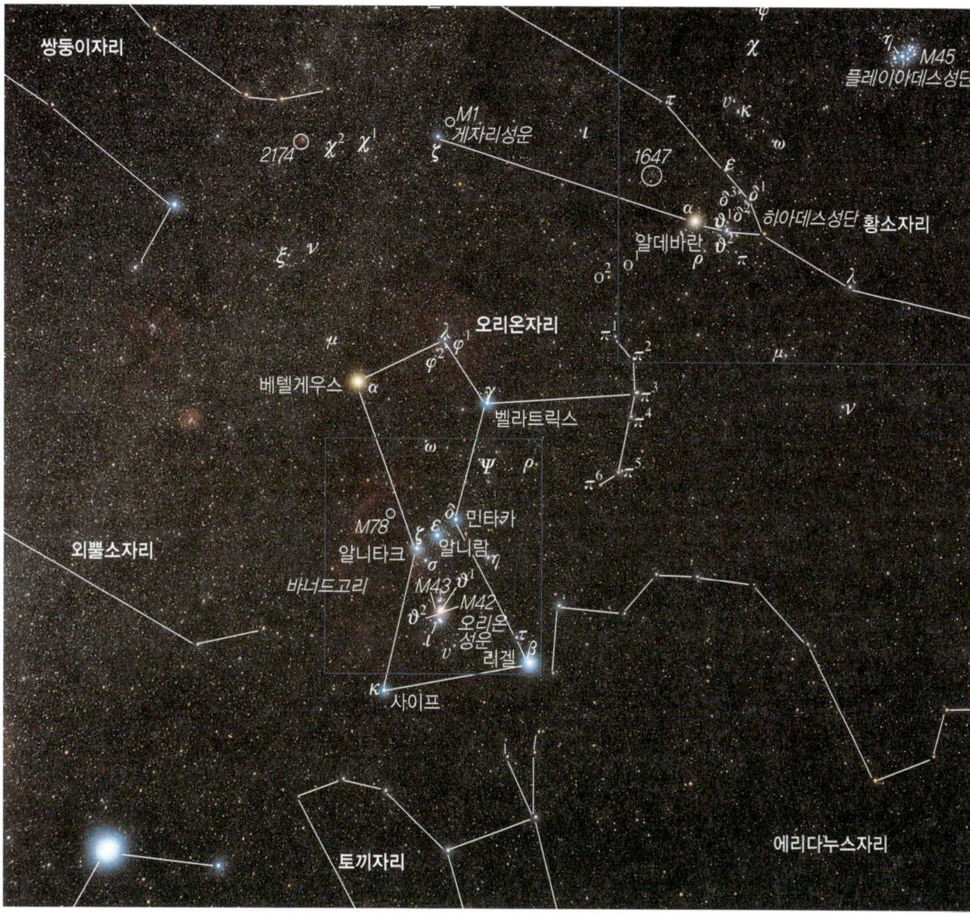

그림 8.20 밤하늘에 보이는 오리온자리의 별들.

9시)에 오리온자리를 관측하면, 천구의 자오선 면에 시계를 놓고 볼 때 시계의 11시 방향에 있을 것이다. 왜냐하면 저녁 9시는 남중하기 2시간 전으로 천구가 30° 덜 회전한 상태이기 때문이다. 이와 같은 원리를 이용하여 임의의 밤 시간에 어떤 별자리가 나타나는지를 쉽게 계산할 수 있다.(각각의 별자리에 있는 별들의 이름과 별자리에 대한 신화 및 관련 자료는 《우주로 가는 별자리 지도》(이치사이언스, 2008)를 참고해볼 것을 권한다.)

별자리에 있는 별의 이름 붙이는 방법

1. 바이어 명명법: 독일의 천문학자 바이어가 고안해낸 것으로, 각 별자리에 있는 별의 밝기 순으로 그리스 문자를 붙여나가는 방법이다. 예를 들면, α Orionis(오리온자리의 α 별인 베텔게우스), α Aurigae(카펠라).
2. 플램스티드 번호: 바이어 명명법과 비슷하지만 그리스 문자가 아닌 아라비아 숫자를 사용한다. 예를 들면, 58 Orionis(베텔게우스), 13 Aurigae(카펠라), 61 Cygni, 51 Pegasi 등.
3. 본 항성목록: BD +7° 1055(베텔게우스), BD +45° 1077(카펠라).
4. 보스 일반목록: GC 7451(베텔게우스), GC 6427(카펠라).
5. 헨리 드레이퍼 목록: HD 39801(베텔게우스), HD 34029(카펠라).
6. 밝은 별들의 목록: Yale 2061(베텔게우스), Yale 1708(카펠라).
7. SAO 목록: SAO 113271(베텔게우스), SAO 40186(카펠라).
8. PPM 별 목록: PPM 149643(베텔게우스), PPM 47925(카펠라).
9. 아르겔란더 명명법: 변광성에 붙이는 방법.

동양의 별자리

동양에서는 별자리를 삼원(三垣)과 28수(二十八宿)로 구성되어 있는 것으로 보았다. 삼원은 상제(上帝)에 해당하는 북극성을 둘러싸고 있는 울타리 개념을 갖는 3개의 별자리로, 태미원(太微垣), 자미원(紫微垣), 천시원(天市垣)으로 구성되어 있다. 태미원은 하늘나라의 정부종합청사 격이며, 자미원은 상제가 기거하는 궁전, 천시원은 형벌, 도량형기 관리 및 시장 관리를 하는 관청의 의미를 갖는다.

28수는 삼원을 제외한 모든 별들을 동서남북을 지키는 4신(四神), 즉 동방 청용(靑龍), 북방 현무(玄武), 서방 백호(白虎), 남방 주작(朱雀)에 각각 7개씩 배정한 것으로, 총 28개의 별자리가 있다. 4개의 방위신(方位神)에 배정된 별자리는 다음과 같다.

- 동방 청용: 각(角), 항(亢), 저(氐), 방(房), 심(心), 미(尾), 기(箕)
- 북방 현무: 두(斗), 우(牛), 여(女), 허(虛), 위(危), 실(室), 벽(壁)
- 서방 백호: 규(奎), 루(婁), 위(胃), 묘(昴), 필(畢), 자(觜), 삼(參)
- 남방 주작: 정(井), 귀(鬼), 류(柳), 성(星), 장(張), 익(翼), 진(軫)

8.1.4 화성

(1) 개관

화성은 매우 희박한 대기층을 가지고 있기 때문에 표면을 관측하기가 용이하여, 계절의 변화로 생기는 기상 현상 등이 발견된다. 화성의 공전 궤도 반지름은 지구의 약 1.5배이고, 궤도는 이심률이 큰 타원 궤도를 그리고 있어, 지구에 가까워질 때는 5,000만 km까지 접근하고, 멀어질 때는 1억 km 이상 떨어진다. 화성이 지구에 가까이 오는 것을 **대접근**이라고 하는데, 15년 또는 17년 간격으로 일어난다. 화성의 공전 주기는 690일 정도이고, 적도 반지름은 지구 반지름의 약 반(3,397 km)이며, 질량은 지구의 1/10 정도로 작다. 화성은 지구와 비슷하게 공전면과 약 25.2° 기울어진 축을 중심으로 1.1일을 주기로 자전하고 있다.

그림 8.21 화성의 모습.

표 8.8 화성의 자료

구분	값	구분	값
태양까지의 거리	2억 2,794만 km	적도 반지름	3,397.2 km
질량	6.421×10^{21} kg	평균 밀도	3.94 g/cm^3
중력 가속도	3.72 m/s^2	탈출 속도	5.02 km/s
표면 온도	−140∼−20 ℃ 평균 −63 ℃	대기압	0.007기압
대기 조성	이산화탄소: 95.3 %　질소: 2.7 %　아르곤: 1.6 %　산소: 0.13 % 수증기: 0.03 %		
자전 주기	24.6229시간	자전축 기울기	25.19°
공전 주기	686.98일	위성	2개

(2) 화성의 구조

1) 내부 구조

화성의 내부 구조도 지구와 비슷하게 금속으로 된 핵과 그 외각에 맨틀과 지각으로 형성되어 있다. 화성의 핵에는 지구와 같이 철이 많이 존재하지 않으나 표면에는 철분이 많이 포함되어 있다. 이와 같은 현상은 화성이 작기 때문에 빨리 냉각되어 무거운 금속 성분이 화성의 핵 쪽으로 침강되는 충분한 시간을 갖지 못하였기 때문이다.

2) 표면

화성에는 물이 흐른 흔적이 있고, 화성의 북반구에는 과거에 화산 활동이 활발했던 증거들이 많이 있다. 화성의 지각이 몇 개의 대륙판으로 나뉜 흔적이 없는 것으로 보아, 화성 내부의 열이 지각의 한 곳으로 찢고 나오면서 커다란 화산을 만든

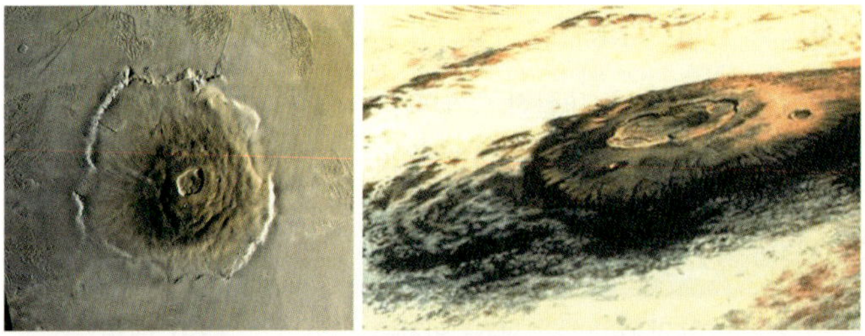

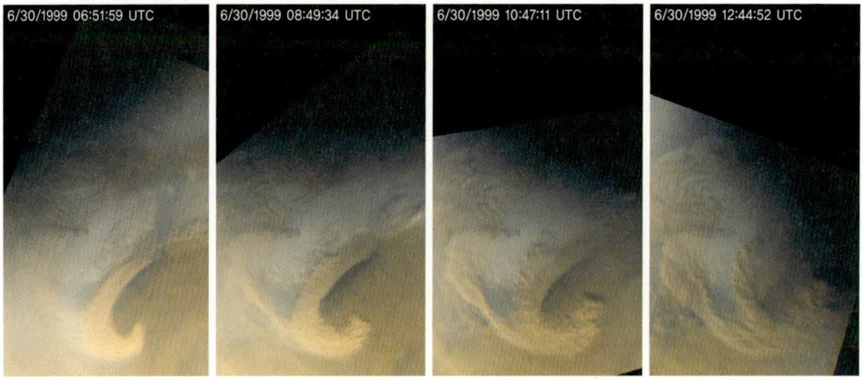

그림 8.22 화성의 올림퍼스 화산. 에베레스트 산보다 3배나 높고, 경사는 완만하다.(위)
그림 8.23 화성에서 발생한 모래폭풍. 여름철 남반구에서 대규모로 발생한다.(아래)

것으로 추측된다. 화성의 올림퍼스 화산은 우리 태양계 내에서 최대 크기다.

3) 대기

화성의 대기압은 지구의 1/100 이하이고, 대기의 성분은 이산화탄소가 95 % 이상을 차지하고 있다. 나머지는 소량의 질소, 아르곤 및 수증기로 이루어져 있다. 화성은 대기가 엷기 때문에 온도의 일교차가 크다. 태양 빛을 수직으로 받는 적도 지방에서 낮의 온도는 25 ℃ 정도이지만, 저녁에는 무려 −85 ℃까지 내려간다. 특히 화성의 극지방에서 희게 보이는 극관은 수증기와 이산화탄소가 얼어서 생긴 고체다. 또 열용량이 큰 바다가 없기 때문에 대기의 운동은 온도에 매우 민감하여, 심한 일교차로 인한 강한 바람이 1년 중 1/4 기간 동안 불어 모래 폭풍이 일어나고 있다(그림 8.23).

(3) 화성의 위성

화성에는 포보스와 데이모스라는 2개의 위성이 있다. 지름 23 km의 포보스는 화성으로부터 9,400 km 정도 떨어져서 공전을 하고, 지름이 13 km 정도인 데이모스는 화성으로부터 약 2만 3,000 km 떨어져서 공전하고 있다.

표 8.9 화성의 위성

구분	포보스 값	데이모스 값
화성까지의 거리	9,380 km	2만 3,460 km
크기	(27×21×19) km^3	(15×12×11) km^3
질량	1.08×10^{16} kg	1.80×10^{15} kg
공전 주기	7시간 39분	30시간 30분

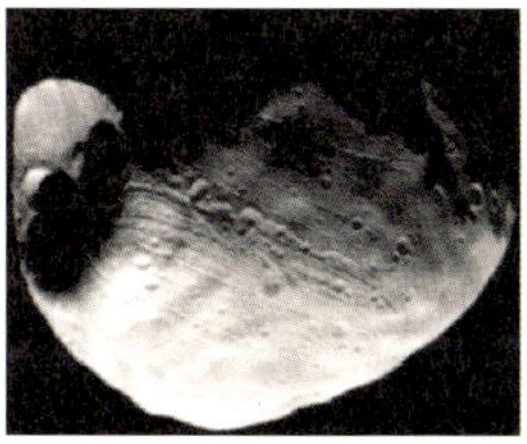

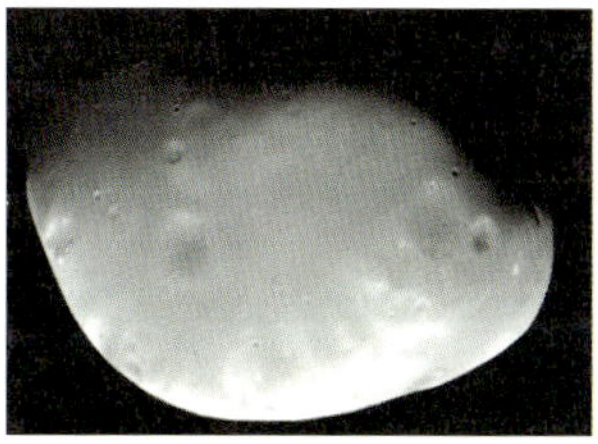

그림 8.24 화성의 위성 포보스.(왼쪽)
그림 8.25 화성의 위성 데이모스.(오른쪽)

8.1.5 소행성

18세기 말에 독일의 물리학자 요한 티티우스(Johann Titius)는 행성들의 평균 거리 사이에서 다음과 같은 규칙을 발견하였다.

$$평균거리(AU) = 0.4 + 0.3 \times 2^n \ (n = -\infty, 1, 2, 3, 4, \cdots)$$

이후 이 규칙은 요한 보데(Johann Bode)를 통해 널리 알려졌다.

보데가 이 규칙을 소개할 당시(1772년) 6개의 행성(수성, 금성, 지구, 화성, 목성, 토성)만이 알려져 있었는데, 많은 사람들이 티티우스-보데의 법칙을 만족시키는 행성이 화성과 목성 사이에 있을 것이라고 생각하고 조사를 했다. 그 결과 소행성대가 형성되어 있음이 발견되었다.

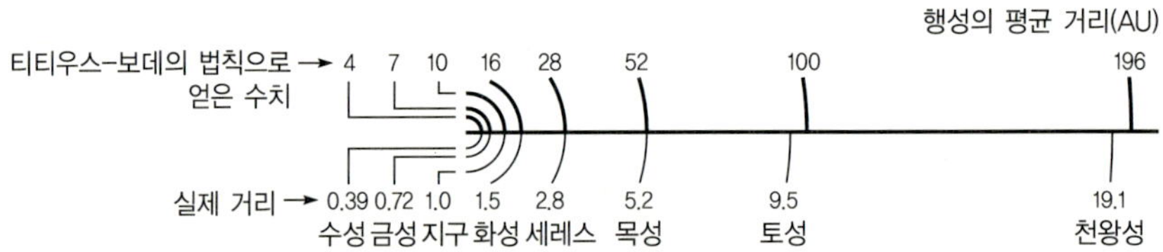

그림 8.26 티티우스-보데의 법칙. 위쪽의 숫자는 티티우스-보데의 법칙으로 얻은 숫자이고, 아래의 것은 실제 거리다.

표 8.10 몇몇 소행성

번호	이름	반지름(km)	태양으로부터의 거리 ($\times 10^6$ km)	발견 연도
1	세레스	457	413.9	1801
2	팔라스	261	414.5	1802
4	베스타	262.5	353.4	1807
52	에우로파	156	463.3	1858
243	아이다	58×23	270.0	1884
951	가스프라	17×10	205.0	1916

1801년, 주세페 피아치(Giuseppe Piazzi)가 티티우스–보데의 법칙으로 예측한 거리(태양으로부터 2.8 AU)에서 **세레스**를 발견하였고, 하인리히 올베르스(Heinrich Olbers)가 1802년에 **팔라스**를, 또 1807년에 가장 밝은 **베스타**를 발견하였으며, 카를 하딩(Karl Ludwig Harding)이 1804년에 세 번째의 소행성 **주노**를 발견하였다. 이후 1890년까지 300여 개의 소행성이 발견되었으며, 현재까지 알려진 소행성들은 2만 개가 넘는다. 그러나 지름이 200 km 이상 되는 소행성은 33개 정도에 불과하다.

특히 태양으로부터 2.2～3.3 AU 거리의 영역을 소행성대라 한다. 소행성들은 대부분 화성과 목성 궤도 사이에 있다. 그러나 5 % 정도는 이심률이 큰 타원 궤도를 돌고 있어 지구 궤도와 토성 궤도까지 움직인다. 그리고 소행성군은 무리를 지어 있으며, 표 8.11에 나타낸 것처럼 각각의 무리에는 이름이 붙어 있다. 아폴로군, 힐다군, 트로이군 등이 그것이다.

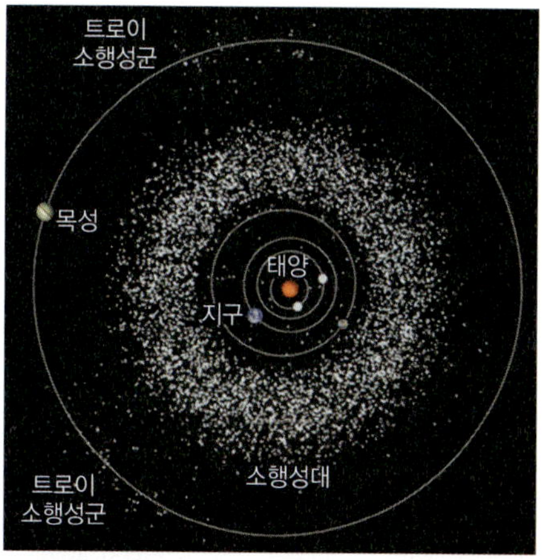

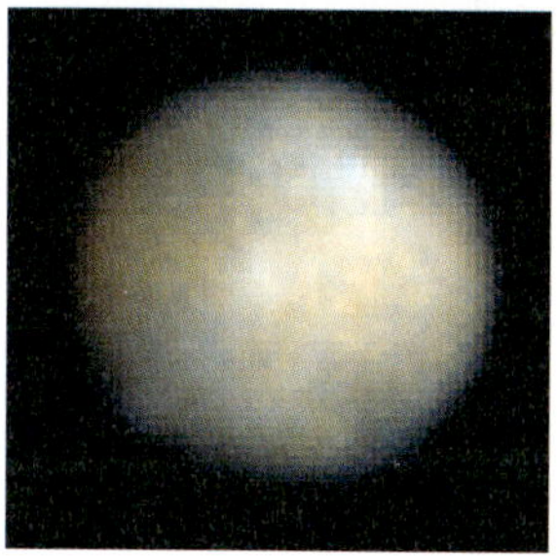

그림 8.27 소행성대.(왼쪽)
그림 8.28 세레스.(아래 왼쪽)
그림 8.29 팔라스.(아래 가운데)
그림 8.30 베스타.(아래 오른쪽)

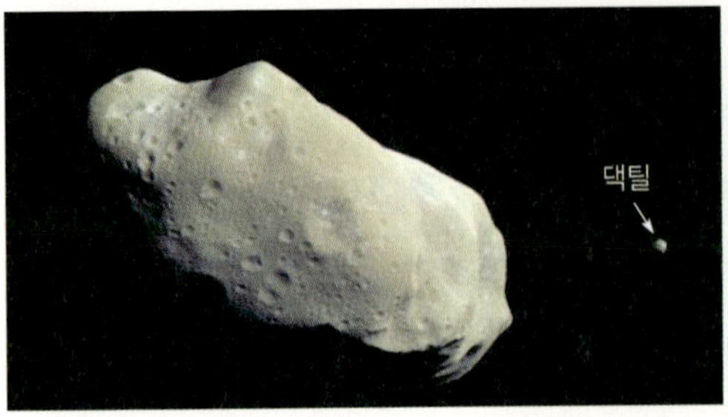

그림 8.31 크기가 50×23 km인 소행성 아이다와 그 위성 댁틸(Dactyl). 아이다에서 댁틸까지의 거리는 약 100 km이며, 댁틸의 크기는 1.5 km 정도다. 1994년에 목성 탐사선 갈릴레오호가 촬영한 사진이다.(왼쪽)
그림 8.32 길이가 약 21 km인 소행성 가스프라. 1991년에 목성 탐사선 갈릴레오호가 촬영한 사진이다.(오른쪽)

표 8.11 소행성대에 있는 군과 족

소행성	발칸군	
	아포헬레군	
	지구 근접 소행성	아르주나군, 아텐군, 아폴로군, 아모르군
	화성 횡단 소행성	
	소행성대	헝가리족, 포케아족, 나이사족, 알린다족, 힐다족, 마리아족, 코로니스족, 에오스족, 테미스족, 그리쿠아족
	트로이 소행성군	화성 트로이족, 목성 트로이족, 해왕성 트로이족

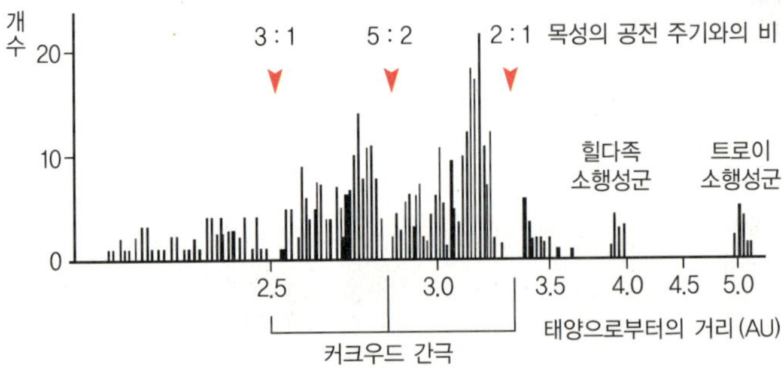

그림 8.33 커크우드 간극. 목성과 소행성의 공전 주기의 비가 2 : 1, 3 : 1, 5 : 2, 7 : 3이 되는 영역에는 소행성이 없다.

소행성대에도 소행성이 없는 영역이 존재한다. 소행성의 공전 주기가 목성의 공전 주기와 간단한 비율로 주어지는 영역으로, 즉 1 : 2, 1 : 3, 2 : 5, 3 : 7이 되는 영역이다. 이곳은 **커크우드 간극**으로 잘 알려져 있는데, 그림 8.33에 나타낸 것처럼 이 간극에는 소행성이 없다.

8.1.6 목성

(1) 개관

그림 8.34 목성의 모습.

목성의 지름은 지구 지름의 11배 정도이고, 부피는 1,300배나 되며, 질량은 무려 318배나 된다. 그러나 목성은 크기에 걸맞지 않게 자전 주기가 10시간 정도이고, 공전 주기는 약 12년이다. 목성의 밀도는 1.33 g/cm^{3}로 지구의 약 1/4이다. 이것은 목성이 수소와 헬륨 같은 가벼운 기체로 주로 이루어졌다는 것을 의미한다. 그러나 많은 질량 때문에 중심부 온도는 태양 표면의 온도보다 훨씬 높은 2만 ℃ 이상일 것으로 추정되고 있다.

(2) 목성의 구조

1) 내부 구조

두꺼운 대기층과 큰 질량으로 인하여 목성의 중심 온도는 약 2만 5,000 ℃에 이르고, 압력은 5,000만 기압에 이를 것으로 추정되고 있다. 목성의 핵은 무거운 원소로 되어 있고, 중심핵의 외각에 있는 핵은 강한 압력 때문에 수소가 압축되어 금속 수소로 되어 있다. 이 금속 수소는 초전도 현상을 나타내면서 빠르게 회전하기 때문에 목성은 태양계의 행성 중에서 가장 강한 자기장을 가지고 있다. 하지만 자기장의 방향은 지구와 반대다.

표 8.12 목성의 자료

구분	값	구분	값
태양까지의 거리	7억 7,833만 km	적도 반지름	7만 1,492 km
질량	1.900×10^{27} kg	평균 밀도	1.33 g/cm^3
중력 가속도	22.88 m/s^2	탈출 속도	59.56 m/s
온도	구름층: −121 ℃ 핵: 2만 5,000 ℃	대기 조성	수소: 90 % 헬륨: 10 %
대기압	0.7기압	자전 주기	9.841시간
자전축 기울기	3.13°	공전 주기	11.8623년
위성	63개 이상		

목성의 물질 구성은 태양과 비슷하나 목성이 태양으로 진화하지 못했던 것은 태양 질량의 1/1000 이하이기 때문이다. 현재 목성 질량의 70배 이상이 되면 압력과 중심 온도가 높아져서 핵융합 반응이 일어난다. 목성은 태양으로부터 받는 에너지의 1.7배 정도를 스스로 방출하고 있다. 일부 학설에 의하면, 목성이 원시성으로 발전하지 못하고 굳어지면서 중력 수축에 의한 에너지의 일부가 내부의 열로 축적되어 있다가 방출된다고 한다. 또 현재 목성은 1년에 1 mm 정도로 수축하고 있기 때문에 이 중력 수축 에너지가 열원이라고 주장하는 사람도 있다. 실제로 목성의 거대한 중력이 가까이에 있는 이오 위성에 중력적 조석 작용을 일으켜, 이로 인한 신축 때문에 생긴 마찰열로 활발한 화산 활동이 진행 중에 있다.

2) 표면

목성의 표면은 지구형 행성들에서 나타나는 딱딱한 표면이 아니라 거의 액체 상태이거나 액체와 기체가 섞여 있는 상태로 생각된다.

수소 분자는 약 300만 기압하에서 금속 수소로 변하므로 구름층에서 2만 km 아래 지점에서는 액체 수소 상태로 존재하고, 4만 km 아래 지점에서는 금속 수소 상태로 존재할 것으로 예상하고 있다.

3) 대기

목성의 대기는 그림 8.35와 같이 여러 층으로 되어 있다. 대기권의 아래층은 푸른색을 띤 얼음 구름층으로 되어 있고, 그 위에 노란색(또는 갈색)의 황하수소암모늄 구름층, 흰색 층, 붉은색을 띤 암모니아 구름층 등이 적층되어 있다. 망원경으로 목성을 보면 여러 가지 색깔이 나타나는데, 이 현상은 상승기류 때문에 아래층 구름이 드러나서 생기는 것으로, 그림 8.35와 같은 경우에는 연한 붉은색과 흰색의 무늬가 나타난다. 만약 상승 기류가 강하게 생기면 적색, 백색, 황갈색, 청색의 무늬가 나타날 것이다.

또 목성에는 그림 8.36에 나타나 있는 것처럼 10줄에서 14줄 사이의 줄무늬가 있는데, 이들이 변하면서 줄무늬 사이에 있는 적점(赤點)들이 서로 섞이기도 하고 넓어지기도 하고 때로는 없어지기도 한다. 목성 대기의 관찰에서 가장 흥미를 끄는 것은, 남반부 열대지방에 자리 잡고 있는 계란 모양으로 된 **대적점**(大赤點)이다. 그림 8.36에 나타나 있는 대적점의 변화는 7개월에 걸쳐 일어난 모습이다. 대적

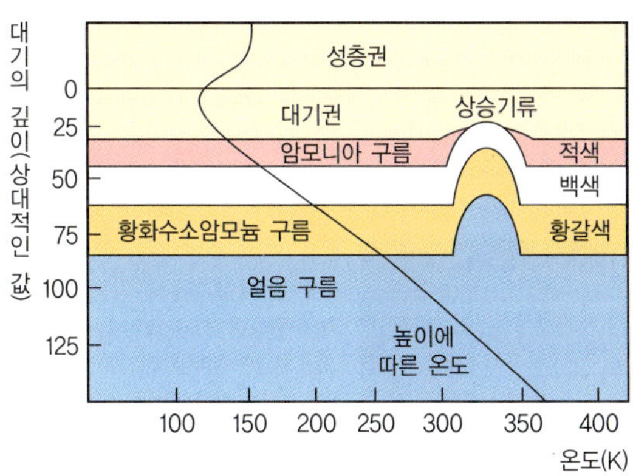

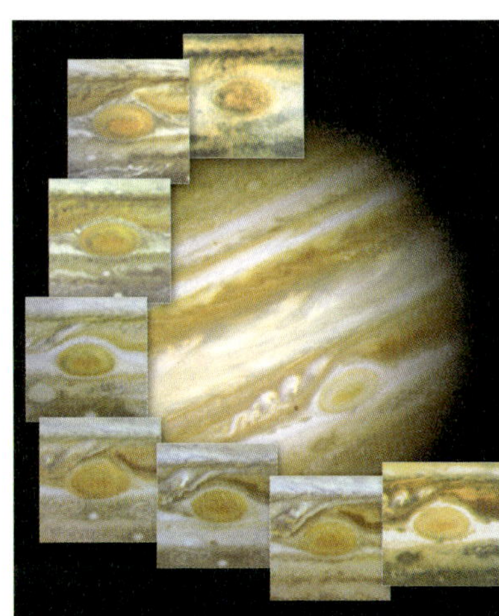

그림 8.35 목성 대기의 여러 층들.(왼쪽)
그림 8.36 대적점의 변화.(오른쪽)

점 위쪽에 있는 기류는 목성의 동쪽에서 서쪽으로 흐르고, 대적점 아래쪽에 있는 기류는 목성의 서쪽에서 동쪽으로 흐르는데, 대적점은 그 사이에 생긴 큰 와류다. 이 와류의 중심부에 상승 기류가 있어서, 암모니아 기체와 흰색 구름층이 위로 밀려 올라왔기 때문에 와류의 주변은 흰색으로 보인다.

(3) 목성의 위성

목성에서는 최근까지 약 60여 개의 위성이 발견되었는데, 그중 중요한 위성을 표 8.13에 나타내었다. 이 위성 중에서 가장 크고 밝은 4개의 위성은 발견자의 이름을 따서 모두 갈릴레오 위성이라고 한다. 갈릴레오 위성에는 **이오**(Io), **에우로파**(Europa), **가니메데**(Ganymede), **칼리스토**(Callisto)가 있다. 목성의 위성 중에서 가장 관심을 끄는 것은 이오다. 보이저 1호는 이오에서 8개의 분화 중인 화산을 발견하였다. 거대한 목성의 인력이 이웃하는 위성에 강력한 조석력을 일으켜 위성의 모양을 변화시키는데, 이 변화 과정에서 마찰열에 의하여 이오의 화산 활동이 발생하는 것으로 밝혀졌다. 이오에 작용하는 중력에 의한 조석력은 이오의 표면을 약 42시간 동안 100 m 정도 움직인다.

에우로파는 갈릴레오 위성 중에서 가장 작다. 표면은 그림 8.38과 같이 얼음으로 덮여 있고, 많은 균열이 관측된다. 에우로파의 양쪽에 목성과 가니메데와 칼리스토가 있어 중력에 의한 조석력이 작용하나 이오처럼 화산 활동을 일으킬 정도

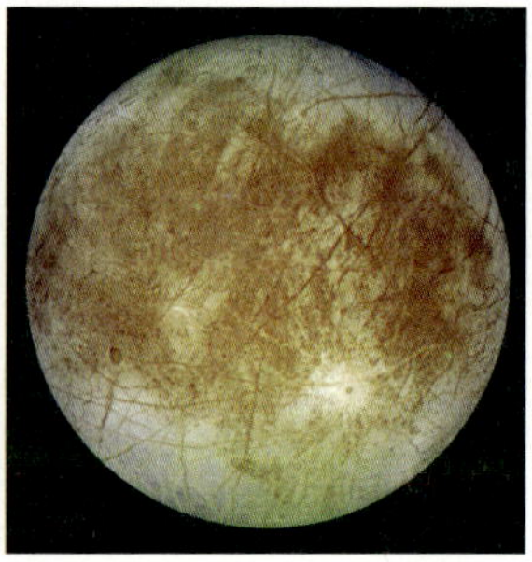

그림 8.37 화산 활동 중인 이오. 이오는 태양계에서 가장 활발한 화산 활동을 하고 있다.(왼쪽)
그림 8.38 에우로파. 표면은 얼음으로 덮여 있고, 많은 균열이 관측된다.(오른쪽)

표 8.13 목성의 주요 위성

이름	반지름 (km)	목성으로부터의 거리 (km)	질량 (kg)	공전 주기 (일)
메티스	30×20×17	12만 7,690	~3.6×10^{16}	0.29
아드라스테아	10×8×7	12만 8,690	~2×10^{15}	0.30
아말테아	125×73×64	18만 1,366	2.08×10^{18}	0.50
테베	58×49×42	22만 1,889	~4.3×10^{17}	0.67
이오	1,830×1,819×1,815	42만 1,700	8.9×10^{22}	1.77
에우로파	1,560.8	67만 1,034	4.8×10^{22}	3.55
가니메데	2,631.2	107만 412	1.5×10^{23}	7.15
칼리스토	2,410.3	188만 2,709	1.1×10^{23}	16.69
테미스토	4	739만 3,216	6.9×10^{14}	129.87
레다	5	1,118만 7,781	1.1×10^{16}	241.75
히말리아	85	1,145만 1,971	6.7×10^{18}	250.37
리시테아	18	1,174만 560	6.3×10^{16}	259.89
엘라라	43	1,177만 8,034	8.7×10^{17}	261.14
이오카스테	2.5	2,072만 2,566	19×10^{14}	-609.43
프락시디케	3.5	2,082만 3,948	4.3×10^{14}	-613.90
아난케	14	2,145만 4,952	3.0×10^{16}	-642.02
타이게테	2.5	2,243만 8,648	1.6×10^{14}	-686.67
카르메	23	2,319만 7,992	1.3×10^{17}	-721.82
칼리로에	4.5	2,321만 4,986	8.7×10^{14}	-722.62
파시파에	30	2,360만 9,042	3.0×10^{17}	-741.09
시노페	19	2,405만 7,865	7.5×10^{16}	-762.33
메가클리테	2.5	2,468만 7,239	2.1×10^{14}	-792.44

* 공전 주기의 '-'는 목성의 자전 방향에 역행하는 공전 주기를 나타낸다.

로 충분하지 못하고 얼음 표면에 균열을 만들 정도다.

가니메데는 태양계에서 가장 큰 위성이며, 그림 8.39에 보이는 것처럼 검게 보

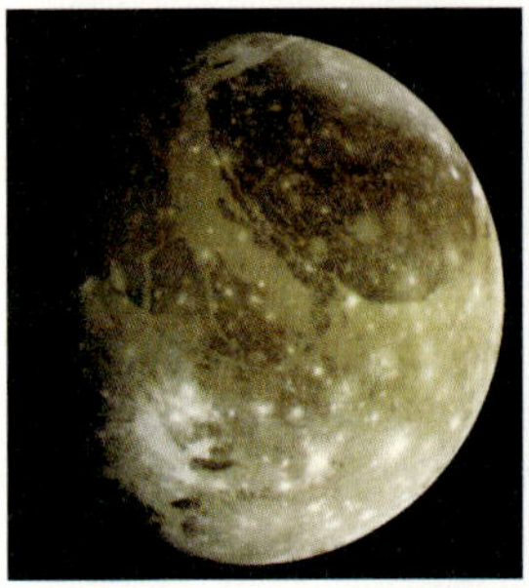  

그림 8.39 가니메데. 표면은 얼음으로 덮여 있고, 판구조 운동의 흔적이 있다.(왼쪽)
그림 8.40 칼리스토. 태양계에서 크레이터의 밀도가 가장 높다.(가운데)
그림 8.41 보이저호가 촬영한 목성의 고리.(오른쪽)

이는 오래된 표면과 밝게 보이는 오래되지 않은 표면이 있다. 오래된 표면에는 오래되지 않은 표면에 비해 훨씬 많은 크레이터가 있다. 표면에 골짜기와 언덕이 형성되어 있는 것으로 보아 판 운동과 흡사한 지각 활동이 있었던 것으로 보인다.

칼리스토는 그림 8.40에 보이는 것처럼 수많은 충돌 크레이터가 있는 것으로 보아 표면이 오래된 것으로 추측된다. 그리고 얼음 표면이 조금씩 움직여 표면에 생긴 크레이터의 모양을 변화시키고 있다. 특히 칼리스토의 표면을 덮고 있는 얼음은 탄소와 뒤섞여 있어서 표면이 어둡다.

목성에는 60여 개의 위성 외에도 토성처럼 고리가 있다. 그림 8.41은 보이저호가 촬영한 것으로, 목성이 고리보다 훨씬 밝기 때문에 지구에서는 관측이 어렵다.

1) 목성과 혜성의 충돌

1994년 7월, 슈메이커 레비 제9혜성이 목성에 충돌하였다. 그림 8.42는 슈메이커 레비 제9혜성이 목성의 조석력에 의해 20개가 넘는 파편으로 나뉜 상태로 목성을 향해 돌진하는 모습이다. 그리고 그림 8.43은 슈메이커 레비 제9혜성의 파편들이 목성과 충돌할 때 생긴 섬광의 사진이다.

또 슈메이커 레비 제9혜성과의 충돌로 목성에 생긴 자국이 시간에 따라 변해가

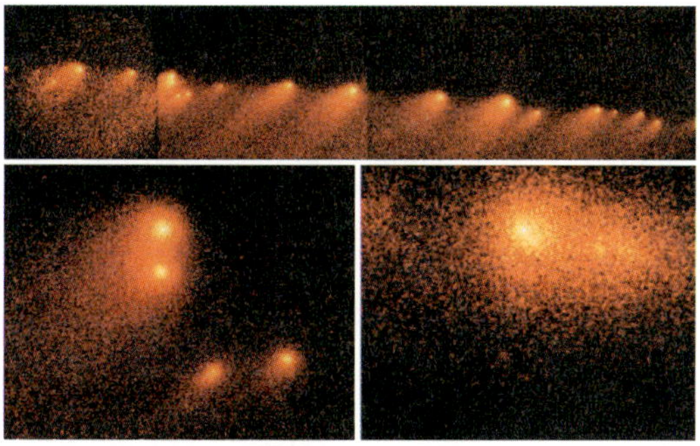

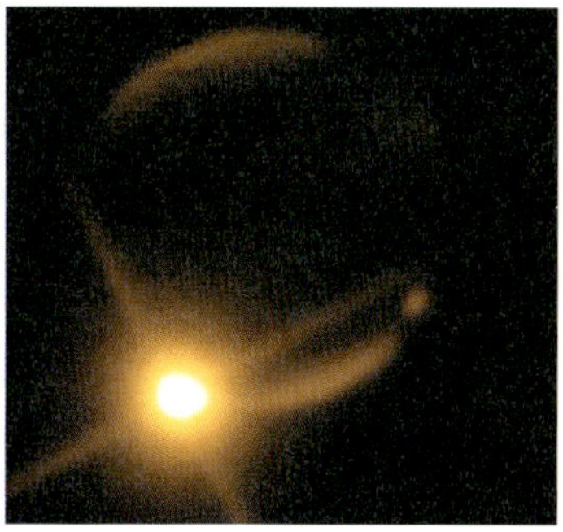

그림 8.42 목성의 조석력에 의해 20개가 넘는 파편으로 나뉜 슈메이커 레비 제9혜성. 아래 사진은 위쪽의 일부를 확대한 모습이다.(위 왼쪽)

그림 8.43 슈메이커 레비 제9혜성의 파편이 목성과 충돌할 때 생긴 섬광.(위 오른쪽)

그림 8.44 슈메이커 레비 제9혜성과의 충돌로 목성에 생긴 자국의 시간에 따른 변화. 오른쪽에서부터 ① 충돌 직후, ② 충돌 1시간 30분 후, ③ 충돌 3일 후, ④ 충돌 5일 후의 모습.(아래)

는 모습을 그림 8.44에 나타내었다. 오른쪽 사진에서부터 ① 충돌 직후(충돌은 목성의 뒤편에서 발생), ② 충돌 1시간 30분 후, ③ 충돌 3일 후, ④ 충돌 5일 후의 모습이다. 그림에서처럼 충돌은 목성에 커다란 검은 흔적을 남겼고, 이 흔적이 시간의 경과에 따라 퍼져나갔다.

8.1.7 토성

(1) 개관

토성은 태양계에서 목성 다음으로 큰 행성이다. 지름은 지구 지름의 9배 정도이고, 질량은 지구의 95배다. 그러나 토성의 밀도는 매우 낮아서 0.7 g/cm^3 정도다. 자전 주기는 10시간 40분으로 매우 빠르게 회전하고 있어서, 적도 지방이 극

표 8.14 토성의 자료

구분	값	구분	값
태양까지의 거리	14억 2,940만 km	적도 반지름	6만 268 km
질량	5.6×10^{26} kg	평균 밀도	0.69 g/cm^3
중력 가속도	9.05 m/s^2	탈출 속도	35.5 km/s
온도	구름층: −125 ℃ 중심: 1만 5,000 ℃	대기 조성	수소: 93 % 헬륨: 7 %
대기압	1.4기압	자전 주기	10.23시간
자전축 기울기	25.33°	공전 주기	29.5년
위성	60여 개		

그림 8.45 토성의 모습.

지방에 비해 많이 부풀어 올라 적도 반지름이 극반지름보다 1만 500 km나 길다. 그래서 태양계의 행성 중에서 가장 납작한 편평타원체다. 토성은 지구 자기장보다 1,000배나 세기 때문에 하전 입자의 벨트를 가지고 있고, 이 하전 입자의 벨트 안에 멋진 고리를 가지고 있다. 고리의 안쪽 반지름과 바깥쪽 반지름의 간격 차는 매우 커서, 그 거리가 6만 7,000 km나 된다. 고리는 여러 개로 이루어져 있으며, 각 고리에는 A부터 E까지의 이름이 붙어 있다.

(2) 토성의 구조

1) 내부 구조

토성도 목성과 같이 중심에는 암석질의 핵이 있고 그 외각에 액체 금속 수소가 존재하며, 또 그 위를 액체 수소가 둘러싸고 있다. 그러나 토성은 암석질의 핵이 토성 전체 질량의 26 %를 차지한다(목성은 전체 질량의 4 % 정도다). 토성은 자전 속도가 비교적 빠른 편이나 목성보다는 24분 늦다. 그러나 목성보다 편평도가 더 크다.

2) 표면

표면 역시 목성과 마찬가지로 거의 액체 상태이거나 액체와 기체가 섞여 있는 상태다.

3) 대기

토성의 구름층도 목성처럼 아래쪽부터 얼음층, 황화수소암모늄(NH_4HS)층, 암모니아(NH_3)층으로 분리되어 있다. 그리고 각 층의 두께가 너무 두꺼워서 밑의 층은 보이지 않고, 위층(암모니아층)의 붉은색 구름층만 보인다. 그리고 제트기류의 속도도 목성의 기류보다 훨씬 빠르며, 위도에 따라 서로 다른 방향으로 분다. 특히 적도에서 기류는 초속 500 m의 강풍으로 분다.

목성보다 태양으로부터 더 멀리 떨어져 있는 토성의 대기는 목성보다 빨리 식어서, 대기 중에 있는 헬륨이 냉각되어 토성의 중심부로 침강하여 들어갔기 때문에, 현재 대기 중에는 헬륨의 농도가 목성보다 낮다. 토성에서 헬륨의 침강은 약 20억 년 전에 시작되었으나 목성의 경우는 이제 시작되고 있다.

(3) 토성의 위성

보이저 우주선이 토성을 탐사하기 전에는 토성의 위성이 12개인 것으로 알려져 있었으나 보이저 1호가 5개, 2호가 4개의 위성을 더 발견하여 토성의 위성 수는 21개가 되었고, 현재까지 발견된 위성 수는 60여 개로 알려져 있다. 포에베 바깥쪽의 작은 위성들은 모두 소행성들이 포획된 것으로 생각하고 있다.

토성의 위성인 타이탄은 태양계 내에서 가니메데 다음으로 큰 위성인데 행성인 수성보다 크다(그림 8.46). 그리고 타이탄은 두터운 대기층을 가진 유일한 위성이

표 8.15 토성의 주요 위성

이름	반지름 (km)	토성으로부터의 거리 (km)	밀도 (g/cm^3)	공전 주기 (일)
판	17.5×17.5×11.5	13만 3,584	–	0.58
아틀라스	23×19×9.5	13만 7,670	–	0.60
프로메테우스	59.5×43.5×30.5	13만 9,380	–	0.61
판도라	51.5×40×32	14만 1,720	–	0.63
에피메테우스	67.5×54×52.5	15만 1,422	–	0.69
야누스	96.5×86.5×68.5	15만 1,472	–	0.69
미마스	207.5×197×190.5	18만 5,404	1.4	0.94
엔셀라두스	256.5×251.5×248.5	23만 7,950	1.2	1.37
테티스	540.5×531×527.5	29만 4,619	1.2	1.89
텔레스토	14.5×11×10	29만 4,619	–	1.89
칼립소	15×11.5×7	29만 4,619	–	1.89
디오네	564×561×560.5	37만 7,396	1.4	2.74
헬레네	18×16×15	37만 7,396	–	2.74
폴리데우케스	1.75	37만 7,396	–	2.74
레아	767.5×762.5×763	52만 7,108	1.3	4.52
타이탄	2575.5	122만 1,930	1.88	15.95
히페리온	180×140×112.5	148만 1,010	–	21.28
이아페투스	747×749×712.5	356만 820	1.2	79.32
포에베	115×110×105	1,286만 9,700	–	–545.09
스카디	~4	1,567만 2,500	–	–732.52
알비오릭스	~16	1,626만 6,700	–	774.58
시아르나크	~20	1,777만 6,600	–	884.88
이미르	~9	2,242만 9,673	–	–1,254.15

* 공전 주기의 '–'는 토성의 자전 방향에 역행하는 공전 주기를 나타낸다.

그림 8.46 토성의 위성 타이탄의 모습.(왼쪽)
그림 8.47 토성의 위성 미마스. 큰 크레이터가 특징이다.(오른쪽)

다. 타이탄의 대기압은 1.5기압 정도이고, 대기의 두께는 약 200 km이며, 대기의 주성분은 질소, 아르곤 및 메탄 등이다. 대기 속의 분자가 태양 빛과 반응하여 만들어지는 스모그에 의하여 오렌지색 안개가 나타난다.

토성의 위성 미마스는 반지름이 196 km 정도인 작은 위성이지만, 지름 100 km, 깊이 9 km인 커다란 크레이터가 있다. 이 크레이터는 모행성인 미마스에 비하여 대단히 큰 규모다. 아마 이 크기가 모행성이 수용할 수 있는 최대 크기일 것으로 추측하고 있다. 이 크레이터의 반대쪽에는 여러 개의 홈으로 된 줄무늬가 있는데, 이 줄무늬는 운석 충돌로 미마스가 거의 파괴될 상태에 이르렀음을 시사하고 있다.

(4) 토성의 고리

토성의 고리는 지름이 27만 4,000 km나 되어, 토성 지름의 2배가 넘는다. 가장 바깥쪽에서 가장 안쪽까지의 길이는 6만 7,000 km이지만, 두께는 대략 수십 미터밖에 되지 않는다. 토성의 고리는 보이저호의 탐사 결과, 7개가 있음이 밝혀졌다. 지구에서 망원경으로 관측할 수 있는 것은 A, B,

그림 8.48 토성의 고리. 보이저호의 탐사 결과, 7개의 고리대가 확인되었다.

C고리다. 토성에서 가까운 순서부터 나열하면 D, C, B, A, F, G, E순이고, 고리 사이에는 간극이 존재한다. 간극 중에는 **카시니 간극**이 유명하고, **엥케 간극**이라는 것도 있다.

토성에 고리가 있는 원인에 대한 견해는 많으나, 그중에서 가장 유력한 견해는 다음과 같다. 행성 주위를 돌고 있는 물질(암석)들은 서로 중력에 의하여 당기기 때문에 뭉쳐서 구형이 되려는 경향이 있다. 그러나 토성으로부터 다른 거리에 있는, 고리를 형성하는 암석들에 미치는 토성의 중력은 서로 다르다. 이 힘의 차이는 암석들을 서로 분리시키려는 힘으로 작용한다. 이렇게 물체들 상호 간의 인력에 의한 결합력과, 거리에 따라 물체에 미치는 토성의 중력차가 암석을 분리시키려는 힘이 서로 평형을 이루는 거리를 **로시**(Loche)**의 한계**라 한다. 토성의 경우, 로시의 한계는 14만 8,000 km이며, 토성의 고리들은 모두 로시의 한계 내에 존재하기 때문에 현재와 같은 고리를 형성한다.

8.1.8 천왕성

(1) 개관

1781년 3월 13일 밤에 허셜이 천왕성과 그 위성 2개를 발견하였다. 천왕성의 공전 궤도 반지름은 지구의 20배에 가까운 28억 7,000만 km이고, 천왕성의 반지름은 약 2만 5,600 km로 지구의 8배나 되며, 질량은 지구의 14배나 되어 태양계의 행성 중에서 세 번째로 크다. 천왕성은 자전축이 공전면에서 98° 나 기울어진 상태에서 약 18시간을 주기로 공전 방향과 반대 방향으로 자전하고 있다. 그리고 공전 주기는 84년이다. 특히 자전축이 공전 궤도면과 거의 나란하기 때문에 공전 주기의 반(42년)은 남극이 태양을 향하고, 나머지 반(42년)은 북극이 태양을 향한다.

천왕성의 대기는 많은 수소와 헬륨을 포함하고 있을 것으로 추측되며, 또 메탄을 많이 함유하고 있기 때문에 천왕성은 초록색을 띤 연한 푸른색으로 보인다. 천왕성의 내부는 토성과 마찬가지로 대부분 수소로 되어 있으며, 27개의 위성을 가지고 있을 뿐만 아니라 토성처럼 고리도 있다. 천왕성의 고리는 잘 관측되지 않는데, 그에 대해서는 여러 가지 설이 있다. 일반적으로 고리는 그것을 이루는 암석질 겉을 얼음이 둘러싸고 있어서 이 얼음 표면이 빛을 반사하여 고리가 잘 보이는데, 천왕성은 고리가 얼음으로 싸여 있지 않아서 잘 보이지 않는다고 설명한다. 또 다른 이론에 의하면 이 고리가 기체로 이루어져 있다고도 한다.

표 8.16 천왕성의 자료

구분	값	구분	값
태양까지의 거리	28억 7,100만 km	적도 반지름	2만 5,559 km
질량	8.686×10^{25} kg	평균 밀도	1.29 g/cm^3
중력 가속도	7.77 m/s^2	탈출 속도	21.30 km/s
온도	구름층: −193 ℃	대기압	1.2기압
대기 조성	수소: 83 % 헬륨: 15 % 메탄: 2 %		
자전 주기	17.9시간	자전축 기울기	97.86°
공전 주기	84.01년	위성	27개

그림 8.49 천왕성의 모습. 천왕성의 대기는 메탄을 많이 포함하고 있어, 메탄이 붉은색의 일부를 흡수하기 때문에 초록색을 띤 푸른색으로 보인다.(왼쪽)
그림 8.50 천왕성의 고리.(오른쪽)

(2) 천왕성의 구조

1) 내부 구조

천왕성도 중심에는 주로 철과 실리콘으로 된 지구 크기만 한 핵을 가지고 있으며, 그 주위에 물, 암모니아, 메탄 등의 액체 상태로 된 맨틀층이 있고, 그 위에 기체층이 형성되어 있다.

2) 표면

천왕성의 표면은 물, 암모니아, 메탄 등의 액체 상태로 된 맨틀층과 기체층의 경계로 되어 있다.

3) 대기

천왕성의 대기에는 수소 83 %, 헬륨 15 %, 메탄 2 % 정도가 포함되어 있다. 또 천왕성이 초록색을 띤 연한 푸른색으로 빛나는 것은 대기 중에 메탄이 붉은빛을 흡수하기 때문이다. 그리고 대기 상층부의 온도는 약 −215℃ 정도이며, 가장 상층을 이루는 저온의 수소 기체층 아래로 내려가면 온도는 더욱더 내려가다가 메탄의 구름층을 지나면서 다시 상승한다. 메탄의 구름층 밑에는 짙은 암모니아의 결정립으로 된 층이 있고, 그 아래에 수증기로 이루어진 구름층이 있다. 수증기의 구름층 아래로는 온도가 더욱 올라가고 압력도 높아져서 대기의 상층에서 8,000 km 깊이가 되는 지점은 뜨거운 수소의 바다가 된다. 이 바다가 천왕성의 표면이 되며, 그 온도는 2,000℃ 정도다.

(3) 천왕성의 위성

천왕성에는 27개의 위성이 있는 것으로 알려져 있다. 보이저 2호의 관측 이전에는 미란다, 아리엘, 움브리엘, 티타니아, 오베론만이 알려졌으나, 보이저 2호의 관측으로 11개의 위성이 추가되었으며, 허블 우주 망원경으로 2개가 더 추가되고 지상 망원경으로 9개가 더 추가되었다.

천왕성의 위성들은 빛의 반사율이 매우 낮아서(20~40 % 정도), 다른 위성에 비해 매우 어둡다. 이 위성들이 어둡게 보이는 것은 천왕성의 고리에서 날아온 탄소 화합물이 이들을 덮고 있기 때문이다.

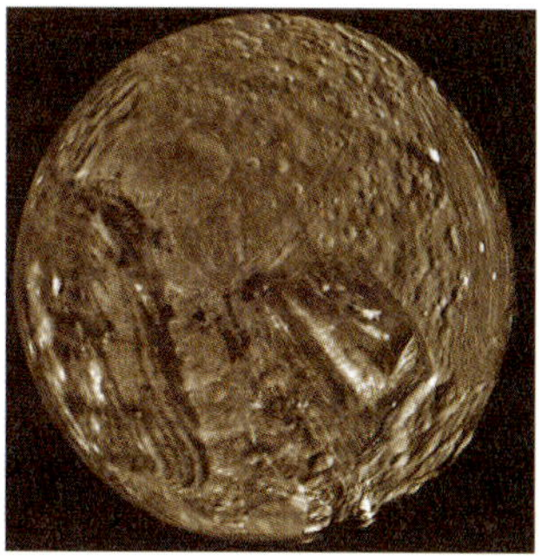

그림 8.51 천왕성의 위성 미란다.

표 8.17 천왕성의 위성

이름	반지름 (km)	천왕성으로부터의 거리 (km)	질량 (kg)	공전 주기 (일)
코델리아	21	4만 9,751	5.0×10^{16}	0.34
오필리아	23	5만 3,764	5.1×10^{16}	0.38
비안카	27	5만 9,165	9.2×10^{16}	0.43
크레시다	41	6만 1,766	3.4×10^{17}	0.46
데스데모나	34	6만 2,658	2.3×10^{17}	0.47
줄리엣	53	6만 4,360	8.2×10^{17}	0.49
포셔	70	6만 6,097	1.7×10^{18}	0.51
로잘린드	36	6만 9,927	2.5×10^{17}	0.56
큐피드	~9	7만 4,800	3.8×10^{15}	0.62
베린다	45	7만 5,255	4.9×10^{17}	0.62
퍼디타	15	7만 6,420	1.8×10^{16}	0.64
퍽	81	8만 6,004	2.9×10^{18}	0.76
매브	~12.5	9만 7,734	1.0×10^{16}	0.92
미란다	235.8	12만 9,390	6.6×10^{19}	1.41
아리엘	578.9	19만 1,020	1.35×10^{21}	2.52
움브리엘	584.7	26만 6,300	1.17×10^{21}	4.14
티타니아	788.9	43만 5,910	3.53×10^{21}	8.71
오베론	761.4	58만 3,520	3.01×10^{21}	13.46

표 8.17 천왕성의 위성(계속)

이름	반지름 (km)	천왕성으로부터의 거리 (km)	질량 (kg)	공전 주기 (일)
프란시스코	~11	427만 6,000	7.2×10^{15}	−266.56
캘리번	~36	723만 1,000	2.5×10^{17}	−579.73
스테파노	~16	800만 4,000	2.2×10^{16}	−677.37
트린쿨로	~9	850만 4,000	3.9×10^{15}	−749.24
시코락스	~75	1,217만 9,000	2.3×10^{18}	−1,288.28
마가릿	~10	1,434만 5,000	5.4×10^{15}	1,687.01
프로스페로	~25	1,625만 6,000	8.5×10^{16}	−1,978.29
세티버스	~24	1,741만 8,000	7.5×10^{16}	−2,225.21
퍼디난드	~10	2,090만 1,000	5.4×10^{15}	−2,887.21

* 공전 주기의 '−'는 천왕성의 자전 방향에 역행하는 공전 주기를 나타낸다.

8.1.9 해왕성

(1) 개관

해왕성은 바다색을 띠었다 하여 넵튠(Neptune, 바다의 신)이라는 이름이 붙여졌다. 해왕성의 질량은 지구 질량의 17배 정도이고, 밀도는 1.6 g/cm³이며, 반지름은 지구 반지름의 4배 정도다. 해왕성은 아주 큰 공전 궤도를 돌고 있기 때문에 공전 주기가 165년이나 된다. 그러나 자전 주기는 16시간 정도다.

그림 8.52 해왕성의 모습.

보이저 2호는 다른 목성형 행성과 마찬가지로 해왕성의 적도 상공에도 메탄으로 된 2개의 고리가 있는 것을 확인하였다.

표 8.18 해왕성의 자료

구분	값	구분	값
태양까지의 거리	45억 430만 km	적도 반지름	2만 4,745 km
질량	1.02×10^{26} kg	평균 밀도	1.64 g/cm^3
중력 가속도	11.0 m/s^2	탈출 속도	23.50 km/s
온도	구름층: −193 ~−153 ℃	대기 조성	수소: 85 % 헬륨: 13 % 메탄: 2 %
대기압	1~3기압	자전 주기	16.11시간
자전축 기울기	28.31°	공전 주기	164.79년
위성	13개		

해왕성의 대기는 천왕성의 대기와 매우 비슷하게 주로 수소와 헬륨 그리고 메탄으로 이루어져 있을 것으로 추정하고 있다. 또 해왕성에는 지금까지 13개의 위성이 있는 것으로 확인되었는데, 그 위성들은 다른 행성의 위성들과는 매우 다른 운동을 하는 특징을 보인다.

(2) 해왕성의 구조

1) 내부 구조

해왕성은 천왕성과 거의 닮은꼴이다. 해왕성도 중심에는 주로 철과 실리콘으로 된 핵이 있고, 그 주위에는 물, 암모니아, 메탄 등의 액체 상태로 된 맨틀층이 있으며, 그 위에 기체층이 형성되어 있다.

2) 표면

해왕성의 표면은 물, 암모니아, 메탄 등의 액체 상태로 된 맨틀층과 기체층의 경계로 되어 있다.

3) 대기

해왕성의 대기도 천왕성과 비슷하게 수소 85 %, 헬륨 13 %, 메탄 2 % 정도가 포함되어 있다. 또 해왕성이 푸른색(연초록)으로 빛나는 것은 대기 중에 메탄이 붉은 빛을 흡수하기 때문이다. 그리고 대기의 온도는 −193∼−153 ℃ 정도다. 대기층에서 초속 수백 킬로미터의 폭풍과 흰색의 대기 이동 등이 확인되어 해왕성의 대기는 매우 활동적인 것으로 보인다.

(3) 해왕성의 위성

해왕성에는 13개의 위성이 있는데, 위성들의 운동에 관한 특이한 점이 많이 있다. 가장 큰 수수께끼는 해왕성 주위를 돌고 있는 13개의 위성 중 비교적 큰 두 위성인 네레이드와 트리톤의 운동이다. 바깥쪽을 돌고 있는 작은 위성 네레이드는 1년을 주기로 해왕성 주위를 공전하고 있는 데 반해, 안쪽을 돌고 있는 달보다 조금 작은 트리톤은 6일을 주기로 해왕성 주위를 공전하고 있다. 행성을 돌고 있는 태양계의 위성 중에서 모행성의 자전 방향에 대하여 반대 방향으로 공전하는 위성은 다수 있지만, 큰 위성의 공전 방향이 역인 것은 트리톤밖에 없다. 또한 모든 행성의 위성들은 행성의 적도면과 나란한 공전면을 가지는 데 반해, 해왕성의 두 위성인 트리톤과 네레이드는 서로 다른 공전면을 가지고 있다.

트리톤과 네레이드의 특이한 공전 궤도와 명왕성의 출현을 그림 8.55와 같이

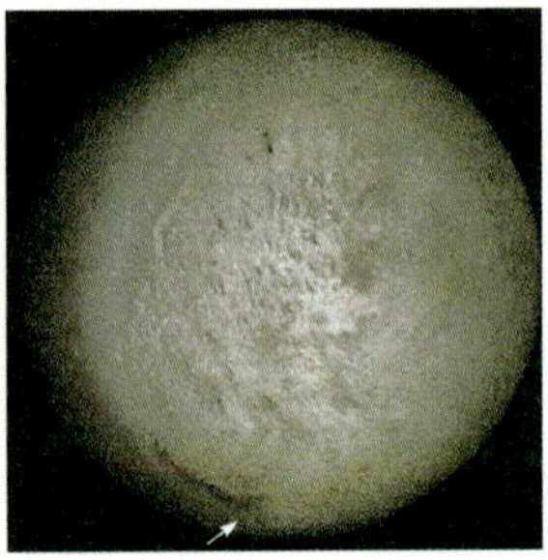

그림 8.53 해왕성에 생긴 큰 암점. 암점의 회오리바람이 시계 반대 방향으로 불고 있다.(왼쪽)
그림 8.54 해왕성의 위성 트리톤. 트리톤의 남극관에서 화산의 분연이 보인다(화살표).(오른쪽)

표 8.19 해왕성의 위성

이름	반지름(km)	해왕성으로부터의 거리(km)	질량(kg)	공전 주기(일)
나이아드	48×30×26	4만 8,227	~1.9×10^17	0.29
탈라사	54×50×26	5만 75	~3.5×10^17	0.31
데스피나	90×75×65	5만 2,526	~2.10×10^18	0.33
갈라테아	102×92×72	6만 1,953	2.12×10^18	0.43
라리사	158×102×82	7만 3,548	~4.20×10^18	0.56
프로테우스	218×208×201	11만 7,647	~4.400×10^19	1.12
트리톤	1,353.5	35만 4,800	2.14×10^22	−5.88
네레이드	170	551만 3,400	2.20×10^19	360.14
할리메데	30	1,572만 8,000	~9×10^16	−1,879.71
사오	19	2,242만 2,000	~9×10^16	2,914.07
라오메데이아	19	2,357만 1,000	~9×10^16	3,167.85
프사마테	14	4,669만 5,000	~1.5×10^16	−9,115.91
네소	30	4,838만 7,000	~9×10^16	−9,373.99

* 공전 주기의 '−'는 해왕성의 자전 방향에 역행하는 공전 주기를 나타낸다.

질량이 큰 천체의 섭동을 받아 생겼다고 설명하기도 한다. 아주 과거에 해왕성 주위에 4개의 큰 위성(S_1, S_2, S_3, S_4)이 있었다고 가정하고, 그 사이로 지구 질량의 3배

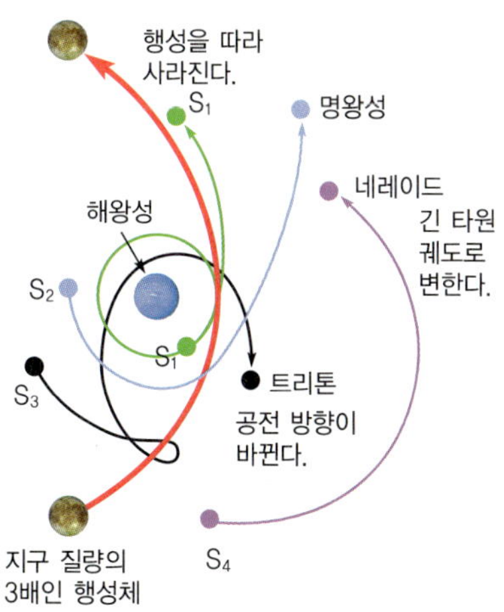

그림 8.55 해왕성 주위에 있는 위성들의 궤도 변경을 설명하기 위한 가정. 미행성체가 해왕성 근처를 지나가면서 S_1은 행성체를 따라갔고, S_2는 궤도가 변경되어 명왕성이 되었으며, S_3은 섭동을 받아 공전 방향이 반대가 된 트리톤이 되었고, S_4는 섭동을 받아 궤도가 긴 타원으로 변형된 네레이드가 되었을 것이라는 가정이다.

정도인 행성체가 그림과 같은 궤도로 지나가면서 제일 안쪽에 있던 위성 S_1은 행성체를 따라 이탈하였고, 두 번째 위성 S_2는 궤도가 변경되어 명왕성이 되었으며, 세 번째 위성 S_3은 행성체의 섭동을 받아 공전 방향이 반대가 된 트리톤이 되었고, 네 번째 위성 S_4는 섭동을 받아 궤도가 긴 타원으로 변형된 네레이드가 되었다고 설명한다.

8.1.10 명왕성*

명왕성은 행성의 지위를 박탈당했다. 명왕성이 태양계의 행성이 되지 못하는 이유는 여러 가지가 있다. 명왕성은 자신 크기의 반 정도나 되는 카론이라는 위성과 함께 지구 공전 궤도 반지름의 40배나 되는 거리에서 태양 주위를 돌고 있다. 명왕성의 유일한 위성인 카론은 명왕성에서 2만 km밖에 안 떨어져 있어서, 지구에서 보면 하나로 보이기 때문에 1978년에 와서야 발견되었다.

카론의 공전 주기는 6일이며, 카론의 모행성인 명왕성의 질량은 수성보다도 작고 달과 비슷하다고 알려졌으며, 지름도 3,000 km인 것으로 관측되었다. 명왕성은 이심률이 매우 큰 타원 궤도를 돌고 있어서 태양에 가까워질 때는 안쪽의 해왕성보다도 태양에 더 가까워진다. 명왕성의 공전 주기는 248년인데, 이 중에서 20년 정도는 해왕성 궤도의 안쪽에서 공전한다. 공전 궤도의 이심률이 큰 타원이라는 사실과 함께 우리의 관심을 끄는 것은, 명왕성의 공전면이 지구의 공전면에 대해 17°나 기울어져 있다는 사실이다. 이러한 이유로, 그림 8.55에서 설명했던 것처럼 지구 질량의 3배 정도인 행성체가 지나가면서 과거 해왕성의 두 번째 위성 S_2의 궤도를 변경시켜 명왕성이 되게 하였다는 설이 설득력이 있다.

그림 8.56 명왕성과 그 위성 카론.

8.2 혜성과 유성

8.2.1 혜성

(1) 개관

혜성에 대한 관측 기록은 기원전 3,000년경부터 동서양 모두에서 전해진다. 그러나 20세기 초까지도 혜성의 정체는 밝혀지지 않았고, 혜성은 나쁜 징조를 나타내는 별로 생각되었다.

혜성이 천체라는 것을 최초로 밝힌 사람은 덴마크의 티코 브라헤(Tycho Brahe)였다. 브라헤 이후 현재까지 약 1,600여 개의 혜성이 발견되었고, 그중 약 600개 정도는 궤도가 계산되었는데, 이들은 **장주기형 혜성**과 **단주기형 혜성**으로 분류된다.

(2) 혜성의 궤도

혜성의 궤도는 보통 타원(궤도 이심률: $0 \le e < 1$), 포물선($e = 1$), 쌍곡선($e > 1$) 중 하나인데, 이 중 포물선 궤도가 가장 많다. 포물선 궤도의 혜성은 원래 쌍곡선 궤도에서 행성들의 인력 때문에 포물선 궤도로 바뀐 것으로 생각되며, 공전 주기가 매우 길어서 장주기형 혜성이라 부른다. 장주기형 혜성의 공전 주기는 100만 년에

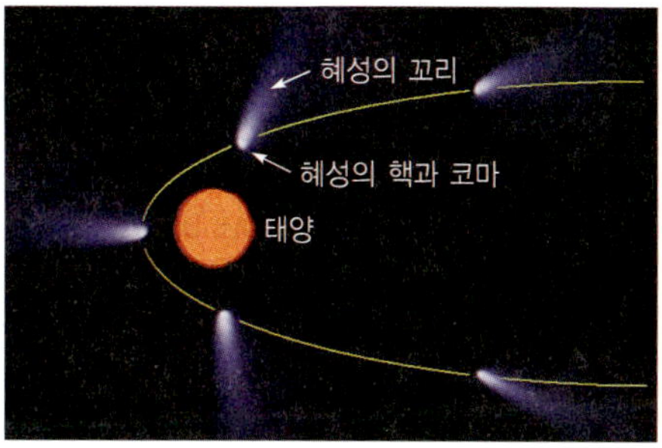

그림 8.57 혜성의 궤도 운동과 꼬리.

그림 8.58 핼리 혜성의 분출. 핼리 혜성의 탐사선 지오토가 610 km까지 접근하여 촬영한 입자 분출 사진. 태양을 향하고 있는 표면에서 먼지 입자가 분출되고 있다.(왼쪽)
그림 8.59 헤일봅 혜성의 이온(가스)꼬리와 먼지(티끌)꼬리.(오른쪽)

서 3,000만 년이나 되는 것도 있다. 반면 타원 궤도를 그리는 혜성들은 공전 주기가 짧아서 단주기형 혜성이라 하며, 공전 주기는 2년에서 200년 사이이다.

또 타원 궤도를 그리는 혜성은 대체로 지구 공전 방향과 같은 방향으로 태양 주위를 돌아나가는 **순행 혜성**이고, 포물선 궤도나 쌍곡선 궤도를 그리는 혜성들은 대부분 지구 공전 방향과 반대 방향으로 태양 주위를 돌아나가는 **역행 혜성**이다.

(3) 혜성의 구조

혜성은 **핵**과 **코마** 그리고 **꼬리**로 구성되어 있는데, 꼬리는 이온(가스)꼬리와 먼지(티끌)꼬리로 나뉜다. 핵은 운석 물질과 수소, 탄소, 질소, 산소 및 그 화합물인 얼음과 먼지 입자가 뭉쳐 있다. 핵을 둘러싸고 있는 코마는 혜성이 태양에 접근함에 따라 핵의 온도가 높아져서 핵에서 증발된 수증기, 메탄, 암모니아 등의 기체로 이루어진다. 혜성이 태양에 접근하면서 혜성의 핵 표면에서는 드라이아이스, 암모니아, 얼음의 순으로 증발이 일어난다. 이러한 기체가 발생할 때 먼지도 같이 방출된다. 먼지의 성분은 혜성마다 조금씩 다르며, 먼지가 기체보다 대략 1~2배

그림 8.60 2009년에 촬영된 루린 혜성의 반꼬리.

정도 많이 발생된다. 이렇게 발생하는 기체와 먼지로 이루어진 혜성의 대기를 코마라고 한다. 코마가 된 기체들의 일부는 태양 빛의 자외선 작용으로 이온화된다. 혜성이 화성 궤도보다 태양에 가까워지면 태양풍에 의해 혜성의 코마 부분에 있는 물질들이 날려 나간다. 이렇게 날려 나간 물질들이 이온(가스)꼬리와 먼지(티끌)꼬리를 형성하는데, 대체로 태양의 반대쪽에 형성되며, 그 길이는 약 100만 km에서 1억 km에 달한다. 이온꼬리는 푸른색을 띠고, 전하를 띠지 않는 먼지(티끌)꼬리는 노란색을 띤다. 혜성의 밝기는 태양에 가까워지면 밝아지고, 이온꼬리는 태양에 가까울수록 더욱 길어지며 먼지꼬리보다 가늘어진다.

한편 혜성의 표면에 생기는 먼지 입자들 중 30 μm 이상으로 비교적 큰 입자들은 태양 복사압보다는 태양의 중력에 영향을 더욱 많이 받아서 오히려 태양 쪽으로 끌려 들어가는 양상을 띠게 된다. 이 경우를 **반꼬리**라고 하는데, 1957년에 나타난 아렌드-롤랜드(Arend-Roland) 혜성과 1973년의 코후테크(Kohoutek) 혜성 및 2009년에 촬영된 루린 혜성에서 뾰족한 반꼬리가 관측되었다.

지금까지 알려진 대표적인 혜성들로는 핼리, 엥케, 사사키, 웨스트, 헤일봅, 지아코비니지너, 소호, 이케야세키, 히야쿠, 코후테크, 슈메이커레비 등이 있는데, 슈메이커레비 혜성은 목성과 충돌하였다.

8.2.2 유성

행성과 행성 사이의 공간에는 작은 입자들과 수많은 물질이 떠다니고 있다. 아주 작은 것에서부터 지름이 수 미터에 이르는 것까지 그 크기들도 다양하다. 이러한 물질들이 빠른 속도로 지구의 대기권으로 진입하면, 대기와의 마찰에 의해 밝은 빛을 내면서 타버리는데, 이것이 **유성**이다. 유성은 대개 지상 80 km 내지 110 km 상공에서 나타난다. 대부분의 유성은 대기를 통과하는 동안에 다 타버리지만 때로는 지상에까지 도달하는 경우도 있다. 이렇게 지상에 도달한 것을 **운석**이라고 한다. 하루에 지구에 떨어지는 암석 조각이나 먼지의 총량은 수 킬로그램에 이른다. 현재까지 발견된 운석을 그 구성 성분에 따라 크게 나누면, 암석질 운석, 철과 암석으로 이루어진 운석, 철 운석의 세 종류로 나눌 수 있다. 이들 중에는 암석질 운석이 약 85 % 정도로 가장 많으며, 철과 암석으로 구성된 운석은 약 1.5 %, 철을 주성분으로 하는 운석은 5.7 % 정도다. 방사선 연대측정법을 이용하여 암석질 운석의 나이를 추정해보면 약 45억 년 정도이기 때문에, 운석의 형성 시기는 태양계의 형성 시기와 비슷하다는 것을 알 수 있다.

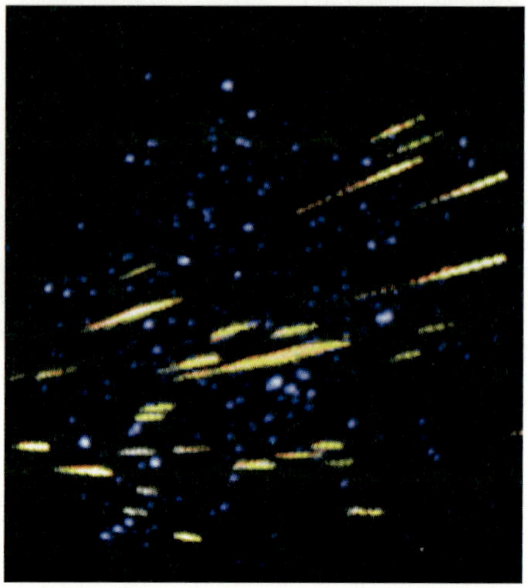

그림 8.61 1995년에 있었던 외뿔소자리 알파 유성우의 모습.

본성의 빛

있는 듯 없는 듯
보이는 듯 안 보이는 듯
물새가 물 위를 스치듯이
봄이 꽃을 피게 하는지 꽃이 봄을 불러오는지

깨달음은 찰나에서 생기고, 찰나는 영원의 뿌리
영원은 찰나 속에서만 존재한다.
행복도 평화도 찰나 찰나에 있다.
찰나에 있는 행복과 평화는 영원한 것을

우리의 의식은 반짝이는 별빛과 같이
순간순간을 반짝이는 의식이다.
의식은 우리의 삶을 느끼게 한다.
순간순간을 반짝이는 의식은 영원한 삶을

기(氣)는 모든 삶을 연결해 주는 우주의 파동
삶과 죽음은 자연스러운 기의 현상이다.
자연스러운 기의 흐름은 깨달음의 문을 연다.
깨달음을 통하여 본성의 광채를 얻는다.
나 자신을 얻는다.

– 저자의 일기 중에서 –

9장 지성체로의 진화

9.1 원핵세포와 진핵세포

9.1.1 세포

세포의 존재는 1665년 영국의 로버트 훅(Robert Hooke, 1635~1703)이 처음으로 발견하였다. 그는 현미경으로 코르크나 목탄의 조직이 작은 상자 모양의 집합체라는 것을 처음으로 관찰하고, 이 작은 상자를 cell이라고 불렀다. 그러나 사실 훅이 본 것은 세포막이었다. 우리가 세포라고 하는 것은 세포막과 그 안에 들어 있는 구조물 전체를 말한다. 훅에 의하여 생물체의 미세 구조가 알려지기 시작한 이후 1838년에 이르러서 독일의 마티아스 슐라이덴(Matthias J. Schleiden)이 식물체가 세포로 되어 있다는 사실을 명확히 하였고, 1839년에는 독일의 테오도어 슈반(Theodor Schwann)이 동물도 세포로 이루어져 있다는 사실을 밝혔다.

(1) 세포의 구조

세포는 원형질로 이루어진 작은 상자 모양으로 된 구조 속에 핵(核)이라는 소체를 가지고 있다. 핵의 모양은 구형이 많으나 때로는 끈 모양의 핵도 있고, 특히 알로에의 핵은 부정형이다. 핵은 크기도 다양하여, 물곰팡이의 핵처럼 지름이 1μm인 것에서부터 소철의 일종에서 볼 수 있는 난세포의 핵처럼 지름이 무려 60μm인 것도 있다. 핵 속의 염색사(染色絲)는 DNA(deoxyribonucleic acid)로 되어 있는 유전자를 품고 있으며, 또한 핵 속에는 하나 이상의 '인'이라고 하는 소체가 있는데, RNA(ribonucleic acid)를 많이 함유하고 있다. 그리고 세포질 속에는 색소체(色素

體), 미토콘드리아, 골지체 등이 있으며, 색소체는 식물 세포에만 있는 것으로, 크기는 4~6μm 정도다. 색소체에는 엽록체, 백색체, 잡색체 등이 있는데, 엽록체, 잡색체는 엽록소를 함유하고 있어, 이 색소체를 가지고 있는 생물은 광합성을 할 수

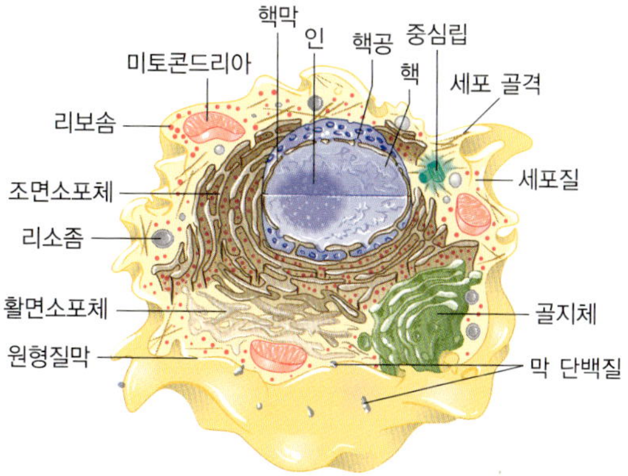

그림 9.1 동물 세포 모형.

있다. 또 미토콘드리아는 (0.5~1μm)×7μm 정도 크기의 타원체로, 미토콘드리아 DNA와 RNA를 가지고 있다. 이것은 호흡효소를 비롯한 여러 가지 효소를 가지고 있어서 효소 활동의 중심이 되며, 특히 미토콘드리아의 존재가 일반적으로 **진핵세포**임을 말한다.

(2) 세포의 기능

핵과 세포질, 즉 원형질의 기능이 세포 기능의 대부분을 차지한다. 세포질을 구성하는 물질이나 세포질을 둘러싼 물질 및 그 속의 소체들의 활동에 의하여 여러 가지 화학 변화를 통한 물질 변환을 시키고, 이 변환 과정에서 에너지의 생성 및 소멸이 생기며, 이와 같은 변환을 통하여 생명 활동이 계속 유지된다. 세포 분열도 세포 내의 물질이나 에너지 변환에 의하여 일어나는 세포의 변화 과정이다.

세포 속의 핵은 유전자를 가지고 있어서 유전(遺傳)의 주체가 된다. 그리고 미토콘드리아는 효소 활동이나 에너지 대사의 중심이 되며, 소포체는 단백질 합성을 하며, 색소체인 엽록체는 광합성을 한다. 세포벽은 용액을 자유로이 통과시키지만 세포막은 용액을 선택적으로 흡수·배출시키는데, 특히 흡수한 수분에 의하여

세포 내에 삼투압이라는 압력이 형성된다. 세포를 세포액보다 높은 농도의 용액에 넣으면, 세포 속의 수분이 삼투압에 의하여 밖으로 나온다. 반대로 농도가 낮은 용액에 넣으면 세포 속으로 수분이 들어간다. 특히 식물 세포에서 수분이 빠져나가면 원형질이 세포벽으로부터 분리되어 수축한다. 이 현상을 원형질 분리라고 한다. 원형질은 약간의 유동성이 있으나 현미경으로 관찰하기는 힘들다. 그러나 동물인 아메바의 세포, 식물인 자주달개비의 수술 세포, 차축조의 마디 사이 세포 등에서는 원형질이 감싸고 있는 세포액이 심하게 움직이는 것을 볼 수 있다.

9.1.2 원핵세포와 진핵세포

세포는 핵막이나 세포 소기관의 유무에 따라서 원핵세포와 진핵세포로 구분된다. **원핵세포**는 핵막이 없어서 핵 물질이 세포질에 퍼져 있고 세포 소기관도 존재하지 않는다. 그러나 **진핵세포**는 핵막이 있어서 핵 물질과 세포질이 구분되고, 세포질에는 세포 소기관들이 존재한다. 원핵세포로 된 생물을 원핵생물이라 하고 진핵세포로 된 생물을 진핵생물이라 한다.

(1) 원핵세포

생물의 세포 속에서 막으로 둘러싸인 기관인 핵, 미토콘드리아, 색소체 등을 갖지 않은 세포를 원핵세포라 한다. 원핵세포는 히스톤 단백질이 결합되지 않은 하나의 염색체만을 갖고, 이 염색체를 막으로 둘러싼 핵을 갖지 않아서 핵이 세포질 내에 퍼져 있다. 세포질 내에는 리보솜이 있으나 진핵생물의 것과는 크기와 모양 등의 구조가 다르다. 진핵세포에 있는 소포체, 액포, 페르옥시솜, 중심체, 방추체, 골지체 등의 세포 기관이 없고, 유사분열을 하지 않는다. 미토콘드리아나 엽록체가 없어 호흡과 광합성 등의 세포 대사에 관계하는 효소들은 세포막에 존재한다. 셀룰로오스로 이루어져 있는 진핵세포의 세포벽과는 달리 원핵세포의 세포벽은

펩티도글리칸이라는 복잡한 구조의 아미노산이 함유된 다당류로 이루어져 있다. 또한 세포 안의 물질을 세포 밖으로 배출하거나 세포 밖의 물질을 세포 내로 흡수하는 원형질 유동과 같은 세포 운동을 하지 않는다. 엽록체가 아닌 특이한 형태의 색소체를 이용하여 광합성을 하는 몇몇의 광합성 세균류가 있으나 물이 아닌 다른 물질을 사용하므로 광합성 결과 산소가 만들어지지 않는다. 이밖에도 남조류와 같이 식물이 갖는 엽록소를 가지고 광합성을 하는 원핵세포도 있다. 증식은 주로 무성 생식을 하며, 유전자 재조합을 하는 생물에 있어서도 진핵세포와는 달리 한 세포에서 다른 세포로 유전자가 일방적으로 전달되면서 이루어진다.

(2) 진핵세포

동식물 세포는 모두 진핵세포이기 때문에 핵이 세포질과 구별되고, 세포 소기관도 가지고 있다. 그렇지만 모양이나 구성 성분은 다르다. 식물 세포는 세포막 주변을 셀룰로오스로 된 세포벽이 둘러싸고 있어서 모양이 비교적 고정적이고 다면체를 이루고 있는 반면, 동물 세포는 세포벽(세포막과 다름)이 존재하지 않아서 모양이 유동적이고 대체로 구형에 가깝다. 또 식물 세포에는 동물 세포에 없는 엽록체와 액포가 존재하지만, 동물 세포에는 식물 세포에 없는 중심체가 있다.

진핵세포는 외부와의 경계를 짓는 세포막을 가지고 있을 뿐만 아니라 세포의 활동에 있어서 중심적인 역할을 하는 핵도 가지고 있다. 또 세포질에는 호흡에 관여하는 미토콘드리아와, 세포 안쪽과 세포들 사이에서 물질 수송에 관여하는 소포체, 단백질 합성에 관여하는 리보솜이 있다. 골지체 역시 세포질 속에 있는 세포의 작은 기관으로서 소포체가 전달해온 물질을 저장하거나 세포 밖으로 내보내는 물질의 전달 역할을 한다. 그리고 리소좀은 여러 가지 분해 효소를 가지고 있어서 세포 내에 필요 없는 물질이 생기거나 병균이 침입했을 때, 그것들을 분해하여 세포를 지키는 역할을 한다. 식물 세포에만 있는 액포는 세포의 삼투압을 조절하고 형태를 유지하는 데 관여한다. 그리고 세포벽은 세포를 보호하고 모양을 유지하는 역할을 한다. 특히 동물 세포에만 존재하는 중심체는 세포 분열이 일어날 때 방추사 형성에 관여한다.

(3) 원핵세포와 진핵세포의 발전

원핵세포는 핵막이 없어 핵 물질이 세포질에 퍼져 있으므로, 핵을 보호하기 위하여 세포벽이 단단할 뿐만 아니라 외부와의 물질 교환도 이루어지지 않는다. 그러나 진핵세포는 핵막이 있어서 핵 물질과 세포질이 구분되고, 세포질에는 세포 소기관들이 존재한다. 진핵세포는 원형질막이나 세포벽이 비교적 유연하여 외부 물질과의 교환이 쉽게 이루어진다.

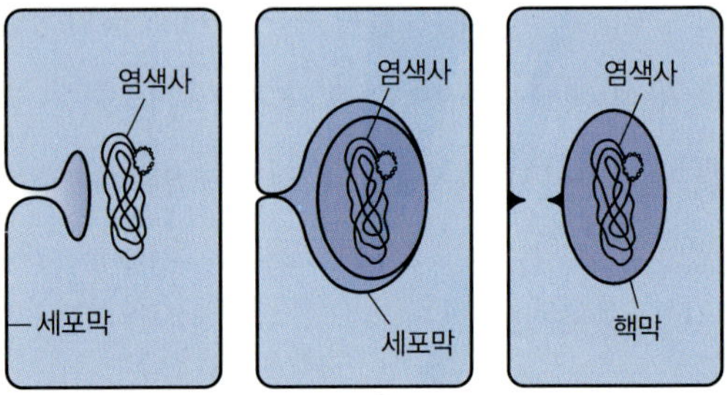

그림 9.2 핵막의 형성 과정.

원핵세포에서 진핵세포로 발전할 때에는 그림 9.2와 같이 세포막이 안쪽으로 함몰되면서 세포의 핵을 둘러싸는 진화를 거친다. 이 덕분에 세포 내에서도 각 소포체는 전문 기능을 담당하도록 발전할 수 있었으며, 또 세포벽이 유연하고 외부와의 물질 및 정보 교환이 쉽게 이루어지기 때문에 다른 세포들과 연합하여 새로운 기관을 형성할 수 있게 되어, 고등 생물로 진화할 수 있었다.(표 9.1에 원핵세포와 진핵세포로 된 몇몇 생물들을 분류하여 수록하였다.)

즉, 원핵세포는 외부와의 상호교류가 어려운 세포벽으로 이루어져 있고 세포 속의 여러 소체들이 생성 및 분화되지 못하였기 때문에 진화를 통한 발전 가능성이 낮은 생명체로서, 현재에도 과거 먼 조상의 원형이 잘 유지되어 있다. 그러나 진핵세포는 유연한 원형질막 혹은 세포벽 때문에 세포 단독으로 생존할 가능성이

표 9.1 원핵세포와 진핵세포를 가진 생물들

계		분류 기준	생물의 예
원핵생물		원핵, 단세포, 세포벽	대장균, 장티푸스균, 폐렴균, 염주말
원생생물		진핵, 조직 기관 없음.	김, 미역, 클로렐라, 아메바, 유글레나, 짚신벌레, 유공충
진핵생물	균류	진핵	곰팡이, 효모, 버섯
	식물	진핵, 다세포, 세포벽	고사리, 단풍나무, 대나무, 소나무, 벼, 옥수수, 콩, 수수
	동물	진핵, 다세포, 세포벽 없음.	해파리, 플라나리아, 문어, 멸치, 개구리, 참새, 호랑이, 사람

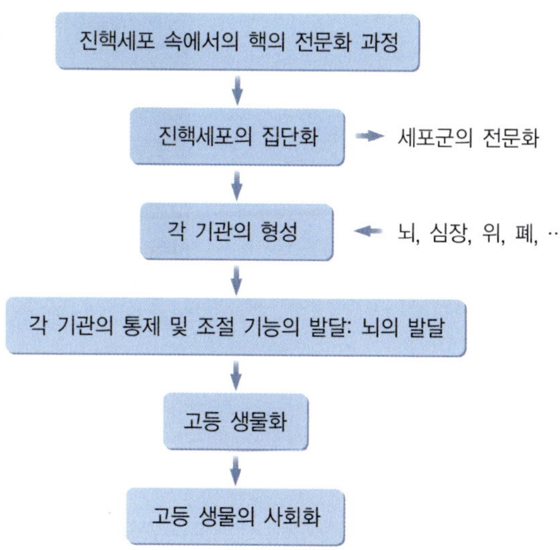

그림 9.3 진핵세포들의 유기적인 조직화 과정.

낮다. 그러므로 생존하기 위해서 세포들의 연합체를 구성하여 세포 집단의 독립된 특수 기능을 담당함으로써 세포 집단군의 생존 확률을 높여나가는 방향으로 진화하였다. 진핵세포는 현재 지구상에 생존하고 있는 고등 생명체의 세포로 진화하였다.

9.2 지성체로의 진화 과정

9.2.1 영장류의 진화

(1) 영장류의 기원

그림 9.4 야행성 원숭이로서 최초의 영장류였던 푸르가토리우스의 모습과 비슷한, 현존하는 안경원숭이.

영장류의 가장 오래된 화석은 6,500만 년 전 백악기 후기(표 9.2 참조)에 생존하였던 것으로 추정되는 **푸르가토리우스**(Purgatorius)로, 북미 대륙에서 그 화석이 발견되었다. 푸르가토리우스는 아프리카에 현존하는 안경원숭이와 유사했을 것으로 추정된다.

지질 연대로 팔레오세(6,550만~5,580만 년 전)에 생존했던 영장류의 화석이 많이 발견되는 것으로 보아, 공룡이 사라진 이후 작은 포유류의 생존 여건이 좋아진 것으로 추정된다. 팔레오세는 표 9.2에 나타낸 것처럼 신생대 제3기의 초기다.

표 9.2 지구 탄생 이후 약 1만 년 전까지의 지구 역사를 지질시대라 한다. 영년, 대, 기, 세, 절의 시간 단위로 분류한다.(국제층서위원회의 시대 구분)

영년	대	기	세	절대 연령 (백만 년)
현생영년	신생대	제4기	홀로세	0~1.8
			플라이스토세	
		제3기	플라이오세	1.8~5.3
			마이오세	5.3~23.0
			올리고세	23.0~33.9
			에오세	33.9~55.8
			팔레오세	55.8~65.5
	중생대	백악기		65.5~145.5
		쥐라기		145.5~199.6
		트라이아스기		199.6~251.0
	고생대	페름기		251.0~299.0
		석탄기	펜실베이니아기	299.0~318.1
			미시시피기	318.1~359.2
		데본기		359.2~416.0
		실루리아기		416.0~443.7
		오르도비스기		443.7~488.3
		캄브리아기		488.3~542.0
원생영년	선캄브리아 시대			542.0~2,500
시생영년				2,500~3,800
하디언영년				3,800~4,570

(2) 영장류의 분류

생물의 표준적인 분류는 그림 9.5와 같이 종, 속, 과, 목, 강, 문, 계의 7단계로 이루어진다.

그러면 사람은 생물 분류 체계상 어디에 속할까?

사람은 다음과 같이 분류된다.

- 동물계(動物界, Animalia)/
- 척색동물문(脊索動物門, Phylum Chordata)/
  척추동물아문(脊椎動物亞門, Vertebrata)/
- 사지상강(四肢上綱, Tetrapoda)/
- 포유강(哺乳綱, Class Mammalia)/
  수아강(獸亞綱)/
    진수아강(眞獸亞綱)/
- 영장목(靈長目, Primates)/
  직비원아목(直鼻猿亞目, Haplorrhini)/
- 사람상과(사람上科, Hominoidea)/
- 사람과(사람科, Hominidae)/
- 사람속(사람屬, *Homo*)/
- 사람종(사람種, *Sapiens*)

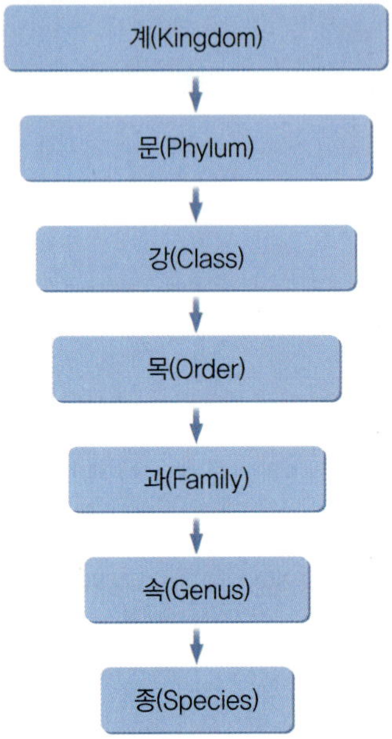

그림 9.5 생물의 분류 단계. 현대의 표준 분류는 종, 속, 과, 목, 강, 문, 계의 7단계로 이루어진다.

1) 포유강

포유강에 속하는 동물의 몸은 머리, 목, 몸통, 꼬리의 네 부분으로 구분되며, 피부에는 털, 땀샘, 지방샘, 젖샘 등이 있고, 네 다리가 있거나 흔적이 있다. 특히 아래턱과 위턱에는 앞니, 송곳니, 앞어금니, 어금니가 잘 분화되어 있어서 포유강 특유의 치식(齒式)을 가진다. 그리고 움직일 수 있는 눈꺼풀과 바깥귀가 있다. 심장은 2심방 2심실이고, 혈액 속의 적혈구는 몇몇 예외(낙타류)를 제외하고는 핵이 없고, 조류와 마찬가지로 정온동물이며, 호흡계로는 폐와 발성용 성대가 있다.

뇌는 고도로 발달되었고 12쌍의 뇌신경이 있으며, 가슴과 배 사이에 근육성 횡격막이 있다. 또 자웅(雌雄) 이체(異體)이며, 체내 수정을 하고, 발생 중에는 요막,

양막, 장막 등의 배막(胚膜)이 생긴다. 난생을 하는 단공류를 제외하고는 알이 자궁에서 발생하며, 유대류(有袋類)를 제외하고는 태반이 형성되고, 태어난 새끼는 젖으로 양육된다.

2) 영장목

표 9.3에 나타낸 것처럼, 영장목은 곡비원(曲鼻猿)아목과 직비원(直鼻猿)아목으로 나뉘는데, 곡비원아목에 속하는 동물은 큰난쟁이여우원숭이, 마다가스카르손가락원숭이, 호랑이꼬리여우원숭이, 순다로리스 등이 있고, 직비원아목에 속하는

표 9.3 영장목에 속하는 과들

<table>
<tr><th>목</th><th>아목</th><th>하목</th><th>류</th><th>상과</th><th>과</th></tr>
<tr><td rowspan="16">영장목</td><td rowspan="7">곡비원아목
(7과 88종)</td><td rowspan="5">여우원숭이하목</td><td rowspan="5"></td><td rowspan="5"></td><td>난쟁이여우원숭이과</td></tr>
<tr><td>아이아이과</td></tr>
<tr><td>여우원숭이과</td></tr>
<tr><td>족제비여우원숭이과</td></tr>
<tr><td>인드리과</td></tr>
<tr><td rowspan="2">로리스하목</td><td rowspan="2"></td><td rowspan="2"></td><td>로리스과</td></tr>
<tr><td>갈라고과</td></tr>
<tr><td rowspan="9">직비원아목
(9과 288종)</td><td>안경원숭이하목
(1과 7종)</td><td></td><td></td><td>안경원숭이과</td></tr>
<tr><td rowspan="8">원숭이하목
(8과 281종)</td><td rowspan="5">광비류
(신세계
원숭이)</td><td rowspan="5"></td><td>비단원숭이과</td></tr>
<tr><td>꼬리감는원숭이과</td></tr>
<tr><td>올빼미원숭이과</td></tr>
<tr><td>사키원숭이과</td></tr>
<tr><td>거미원숭이과</td></tr>
<tr><td rowspan="3">협비류</td><td>긴꼬리원숭이상과
(구세계원숭이)</td><td>긴꼬리원숭이과</td></tr>
<tr><td rowspan="2">사람상과
(유인원)</td><td>긴팔원숭이과</td></tr>
<tr><td>사람과</td></tr>
</table>

그림 9.6 직비원아목 사람과에 속하는 성성이(오랑우탄).(왼쪽)
그림 9.7 곡비원아목 여우원숭이과에 속하는 여우원숭이.(오른쪽)

동물은 비단마모셋, 꼬리감는원숭이, 성성이(오랑우탄), 고릴라 등이 있다. 직비원아목에 속하는 동물은 코의 형태에 따라 광비류(廣鼻類)와 협비류(狹鼻類)로 나누기도 한다. 그리고 협비류는 사람이 포함된 유인원과 구세계원숭이로 구별되고, 광비류에는 신세계원숭이가 포함된다.

현존하고 있는 영장목으로는 표 9.3에 나타낸 바와 같이 약 370여 종이 알려져 있다. 영장목에는 매우 원시적인 나무타기쥐(일명 날여우원숭이)와 같은 종류에서부터 가장 진화의 정도가 높은 인간까지 포함되어 있어서, 유전학적 변이가 매우 클 뿐만 아니라 지능의 발달 정도 또한 다양하다. 그래서 '가장 뛰어나서 신령스럽고 기묘한 능력을 지닌 것의 우두머리' 라는 뜻의 영장(靈長)이라는 칭호가 붙었다.

포유강에 속하는 영장목 외에 다른 현생 포유류의 목(目)들은 특수화된 신체 특성을 이용하여 분류하기도 한다. 코의 형태가 길게 특수화된 장비목(長鼻目; 코끼리), 발굽이 특수화된 우제목(偶蹄目; 소-발톱이 짝수) 및 기제목(奇蹄目; 말-발톱이 홀수) 등이 그러한 예다. 그러나 이렇게 분류되는 형태와는 대조적으로 영장목은 신체의 일부가 극단적인 특수화로 진화된 흔적은 없고, 원시적인 포유류가 가지는 일반적인 형태로 진화해온 것으로 여겨진다. 그 진화의 경향은 다음과 같다.

① 4개의 다리는 포유류가 지니는 기본적인 구조이며, 영장목은 다른 목에서 퇴화하여 없어지는 경향이 있는 쇄골(鎖骨)이 발달되어 있다. 특히 다리의 관절면이 구형이어서 운동의 융통성이 크다.

② 손가락과 발가락 모두 기본적으로 5지형(五指型)이고, 손 · 발가락 하나하나가 자유로이 움직인다. 엄지손과 엄지발가락은 대부분의 종에서 다른 손 · 발가락에 마주 대할 수 있어, 물체를 쥐는 데 알맞게 되어 있다.

③ 손 · 발바닥에는 지문(指紋)과 손금이 발달하여 손 · 발바닥을 통한 촉각이 예민하다.

④ 시각이 매우 발달하고, 눈이 얼굴의 앞쪽에 있어서 물체를 입체적으로 볼 수 있을 뿐만 아니라 색채 감각도 매우 발달하였다.

⑤ 눈알을 담고 있는 눈구멍[眼窩]은 둥글고 그 주위의 뼈도 둥글게 형성되어 있다.

⑥ 시각이 발달한 대신에 상대적으로 후각이 퇴화된 경향이 있고, 얼굴의 비구부(鼻口部)가 짧다.

⑦ 뇌가 발달하여 다른 포유류에 비해 가장 큰 뇌를 가지며, 특히 운동과 시각을 맡은 부분이 크다.

⑧ 대부분 잡식성이고, 치아는 특수하게 진화하지 않고 앞니, 송곳니, 어금니로 분화되었다.

⑨ 사회적 행동의 범위가 넓어서 복잡한 사회 구조를 형성한다.

3) 유인원과

영장목은 표 9.3에 나타낸 것과 같이 곡비원아목과 직비원아목으로 구분되고, 직비원아목은 다시 안경원숭이하목과 원숭이하목으로 분류되며, 원숭이하목은 광비류와 협비류로 분류된다. 그리고 협비류는 긴꼬리원숭이상과와 사람상과(유인원과)로 분류된다. 또 유인원과는 긴팔원숭이과와 사람과로 분류된다. 유인원과에

표 9.4 사람과에 속하는 종들

<table>
<tr><th>과</th><th>아과</th><th>족</th><th>속</th><th>종</th></tr>
<tr><td rowspan="7">사람과</td><td rowspan="2">오랑우탄아과
(1속 2종)</td><td rowspan="2"></td><td rowspan="2">오랑우탄속</td><td>보르네오오랑우탄</td></tr>
<tr><td>수마트라오랑우탄</td></tr>
<tr><td rowspan="5">사람아과
(3속 5종)</td><td rowspan="2">고릴라족</td><td rowspan="2">고릴라속</td><td>서부고릴라</td></tr>
<tr><td>동부고릴라</td></tr>
<tr><td rowspan="3">사람족</td><td rowspan="2">침팬지속</td><td>침팬지</td></tr>
<tr><td>보노보</td></tr>
<tr><td>사람속</td><td>사람</td></tr>
</table>

속하는 사람, 침팬지, 성성이, 고릴라, 긴팔원숭이 등은 꼬리가 없는 것이 특징이다. 사람과는 표 9.4에 나타낸 것처럼 오랑우탄아과와 사람아과로 분류되는데, 사람아과에는 3속 5종이 있다.

또한 협비류에서 분류된 긴꼬리원숭이 종류의 대부분은 뺨에 주머니가 있지만 유인원은 없다(표 9.3 참조). 가슴등뼈와 허리등뼈의 전체 수는 긴꼬리원숭이류가 19~20개인 데 비해, 긴팔원숭이는 18개, 그 외의 유인원과 사람은 16~17개다.

임신 기간은 긴꼬리원숭이류가 150~180일, 유인원과에 속하는 긴팔원숭이가 약 210일, 침팬지가 평균 231일, 성성이가 약 275일, 사람이 평균 266일로, 유인원의 임신 기간이 사람과 비슷하다. 유인원의 월경 주기도 사람과 비슷한데, 한 예로 침팬지는 대개 28일을 주기로 월경을 한다. 이 밖에 혈액형과 질병, 혈청학적 시험 결과 등에서도 유인원은 사람과 비슷한 점이 많다.

유인원과에 속하는 성성이의 조상으로 추정되는 암피피테쿠스(*Amphipithecus*)가 에오세에 출현했는데, 현재의 미얀마 지역에 살았다. 확실한 유인원으로 판명된 드리오피테쿠스는 이미 제3기의 마이오세에 출현하였다. 현재 큰 유인원과에 속하는 긴팔원숭이의 두개골 용량은 약 100 cc, 침팬지와 성성이는 약 400 cc, 고릴라는 약 550 cc다. 특히 두개골의 용량이 큰 침팬지와 고릴라는 지능이 높고 도구도 사용할 줄 안다.

(3) 현대인으로의 진입

그림 9.8 오스트랄로피테쿠스의 상상도.

인류의 조상을 논할 때는 대개 사람상과에서 호미니드(사람속의 동물)와 호미노이드(사람과 비슷하나 사람속에 속하지 않는 동물)로 나누어 생각한다. 즉, 현대 인간과 모든 원시 인류, 즉 오스트랄로피테쿠스, 호모 에렉투스, 호모 사피엔스(현생 인류의 조상) 등이 모두 호미니드에 속하고, 사람과 비슷한 동물인데 사람속이 아닌 동물들, 즉 유인원과에 속하는 침팬지, 고릴라 등이 호미노이드에 속한다.

호미니드의 진화 과정에 출현한 몇몇의 예를 보면 다음과 같다.

① 현재 드리오피테쿠스를 유인원의 선조라고 추정하고 있다.

드리오피테쿠스(*Dryopithecus*): '삼림의 원숭이'라는 뜻을 가진 호미니드로, 제3기 마이오세 중기에서 플라이오세 전기까지 유럽과 아시아 대륙에 널리 분포하였다.

② 이빨 2개가 발견된 라마피테쿠스에서 오스트랄로피테쿠스로 진화하고, 그다음에 호모 하빌리스로 진화하였다.

오스트랄로피테쿠스(*Australopithecus*): 1974년에 발견되었고, 당시 발견된 화석을 **루시**라고 이름 붙였다. 최초로 직립 보행한 것으로 추정되며, 오스트랄로피테쿠스 아프리카누스가 생존한 추측 연대는 약 300만~250만 년 전이다.

호모 하빌리스(*Homo habillies*): '능력 있는 사람'이라는 뜻을 가진, 도구를 만들어 쓸 수 있는 인간이다. 뇌의 용적이 오스트랄로피테쿠스보다 큰 500~800 cc 정도로 원인(猿人)과 원인(原人)의 중간에 위치하며, 두개골은 작지만 다리뼈는 두 다리로 걸어 다니기에 적합한 구조를 가졌다.

③ 그다음에 중국에서 발견된 호모 에렉투스(베이징 원인)가 있고, 호모 에렉투스에서 진화된 것이 호모 사피엔스다. 호모 에렉투스에서 호모 사피엔스와 네안데르탈인의 두 종류의 호미니드로 나뉘었다. 그 후 네안데르탈인은 멸종하고 호모 사피엔스만이 진화하여 현생 인류가 되었다.

호모 에렉투스(*Homo erectus*, 베이징 원인): 최초로 불을 사용한 호미니드다. 호모 에렉투스는 신생대 제4기 홍적세에 살던 화석 인류로 170만~10만 년 전까지 아프리카, 아시아, 시베리아, 인도네시아 등에 걸쳐 생존하였다. 대략 150만 년 이전에 아시아까지 진출하였던 것으로 추정되며, 아메리카 대륙을 제외한 구대륙 전역에 걸쳐 분포하였다.

호모 에렉투스의 화석은 1891년에 뒤부아가 인도네시아의 자바 섬에서 처음으로 발견하였다. 이후 중국 베이징의 베이징 원인(1914), 아프리카 탄자니아 올두바이의 아프리칸트로푸스(1936), 중국 남전의 란텐 원인(1951), 인도 나르마다 강 유역의 나르마다, 인도네시아 상기란의 메간트로푸스(1939) 등, 여러 지역에서 호모 에렉투스의 화석이 발견되었다. 대한민국에서도 충북 단양군 금굴에서 호모 에렉투스로 추정되는 뼈화석이 발견되었으나 일제 강점기에 유실되었다.

그림 9.9 호모 에렉투스의 모형.

호모 사피엔스(*Homo sapiens*): '지혜로운 사람'이라는 뜻으로, 구석기 시대의 중기 네안데르탈인이 여기에 속한다. 이들은 여러 종류의 석기를 만들어 사용했으며 시체를 매장하는 풍습도 있었다.

④ 네안데르탈인은 호모 사피엔스에 속하는 종족으로 빙하기에 멸종하였다.

호모 네안데르탈렌시스(*Homo neanderthalensis*): 1856년 독일 프로이센의 뒤셀도르프 근교 네안데르(Neander) 계곡에서 인골이 발견된 화석 인류다. 호모 네안데르탈렌시스는 약 20만 년 전에 출현해 약 3만 년 전에 사라진 사람속의 한 종으로, 현생 인류인 호모 사피엔스와 가까운 종이다. 유럽을 중심으로 서아시아와 중앙아시아, 아프리카에 이르기까지 분포하였다. 석기 제작 기술을 가지고 있었고, 불을 사용했으며, 매장 풍습도 있었던 것으로 추정하고 있다.

⑤ 빙하기를 이겨낸 호모 사피엔스가 오늘날의 사람의 조상인 호모 사피엔스 사피엔스로 진화하였다.

호모 사피엔스 사피엔스(*Homo sapiens sapiens*): '슬기 슬기 사람'이라는 뜻을 가진 현생 인류의 원조로, 구석기 시대 후기에 출현하였다. 두뇌의 용적을 비롯한 체질상의 특징이 오늘날의 인류와 거의 같아서, 현생 인류에 속하는 여러 인종들의 직계 조상으로 추정된다. 유럽의 현생 인류인 크로마뇽인은 프랑스 남부와 에스파냐 북부 일대에 훌륭한 동굴벽화를 많이 남겼다.

인간(*Humans*): 사람이 지구에 출현했던 것은 지금으로부터 200만 년 전이다. 사람은 포유동물의 일종으로, 잡식성이며 두 발로 서서 걸어 다니고 사회를 이루며 언어와 도구를 사용할 뿐만 아니라 스스로 생각하고 판단할 수 있다. 이 때문에 만물의 영장(靈長)이라고도 불린다. 인간은 추상적 사유와 언어 사용 그리고 자기반성을 할 수 있는 고도로 발달된 두뇌를 소유하고 있다. 또 사지를 자유롭게 움직일 수 있기 때문에 다른 생물 종보다 도구를 더 잘 다룰 수 있다. 특히 물건, 음식 등을 손으로 잡는 등의 정교한 동작이 가능하다.

9.2.2 뇌의 발달

(1) 뇌 발달의 3단계

생명체의 개체 발생은 계통 발생을 재현하기 때문에, 하나의 수정란은 발현 과정에서 그 종이 현 단계까지 진화한 과정을 되풀이하게 된다.

인간 뇌의 진화 과정을 간단하게 요약하면, 파충류의 뇌에서 포유류의 뇌로 발전하고, 영장류의 뇌로 더 발전하였다. 가장 발달한 인간의 뇌는 기능적인 측면에서 파충류의 뇌와 포유류의 뇌를 포함하는 3층 구조로 되어 있다. 동물 뇌의 진화 과정에서 가장 먼저 나타난 파충류의 뇌와 유사한 뇌간(腦幹)이 기저에 있고, 그 위에 약간 진화된 포유류의 뇌와 유사한 구피질이 형성되어 있으며, 영장류의 뇌에서 볼 수 있는 신피질이 구피질을 둘러싸고 있다. 진화 역사상 가장 먼저 발생한 뇌간은 파충류 이상의 생명체가 가지고 있는 원시적인 뇌로, 생명체의 기본적인 **생명 활동**을 관장하고 있다. 생명체가 경쟁 속에서 살아남기 위해서 그다음으로 진화 · 발전시킨 것이 구피질로 **대뇌변연계**라고도 하는데, 포유류 이상의 진화된 생명체에서 잘 발달되어 있다. 구피질은 주로 감정 작용을 담당한다. 감정 작용의 대표적인 요소는 역시 **공포**(恐怖)다. 포유류가 공포를 느낌으로써, 위험 요소로부터 피할 수 있는 기능을 가지게 되어 생존의 확률을 높였다. 뇌의 진화 역사가 가장 짧은 신피질은 **대뇌피질**이라고도 하는데, 영장류의 뇌에서 잘 발달되어 있다. 그리고 신피질의 영역은 여러 가지 복잡한 사고(思考) 작용을 하며, 이 작용들의 대표 요소는 **의심**(疑心)이다. 의심은 미래에 일어날 일에 대한 예비 활동으로서, 시시각각 변하는 환경으로부터 자신의 생명

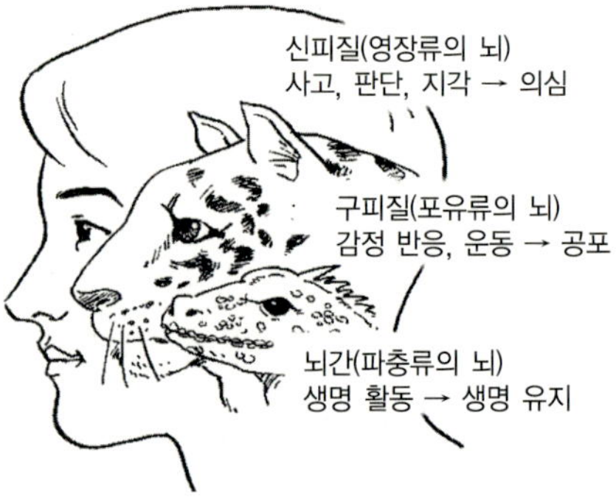

그림 9.10 뇌 발달의 3단계.

을 보호하는 매우 중요한 기능을 한다.

뇌의 3층 구조를 영역별로 상술하면 다음과 같다.

① 뇌간은 파충류의 진화 단계에서 이미 발달해 있으며 호흡계, 순환계, 생식계 등의 본능적이고 기본적인 생명 활동을 관장한다. 예를 들어 사람이 음식을 먹을 때 신피질이 맛을 평가하고, 뇌간이 음식을 식도로 통과시키고 소화시키며 배설하는 업무를 담당한다.

② 구피질은 신피질의 안쪽인 대뇌 내부에 있으며, 시상, 시상하부, 뇌하수체, 편도체 등을 포함하는 대뇌변연계를 일괄하여 부르는 명칭이다. 욕구 행동 기능(식욕, 성욕 등), 감정 반응 기능(희, 노, 애, 락, 특히 두려움), 자율 신경 기능 등이 잘 발달되어 있다. 특히 구피질은 감정의 본산으로, 이는 기억을 저장하는 해마와 편도를 포함하고 있기 때문이다.

③ 신피질은 대뇌 표면에 회백질로 구성되어 있다. 신피질은 척추동물인 파충류에서 보이기 시작하여 포유류에서 어느 정도 발달되어 있고, 사람에 이르러서 상당히 발달되어 있다. 이것의 기능으로 인간은 복잡한 언어 구사 능력을 보유하게 되었을 뿐만 아니라, 생각하고 종합하며 창조하는 능력을 갖게 되었다.

이상에서 열거한 것과 같이 인간의 뇌가 3층 구조로 되어 있는 것은 극단적인 생존 경쟁이라는 환경 속에서 살아남기 위해 선택적으로 발전시킨 유전적 결과다. 즉, 뇌간은 본질적인 생명 현상을 유지해야 하므로 생명체는 물론 고등 동물들이 가져야 할 필수 불가결한 요소다. 만약 어떤 형태이든 뇌간에 직접적인 명령을 줄 수 있다면 생명 자체를 마음대로 결정지을 수 있는 능력이 생긴다. 따라서 이와 같이 직접적으로 뇌간에 외부 명령이 전달되지 않도록 하기 위해서 구피질에 두려움이라는 기능을 부여하고 있다. 이 공포는 포식자의 위험을 사전에 피하도록 하며, 뇌간으로 전달되는 외부 명령을 차단하는 역할을 한다. 이러한 안전장치도 우리 인간에게는 부족하여 신피질에 의심이라는 기능을 심어놓았다. 외부에서 감각기관을 통해 들어온 각종 정보를 신피질에서 의심이라는 기구를 통해 다시 생각하게 함과 동시에 미래에 일어날 일에 대하여 사전에 대비케 하는 능력을 가지게 하였다.

이러한 기능들에 대한 보기로, 가정집에 화재가 발생했을 때 주부가 금고를 밖으로 운반하였는데, 화재를 진압하고 난 후 금고를 보니 주부 혼자서는 도저히 들 수 없는 냉장고이더라는 식의 이야기가 심심찮게 들린다. 이와 같은 현상은 불가능한 이야기가 아니고, 다급한 경우 신피질의 의심과 구피질의 공포가 작동할 시간적 여유가 없이 바로 뇌간의 근육 운동 기능에 명령이 전달되면 가능할 수 있다. 만약 우리 인간이 깊은 사유(思惟)를 통해 구피질의 공포와 신피질의 의심을 통제하여 뇌간과 직접적인 통신을 할 수 있다면, 남다른 능력을 보여줄 수 있을 것이다.

(2) 뇌의 각 영역 기능

인류의 뇌를 해부학적 측면에서 분류하면 다음과 같다.

① **대뇌**: 뇌에서 가장 큰 부분을 차지하며(약 80%), 좌반구와 우반구로 나뉘어 있다. 각 반구는 반대쪽의 몸으로부터 정보를 받아들이고 근육을 조절한다. 정보의 기억, 추리, 판단과 감정, 의지 등의 정신 활동을 담당하는 곳으로 연합령, 지각령, 운동령으로 구분되고, 이와 같은 현상은 피질에서 일어난다. 그리고 대뇌의 좌반구와 우반구를 연결시켜주는 뇌량(腦梁)이 있다.

② **간뇌(間腦)**: 시상과 시상하부로 구분되며, 시상하부 아래쪽에 뇌하수체가 있어서 항상성 유지에 중요한 역할을 한다. 간뇌는 자율신경계를 조절하는 중추이며, 체온 조절 및 수면 중추도 있다.

③ **중뇌**: 눈동자의 움직임과 홍채의 수축 작용 등을 조절하는 기능을 맡고 있다.

④ **소뇌**: 움푹 접혀 들어간 두 개의 반구로, 몸의 운동과 균형을 유지시켜준다.

따라서 알코올로 인해 소뇌가 마비되면 자세를 바로잡지 못하고 비틀거리게 된다.

⑤ **연수**: 뇌의 가장 아래쪽 부분으로 척수와 연결되어 있다. 이곳에서 신경섬유가 서로 엇갈리게 연결되어 있어, 뇌의 각 반구는 몸의 반대편에서 오는 정보를 받아들이게 된다. 호흡 운동, 심장 박동, 소화관 운동 등을 조절하는 중추가 있으며, 또 음식물을 삼키거나 재채기, 침 분비 등을 조절하는 반사 중추도 있다. 연수가 다치면 생명이 위험하므로 생명 현상을 관장하는 중추라고도 한다.

⑥ **척수**: 흥분(자극)의 전달 경로이며, 반사 운동의 중추다.

(3) 인간 뇌의 특성

우리 뇌는 크기에 비해 몸에서 혈액에 실려온 영양을 소비하는 비율이 가장 높은 곳이다. 뇌의 무게는 체중의 약 2 %에 불과한 1,300~1,400 g 정도이지만, 심장에서 나가는 피의 15 %를 소비하고(1분당 750 cc), 평상시 들이마시는 산소의 20~25 %를 쓴다. 현재까지 알려진 뇌세포의 수는 100억~1,000억 개 정도로 추정된다. 이렇게 수많은 뉴런이 있는 인간의 뇌는 뇌간, 구피질, 신피질의 층상 구조로 되어 있을 뿐만 아니라 좌우로 분리되어 좌뇌와 우뇌로 이루어져 있다. 특히 대뇌는 좌뇌와 우뇌로 확연히 나뉘어져 있는데, 각각 반대편에 있는 몸의 지각과 운동을 담당하고 있다. 즉, 오른손을 움직일 때는 오른손과 반대쪽에 있는 좌뇌에서 명령을 내리고, 왼손을 움직일 때는 우뇌에서 명령을 내린다.

좌뇌(思의 영역)는 언어 중추가 자리 잡고 있어서 언어의 뇌라고 한다. 이 뇌가 발달하면 언어 구사 능력, 문자나 숫자 · 기호의 이해 능력, 논리에 맞는 사고 능력 등의 분석적이고 논리적이며 합리적인 능력이 뛰어나다. 일반적으로 아이들은 성장하면서 좌뇌를 많이 개발하게 된다.

우뇌(念의 영역)는 이미지 뇌라고도 하며, 그림이나 음악 감상, 스포츠 활동 등과 같이 단숨에 상황을 파악하는 직관이 필요한 감각 분야를 담당한다. 또한 우뇌는 패턴 인식이라는 기법으로 기억을 이미지화하여 우뇌에 파일 형태로 저장할 뿐만 아니라 필요할 때 꺼내 쓰는 능력이 있다. 아기가 어머니와 남을 구별할 수 있는 것은 이 능력 때문이다. 특히 미로 찾기와 같은 공간 인식 능력은 우뇌의 역할이 크다.

이렇게 좌뇌와 우뇌가 하는 일에는 차이가 있지만, 좌뇌와 우뇌는 뇌량을 통하여 정보를 교환하면서 자신의 생명체를 환경으로부터 최적의 상태로 가져가기 위해 끊임없이 노력한다. 이를 위해 자신의 감각기관을 통하여 정보를 받아들이고, 받아들인 정보를 가공하고 종합하여 앞으로의 행동을 결정지으며, 또 받아들인 정보를 뇌에 축적하여 다음에 들어오는 정보의 판단 근거로도 활용한다. 따라서 올바르고 가치 있는 자료를 축적하기 위해서는 감각기관을 통한 올바른 관측(측정)과 올바른 판단이 필요하다. 우리의 감각기관을 통한 자연물의 인식이 반복되면, 그것이 습(習)이 되고, 이렇게 습으로 쌓인 것이 기장(氣場)을 형성하여, 혼(魂)과 영(靈)이 거주하는 지성체(智性體)가 된다. 최상의 지성체가 되기 위해서는 먼저 감각기관이 인식(측정)하는 과정에서 생기는 오류의 가능성에 대한 정확한 이해가 필요하다. 이 부분은 다음 장에서 상세히 소개한다.

진화상 두뇌 확대의 문제: 뇌의 무게는 우리 체중의 약 2 % 정도이지만 머리는 큰 편이다. 특히 인간이 직립하면서 골반이 두꺼워지고 산도(産道)가 좁아져서 출산이 어렵게 되었는데도 불구하고 뇌와 머리는 더 크게 발달하였다. 이러한 상황을 타개하기 위한 대책이 없었다면 인간은 멸종했을 것이다. 인간은 조기 출산으로 이러한 문제를 해결하였다. 출생 시 침팬지의 뇌는 성숙한 침팬지 뇌의 40~50 %에 이르나, 신생아의 뇌는 성인 뇌의 25 %에 불과하다. 즉, 인간의 뇌는 태어난 후 모체 밖에서 주로 성장하게 되었으므로, 출생 이후 육아의 기간이 길어질 수밖에 없었다.

인간의 뇌는 모든 포유동물 가운데 신체 크기와 비교했을 때 가장 크다. 그러나 전체적인 뇌의 무게는 푸른 큰고래가 6,800 g, 아시아코끼리가 약 5,000 g, 돌고래는 2,350 g, 사람은 1,350 g 정도로, 고래의 뇌가 가장 크다. 체중과 비교해보면, 사람의 뇌 1 g은 50 g의 몸을 관리하는 반면, 고래의 뇌는 1 g당 체중 5 kg을 담당하고 있어서 사람보다 100배나 더 큰 부담을 뇌세포에 주게 된다. 따라서 인간의 뇌세포 하나하나는 다른 동물보다 훨씬 능률적이고 치밀하게 일을 할 수 있게 되어 있다.

10장 자연의 본질과 인간의 탐구 활동

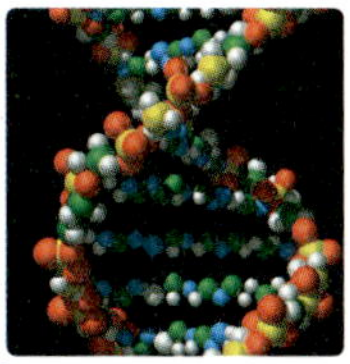

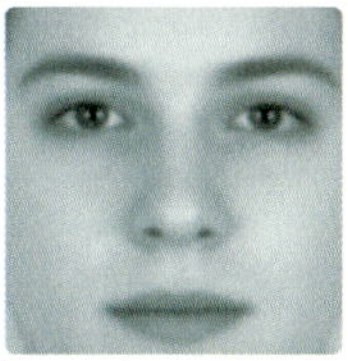

10.1 측정의 주체와 대상

인간은 정보를 저장하고 분석할 수 있는 두뇌를 발전시키고 각종 정보를 받아들일 수 있는 감각기관을 발달시킴으로써 지혜로운 생명체로 발전하였다. 지혜로운 생명체가 가지는 가장 주요한 요소는 환경으로부터 오는 정보 인식의 창구다. 우주에 존재하는 물체나 물질은 요요(遼遼)히 존재하나 그 존재를 알리는 정보로서 확률파가 공간에 존재하고, 그 파동을 통하여 존재를 검출함으로써 존재의 유무를 확정 짓는다. 이때 요요히 존재하는 물체나 물질의 참된 모습을 알 수 있는 관건은 물체로부터 나오는 정보전달자와 측정하는 인식자 그리고 그 정보를 가공처리하는 뇌 영역의 '정확성'에 의존된다. 즉, 인간 내면의 심연세계를 형성하는 좋은 씨앗은 환경으로부터 오는 각종 정보의 진실한 모습을 인식하여 바른 습(習)을 쌓는 것에서 비롯된다. 따라서 측정의 본질에 관한 이해가 필요하다.

10.1.1 존재와 인식의 한계

물리학자 드브로이(de Broglie)는 물질 알갱이가 어떤 속도로 운동한다는 것은 파동적인 측면에서 볼 때 마치 파속(波束)이 군속도로 운동하는 것과 같다고 생각하였다. 그는 그림 10.1에 나타낸 것처럼 입

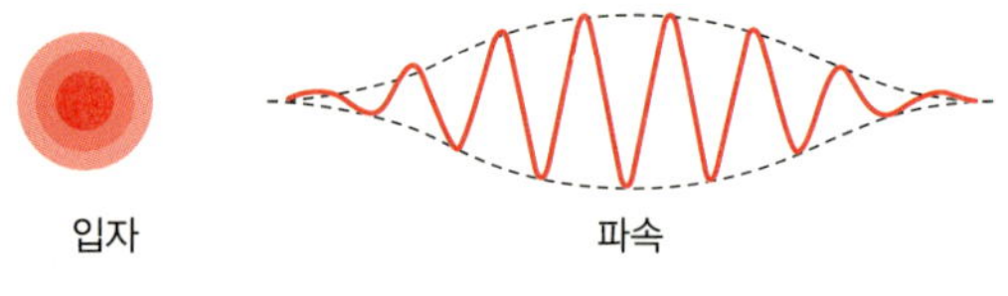

그림 10.1 입자와 파속.

자적인 관점에서 보면 물질 알갱이가 속도 v로 운동하는 것이고, 파동적인 관점에서 보면 파속의 중심 속도인 군속도가 v라고 생각하여, 다음과 같은 **드브로이 관계식**을 도출하였다.

$$P(=mv)=\frac{h}{\lambda} \tag{10-1}$$

여기서 $P(=mv)$는 질량 m인 입자적인 관점의 물리량인 운동량이고, λ는 파동적인 관점의 물리량인 파장으로서 공간적 주기성을 갖고 있다. 그리고 h는 플랑크 상수다. 따라서 이 식은 관점에 따라 나타나는 입자성과 파동성을 연결해주는 것이다.

이러한 관계를 사람들이 잘못 해석하여 마치 물질이 공간에 파동 형태로 퍼져 있는 것으로 오인하고 있다. 만약 물질이 파동 형태로 공간에 퍼져 나간다면 파동의 발생원에는 물질이 계속 공급되어야 한다는 모순에 봉착한다. 물체의 존재를 알게 하는 매개자 또는 정보전달자는 물질파를 포함한 파동으로 전달된다. 예를 들어 전자파의 빛, 탄성파의 소리, 물질파의 형태로 전달되는 물체(기체, 액체, 고체) 등이 있다. 이들 중에서 정보를 가장 빠르게 전달하는 정보전달자는 빛과 같은 종류다. 그림 10.2를 보면, 137억 년 전에 탄생한 우주의 가장자리에 있는 퀘이사로부터 물질의 존재를 알리는 정보전달파가 경로 A와 B로 오고 있고, 이 두 파가 서로 간섭을 일으켜 간섭무늬를 형성하고 있다. 만약 경로 A나 경로 B에서 검출기(인식자)로 검출한다면, 인식자에 의해 검출되는 순간 퀘이사라는 물체로 인식되어 나타날 것이다. 또 간섭무늬 자체를 관측하면 파동의 행위를 인식할 수 있다. 즉, 요요하게 공(空)으로 존재하는 것은 측정 행위(측정의 마음)에 따라 물체 또는 파동인 색(色)

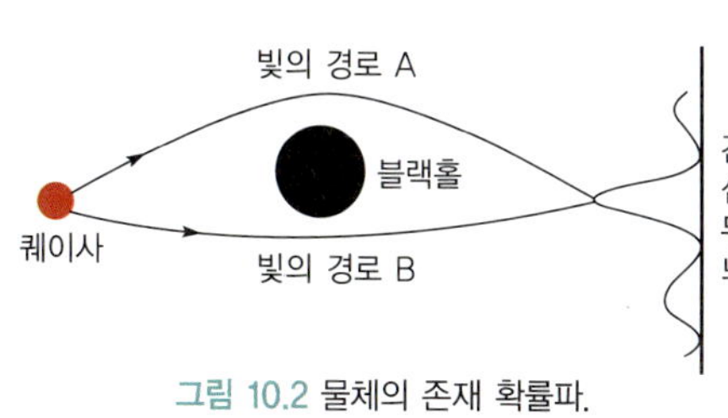

그림 10.2 물체의 존재 확률파.

으로 나타난다. 그리고 현재, 측정의 행위는 과거 수십억 년 전의 퀘이사와 연결된다. 이것이 인과(因果)의 법칙으로, 경로 A에서 검출하면 빛의 경로 A로 전달되는 인과의 법칙이 적용되고, 경로 B에서 검출하면 경로 B로 전달되는 인과를 가지게 되며, 또 간섭무늬 자체를 검출하면 두 파의 간섭 결과와 인과를 가지게 된다.

(1) 입자의 파동함수

어떤 입자의 존재 확률파가 시공간에 퍼져 있다면, 입자의 존재를 나타내는 **확률파**는 파동의 특성인 **공간적 주기성**(파장)과 **시간적 주기성**(주기)을 갖는다. 어떤 입자가 운동량 $P(=mv)$와 에너지 E를 갖는다면, 입자의 위치적 특성을 나타내는 운동량 P는 공간의 주기성과 연결된 파수 K $(=2\pi/$파장$)$와는 다음과 같이 관련이 된다.

$$K\left(=\frac{2\pi}{\lambda}\right)=\frac{P}{\hbar} \qquad (10\text{–}2)$$

특히 이 식은 (10–1)식에 나타낸 드브로이 관계식과 같다.

그리고 시간의 흐름과 관련된 입자의 에너지 E는 시간의 주기성과 연관된 각진동수 $\boldsymbol{\omega}$와는 다음과 같이 관련되어 있다.

$$\boldsymbol{\omega}\left(=2\pi f=\frac{2\pi}{T}\right)=\frac{E}{\hbar} \qquad (10\text{–}3)$$

따라서 (10–2)식에 나타낸 입자의 운동량 P는 그 운동 상태를 알리는 파가 공간에 퍼져 있으며 그리고 (10–3)식에 나타낸 입자의 에너지 E는 그 에너지 상태를 알리는 파가 시간축(과거, 현재, 미래로 된 시간의 흐름)에 퍼져 있다.

만약 어떤 확률파가 시공간에 퍼져 있다면 특정 시공간에서 그 확률파의 주체(主體)에 대한 존재의 확률을 계산할 수 있다. 거시 물리학에서는 시간 t_1에 입자가 위치 (x_1, y_1, z_1)에 있다면 이 시간에 입자는 그 위치에 꼭 있어야 한다. 이것이 우리가 가지고 있는 일반적인 기계적 사고방식의 결과다. 그러나 그 입자는 존재에 대한 것과 운동량, 에너지 등의 물리량에 대한 것을 정보전달자를 통해 시공간에 펼쳐놓고 있다. 이때 우리가 그 물리량들을 측정하고자 검출기(인식자)를 이용하여 정보전달자와 상호작용시키면 검출기의 뜻에 따른 물성을 확인하게 된다.

정보전달자의 일종인 이 확률파의 파동함수를 $\Psi(x, y, z; t)$라 하면, 시간적 위치 t_1과 공간적 위치 (x_1, y_1, z_1)을 중심으로 한 미소공간 dV와 미소시간 dt에서 확률파의 주체를 발견할 확률은 $|\Psi(x_1, y_1, z_1; t_1)|^2 dVdt$이다. 이 함수를 전 공간과 시간에 대해 적분하면 항상 1이 된다. 왜냐하면 확률파의 주체는 시공간의 어딘가에는 존재하기 때문이다. 그리고 시간 t_1과 공간적 위치 (x_1, y_1, z_1)에서 물리량을 발견할 확률밀도 $\rho(x_1, y_1, z_1; t_1)$는 $|\Psi(x_1, y_1, z_1; t_1)|^2$이 된다. 확률밀도 함수 $\rho(x_1, y_1, z_1; t_1)$는 전체 시공간의 영역에서는 항상 어딘가에 존재하기 때문에 전 시공의 영역을 적분하면 1이 되나 국소 영역으로 한정하면 거기에서 측정되는 물리량은 정보전달자의 요동으로 인하여 불확실성이 내포된다. 즉, 우주에 존재하는 모든 물체는 그들이 갖는 물리량을 확률파로 하여 이미 시공간을 점유하고 있고, 이 파동을 검출기로 검출함으로써 물체의 물리량을 확정한다. 이때 물체의 존재를 알리는 확률파동은 검출기가 검출할 수 있는 속성을 가진 물리량이기 때문에 물체 자체의 속성과는 다른 물성으로 전환되어 있다. 이렇게 물성이 전환될 경우, 항상 그 과정에서 본질적 불확정이 게재된다.

(2) 시간과 에너지에 관한 불확정성

앞에서 논의했던 바와 같이, 입자의 존재를 알리는 확률파의 구체적인 사안으로 입자의 운동량이라는 물리량의 정보를 나르는 확률파는 입자가 점유하고 있는 공간적인 위치와 확률파의 파장과 관련되어 있고, 입자의 에너지라는 물리량의 정보를 나르는 확률파는 입자가 점유하고 있는 시간적 위치와 확률파의 주기가 관련되어 있다. 그리고 입자의 운동량과 에너지를 연결시켜주는 매개변수는 입자의 속도 v이다. 속도 v는 시간적 위치 간격에 대한 공간의 위치 이동의 비율이므로 공간과 시간을 이어주는 연결고리다. 즉, 입자(존재물)의 이동이 시간과 공간을 이어준다.

운동량이나 에너지는 그것의 존재를 알리는 확률파로 검출기(인식자)에 작용되기 때문에 파장[공간적 파장과 시간적 파장(주기)]을 가진 정보전달 매체는 분해능이라는 한계를 가진다. 따라서 그림 10.3에 나타낸 바와 같이 시간적 위치, 즉 운동 에너지를 가진 입자가 시간축의 $-T \leq t \leq T$ 사이에 존재한다면 이 존재의 함수는

$$-T \leq t \leq T \text{ 인 경우; } f(t) = e^{i\omega_o t}$$

$$-T > t,\ t > T \text{ 인 경우; } f(t) = 0 \qquad (10\text{–}4)$$

로 표현되며, 이 운동 에너지의 실체는 시간축에 에너지 존재의 확률파로 퍼져 있다. 이 확률파는 시간의 주기성인 각진동수 $\boldsymbol{\omega}$의 형태로 검출기와 상호작용한다. 따라서 시간이 독립변수인 함수 $f(t)$를 각진동수가 독립변수인 함수 $\boldsymbol{g}(\boldsymbol{\omega})$로 변환시켜주는 수학적 방법이 푸리에(Fourier) 변환이다.

그림 10.3에 나타낸 시간축의 어떤 시간 위치에 존재하는 물리량을 각진동수가 독립변수인 함수 $\boldsymbol{g}(\boldsymbol{\omega})$로 변환시키면

$$\boldsymbol{g}(\boldsymbol{\omega}) = \frac{1}{\sqrt{2\pi}} T \frac{\sin[(\boldsymbol{\omega}_o - \boldsymbol{\omega})T]}{(\boldsymbol{\omega}_o - \boldsymbol{\omega})T} \qquad (10\text{–}5)$$

이 된다. 이 식에서 $\boldsymbol{\omega}$에 대한 $\boldsymbol{g}(\boldsymbol{\omega})$를 그리면 그림 10.4와 같이 된다.

시간축에서 시간 $-T$와 T 사이에 존재하던 어떤 에너지를 가진 물리량이 퍼뜨린 확률파가 각진동수 영역으로 푸리에 변환되었을 때, 각진동수의 주영역은 $\boldsymbol{\omega}_o - \pi/T$와 $\boldsymbol{\omega}_o + \pi/T$ 사이의 값을 가진다. 즉, 각진동수가 가지는 대역폭은 $\Delta\boldsymbol{\omega} = (\boldsymbol{\omega}_o + \pi/T) - (\boldsymbol{\omega}_o - \pi/T) = 2\pi/T$가 된다. 이 식에 2π를 나누고, 또 T를 곱하면

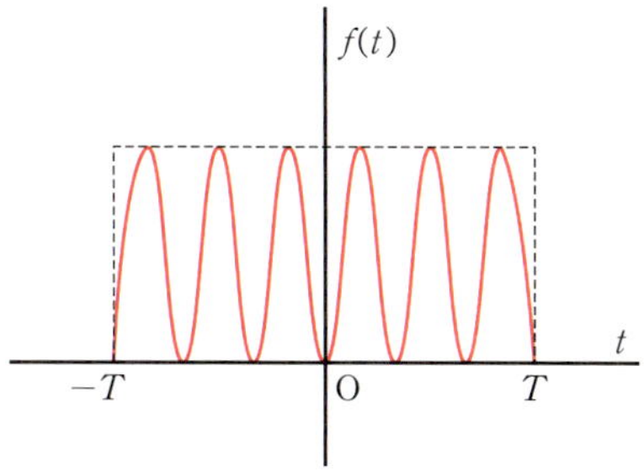

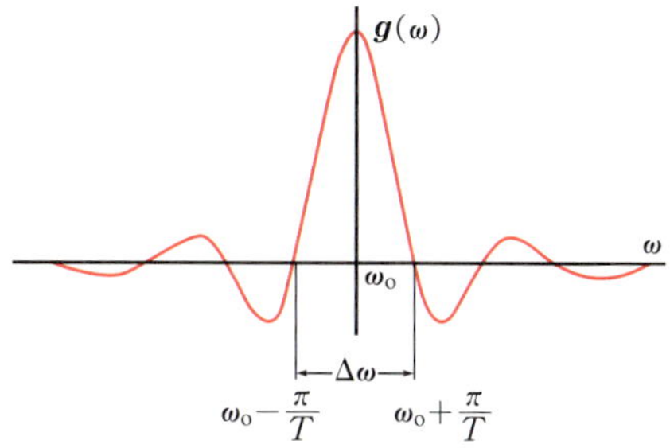

그림 10.3 시간축상의 어떤 시간 위치에 존재하는 물리량.(왼쪽)
그림 10.4 각진동수 영역에서 파속.(오른쪽)

$$T \cdot \frac{\Delta\omega}{2\pi} = 1 \qquad (10\text{–}6)$$

이 된다. 이 식의 양변에 플랑크 상수 h를 곱하되 $h \cdot (\Delta\omega/2\pi)$가 에너지 ΔE인 점을 감안하면

$$T \cdot \Delta E = h \qquad (10\text{–}7)$$

를 얻는다. 이 식은 '시간과 에너지의 곱의 최소치가 h이다.' 라는 사실을 말해주고 있다. 따라서 시간과 에너지에 관한 불확정의 범위로 나타내면 다음과 같다.

$$\Delta T \cdot \Delta E \geq h \qquad (10\text{–}8)$$

(10–8)식은 어떤 물리계가 시간축상에서 어느 시점에 존재할 때와 그 물리계가 방출하는 확률파에 의해 전달되는 정보로 에너지를 측정할 때, 측정하는 시간 간격과 측정되는 에너지 사이에는 반비례 관계가 성립되며, 또 이 값들의 곱이 임계값 이하가 될 수 없음을 나타낸다. 예를 들어 매우 짧은 시간에 물리계의 에너지를 측정하고자 한다면 이 물리계의 에너지가 어느 값 이상이 되어야 측정이 가능함을 나타낸다. 그리고 물리계의 에너지가 매우 적으면 측정 시간이 길어야 한다. 그러나 모든 물리계는 항상 그대로 있는 것이 없으므로 측정 시간이 길어지면 정확한 측정은 본질적으로 불가능함을 알 수 있다. 이는 우주의 본질인 요동이 측정

에서 항상 내재(內在)되어 있음을 말해주는 것이다.

(3) 공간적 위치와 운동량에 대한 불확정성

어떤 입자가 운동량 P (=mv)를 갖는다면, 입자의 위치적 특성을 나타내는 운동량 P는 공간의 주기성과 연관된 파수 K(=2π/파장)와는 (10-2)식에 나타낸 것과 같이 관련되어 있다. 운동량은 그것의 존재를 알리는 확률파로 검출기에 작용되는데, 파장을 가진 정보전달매체로서 검출기와 상호작용하기 때문에 분해능의 한계가 있기 마련이다. 따라서 그림 10.5에 나타낸 바와 같이 공간적 위치, 즉 어떤 운동량을 가진 입자가 공간의 어떤 x축상의 $-a \le x \le a$ 사이에 존재한다면 이 존재의 함수는

$$-a \le x \le a \text{ 인 경우;} \quad \Psi(x) = e^{ik_o x}$$
$$-a > x,\ x > a \text{ 인 경우;} \quad \Psi(x) = 0 \qquad (10\text{-}9)$$

으로 표현된다. 이 물체는 운동량이라는 물리량의 확률파를 공간에 펼쳐놓고 있다. 이 확률파는 공간적 주기성인 파수 K(=2π/λ)의 형태로 검출기와 상호작용한다. 따라서 위치가 독립변수인 함수 $\Psi(x)$를 파수가 독립변수인 함수 $\phi(k)$로 변환시켜주는 방법이 푸리에 변환이다.

그림 10.5에 나타낸 공간상의 어떤 위치에 존재하는 물리량을 파수공간의 함수 $\phi(k)$로 변환시키면

$$\phi(k) = \frac{a}{\sqrt{2\pi}} \frac{\sin[(k_o - k)a]}{(k_o - k)a} \qquad (10\text{-}10)$$

이 된다. 이 식에서 k에 대한 $\phi(k)$를 그래프로 나타내면 그림 10.6과 같이 된다.

x축상에서 $-a$와 a 사이의 공간에 존재하던 운동량을 가진 물체가 펼쳐놓은 확률파가 파수공간으로 푸리에 변환 되었을 때, 파수의 주영역은 $k_o - \pi/a$와 $k_o + \pi/k$ 사이가 된다. 즉, 파수가 가지는 대역폭은 $\Delta k = (k_o + \pi/a) - (k_o - \pi/a) = 2\pi/a$가

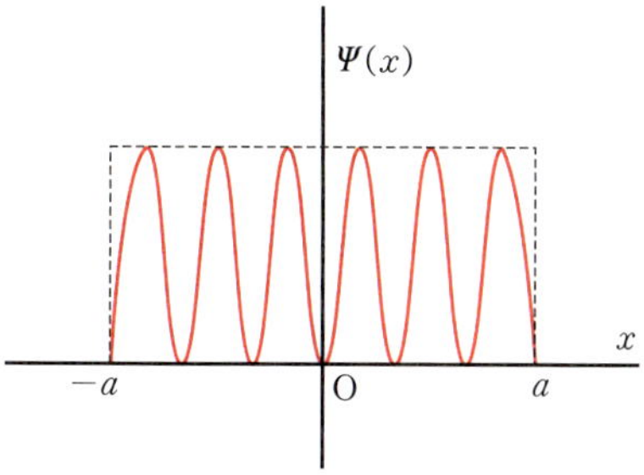

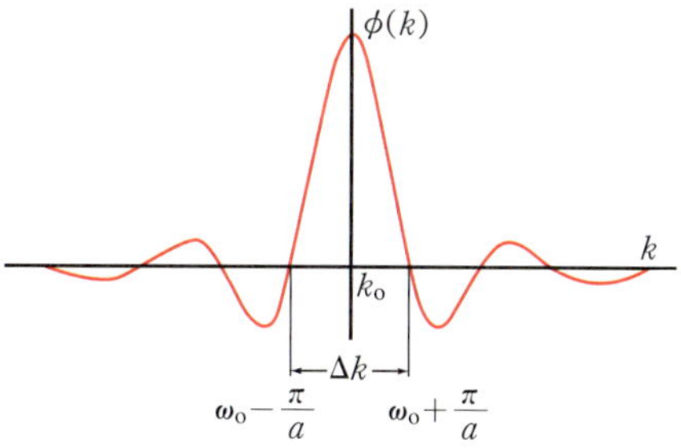

그림 10.5 거리 공간 영역에서의 파속.(왼쪽)
그림 10.6 파수 영역에서의 파속.(오른쪽)

된다. 이 식에 2π를 나누고, 또 a를 곱하면

$$a \cdot \frac{\Delta k}{2\pi} = 1 \tag{10-11}$$

이 된다. 이 식의 양변에 플랑크 상수 h를 곱하되 $h \cdot (\Delta k/2\pi)$가 운동량 $\triangle P$인 점을 감안하면

$$a \cdot \Delta P = h \tag{10-12}$$

를 얻는다.

(10-12)식은 어떤 물체가 어느 공간에 존재할 때, 그 물체가 펼쳐놓은 확률파에 의하여 전달된 정보로써 운동량을 측정한다면 측정하는 공간의 위치 간격과 측정되는 운동량 사이에는 반비례 관계가 성립되며, 또 이 값들의 곱이 임계값 이하가 될 수 없음을 나타낸다. 예를 들어 어떤 물체가 공간에서 운동하고 있는데, 이 물체의 위치 변화가 매우 작은 영역에서 운동량을 측정하고자 한다면 이 물체의 운동량이 임계값 이상이 되어야 측정이 가능하다. 그리고 물체의 운동량이 매우 적으면 측정하는 위치의 간격이 넓어야 한다. 이와 같은 상황에서, 첫 번째 위치에서 측정한 물체의 정보와, 다른 두 번째 위치에서 측정한 물체의 정보는 다를 것이다. 즉, 첫 번째 측정 위치와 두 번째 측정 위치의 거리 차이가 크면 클수록 이미 물체는 변해 있기 때문에 정확한 측정은 본질적으로 불가능함을 알

수 있다.

결론적으로 시간과 에너지에 관한 불확정성의 논의와 공간적 위치와 운동량에 대한 불확정성의 논의에서, 본질적 불확정성이 존재하는 이유는 물체로부터 시공간에 펼쳐진 여러 물리량의 확률파 중 하나가 검출기와 상호작용할 수 있는 물리량으로 전환되는 과정에서 불확정성이 발현되기 때문으로 보인다. 즉, 물체의 에너지를 측정할 때는 시간축상의 어떤 시간 위치에 존재하는 물리량이 각진동수 ω축의 물리량으로 전환된 형태에서 검출기와 상호작용하기 때문에 불확정성이 나타난다. 또 물체의 운동량을 측정할 때도 거리축상의 어떤 공간 위치에 존재하는 물리량이 파수 $K(=2\pi/\lambda)$축의 물리량으로 전환된 형태에서 검출기와 상호작용하기 때문에 역시 불확정성이 나타난다. 즉, 물체가 펼쳐놓은 확률파 중에서 검출하고자 하는 요소에 따라(검출기의 마음에 따라) 선택적으로 상호작용하기 때문에 물체의 정확한 물리적 속성이나 양을 확정하는 데는 한계가 있다. 여기서 선택적으로 상호작용되는 확률파는 물체의 본성에서 변환된 한 형태이고, 이 변환 과정에서 불확실성이 항상 나타난다.

10.1.2 측정과 법칙의 신뢰도

(1) 측정의 종류

측정은 측정 대상물로부터 정보전달자의 생성 방법에 따라 두 가지로 분류된다. 그중 하나는 측정 대상물의 내적 변화에 의하여 저절로 방출되는 정보전달자를 인식하는 **피동적 측정법**이고, 다른 하나는 측정 대상물에 외적 자극을 가하여 정보전달자를 강제로 나오도록 하여 측정하는 **능동적 측정법**이다.

1) 피동적 측정

피동적 측정법은 측정 대상물에서 검출기와 상호작용할 수 있는 정보전달자가 나올 때에만 가능하고, 또 어떤 형태와 어느 방향으로 나올 것인지 알 수 없으므로 관측 방법과 위치에 많은 시공간적 제약을 받는다.

2) 능동적 측정

자극을 측정 대상물에 가하고, 이 자극과 측정 대상물이 상호작용한 후 나오는 정보전달자를 관측자가 인식하는 방법이다. 일반적으로 자극의 매개자와 측정 대상물의 구체적 상호작용은 알 수 없으나 정보전달자가 갖고 나온 정보에 따라 측정 대상물의 특성이 결정된다. 측정 대상물에 자극을 주는 요소가 갖는 본질적인 오차가 있으며, 이미 오차를 포함한 자극을 측정 대상물과 상호작용시켜 나온 정보전달자는 정보의 불확실성이 더욱더 증대된다.

만약 능동적 측정에서 약한 자극을 가한다면, 정보전달자는 적게 나옴으로써 정보 전달의 정확성이 떨어진다. 그러나 약한 자극으로 인하여 측정 대상물의 변형 양은 적다. 따라서 측정 대상물은 본래의 모습에 가까운 상태로 유지된다. 그림 10.9에 약한 자극을 가했을 때의 장단점을 나타내었다. 약한 자극의 경우, 자극에 의한 측정 대상물의 변화가 작은 장점은 있지만, 대신에 자극을 통하여 나오는 정보전달자의 양이 적어서 정보 전달의 정확성이 낮아지는 단점이 있다. 반면

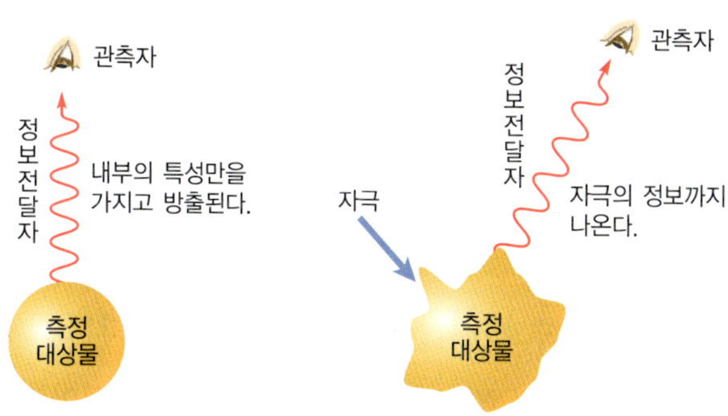

그림 10.7 피동적 측정.(왼쪽)
그림 10.8 능동적 측정.(오른쪽)

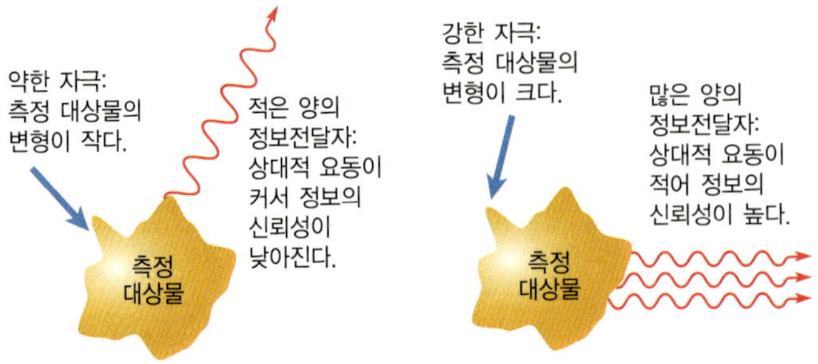

그림 10.9 능동적 측정에서 약한 자극을 가했을 경우.(왼쪽)
그림 10.10 능동적 측정에서 강한 자극을 가했을 경우.(오른쪽)

에 그림 10.10에 나타낸 바와 같이 강한 자극을 가했을 경우, 정보전달자의 양이 많아서 정보의 명확성은 증가하나 큰 자극에 의하여 본래의 모습이 상당히 변화됨과 동시에 큰 자극의 정보가 관측자에게 전달되는 현상이 생겨 물체 본래의 모습을 측정하는 데 한계가 있다.

강한 자극과 약한 자극의 차이에 대한 예를 들어보자. 한 인간의 본성을 알아보기 위해 우리는 어떻게 하는가? 먼저 자유방임 상태에서 관찰을 하게 된다. 이런 상태에서 그 사람은 관습적 습관과 이성적 통제 아래에서 생활하기 때문에 피상적 정보만을 얻게 된다. 그래서 이 이성적 통제를 약간 제거하여 동물적 본성을 보기 위해 물리적 자극을 가하면, 이 자극을 받아 즉각 반응하게 된다. 자극의 강도가 약하면 동물적 본성의 표출이 적다. 그러나 자극의 강도를 높여가면, 동물적 본성의 표출은 강해지나 자극의 요소가 인간의 본성을 파괴하여 표출되는 정보는 변질되어버린다. 결국 자극이 극대화되어버리면 인간 자체를 파괴해버리므로 여기서 나오는 정보는 아무 쓸모없는 것이 된다.

(2) 법칙의 신뢰도

1) 본질적 불확실성

측정의 종류를 논의하는 과정에서 이미 소개하였듯이, 법칙은 측정을 기본으로 하여 이루어진다. 따라서 어떤 사물의 물성을 알기 위해서 측정이라는 과정이 필요하다. 넓은 의미에서 측정은 관측을 의미하며, 이 관측이 이루어지기 위해서 관측 대상이 있어야 한다. 그리고 관측 대상으로부터 정보전달자가 관측자에게 전달되어야 하며, 또 관측자와 정보전달자의 상호작용이 있어야 함과 동시에 관측자의 판단이 있어야 한다. 관측에서 관측물이 진실한 모습이 아닌 다른 모습으로 관측될 가능성은 여러 과정마다 내재되어 있다. 측정 대상물을 진실한 모습으로부터 빗나가게 하는 요소 중에서 정보 전달의 요동 현상을 소개하면 다음과 같다.

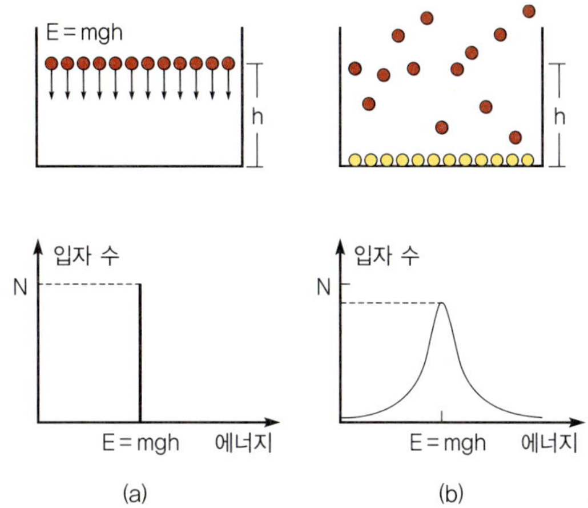

그림 10.11 동일한 에너지를 갖고 있는 입자들은 시간이 지남에 따라 가우스 분포를 나타낸다.

그림 10.11(a)는 동일한 위치 에너지를 가진 입자들이 상자의 바닥으로 떨어지기 직전의 모습으로, 이것을 입자의 에너지 대 입자 수의 그래프로 나타내면 바로 아래의 그림과 같이 위치 에너지 mgh인 입자가 N개 있는 것으로 표현된다. 만약 입자와 상자 바닥이 완전 탄성 충돌을 한다고 가정하고 공을 동시에 놓은 후 충분한 시간이 지나면, 그림 10.11(b)와 같은 분포를 이룬다. 만약 입자들의 위치에 대한 요동이 없었다면 입자들은 동일한 높이까지만 올라왔다가 다시 떨어지는 운동을 반복해야 한다. 그러나 실제 자연계에서는 처음 떨어뜨린 높이보다 높게 올라가는 입자들도 있고, 또 일부는 낮게 올라오기도 하여, 결국 에너지 대 입자 수의 분포를 그래프로 그리면 그림 10.11(b)의 아래 그림과 같이 가우스 분포를 이룬다. 이러한 현상은 자연계에서 광범위하게 일어나는 것으로 요동의 좋은 보기다.

즉, 이 요동은 피관측체의 본 모습을 왜곡시키는 요인이다. 이와 같은 현상은 우주의 엔트로피 증가라는 물질들의 인과성(因果性) 때문이며, 엔트로피가 증가하는 과정에서는 **연관**(聯關)**의 변증법**과 **변화**(變化)**의 변증법**을 따른다.

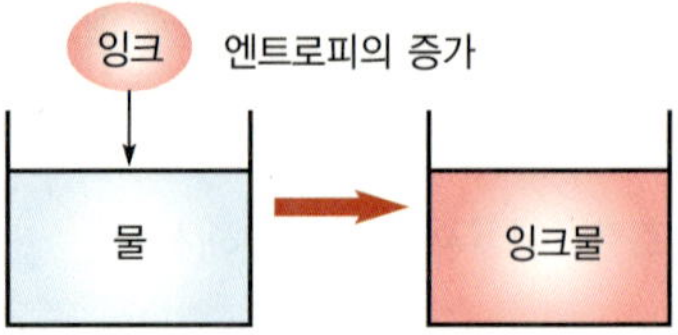

그림 10.12 엔트로피의 증가.

그림 10.12에 나타낸 것처럼 물에 잉크를 한 방울 떨어뜨리면 잉크는 물과 섞여 희석되어간다. 시간이 충분히 흐르면 물과 잉크가 골고루 섞여 잉크물이 된다. 이와 같은 과정을 '엔트로피가 증가한다.' 라고 한다. 반대로 잉크물이 순수한 물과 잉크방울로 분리되는 현상은 거의 일어날 가능성이 없다. 이런 과정은 엔트로피가 감소하는 과정이며, 자연계에서는 항상 전체적인 엔트로피가 증가하는데 엔트로피가 증가하는 현상은 현재 우리 우주가 팽창하고 있기 때문이다. 그러나 부분적으로 엔트로피가 감소하는 경우도 있다.

① 변화의 변증법[제행무상(諸行無常)]

빅뱅 이후 우리 우주의 시공간은 확장되어가고 있다. 그 속에는 물질 알갱이들의 존재를 알리는 확률파가 곳곳에 퍼져 있으며, 이 파들의 상호작용과 간섭으로 인하여 물질 알갱이의 속성이 끊임없이 변화해가고 있다. 이와 같은 현상은 항상(恒常) 상태를 유지할 수 없다는 원리로서 팽창 우주의 한 단면을 설명하고 있다.

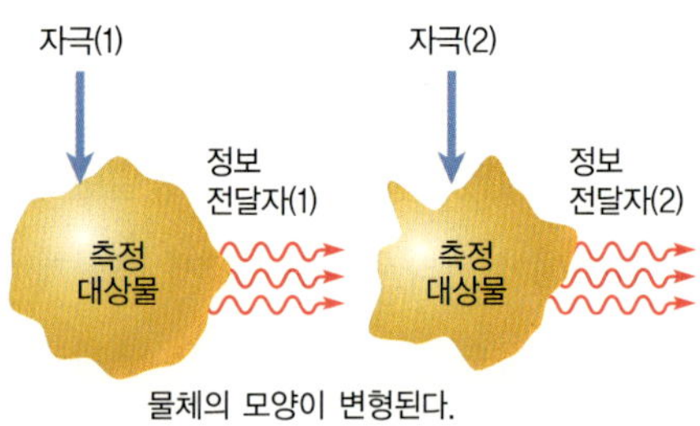

그림 10.13 주변의 끊임없는 상호작용으로 인해 실체의 본질이 변한다.

그림 10.13에 나타낸 것처럼, 주변으로부터 일련의 자극(1)과 자극(2)가 가해진다면, 자극(1)에 의한 정보전달자(1)의 정보와 자극(2)에

의한 정보전달자(2)의 정보는 다르다. 왜냐하면 자극(1)에 의해 물체는 이미 변형된 상태가 되고, 자극(2)에 의해 방출되는 정보전달자(2) 속에는 이미 변형된 물체의 정보가 함께 전달되기 때문에 처음 상태의 모습은 알 수 없다. 따라서 이와 같은 주변과의 상호작용으로 인한 결과로 본래의 모습은 유지되지 않는다. 즉, 세상에는 두 가지 진실이 있는데, 하나는 '모든 존재는 변화의 변증법에 따라 변해간다.' 라는 사실과 '이 변한다는 말뜻이 바뀌지 않는다.' 라는 사실이다.

② 연관의 변증법[제법무아(諸法無我)]

우리 우주의 시공간이 확장되어갈 때 연관의 변증법은 주로 시간적 측도에 관련된 법으로서 각 존재자의 이력과 관련이 있다. 물질 알갱이들의 상호작용 순서는 시간적 측도 공간의 확장을 통해 일어나는 현상이며, 이 현상은 인과성을 나타낸다. 이 현상은 다음과 같이 세 가지로 요약할 수 있다. 첫째, 물질 존재의 확률파는 서로에게 영향을 미치므로 각자는 서로 측정기(인식자)가 되어, 주변과 연관되지 않고 혼자 존재할 수 없다. 둘째, 어떤 현상이나 존재자가 있기까지는 그 조상이 있기 마련이다. 셋째, 현재의 나로부터 다음의 존재자가 있게 된다. 이상에서 열

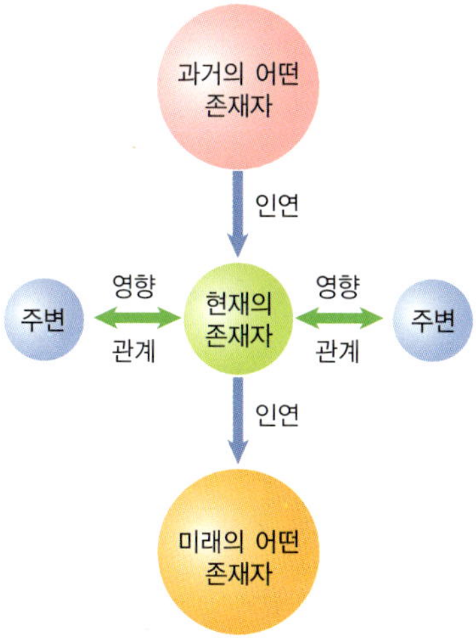

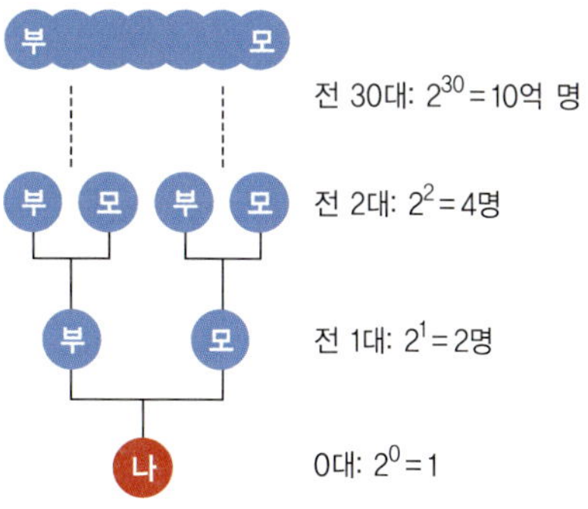

그림 10.14 시공의 변화 속에 놓여 있는 존재자.(왼쪽)
그림 10.15 나와 연관된 조상의 수.(오른쪽)

거한 세 가지는 모두 인과성을 나타낸다.

그림 10.14에 나타낸 현재의 존재자는 과거로부터 유전된 것이며, 또 현재의 존재자는 주변(공간적 측도에 따라 존재하는 사물)의 자극을 받고 있다. 이 자극들은 미래의 존재자를 창생시키는 요인이 된다. 연관의 좋은 예는 관련된 선조의 수를 계산해보는 것이다. 나(현재의 존재자)를 기준으로 30대 전의 조상으로 거슬러 올라가면 그림 10.15에 나타낸 것처럼 10억 명과 연관되어 있다. 즉, 현재의 나는 나 혼자만 동떨어져 존재할 수 없다.

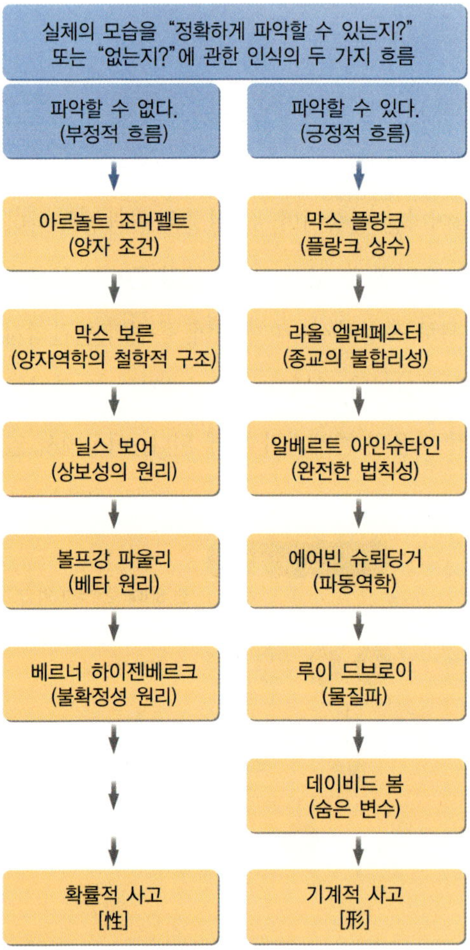

그림 10.16 자연의 근본을 인식하는 두 가지 철학적 흐름.

이상의 내용을 통해 관측 과정에는 본질적으로 불확실성이 개입될 수밖에 없다는 사실을 알았다. 그러나 이러한 불확실성이 존재하는 것은 아직도 물리계 속에서 모르는 변수를 모두 찾아내지 못했기 때문이라고 생각하는 과학적 사조가 일부 있다. 그림 10.16에 나타낸 것처럼 자연의 근본을 인식하는 두 가지 철학적 흐름 중에서, 불확정성을 인정하여 자연의 본질을 근본적으로 정확하게 파악할 수 없다는 확률적 사고를 가진 학파는 자연이 갖고 있는 성질에 관심이 집중되어 있다. 반면 불확정성을 인정할 수 없는 기계적 사고를 가진 학파는 현재 우리가 갖고 있는 지식으로 자연의 근본에 숨겨져 있는 어떤 변수들을 다 알아내지 못하였을 뿐이라고 생각하고 있다. 숨겨진 변수를 다 찾아내면 자연의 본질을 다 파악할 수 있다는 학파는 형태에 관심이 집중되어 있다.

일반적으로 사물이나 사람의 중심에 형성된 성질이 밖으로 표출되어 나온 것이 형태로 나타난다. 이러한 관점에서 보면, 자연의 근본을 이해하기 위한 사유 방법으로는 기계적 사고보다는 확률적 사고방식이 더 유익하다.

2) 정보전달자의 요동

인간이 가진 이성은 자연현상의 필요한 부분을 개념화하여 보편성을 부여함으로써 그 신뢰성에 문제가 생겼다. 개념화 자체가 가지는 영역과 특성에 따라 그 속에 포함된 현상의 신빙도가 결정된다. 예를 들어 '사람은 이성을 가진 동물이다.' 라는 말을 개념화하여 인간을 규정했다면 인간이 가지는 이성적 행위만으로 인간이 가지는 전체 특성을 표현했으므로, 이성적이지 않은 감성적 특성을 표출하는 순간에 사람은 인간이 아니라는 결론에 도달하게 된다. 즉, 개념화 자체가 갖는 신뢰성이 문제가 된다. 그러나 자연현상을 이성에 의존해 설명하기 위해서는 자연현상의 특정 부분을 개념화하여, 여기에 알맞은 이름을 지어 붙인다. 이렇게 지어진 이름과 이름 사이에 생기는 현상 중 보편성을 갖는 변화 과정을 '법칙' 이라는 개념으로 나타낸다. 따라서 법칙이라는 개념은 필연적으로 확률적 신뢰성을 가지고 있는 것이 특징이다.

자연과학에는 수많은 법칙들이 있다. 법칙이란 일정한 조건 아래서 반드시 성립하는 사물 상호 간의 필연적 관계로, 자연계의 모든 현상이 변화의 변증법적 과정에 따라 발전되어갈 때 사건 전후의 상호 연관관계 중 가장 '있음직한' 상태를 도출하여 나타낸 말이다. 물질계에서 변화의 과정에 관여하는 물질 알갱이의 수는 엄청나게 많다. 따라서 이 물질 알갱이가 겪고 있는 변화 과정에서 사건 전후의 연관관계를 관측할 때 나타나는 물질 알갱이의 총체적 행위에 의해 법칙의 방향이 결정된다.

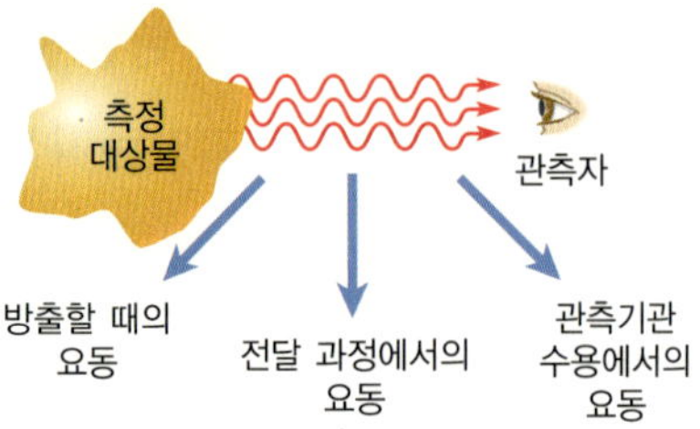

그림 10.17 정보 전달과 인식 과정.

일반적으로 법칙이란 물질계에서 이미 존재하지만, 그 존재 가치가 자연을 관측하는 관측자의 인식이 있어야 부여된다. 따라서 관측자의 인식이 있기 위해서는 관측 대상은 물론 관측자가 있어야 하고, 또 이를 매개하는 정보전달자가 있어야 한다. 이와 같은 관계를 그림 10.17에 나타내었다.

관측 대상물에서 나온 정보전달자가 측정기관에 인식되기까지는 정보전달자의 요동 요인이 많이 존재한다. 그러나 여기서는 이러한 문제를 단순화하여 정보전달자가 관측기관에 도달하는 동안 나타날 통계 물리적인 요동을 생각해본다. 매우 단순화하여 정보전달자는 두 가지 상태만이 가능하다고 가정한다. 정보전달자의 가능한 상태가 앞 혹은 뒤뿐인 아주 간단한 상황을 가정하면, 이와 유사한 경우는 동전 던지기다. 여러 개의 동전을 던지는 경우, 앞면이 나올 동전의 평균수, 표준편차 그리고 상대적 요동이 얼마가 되는지를 알아보자. 100개의 동전을 던져서 형성된 계에 대하여 앞면이 나올 평균수는 '앞면이 나올 확률×동전의 총 개수' 이므로 (1/2)×100개=50개다. 그러나 실제로 100개의 동전을 한꺼번에 던졌을 경우 앞면이 나오는 개수는 항상 50개가 되지 않는다. 따라서 앞면이 나와야 하는 평균수보다 몇 개 적게 나오거나 많이 나오는데, 이 수를 '요동' 이라 한다. 요동을 제곱하여 평균을 구하고, 또 그것의 제곱근을 구하면 표준편차가 된다. 그리고 표준편차를 앞면이 나올 평균수로 나누면 상대적 요동이 되며, 여기에 100을 곱하여 백분율로 나타내기도 한다. 일반적으로 표준편차는 '(계를 형성하는 요소의 수)×(앞이 나올 확률)×(앞이 나오지 않을 확률)' 을 계산하여 얻은 값을 다시 제곱근을 취하여 구한다.

100개의 동전을 한꺼번에 던져 형성된 계에서 앞면이 나올 평균수는 50개이며, 표준편차는 5이다. 그리고 백분율로 나타낸 상대적 요동은 10 %다. 만약 1만 개의 동전을 던질 경우, 앞면이 나올 평균수는 5,000개이고 표준편차는 50이며, 상대적 요동은 1 %다. 실제로 자연현상의 변화 과정에 관여하는 물질 알갱이의 수가 100개이고 가능한 상태가 앞과 뒤만이 가능하다면 10 %의 오차를, 1만 개이면 1 %의 오차를 내재한 상태에서 변화를 겪어 나간다. 보통 자연계에서 변화 과정에 연관되어 있는 물질 알갱이의 수는 아보가드로수인 10^{23}개 정도다. 만약 동전의 수가 아보가드로수 정도이면 상대적 요동은 약 10^{-10}%다. 100개로 된 동전계나 1만 개로 된 동전계에 비해 상대적 요동은 매우 적다. 이 정도의 상대적 요동이 있는 동전계의 경우, 동전 던지기를 하면 항상 절반은 앞면이 나온다는 매우 신뢰도

동전계에서 상대적 요동을 구하는 방법

- 동전의 총 개수: N
- 앞면이 나올 평균수: $\overline{n}_N$
- 앞면이 나올 확률: $p=\frac{1}{2}$
- 뒷면이 나올 확률: $q=\frac{1}{2}$
- 표준편차: σ_N
- 상대적 요동: f_N(%)

앞면이 나올 평균수: $n_N=N\times p$

통계적인 표준편차: $\sigma_N=\sqrt{N\times p\times q}$

상대적 요동: $f_N=\frac{\sigma_N}{n_N}\times 100\,\%$

(예) 1만 개의 동전 던지기 [N=10,000]

앞면이 나올 평균수: $\overline{n}_{10,000}=10,000\times\frac{1}{2}=5,000$

표준편차: $\sigma_{10,000}=\sqrt{10,000\times\frac{1}{2}\times\frac{1}{2}}=50$

상대적 요동: $f_N=\frac{50}{5,000}\times 100=1\,\%$

∴ 1%의 요동이 생긴다.

높은 법칙이 성립한다.

예로서, 빛의 반사 법칙을 생각해보자. 반사의 법칙은 그림 10.18에 나타낸 입사각(θ)과 반사각(ϕ)이 같다는 법칙이다. 광자가 반사면에 입사하여 반사면과 상호작용한 후 반사한다면, 이 변화 과정의 전후에 있어서 서로 연관관계를 도출한 표현이 입사각과 반사각이 같다는 **반사의 법칙**이다. 입사하는 광자가 반사할 때 우리가 개념화한 반사의 법칙을 따르는 경우와 따르지 않는 경우가 있다. 이 경우 광자의 개수가 매우 적으면 상대적 요동이 커서 법칙으로서의 신빙도가 떨어진다. 예를 들어 광자가 거울 면에 반사될 때 우리가 설정한 반사 법칙의 영역에 속하면서 반사되는 경우와 그렇지 못한 경우만이 존재한다면, 100개의 광자가 거울 면에 반사할 때 상대적 요동은 10 %다. 따라서 90 %에 해당하는 광자만이 반사의 법칙을 따른다. 그리고 1만 개의 광자가 반사할 때 상대적 요동은 1 %이므로 99 %에 해당하는 광자가 반사의 법칙을 따른다. 만약 10^{23}개의 광자가 반사를 한다면 상대적 요동은 약 10^{-10} %다. 따라서 광자의 개수가 굉장히 많으면 상대적 요동이 적어 법칙으로서의 신뢰도가 매우 증가하여 자연법칙으로 받아들여진다.

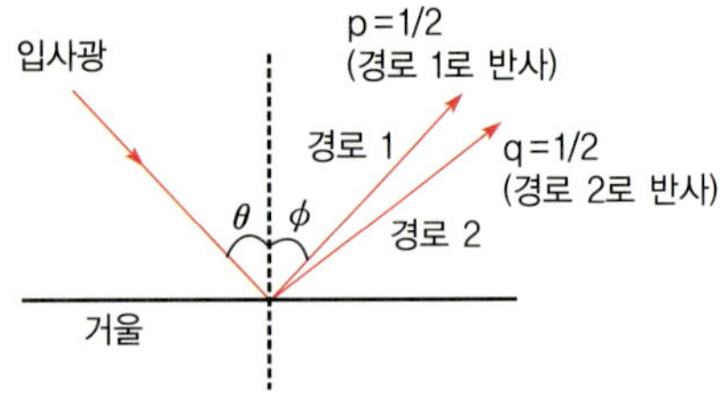

그림 10.18 반사의 법칙에 대한 신뢰도.

일반적으로 사회과학에서의 법칙들은 자연과학의 법칙들에 비해 신뢰도가 매우 낮다. 이는 법칙이라는 개념 속에 포함된 사건에 관련하는 요소 수의 많고 적음과 관련 있다. 사회과학에서의 법칙들 중 비교적 신뢰도가 높은 경제법칙들도 이 법칙을 만들어내는 요소의 수가 아무리 많다고 하더라도 자연법칙을 만들어내는 요소인 물질 알갱이의 개수에 비한다면 매우 적기 때문에 사회과학의 여러 법칙들은 자연과학의 법칙에 비해 상대적으로 신뢰성이 매우 낮다.

10.1.3 관측에 의한 상의 결정

어떠한 측정의 경우라도 결국은 정보전달자의 수용기관과 인간 뇌에 의한 상(狀) 형성 과정이 필연적으로 개입하게 되어 있으며, 이 과정이 최종 단계로서 가장 중요한 역할을 한다. 여기서 인간의 감각기관과 판단 영역을 합쳐 관측기관이라 간주하고 관측 대상물과의 관계만을 한정하여 생각해본다.

(1) 6경과 6근

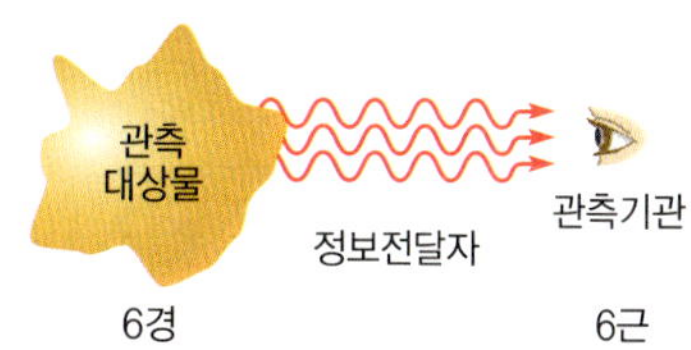

그림 10.19 6경과 6근.

우리 인간이 정보전달자를 통해 정보를 받아들이는 6개의 기관을 6근(六根)이라 하는데, 눈[眼], 귀[耳], 코[鼻], 혀[舌], 촉각[身], 정신[意]이 여기에 해당된다. 그리고 이 6근에 작용하는 각종 정보전달자를 발산하는 관측 대상물들을 6경(六境)이라 한다. 일반적으로 6경을 지칭할 때는 관측 대상물 자체를 지칭하기보다는 6가지의 정보전달자를 말한다.

빛은 전자기파이므로 우리의 눈은 전자기파와 감응하는 감각기관으로 고착되었으나, 특별히 빛을 색깔에 따른 소리의 높낮이로 감각하는 사람도 있으며, 어릴 때는 훈련을 통해 이와 같은 감각을 깨어나게 할 수도 있다는 것이 학계에 간혹 보고되고 있다. 즉, 이 말은 빛이라는 전자파의 정보전달자를 통해 볼 수도 있고, 소리로 느낄 수도 있으며, 냄새나 맛으로는 물론 촉감으로도 느낄 수 있다는 사실을 말해준다. 마찬가지로 탄성파, 기체 분자, 액체 분자 그리고 고체도 6근의 각각을 통해 인지할 수 있다는 것이다. 그러나 하나의 감각기관은 한 종류의 정보전달자에 숙달되어버리기 때문에, 현재와 같이 눈은 빛을, 귀는 탄성파를, 코는 기체 분자를, 혀는 액체 분자를 그리고 촉각은 주로 고형화된 물체에 의한 압력을 감지하는 기관으로 역할을 담당하고 있다. 현재 자연계에는 전자파, 탄성파, 기체, 액

표 10.1 각 식의 특징

	정보전달자	관측기관	행위
전5식	빛(광자, 전자파)	눈[眼]	보다
	소리(음향자, 탄성파)	귀[耳]	듣다
	냄새(기체 분자)	코[鼻]	맡다
	맛(액체 분자)	혀[舌]	맛보다
	압력(물체에 의한 힘)	촉각(觸覺, 身)	느끼다
제6식	법(法), 법칙(이성적 작용)	의(意,정신)	의식(意識): 의(意)를 통해 법(法)을 인식하는 활동
제7식	뇌신경 정보전달자	말라식(末那識): 6근(六根: 안, 이, 비, 설, 신, 의)을 통한 정보 → 기억창고에 저장 → 기억창고에서 생기는 또 다른 식 작용	
제8식	?	아뢰야식(阿賴耶識): 함장식(含藏識)	
제9식	?	아마라식(阿摩羅識): 진여식(眞如識)	

체 및 물질 알갱이의 형태가 있다. 따라서 인간의 감각기관은 자연계가 나타내는 다양한 형태를 모두 받아들이도록 진화하였다.

표 10.1에 나타낸 바와 같이, 눈, 귀, 코, 혀 및 촉각의 감각기관으로 받아들이는 식(識) 작용을 전5식(前五識)이라 하며, 이 5가지 감각기관으로 받아들인 정보를 의(意)를 통하여 법(法)으로 전환하는 식 작용을 의식(意識) 또는 제6식이라 한다.

전5식과 제6식 작용을 하는 감각기관을 6근이라 하며, 안(眼), 이(耳), 비(鼻), 설(舌), 신(身), 의(意)가 여기에 속한다. 그리고 전자파(빛), 탄성파(소리), 기체 분자(냄새), 액체 분자(맛), 고체의 무게(압력, 충격량) 및 법(이성적 작용)이 정보전달자로서 이들 6가지 감각에 감응하며, 이들을 6경이라 한다. 6경과 6근이 만나면 36가지의 지경이 생기고, 또 3세(과거, 현재, 미래)를 통해 시현되므로 총 108가지의 지경이 생긴다. 이것이 불가(佛家)에서 말하는 108번뇌다.

(2) 기억창고의 식 작용

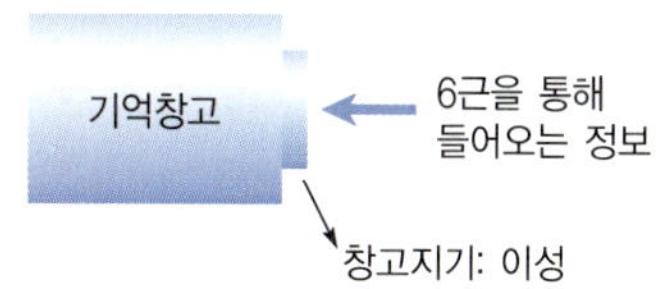

그림 10.20 기억창고와 이성.

인간의 뇌에서, 6근(眼, 耳, 鼻, 舌, 身, 意)을 통해 들어온 6경이 바로 영상화되는 것은 아니다. 6근을 통해 받아들인 정보가 그림 10.20에 나타낸 기억창고에 보관되는데, 이 창고의 총관리자는 이성이다. 그리고 기억창고 내부의 보관 절차와 방법을 관장하는 또 다른 창고의 식 작용에 의해 제3의 정보가 창출된다. 이러한 정보가 현재 들어오는 정보와 이성에 의해 비교되기도 하고, 현재 들어오는 정보와 기억창고가 창출한 정보가 융합되어 또 다른 정보를 만들어내는데, 이를 습(習)이라 한다. 습의 계속적인 행위는 기억창고 속에 습장(習場)을 만든다. 이렇게 만들어진 습장의 모두를 **업**(業)이라 한다. 기억창고 안을 관장하는 무의식의 세계가 있는데, 불가에서는 수행을 통해 무의식의 소멸을 달성한 자를 아라한(阿羅漢)이라 한다. 무의식이 소멸했다고 하여 업이 사라지는 것은 아니다. 그래서 업이 소멸하는 단계, 즉 업장(業場)의 태극화가 되어야 비로소 부처가 되는 것이다. 이 업장이 기(氣)를 형성하고, 기는 혼(魂)의 체(體)이며, 혼은 영(靈)의 체가 되는 것이다. 이상에서 소개한 것은 과학적 대상은 될 수 있어도 과학적 접근법에 의한 과학적 행위는 아님을 밝혀둔다.

(3) 상의 형성 과정

인간은 5가지 감각기관을 통해 사물의 형태나 물성을 받아들여, 의식작용에 의하여 1차 가공한 후 기억창고에 보관한다. 그림 10.21에 나타낸 것처럼 기억창고에 들어가는 일상의 경험들은 이성이라는 창고지기의 출입장부에 보관 번지가 기록된다(우리 뇌의 편도체와 관련이 있다). 이와 동시에 이성은 형상화된 상을 머리에 떠오르게 한다. 감각기관을 통해 한꺼번에 너무 많은 정보가 유입되면, 이성은 출입

장부에 기록하지 않고 먼저 기억창고에 보관한 후 정리하기도 한다. 우리가 과거의 기억을 회상하는 것은 기억창고에 보관된 정보 중에서 이성의 장부에 보관 번지가 잘 기록된 것들을 찾아내어 영상화시키기 때문이다. 잘 기억이 나지 않는 것은 이성이 보관 번지를 명확하게 기록하지 않은 것이거나 기록이 누락된 것이다. 특히 꿈은 6근이 휴식을 취하는 시간에 기억창고의 식 작용이 생기면서 이성 몰래 밖으로 나오는 기억들이다. 이와 같이 기억창고는 전식(轉識) 기능과 함장식(含藏識) 기능을 가진 곳으로, 그 활동영역을 표 10.2에 나타내었다.

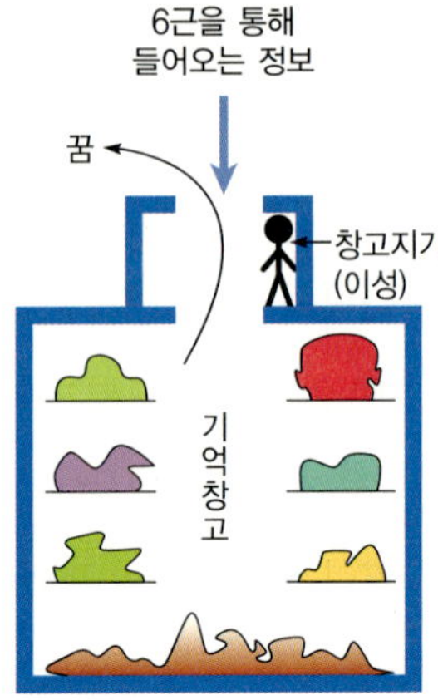

그림 10.21 기억창고와 이성이라는 창고지기.

전5식으로부터 들어온 정보를 1차 가공하는 제6식의 또 다른 기능은 기억창고 속에 들어 있는 과거의 유사한 경험과 현재 들어오는 경험을 비교하여, 비슷하면 과거의 경험을 바탕으로 현재의 경험을 영상화시키는 것이다. 이러한 작동 구조를 가지는 이유는 간단하다. 현재 5감을 통해 들어오는 영상은 완벽한 것이 아니고 누더기 형태로 들어온다. 그러나 과거에 여러 번 경험되어 비교적 잘 영상화된 것이 기억창고 속에 보관되어 있으므로 현재 들어오는 누더기 정보와 기억창고 속의 질 좋은 정보를 비교해 어느 정도 같으면, 이미 창고 속에 들어 있는 질 좋은

표 10.2 기억의 활동과 관리주체

기억의 활동	관리자	지식의 종류
6근을 통해 들어온 1차 정보의 보관	이성	1차 지식
기억창고의 식 작용에 의한 2차적 정보 생성 및 보관	기억창고의 식 작용자	2차 지식
기억창고의 또 다른 식 작용에 의한 3차적 정보 생성	기억창고의 식 작용자	3차 지식

표 10.3 상을 형성하는 두 과정

상을 형성하는 과정	
보통 과정	편견 과정
대상물에서 나온 정보전달자의 정보 + 이성이 관리하는 기억창고에 있는 과거의 정보 ⬇ 현재 대상물의 상으로 인식	대상물에서 나온 정보전달자의 오류 정보 + 기억창고 속에 있는 과거의 유사한 경험 ⬇ 편향된 상을 형성

영상으로 대체하여 현재 감각기관으로 들어오는 영상으로 간주해버린다. 아마 우리 인간에게는 어머니에 대한 영상이 기억창고 속에 아주 강하게 습장(習場)되어 있을 것이다. 만약 어두운 밤에 멀리서 매우 희미한 어머니의 영상을 본다 해도, 우리는 쉽게 어머니임을 알아차린다. 이와 같은 현상은 기억창고 속에 업으로 자리 잡은 영상의 강도와 현재 들어오는 누더기 영상의 강도에 관련되어 있음을 알 수 있는 보기다. 생활 과정에서 진실한 영상을 기억창고 속에 많이 축적한 사람과 편향된 상을 많이 축적한 사람이 현재 감지되는 어떤 형상을 판단하는 결과는 매우 다르게 나타난다. 표 10.3에, 실체에 가까운 영상이 형성되는 보통의 과정과 실체와는 먼 편향된 상을 만드는 과정을 나타내었다.

우리의 감각기관으로 들어오는 정보가 오판되는 경우의 예는 많이 있다. 그 한 예로서, 현재 5감을 통하여 들어오는 정보와 기억창고 속에 싸여서 습으로 변한 정보가 결합하여 감각기관으로 들어오는 현재의 정보를 다르게 판정하는 착시의 보기를 그림 10.22에 나타내었다. 이 사진을 보면 왼쪽은 여성, 오른쪽은 남성으로 보일 것이다. 그러나 실제 두 사진은 동일한 인물이다. 다만 왼쪽 사진은 대비(contrast)를 높여놓은 것이고, 오른쪽 사진은 대비를 낮게 한 것이다. 그러면 왜 대비의 차이에 의하여 성별이 다르게 보일까? 이런 현상은 우리의 습관과 관계있다.

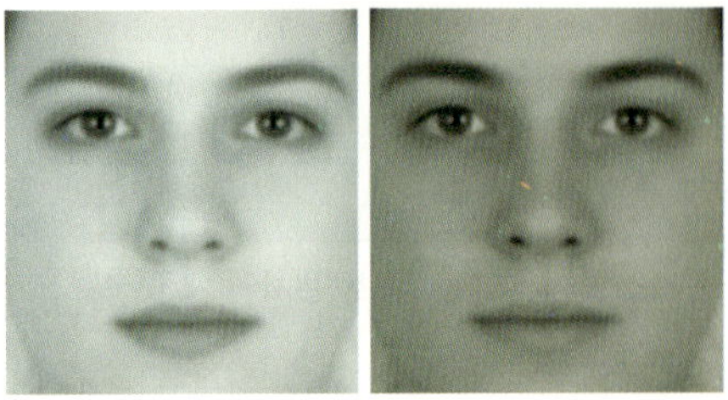

그림 10.22 동일한 얼굴의 여자와 남자. 이 착시 사진은 리처드 러셀(Richard Russell)의 작품이다.(왼쪽)
그림 10.23 힐의 이의성 그림. 젊은 아가씨의 뺨과 왼쪽 귀가 노부인의 코와 왼쪽 눈이 되기도 한다.(오른쪽)

일반적으로 여성들은 예뻐지기 위해 대비를 높이는 화장을 하고 남성은 그러하지 못하다. 이러한 상황이 경험으로 축적되어 기억창고 속에 습장을 이루고 있기 때문에, 감각기관을 통하여 들어오는 얼굴의 정보 중에서 대비가 높은 쪽을 여성으로 판정하고 낮은 쪽을 남성으로 판정한다.

현재 5감을 통해 들어오는 불명확한 정보와 과거 여러 번의 경험을 통해 기억창고 속에 보관된 양질의 영상을 비교하여 어느 정도 합치되면 그것을 하나의 상으로 판정해버리는 또 다른 예를 살펴보자.

그림 10.23은 힐의 이의성(異意性)을 가지는 그림이다. 이 그림을 처음 보았을 때 아가씨로 보이거나 노부인으로 보일 것이다. 우리의 눈으로 받아들인 누더기 영상을 우리의 기억창고 속에 들어 있는 과거의 영상과 비교하여 아가씨로 판단해버리든가 아니면 노부인으로 판단해버린다. 아가씨로 판단하는 사람은 기억창고 속에 아가씨에 관한 영상의 업이 강하게 형성되어 있고, 노부인으로 보이는 사람은 기억창고 속에 노부인에 관한 영상의 업이 강하게 형성되어 있다. 한쪽 방향으로 편향된 상을 만들어내는 것은 지금까지 경험의 집적(集積)에 의한 결과다. 따라서 바른 습관의 축적(蓄積)은 물체의 본질을 바르게 볼 수 있는 확률을 높인다. 반대로 바르지 못한 습관의 축적은 편견과 오류를 만들어내는 요체가 된다. 즉,

나쁜 습관의 집적은 올바르지 못한 판단의 기준을 강하게 형성하기 때문에 모든 생각을 올바르지 못한 곳으로 계속 인도한다.

그러므로 지성체에게는 올바른 습을 통하여 업을 만들어내는 것이 매우 중요하다. 특히 사람은 바른 습을 통해 진실한 업을 만들면, 이 업장(業場)이 좋은 기를 형성하고, 이 좋은 기장(氣場)이 그 사람의 바른 혼(魂)을 창출하며, 바른 혼의 집 속에 좋은 영(靈)이 안주하게 되어 자연의 본질과 일체가 될 수 있다. 그러나 편향된 습을 통해 나쁜 업을 만들면 이 나쁜 업장은 나쁜 기를 형성하고, 이 나쁜 기장이 그 사람의 바르지 못한 혼을 창출하며, 바르지 못한 혼의 집 속에 나쁜 영이 거처하게 되어, 자연의 본질과 통신이 두절되어 괴로운 생을 살게 된다.

앞에서, 측정대상물에서 나온 정보전달자가 검출기인 인간의 감각기관을 통해 들어와 뇌에서 영상화되는 과정에서, 실체의 모양이 왜곡되고 본질과 멀어지는 가능성들을 소개하였다. 편굴(偏屈)된 상이 만들어질 수 있는 전체적인 줄거리를 요약하면 다음과 같다.

먼저, 측정대상물에서 나오는 정보전달자가 정보 전달을 할 수 있는 속성으로 전환되는 과정에서 불확정성이 생겨나고, 정보전달자가 검출기(인간의 감각기관)에 도달하는 경로와 과정에서 요동이 생기며, 정보전달자의 물성을 검출기가 인식하는 속성으로 전환되는 과정에서 또 불확정성이 생겨난다. 이렇게 인간의 감각기관인 6근을 통해 들어온 현재의 정보가 기억창고 속에 이미 저장되어 있는 과거의 경험 영상과 비교하여 어느 정도 일치하면 그것을 측정대상물의 실체라고 결론지어버리는데, 이 과정에서 과거의 유사한 경험이 판단의 기준이 되기 때문에 현재의 정보는 실상과 많이 달라진다.

특히 많은 경험을 통해 기억창고 속에 강하게 세력화된 영상은 현재 6근을 통해 들어오는 정보를 세력화된 영상 쪽으로 편굴시키는 경향이 강하게 나타난다. 이와 같이 편굴시키는 좋은 보기가 착시현상이다. 그림 10.24의 움직이는 쌀알은

그림 10.24 움직이는 쌀알. 관찰 지점의 집중화에 따라 부분적인 영상의 확대 혹은 축소하려는 편굴 때문에 움직이는 그림이 된다.(위)

그림 10.25 검은 점과 흰 점의 이동. 완벽성을 추구하려는 편굴 때문에 검은 점과 흰 점의 이동이 생긴다.(아래)

관찰 지점의 집중화에 따라 부분적인 영상의 확대나 축소하려는 편굴 때문에 움직이는 그림이 되는 보기이며, 그림 10.25는 빈자리를 채워 완벽성을 추구하려는 편굴 때문에 검은 점과 흰 점의 이동이 생긴다. 우리가 착시현상을 모르는 무지의 상태에서 움직이는 쌀알 그림이나 흑백의 점이 이동하는 그림을 보면 마치 동영상이거나 마술이 들어 있는 그림으로 오인할 것이다. 그리고 이러한 경험들이 누적되면 이 두 그림은 당연히 본질적으로 움직이는 것이라고 생각해버린다.

10.2 인간과 우주의 상보성

생명체가 가지는 구성요소는 보이는 모양과 보이지 않는 세계로 구성되어 있다. 그림 10.26과 같이 보이는 세계는 신체(身體)로 나타나 있고, 신(身)의 감각작용을 통해 얻어지는 습(習)부터는 보이지 않는 세계를 형성한다. 감각작용을 통해 모여진 습은 습장(習場; custom-field)을 만들고, 습장은 기(氣)를 만들며, 또 모여진 기는 기장(氣場)를 형성하여 혼(魂)을 창출한다. 그리고 이 혼의 집 속에 영(靈)이 거주함으로써 완전한 생명체가 된다. 신은 보이는 세계이나 습-기-혼-영은 보이지 않는 세계다. 무생물은 신이 구성요소의 대부분이며, 식물에서 하등 동물, 고등

귀신세계와 영혼세계

그림 10.26에 나타낸 바와 같이 습-기의 영역을 귀신세계라 하고, 혼-영의 영역을 영혼세계라 한다. 사람이 죽으면, 보이는 세계의 '신'은 분해되어 없어지고, 살면서 만들었던 보이지 않는 세계는 남게 된다. 특히 습-기의 세계가 강하게 남아 있으면, 이 강한 습이 가끔은 보이는 세계로 영향을 미치는데, 이것을 귀신이라 한다. 사람이 죽으면, 그 사람이 만든 강한 습-기로부터 빠르게 탈출해야만이 영혼세계로 들어갈 수 있다.

'신→습→기→혼→영→(다른 무엇)'으로 흐르는 것은 순행이며 엔트로피의 증가에 해당하고, 그 반대는 역행으로 엔트로피의 감소에 해당한다. 이러한 관점에서 보면, 보이는 세계로 귀신이 출몰하는 것은 국부적인 엔트로피의 감소 현상이다.

* 업(業)은 습과 기를 포괄하여 일컫는 말이며, 습은 기의 외연(外延)으로서, 보이는 세계와 보이지 않는 세계의 창구 역할을 한다.

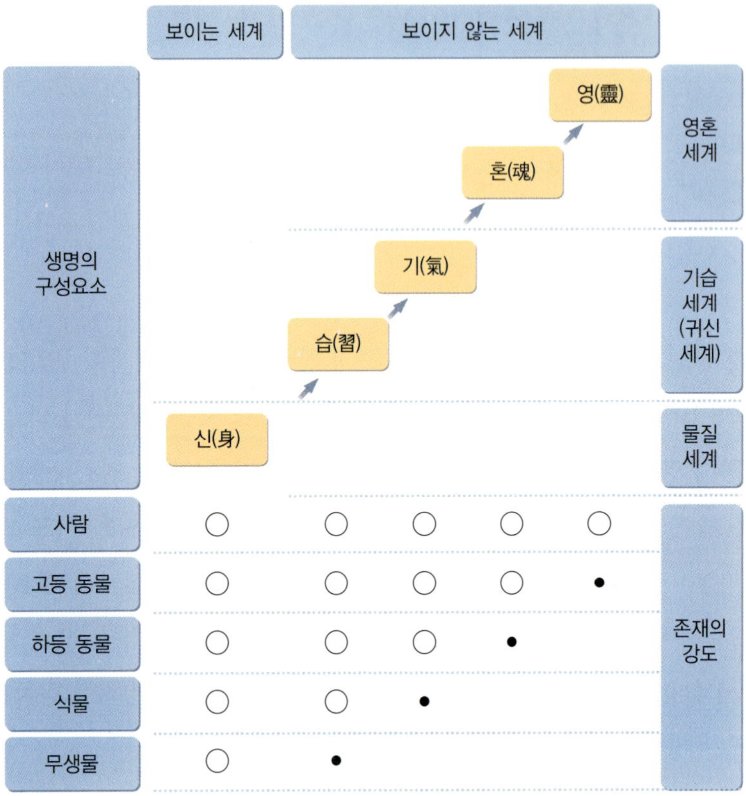

그림 10.26 생명의 구성요소.

동물, 사람 쪽으로 가면서 혼과 영의 구성요소가 중요해지는 경향을 보인다. 그래서 사람은 영의 작용이 활발하기 때문에 우주의 본질과 교통할 수 있는 가능성을 가지고 있다. 그래서 인간은 우주가 필요하고 또 우주는 인간이 필요하여, 그 존재 가치를 높이는 데 서로 상보적일 수밖에 없다. 보통의 동물은 사람에 비해 영과 혼의 작용력이 미미하며, 더욱이 식물은 식물의 기 정도를 발생한다. 그리고 무생물은 자신의 몸체로 주변의 환경에 따라 습 정도를 형성한다. 특히 습이 기-혼-영으로 발전되는 지성체에게는 올바른 습의 형성이 가장 중요한 단초다.

10.2.1 생명체에 담겨질 정신의 형성

(1) 육체의 형성

무(無)에서 우주가 창시되면서 물질이 생기고, 그 물질들이 응결하여 구조화된 물질로 형성되면서 지혜를 가지는 생명체까지 발전하였다. 우리의 우주 진화 과정에 따른 물질들의 변화와 생명체의 진화 과정을 간략하게 표 10.4에 나타내었다.

표에서와 같이 태극의 상태에서 우주가 창생되어 물질 알갱이가 생겨나고, 또 서로 융합 혹은 집단화되면서 원자와 분자가 생성되었으며, 이 분자들은 자기 증식이 가능한 창발적 구조로 발전되어 DNA 구조가 확립되었다. DNA를 이루고 있는 뉴클레오티드는 아데닌(A), 구아닌(G), 시토신(C), 티아민(T)이라는 4개의 염기 조합으로 되어 있다. 그림 10.27에 나타낸 바와 같이 염기 조합의 최소 단위를

표 10.4 우주의 진화에 따른 물질들의 변화와 생명의 진화

시간	사건	크기	온도	특징
0초	태극(우주의 원시란)	?	?	시간, 공간, 법칙의 개념이 없음
~10^{-44}초	물질 알갱이의 생성	?	10^{32} K	시간, 공간, 법칙, 상대적 존재 개념의 발생
10^{-34}초	X-입자와 반X-입자의 소멸	?	10^{27} K	X-입자만 남음
10^{-4}초	양성자, 중성자 생성	10^{-15} m	10^{12} K	강력, 쿼크의 결합
100초	원자핵의 생성	10^{-14} m	30억 K	강력, 핵자의 결합
1,000초	원자의 생성	10^{-10} m	3,000 K	전자기력, 원자핵+전자
~120억 년	분자의 생성	10^{-10} m<	>3 K	전자기력
	고분자 생성, 유기물 생성, DNA 구조 확립, 단세포 생물, 다세포 생물, 고등 동식물	10^{-6} m		자기 증식, 지능 소유
137억 년	사람	~2 m	3 K	신인합일의 능력

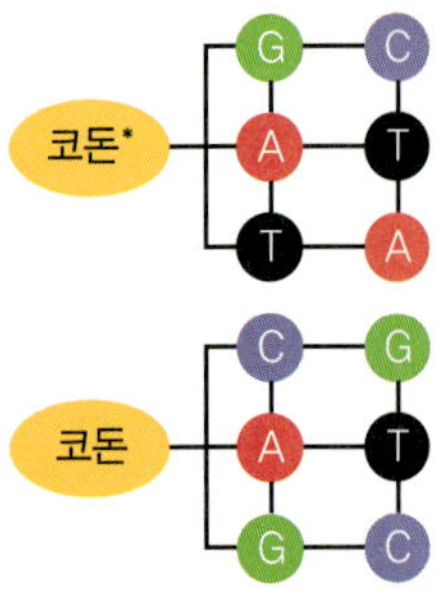

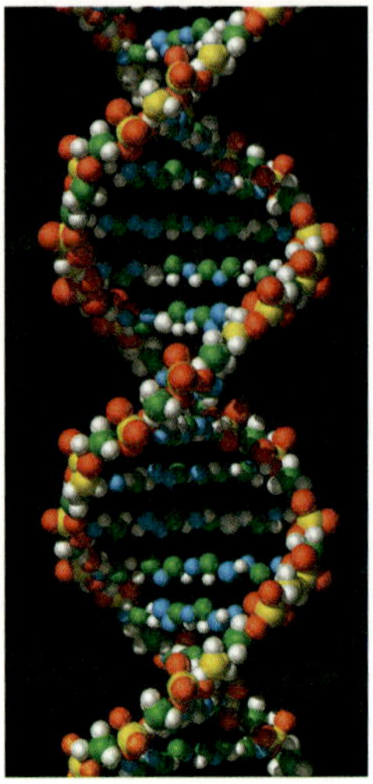

그림 10.27 코돈.(왼쪽)
그림 10.28 DNA 구조.(오른쪽)

코돈(codon)이라 하며, 유전 암호의 단위로서 한 개의 코돈은 한 개의 아미노산에 대한 정보를 담고 있다. 그리고 여러 개의 코돈이 모여서 하나의 단백질을 만든다. DNA는 두 가닥의 염기로 된 띠가 그림 10.28과 같이 나선형으로 꼬인 사다리 모양을 하고 있다. 좌측의 염기사슬과 우측의 염기사슬이 짝을 이루고 있다. 이 DNA 구조는 자기복제라는 특별한 기능을 가지고 단세포 생물의 중심적 역할을 하면서 다세포로 발전해나갔다. 다세포의 기능을 확대 재생산하기 위하여 각 기관을 형성시키고, 이 기관들은 전체 생명체를 위한 분화된 기능을 수행하도록 중앙 통제 기능을 갖는 뇌신경 조직이 발달되었다. 특히 뇌신경망의 조직화는 창발성의 특징을 뚜렷이 나타내는 특이한 기관이다. 이와 같은 과정을 통하여 인간이라는 생명체로 진화되어오면서 외형적으로는 육체라는 모양을 갖추게 되었고, 내적으로는 육체라는 집에 습과 기와 혼과 영을 거주시켰다.

(2) 마음의 형성

우주가 생겨나면서 생긴 물질 알갱이들의 융합 및 복합체인 원자들로부터 염기분자가 만들어졌고, 이 염기들이 어떤 암호를 지닌 거대분자 DNA가 형성되었으며, 이것을 중심으로 세포와 기관이 형성되어 생명 현상을 나타내는 유기체가 형성되었다. 그중에서도 뇌의 3단계적 발달, 즉 뇌간, 구피질, 신피질로 발전하는 단계를 거침으로써 우리 인간의 몸체 속에 물질이 아닌 마음이라는 또 다른 요소가

자리 잡게 되었다.

마음의 발현은 습의 집적에서 형성된 무엇으로부터 생긴다. 즉, 마음의 알맹이는 혼이고, 그 외연이 기이며, 기의 에너지 공급원이 습이다. 여기서 습이란 DNA 속에 잠재되어 유전되는 습과 현재 신체의 6감을 통해 받아들인 정보에 의해 형성된 습을 모두 포함한 것이다. DNA 속에 잠재된 습은 먼 선조로부터 형성되어 DNA의 유전암호 속에 포함되어 전해지며, 주로 기본적인 생명 활동을 하기 위한 신체에 내재되어 있는 것으로, 우리는 이것을 **본능**이라 한다. 그리고 후천적인 정신은 인간이 갖고 있는 5가지의 감각기관을 통해 받아들인 정보와, 의식작용을 통해 1차 가공된 후 기억창고에 축적된 경험들에 의해 형성된다. 또한 전5식으로부터 들어온 정보를 1차 가공하는 제6식의 또 다른 기능은, 기억창고 속에 들어 있는 과거의 유사한 경험과 현재 들어오는 경험을 비교하여, 비슷하면 과거의 경험을 현재의 경험으로 전환하는 기능도 가진다. 이러한 집적 과정의 작동 구조에서 잘못된 정보가 많이 집적되거나 부정적인 측면의 정보들이 많이 집적되면 나쁜 정신을 형성하게 되고, 긍정적이고 올바른 정보가 많이 집적되면 좋은 정신이 형성된다. 즉, 좋은 습과 나쁜 습에 따라 선업선과(善業善果)가 되거나 악업악과(惡業惡果)가 된다.

10.2.2 생명체에서 정신의 역할

정상적으로 작동되는 육체에 선천적인 습과 후천적인 습이 모여 기억창고 속에 무형의 업장이 형성되어, 육체를 통해 밖으로 표출되는 '기'와 안으로 상승하는 '혼'이 되는데, 이들을 통칭하여 '정신'이라 한다. 이러한 정신은 몸 안으로 작용하여 우리의 육체를 지배하고, 밖으로는 인간이 살아가는 비전(vision)으로 나타나고 양심을 기준으로 하는 도덕적 선악을 발생시킨다. 또 그림 10.29에 나타낸 것처럼 정신의 정수(精髓)인 혼이라는 집에 영이 내려와 거주하게 된다. 따라서 정신은 아래로는 육체를 관장하고, 위로는 영의 집을 제공하여 영이 거주함으로써 한 사람의 존엄한 인격체가 된다. 이 인격체가 우주와 상호작용하면서 서로 상보적인 관계를 맺지만, 좋은 영만이 우주 · 자연과 통신이 두루 원활하게 이루어진다. 좋은 혼의 집에는 좋은 영이 거주하고, 나쁜 혼의 집에는 그 집에 알맞은 영이 거주한다. 그리고 좋은 혼과 나쁜 혼의 형성은 습에서 비롯된다.

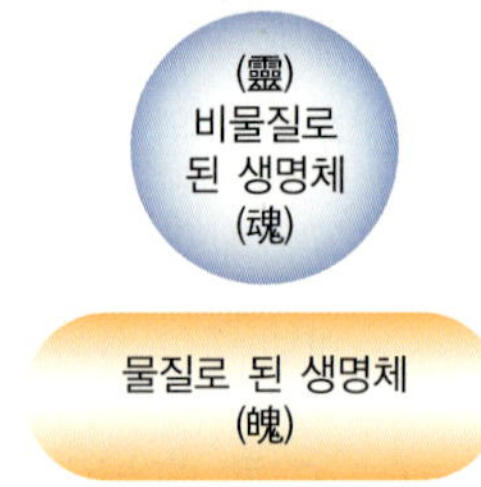

그림 10.29 영, 혼, 백으로 구성된 사람.

그림 10.29에서와 같이 물질로 된 몸인 백(魄)이 형성될 때, 진핵세포의 유기적인 조직화를 통하여 기관이 형성되고, 또 각 기관을 효율적으로 운용 · 관리하기 위해서 두뇌를 발전시켰다. 이러한 진화 과정에서 특히 두뇌의 형성으로 창발적 특성을 가지게 되었다. 이 창발적 뇌는 선천적 경험(본능)과 후천적 경험을 축적하여 습과 기를 통한 혼을 형성하고, 이 혼이 무형적 구체성을 가짐으로써 영이 깃들어 살게 되었다. 여기서 혼과 영은 비물질로 된 생명체로서 우리 인간이 수준 높은 정신세계를 구가할 수 있는 영역이기도 하며, 전 우주나 혹은 신(神)과 통신할 수 있는 창구이기도 하다. 그래서 인간은 '백'의 속성인 동물적 특성과 혼과 영을 구비하고 있기 때문에 신의 영역과 교통할 수 있는 능력이 있거나 혹은 신의 일부라고 간주되어, 인간을 가리켜 **반수반신**(半獸半神)이라 한다. 여기서 신이라 함은 신인합일(神人合一)이 가능한, 특히 동양적 사상에 기원을 둔 신을 말한다. 이와 같은 예는 우리 민족의 3대 경전 중 하나인 《삼일신고(三一神誥)》의 제2장 '신훈' 편에 잘 나타나 있다. 그 전문(全文)은 다음과 같다.

제2장 신훈(神訓)

神(신)은 在無上一位(재무상일위)하시니

하느님은 더 이상 위가 없는 첫자리에 계시면서,

有大德大慧大力(유대덕대혜대력)하시며
큰 덕과 큰 지혜와 큰 힘을 지니시어

生天(생천)하시고 主無數世界(주무수세계)하시며
하늘을 내시고, 무수한 우주를 주재하시며,

造牲牲物(조신신물)하시되 纖塵無漏(섬진무루)하여
만물을 창조하시되, 티끌만 한 것도 빠뜨리심이 없으며,

昭昭靈靈(소소영영)하고 不敢名量(불감명량)이라
밝고도 신령하시어 감히 이름 지어 헤아릴 길이 없느니라.

聲氣願禱(성기원도)하여도 絕親見(절친견)이니
소리와 기운으로 원하고 빌어도 그 모습을 친히 볼 수 없으니,

自性求子(자성구자)하라 降在爾腦(강재이뇌)이시니라.
저마다 지닌 본성에서 씨알을 구하라. 그러면 이미 너의 머릿골에 내려와 있느니라.

이 내용의 핵심은, 신은 소리 높여 부른다고 오는 것이 아니고 자기의 본성에서 구하면 이미 그 뇌에 와 있다는 내용이다.

10.2.3 인간이 부여받은 능력

인간이 갖고 있는 능력을 문자나 말로써 표현한다는 것은 사실상 불가능하다. 그러나 우리는 말이나 문자를 통해 어느 정도의 변죽을 울릴 수 있다. 일반적으로 형이하학적인 문제에 대한 인간의 반응은 지금 우리가 겪고 있는 바와 같으므로

형이상학적인 문제의 일부만을 서술하겠다.

우리 민족의 문화(민족의 선천적인 습과 후천적인 습이 모여 생긴 업장) 속에 깊이 자리 잡고 있는 것 중의 하나가 음양(陰陽) 사상과 삼재(三才) 사상이다. 예를 들면, 하늘과 땅은 양(陽)과 음(陰)으로 갈라진 것이며, 이 사이를 중재하고 이들의 존재를 가늠하는 제3자가 인(人)이다. 즉, 천지(天地)로 된 음양과, 이 천지를 인식하는 사람을 합쳐서 천 · 지 · 인 삼재가 되는 것이다. 이와 같은 또 다른 예를 보자. 물질의 기본 단위인 원자는 핵 속에 양성자와 중성자가 있어서 양전기를 띠고, 바깥에는 전자가 존재하여 음전기를 띤다. 핵의 양성과 전자의 음성을 결합시키는 전자기적인 힘의 화신인 광자(光子; 빛)가 제3자다. 즉, 핵과 전자 및 광자가 삼재다. 그 외에도 물질의 3태가 여기에 속한다. 즉, 고체는 음이요, 기체는 양이고, 그들을 연결해주는 것이 액체다.

표 10.5 지성체의 영 · 혼 · 백과 유식론의 구분 및 선도에서의 성(性) · 명(命) · 정(精) 그리고 심(心) · 기(氣) · 신(身)의 관계

<table>
<tr><th rowspan="2">지성체</th><th rowspan="2" colspan="2">유식(唯識)</th><th colspan="3">선도(仙道)</th></tr>
<tr><th>체(體)</th><th>용(用)</th><th>상(相)</th></tr>
<tr><td>영</td><td>9식</td><td>아마라식(阿摩羅識)
[진여식(眞如識)]</td><td rowspan="2">성(性)</td><td rowspan="2">심(心)</td><td rowspan="2">선복악화(善福惡禍)</td></tr>
<tr><td rowspan="3">혼</td><td rowspan="2">8식</td><td rowspan="2">아뢰야식(阿賴耶識)
[함장식(含藏識)]</td></tr>
<tr><td rowspan="2">명(命)</td><td rowspan="2">기(氣)</td><td rowspan="2">청수탁요(淸壽濁夭)</td></tr>
<tr><td>7식</td><td>말나식(末那識)
[전식(轉識)]</td></tr>
<tr><td rowspan="2">백</td><td>6식</td><td>의식(意識)</td><td rowspan="2">정(精)</td><td rowspan="2">신(身)</td><td rowspan="2">후귀박천(厚貴薄賤)</td></tr>
<tr><td>전5식</td><td>안식(眼識)
이식(耳識)
비식(鼻識)
설식(舌識)
신식(身識)</td></tr>
</table>

인간과 같은 지성체는 영, 혼, 백으로 되어 있다. 여기서 백은 음이요, 영은 양이고, 혼은 이들을 매개하면서 영과 백의 존재를 드러나게 하는 인식자이자 표출자다. 지성체의 영, 혼, 백과 유식(唯識)에 입각한 식 작용의 구분 및 선도(仙道)에서의 세 가지 요소를 표 10.5에 나타내었다.

지성체는 백, 혼, 영으로 된 계층적 구조로 되어 있으며, 유식 입장에서 분류하면, 전5식[안식(眼識), 이식(耳識), 비식(鼻識), 설식(舌識), 신식(身識)], 6식[의식(意識)], 7식[전식(轉識)], 8식[함장식(含藏識)], 9식[진여식(眞如識)]으로 된 계층적 구조를 하고 있다. 그리고 선가(仙家)에서도 정(精), 명(命), 성(性)으로 된 체(體)와 그의 용(用)인 신(身), 기(氣), 심(心)으로 된 계층적 구조로 보고 있다. 이들 영 · 혼 · 백과 유식과 성 · 명 · 정 사이의 연관관계는 명확한 설명이 가능하나, 세부적인 상호 상하관계를 규정하기는 어렵다.

《삼일신고》의 제5장 '진리훈' 편에 성 · 명 · 정과 심 · 기 · 신의 관계가 잘 나타나 있다.

제5장 진리훈(眞理訓)

人物(인물)이 同受 三眞(동수 삼진)하니 日**性命精**(왈성명정)이라 人(인)은 全之(전지)하고 物(물)은 偏之(편지)니라.
사람과 만물이 다 같이 세 가지의 참을 받으니, 그것이 성(性), 명(命), 정(精)이다. 사람은 성, 명, 정을 온전히 받고 만물은 치우치게 받는다.

眞性(진성)은 無善惡(무선악)하니 上哲(상철)이 通(통)하고
참성(性)은 선악이 없으니 상급의 철리(哲理)로서 두루 통하며,

眞命(진명)은 無淸濁(무청탁)하니 中哲(중철)이 知(지)하고
참명(命)은 청탁이 없으니 중급의 철리로서 다 알며,

眞精(진정)은 無厚薄(무후박)하니 下哲(하철)이 保(보)하나니 返眞(반진)하야 一神(일신)이니라.
참정(精)은 후박이 없으니 하급의 철리로서 잘 보전되니, 참함을 돌이키면 다 같이 하느님이 될지니라.

惟中(유중)은 迷地(미지)에 三妄(삼망)이 着根(착근)하니 日**心氣身**(왈심기신)이라.
사람들은 미혹한 곳에 태어나면서부터 세 가지 망령됨이 뿌리를 내리나니, 그것이 심(心)과 기(氣)와 신(身)이니라.

心(심)은 依性(의성)하여 有善惡(유선악)하니 善福惡禍(선복악화)이며,
심은 성(性)에서 비롯된 것으로, 선과 악이 있으니, 선하면 복되고 악하면 화가 되며,

氣(기)는 依命(의명)하야 有淸濁(유청탁)하니 淸水濁夭(청수탁요)하고,
기는 명(命)에서 비롯된 것으로 청(淸)과 탁(濁)이 있으니 청하면 오래 살고 탁하면 요절(夭折)하며,

身(신)은 依精(의정)하야 有厚薄(유후박)하니 厚貴薄賤(후귀박천)이니라.
신은 정(精)에 비롯된 것으로 후(厚)와 박(薄)이 있으니, 후하면 귀하고 박하면 천하게 되느니라.

眞妄(진망)이 對作三途(대작삼도)하니 日**感息觸**(왈감식촉)이라 轉成十八境(전성십팔경)하니,
진(眞)과 망(妄)이 서로 맞서 세 길을 지으니, 감(感)과 식(息)과 촉(觸)이다. 이들이 굴러 다시 열여덟 경계를 이룬다.

感(감)엔 喜懼哀怒貪厭(희구애노탐염)이요,

감에는 희(喜: 기쁨), 구(懼: 두려움), 애(哀: 슬픔), 노(怒: 성냄), 탐(貪: 탐냄), 염(厭: 싫음)이요,

息(식)엔 芬爛寒熱震濕(분란한열진습)이요,
식에는 분(芬: 향내), 란(爛: 술내), 한(寒: 추위), 열(熱: 더위), 진(震: 마름), 습(濕: 축축함)이요,

觸(촉)엔 聲色臭味淫抵(성색취미음저)이니라.
촉에는 성(聲: 소리), 색(色: 빛깔), 취(臭: 냄새), 미(味: 맛), 음(淫: 음탕), 저(抵: 닿음)이니라.

衆(중)은 善惡清濁厚薄(선악청탁후박)을 相雜(상잡)하여 從境途任走(종경도임주)하니 墮生長消病歿(타생장소병몰)에 苦(고)하고,
중(衆)은 선과 악과 청하고 탁하고 후하고 박함이 서로 섞여서 지경의 길을 따라 함부로 달리니, 나고[生] 자라고[長] 늙고[消] 병들고[病] 죽는[歿] 괴로움에 떨어지나,

哲(철)은 止感(지감)하며, 調息(조식)하고, 禁觸(금촉)하여 一意化行(일의화행)하고 返妄卽眞(반망즉진)하여 發大神機(발대신기)하니 性通功完(성통공완)이 是(시)니라.
밝은이는 지감하고(止感: 느낌을 그치고), 조식하며(調息: 숨 쉬는 것을 고르게), 금촉하여(禁觸: 부딪침을 금하여) 한뜻으로 나아가 망령됨을 돌이키고 참됨을 일으켜, 크게 하느님의 기틀을 발하면, 자성(自性)에 통(通)하고 공적(功績)이 완성(完成)된다.

여기서 소개한 '진리훈'과 표 10.5의 내용처럼, 사람은 근본적으로 성(性), 명(命), 정(精)으로 이루어져 있으며, 성(性)이 체(體)가 되어 용(用)으로 나타나는 것이

심(心)이 되고, 심 작용의 결과가 선으로 작용하면 복이 오고, 악으로 작용하면 화가 온다. 또 명(命)이 체(體)가 되어 밖으로 나타나는 것이 기(氣)가 되고, 기 작용의 결과가 청(淸)으로 작용하면 오래 살고, 탁(濁)으로 작용하면 요절한다. 그리고 정(精)이 체(體)가 되어 밖으로 나타나는 것이 신체(身體)가 되고, 신(身) 작용의 결과가 후(厚)로 작용하면 귀(貴)하게 되고, 박(薄)으로 작용하면 미천(微賤)하게 된다. 따라서 성통공완에 이르기 위해서는 지감(止感)하고, 조식(調息)하며, 금촉(禁觸)을 통하여 3망(三妄)인 심(心)·기(氣)·신(身)의 망령된 작용으로부터 벗어나 3진(三眞)인 성, 명, 정으로 돌아가, 신(神)의 기운을 크게 일으켜야 한다. 여기서 지감은 불가의 명심견성(明心見性)으로 나타나고, 조식은 선가의 양기연성(養氣鍊性)으로 나타나며, 금촉은 유가의 수신솔성(修身率性)으로 나타난다.

또 성, 명, 정의 관계를 달에 비유하자면, 체(體)에 해당되는 성, 명, 정은 달빛을 발하는 달 자체에 해당되며, 용(用)에 해당되는 심(心), 기(氣), 신(身)은 바깥세상으로 나타나는 달빛에 해당되고, 상(相)에 해당되는 선복악화(善福惡禍), 청수탁요(淸壽濁夭), 후귀박천(厚貴薄賤)은 달빛의 방향에 따라 결정되는 물체의 그림자에 해당된다.

생명체의 활동을 유식론적 입장에서 보면 표 10.5에 나타낸 바와 같이 식을 9가지로 나눌 수 있다. 인간을 기준으로 볼 때 환경적 요소를 감지하여 생존에 필요한 방어와 이익을 취하기 위한 5가지의 감각기관이 있다. 그 5가지의 감각기관은 안(眼; 눈), 이(耳; 귀), 비(鼻; 코), 설(舌; 혀), 신(身; 몸)이다. 눈이라는 측정기관은 주로 전자파(빛)를, 귀는 탄성파를, 코는 기체 분자를, 혀는 액체 분자를 그리고 몸은 물체를 접촉하여 상호작용하도록 되어 있다. 따라서 우리 인간의 신체는 자연계에 존재하는 모든 방식을 수용하도록 되어 있지만 수용의 폭은 제한적이다. 이 5가지의 식을 전5식이라 하며, 전5식으로부터 들어온 정보를 알아차리는 의식(意識)이 제6식이 된다. 이 6가지는 지성체의 백(魄; 몸)에 의하여 이루어지며, 백에 형성된 이 6가지의 기관을 6근이라 한다. 근에 와 닿는 대상을 경(境)이라 하며, 경 또한 6가지가 있다. 6가지의 지경(地境)과 6가지의 근이 상호작용할 수 있는 가능한 수는 6×6(=36)가지다. 이 36가지의 경우가 과거, 현재, 미래의 3세(三世)에 인연되어 있기 때문에, 36×3(=108)가지의 경우가 생긴다.

6가지의 식에 의해 형성된 정보는 무조건 의식적이든 혹은 무의식적이든 관계없이 기억창고 속에 보관되고, 이 보관된 정보를 이용하여 제7식인 말나식(末那識; 轉識)은 가공 처리하여 제8식인 아뢰야식(阿賴耶識; 含藏識)으로 넘긴다. 여기서 말나식을 전식(轉識)이라 하는 것은 기억창고 속의 정보를 아뢰야식 속으로 전환하여 넘기기 때문에 붙여진 것이다. 이때 말나식의 가공 방법은 주어진 정보에 대해 그 정보의 선악, 청탁, 후박 등의 이성에 의한 판단적인 요소를 제외하고, 그 정보의 본질만을 아뢰야식에 저장하는 것이다. 아뢰야식에 저장된 정보들이 업식(業識)을 만들고, 업식에 의한 정보들이 집적되어 굳어진 형태가 업장이 된다. 이 업장은 지성체에서 말하는 혼의 근원이며, 또 이 업장은 장력(場力)을 펼쳐 전식으로부터 들어오는 업식에 영향을 미침은 물론, 또 다른 식들에게 영향을 미친다. 혼은 선가에서 말하는 기(氣)와 심(心)의 작용으로 형성되며, 맑은 기의 도움을 받아 선한 마음의 작용이 본성에 자리 잡을 때 좋은 혼이 형성되고 그렇지 않을 때는 나쁜 혼이 생긴다. 우리는 좋은 혼이 밖으로 표출된 한 형태를 비전이라 한다.

아뢰야식이 말나식으로부터 정제된 정보만을 받아들일 뿐만 아니라 역으로 아뢰야식에 저장된 업장의 장력이 말나식을 통해 기억창고에서 인(因)을 만나 작용한다. 이렇게 작용된 정보가 이성에 의해 이용되면, 그 사람의 사고방식과 행동양식 및 비전에 영향을 미친다. 우리 인간이 살아가면서 접하게 되는 정보와 스스로 만들어내는 정보가 아뢰야식에 저장되고, 이 저장된 정보들의 집단이 업력을 만들어 우리의 행동양식과 사고 형태를 끊임없이 변환시켜나가는 것이다. 마치 큰 바다가 많은 것을 받아들여 바다의 일부로 전환하고, 또 태양의 힘을 빌려 무한한 에너지를 생성시켜 지구의 여러 곳에 공급을 하는 것과 같은 이치다.

아뢰야식에 집적된 업장은 장력의 형태로 제9식인 아마라식(阿摩羅識; 眞如識)에 넘어간다. 즉, 아뢰야식에서 형성된 업장은 더욱더 정제된 형태로 가공되어 제9식인 아마라식에 저장된다. 이 아마라식에 저장된 그 무엇은 그야말로 순수한 본질만으로 형성되어 있기 때문에 사람의 백(魄)과 혼(魂)이 사라져도 없어지지 않는다고 한다. 이 아마라식에 저장된 그 무엇은 과거 생에서 와서 현재 생에서 영향을 받고 미래 생으로 이어지는 영(靈)에 해당한다.

이상에서 논의한 물질과 비물질에서 생기는 각종 철학 문제에 있어서, 3대 근본적인 질문은 다음과 같다.

첫째(體에 관한 질문), 우주의 주재자는 있는가?

둘째(用에 관한 질문), 우주란 무엇인가?

셋째(相에 관한 질문), 우주를 인식하는 나는 누구이고, 어디서 와서 어디로 가는가?

첫 번째 질문과 두 번째 질문은 세 번째 질문인 '나는 누구인가?' 라는 질문의 경(境)에 속하므로 결국 '나는 누구인가?' 의 질문으로 환원된다. 우리 민족의 의식 속에는 하늘과 땅으로 된 우주와 신선으로 된 세계에 대한 열망이 있다. 즉, 이것은 우리 민족의 사상적 원형인 단군신화의 사유체계 속에 선도사상(仙道思想) 또는 신선사상(神仙思想)으로 응축되어 있다. 선도사상의 실천적 수행방법이 선도(仙道)이다. 선도의 수행방법 체계에 대한 교학적(教學的) 근거는 기일원론(氣一元論)이다. 선도에서는 기일원론을 우주관으로 하고, 사람을 대우주에 대응시켜 소우주로 본다. 그래서 태초의 우주인 태극 혹은 무극 상태를 체득하고자 한다. 어느 한쪽으로도 치우치지 않은 태극 상태에서 빅뱅을 통하여 음양, 오행으로 분리되면서 인간에게는 성(性) · 명(命) · 정(精)이 자리를 잡고, 이 세 가지를 근거로 하여 심(心) · 기(氣) · 신(身)으로 외부로 모습을 드러내어, 감(感) · 식(息) · 촉(觸)의 방법으로 외부 세계와 연결되어 있다. 감을 통하여 희구애노탐염(喜懼哀怒貪厭: 기쁨, 두려움, 슬픔, 성냄, 탐냄, 싫음)의 통신이 일어나고, 식을 통하여 분란한열진습(芬爛寒熱震濕: 향내, 술내, 추위, 더위, 마름, 축축함)의 형태로 교신되며, 촉을 통하여 성색취미음저(聲色臭味淫抵: 소리, 빛깔, 냄새, 맛, 음탕, 닿음)와 연결되어, 인간은 온갖 5욕7정에 시달리게 된다. 그래서 이러한 고통으로부터 벗어나기 위하여 태극 상태로 들어가는 것이 선도수행의 목적이다.

선도수련의 길은 기(氣)로써 찾고 호흡 속에서 완성하고자 한다. 기를 통해 신(身)을 강하게 만들어 정(精)을 후(厚; 두터움)하게 하고, 또 심(心)의 바른 작용을 통하여 선업(善業)으로 된 거울을 통해 본성(本性)의 빛을 밖으로 끌어내는 것이 선도수련의 목적이다. 선도 수련이 잘되어 성통공완(性通功完)에 이른 자는 강건한 육체를 형성하고, 그 위에 맑은 혼이 형성되며, 맑은 혼의 그릇 속에 좋은 영(靈)이 정주(停住)하게 된다. 이 좋은 영(靈) 속에는 우리 본성의 빛이 담겨 있을 뿐만 아니라 이를 통해 우리의 하느님과 일체가 된다. 즉, 반수반신(半獸半神)의 인간이 나아갈 길은 심 · 기 · 신을 조절하여, 다시 말해 정충기장신명(精充氣壯神明)을 통하여 완신(完神)으로 나아가는 것이다.

이상의 내용을 압축하여 한 구절로 나타내면, **'가장 보람 있는 삶은 참나를 찾아 우주와 일체가 되어, 서로 상보적(相補的)인 삶을 사는 것이다.'** 라고 할 수 있다.

끝으로, 경(境)의 세계에 대한 긍정적인 생각과 근(根)에 대한 항상 감사하는 마음이 열리기를 바란다.

찾 아 보 기

[ㅇ]